计算机教学通用教材

Weiji Yuanli Ji Yingyong

微机原理及应用

（第三版）

黄　冰　覃伟年　黄知超　编著

重庆大学出版社

内 容 提 要

本书以 Intel 系列微处理器为背景,以 16 位微处理器 8086 为核心,追踪 Intel 主流系列高性能微型计算机技术的发展方向,全面讲述微型计算机系统的组成及工作原理、汇编语言程序设计、接口技术和典型应用,在此基础上对 80486 等更高性能微处理器的特点及发展作了较详细的介绍,从而使学生了解和掌握微型计算机的硬件系统组成、工作原理和接口电路设计方法,具备微型计算机应用系统开发的初步能力。其主要内容包括:绪论、Intel 8086 微处理器、宏汇编语言程序设计、Intel 80486 微处理器、半导体存储器、I/O 接口技术、中断系统、常用接口芯片、总线、典型微型计算机系统等。本书内容先进、概念清晰、叙述简洁、实用性强。

本书可作为高等学校各专业"微机原理与接口技术"课程的教学用书,也适用于广大科技人员作为培训教材或自学参考书。

图书在版编目(CIP)数据

微机原理及应用/黄冰,覃伟年,黄知超编著.—2 版.—重庆:重庆大学出版社,2013.6(2019.1 重印)
ISBN 978-7-5624-2376-8

Ⅰ.①微… Ⅱ.①黄…②覃…③黄… Ⅲ.①微型计算机—高等学校—教材 Ⅳ.①TP36

中国版本图书馆 CIP 数据核字(2013)第 115876 号

微机原理及应用
(第三版)

黄 冰 覃伟年 黄知超 编著
责任编辑:曾显跃 版式设计:曾显跃
责任校对:任卓惠 责任印制:张 策

*

重庆大学出版社出版发行
出版人:易树平
社址:重庆市沙坪坝区大学城西路 21 号
邮编:401331
电话:(023) 88617190 88617185(中小学)
传真:(023) 88617186 88617166
网址:http://www.cqup.com.cn
邮箱:fxk@ cqup.com.cn(营销中心)
全国新华书店经销
重庆荟文印务有限公司印刷

*

开本:787mm×1092mm 1/16 印张:24 字数:599 千
2017 年 5 月第 3 版 2019 年 1 月第 10 次印刷
印数:21 001—22 500
ISBN 978-7-5624-2376-8 定价:56.00 元

第三版前言

本教材自出版以来,已印刷 4 次,并曾荣获广西高校优秀教材一等奖。作为该教材的第 3 版,我们吸取了众多使用本教材的教师和学生的意见,对原书进行了修订。

"微机原理与接口技术"是大学计算机基础教学中的一门核心课程。其教学目标是使学生了解和掌握微型计算机硬件系统组成、工作原理及接口电路设计方法,具备微机应用系统开发的初步能力,为今后从事计算机控制和计算机信息处理等相关领域的研究打下基础。

本书是根据教育部《普通高等学校计算机基础教育教学基本要求(本科)》的精神编写的。在编写过程中,我们力求讲透基本原理,做到基础性与先进性的统一。作为本科学生学习计算机硬件和汇编语言的入门课程,本教材重点介绍一般微型计算机系统的基本结构和组成原理,使学生能举一反三,为学习和应用新型微型计算机打下基础;与此同时,兼顾内容的系统性和先进性,注意追踪微机及应用技术的新水平与发展趋势。其次,强调实用性,教材中 CPU 和芯片内部结构尽量简化,一般只给出编程模型,强化外部接口和应用。另外,在教学机型的选择上,追踪 Intel 80x86、Pentium 系列主流机型,重点介绍了 8086 微处理器,在此基础上进一步对 80486 等更高性能的微处理器进行分析,由浅入深,循序渐进,有利于学生理解和掌握。对于"接口技术"内容的选取与组织也是如此。随着微电子技术的发展,与各种高档微处理器配套的超大规模多功能外围接口芯片不断出现,而直接用这些多功能外围芯片介绍接口技术是很困难的。本书仍从 8/16 位微机中广泛应用的可编程通用接口芯片入手,使学生掌握软、硬件相结合的接口技术。而多功能外围芯片基本上是上述芯片功能的集成,在此基础上介绍则相对容易理解。

本教材课堂讲授的参考学时数为 60~80,如果教学时数少,可根据需要选学有关章节。必须指出,"微机原理与接口技术"是一门实践性很强的课程,应当有充足的时间来培养和提高学生的实际动手能力,建议安排不少于 20 学时的实验。

参加本教材编写和修订工作的有桂林电子科技大学黄冰、黄知超、欧阳宁,广西工学院覃伟年、潘盛辉。由黄冰担任主编,并编写第 2、3、4 章及附录;第 1、8、9、10 章由黄知超编写;第 5、6 章由覃伟年编写;第 7 章由潘盛辉编写。此次修订工作由黄冰和欧阳宁完成。

本书在编写及修订过程中得到了各方面的支持和帮助,潘明、蒋廷彪、张红梅、黄新、吴兆华等提出了有益的意见和建议,同时参考了国内外有关的教材和资料,在此一并表示衷心的感谢。

由于作者水平有限,疏漏之处在所难免,恳请读者批评指正。

编　者

2017 年 4 月

前　言

　　21 世纪的到来和计算机技术的迅速发展、普遍应用,给高等学校的计算机基础教育提出了新的课题。特别是对于工科的学生来说,除了掌握计算机基础知识,能应用一些常用软件和进行高级语言程序设计外,还应对计算机的工作原理及其在实时控制等领域的应用有一定的了解。"微机原理及应用"就是为工科学生学习和掌握微型计算机的硬件和软件(汇编语言)而设置的一门技术基础课程。其任务是使学生从应用的角度出发,在理论和实践上掌握微型计算机的体系结构、汇编语言程序设计和 I/O 接口技术,具有利用微机从事应用开发的基本能力。

　　本书是根据教育部《普通高等学校计算机基础教育教学基本要求(本科)》的精神编写的。在编写过程中,我们力求讲透基本原理,做到基础性和先进性的统一。本书作为本科学生学习计算机硬件和汇编语言的入门课程,重点介绍一般计算机系统的基本结构和组成原理,使学生能举一反三,为以后学习、应用新型微型计算机打下基础;与此同时,兼顾内容的系统性和先进性,注意追踪微机及应用技术的新水平与发展趋势。其次,强调实用性,书中 CPU 和芯片内部结构尽量简化,一般只给出编程模型,强化外部接口和应用。另外,在教学机型的选择上,根据国内高校的教学与实验条件,追踪 Intel 80x86、Pentium 系列主流机型,重点介绍了 8086/80486 微处理器。Intel 微处理器系列在不断发展,但其基本功能都具有相似性。本着由浅入深的原则,先介绍 8086 微处理器,在此基础上,再去学习复杂的高档微处理器。对于"接口技术"内容的选取与组织也是如此。随着微电子技术的发展,与各种高档微处理器配套的超大规模多功能外围接口芯片不断出现,而直接用这些多功能外围芯片介绍接口技术是很困难的。本书仍从 8/16 位微机中广泛应用的可编程通用接口芯片入手,使学生掌握软、硬件相结合的接口技术。而多功能外围芯片基本上是上述芯片功能的集成,在此基础上介绍则相对容易理解。

本教材课堂讲授的参考学时数为 60~80,如果教学时数少,可根据需要选学有关章节。必须指出,《微机原理及应用》是一门实践性很强的课程,应当有充足的时间来培养和提高学生的实际动手能力,建议安排不少于 20 学时的实验。

本书共 10 章,由黄冰主编,并编写第 2、3、4 章及附录,第 1、8、9、10 章由黄知超编写,第 5、6 章由覃伟年编写,第 7 章由潘盛辉编写。

本书在编写过程中得到了各方面的支持和帮助,参考了国内外有关的教材和资料,在此一并表示衷心的感谢。

由于编者水平有限,疏漏之处在所难免,恳请读者批评指正。

编者
2002 年 8 月

目　录

第 1 章　绪论 ……………………………………………… 1

1.1　微型计算机发展概况 ……………………… 1

1.2　计算机中数和字符的表示 ………………… 2

1.3　微型计算机系统概论 ……………………… 8

习题 ……………………………………………… 19

第 2 章　Intel 8086 微处理器 …………………………… 20

2.1　8086 微处理器的内部结构 ……………… 20

2.2　8086 引脚功能 …………………………… 26

2.3　8086 系统总线时序 ……………………… 30

2.4　8086 寻址方式 …………………………… 33

2.5　8086 指令系统 …………………………… 37

习题 ……………………………………………… 58

第 3 章　宏汇编语言程序设计 …………………………… 62

3.1　汇编语言的语句格式 ……………………… 62

3.2　汇编语言的数据项 ………………………… 63

3.3　汇编语言的表达式 ………………………… 66

3.4　伪指令语句 ………………………………… 71

3.5　汇编语言程序设计概述 …………………… 75

3.6　顺序程序设计 ……………………………… 76

3.7　分支程序设计 ……………………………… 78

3.8　循环程序设计 ……………………………… 86

3.9　DOS 系统功能调用 ……………………… 95

3.10　子程序设计 ……………………………… 98

3.11　宏指令 …………………………………… 113

3.12　汇编语言程序的建立、汇编、连接与调试 ……… 118

习题 ……………………………………………… 125

第 4 章　Intel 80486 微处理器 ………………………… 129

4.1　80486 内部结构 ………………………… 130

4.2　80486 的工作方式 ……………………… 136

4.3　80486 引脚功能 ………………………… 142

4.4　80486 的寻址方式 ……………………… 146

4.5　80486 常用指令介绍 ……………………… 149

4.6　80486 编程举例 ……………………………… 159

习题 ………………………………………………… 170

第 5 章　半导体存储器 …………………………… 175

5.1　存储器概述 …………………………………… 175

5.2　随机存储器 RAM ……………………………… 178

5.3　只读存储器 ROM ……………………………… 186

5.4　存储器与 CPU 的连接 ……………………… 191

5.5　PC 机的存储器 ……………………………… 200

5.6　高速缓冲存储器系统 ………………………… 202

习题 ………………………………………………… 206

第 6 章　I/O 接口技术 …………………………… 208

6.1　概述 …………………………………………… 208

6.2　程序控制的 I/O ……………………………… 214

6.3　DMA 方式 ……………………………………… 217

习题 ………………………………………………… 233

第 7 章　中断系统 ………………………………… 235

7.1　概述 …………………………………………… 235

7.2　16 位微机中断系统 …………………………… 239

7.3　32 位微处理器的中断 ………………………… 244

7.4　中断控制器 8259A …………………………… 247

习题 ………………………………………………… 261

第 8 章　常用接口芯片 …………………………… 264

8.1　并行接口芯片 8255A ………………………… 264

8.2　定时器/计数器接口芯片 8253 ……………… 275

8.3　串行接口芯片 8251A ………………………… 287

8.4　模拟接口 ……………………………………… 306

8.5　多功能外围接口芯片 82380 ………………… 320

习题 ………………………………………………… 329

第 9 章　总线 ……………………………………… 334

9.1　概述 …………………………………………… 334

9.2　ISA 总线 ……………………………………… 341

9.3　EISA 总线 …………………………………… 342

9.4　PCI 总线 ……………………………………… 343

习题 ………………………………………………… 345

第 10 章　典型微型计算机系统 ………………… 346

10.1　IBM PC/XT 微型计算机系统 ……………… 346

10.2　80486 微型计算机系统 ································· 349

10.3　Pentium 系列微型计算机系统 ················ 350

习题 ··· 352

附录 ·· 353

附录 1　ASCII 码(美国标准信息交换码)表 ··········· 353

附录 2　80x86/Pentium 指令系统 ····················· 354

附录 3　指令对状态标志的影响(未列出的指令不影响标志) ··· 360

附录 4　常用 DOS 系统功能调用 ························ 361

附录 5　DEBUG 主要命令 ································· 368

参考文献 ·· 373

第 1 章
绪 论

1.1 微型计算机发展概况

电子计算机是由各种电子器件组成的能够自动、高速、精确地进行逻辑控制和信息处理的现代化设备。电子计算机按其性能来分,有巨型、中型、小型和微型计算机。自从 1946 年第一台电子计算机出现至今的 50 多年来,电子计算机已经历了电子管计算机、晶体管计算机、集成电路计算机、大规模/超大规模集成电路计算机四代的发展和变迁,并开始了以模拟人的大脑神经网络功能为基础的第五代计算机的研究,每一代都向着小体积、轻重量、高性能的方向发展。

微型计算机(简称微机)作为第四代计算机的典型代表于 20 世纪 70 年代随着大规模、超大规模集成电路的诞生而发展起来。由于微型计算机性能价格比在各种机型中占有领先地位,且小巧灵活,所以深受用户欢迎并发展迅速。构成微机的核心部件是微处理器 MPU(Microprocessor),也叫中央处理器或中央处理单元 CPU(Central Processing Unit)。微型计算机的发展是与微处理器的发展同步的,30 多年来,微处理器的集成度和性能几乎每 2～3 年提高一倍,已经推出了四代微处理器产品,并进入第五代。微型计算机各代的划分通常是以其微处理器的字长、位数和功能为主要依据。

第一代(1971—1973 年)是 4 位和低档 8 位微机。代表产品是美国 Intel 公司制成的 4004 和 8008 微处理器以及 MCS—4 微型计算机。这一代产品采用了 PMOS 工艺,基本指令执行时间约为 20μs,指令系统比较简单,运算功能较差,速度较慢。软件主要采用机器语言或简单的汇编语言,价格低廉。

第二代(1973—1978 年)是中高档 8 位微机。1973—1975 年为典型的第二代,以美国 Intel 公司的 8080 和 Motorola 公司的 MC 6800 为代表。1976—1978 年为高档的 8 位微型计算机,以美国 Zilog 公司的 Z80 和 Intel 公司的 8085 为代表。这一代产品的特点是采用 NMOS 工艺,集成度比第一代提高 1～4 倍,运算速度提高 10～15 倍,基本指令执行时间为 1～2μs,指令系统比较完善,已具备典型的计算机体系结构以及中断、DMA 等控制功能,寻址能力也有所增强,软件除采用汇编语言外,还配有 BASIC、FORTRAN 等高级语言及相应的编译程序,并配有操作系统。

第三代(1978—1984 年)是 16 位微机。Intel 公司的 8086/8088、Motorola 公司 MC 68000 和 Zilog 公司的 Z8000 作为典型产品相继问世,它们成为当时国内外市场上最流行的三种 16 位微处理器,采用 NMOS 工艺,集成度为 20 000 ~ 70 000 晶体管/片,基本指令执行时间约为 0.5μs。这类 16 位微处理器具有丰富的指令系统,采用多级中断系统、多重寻址方式和多种数据处理方式。构成的典型微机是 IBM PC 以及 IBM PC/XT。1984 年 Intel 公司研制成了 80286 等性能更为优越的 16 位微处理器,其特点是从单元集成过渡到系统集成以获得尽可能高的性能价格比。80286 是为满足多用户和多任务系统的需要而设计的,寻址空间已达 16MB,数据线是 16 位,速度比 8086 快 5 ~ 6 倍,它本身就包含存储器管理和保护机构,支持虚拟存储体系,IBM PC/AT 微机是其典型代表机型。

第四代(1984—1992 年)是 32 位微型计算机的大发展时期。最早的机型是采用 80386 微处理器的 IBM PC/80386 微机。20 世纪 80 年代后期推出的 Intel 80486、MC68030 和 MC68040 等属于高档 32 位微处理器。这些高档 32 位微处理器的显著特点是吸取了大中型计算机的体系结构的优点,采用了先进的超大规模集成电路 SLSI(Super Large Scale Integration)技术以及多级流水线和虚拟存储管理技术,从而使其集成度和运算速度更上一层楼。IBM PC/80486 就是采用这种高性能 32 位微处理器的典型微型计算机。

第五代(1993 年以后)是 64 位微机发展时期。Intel 公司先后推出了 Pentium/Pentium Pro/Pentium Ⅱ/Pentium Ⅲ/Pentium Ⅳ/Itanium 微处理器芯片,AMD 公司的 K6/K6 Ⅱ/K6 Ⅲ/K7 也是功能相当的微处理器芯片。这些芯片的最主要特点是采用了新的体系结构和现代先进的计算机技术(如整数嵌入技术、流水线技术、乱序执行技术以及超通道技术等),因而芯片的集成度和运算速度均大大优于 32 位微处理器。

展望未来,计算机的发展必将有很多新的突破。光学技术、超导技术、仿生技术的相互结合,必然产生一种全新的计算机,而人工智能的研究正在促进计算机面临一场新的革命。人工智能计算机、人工神经网络计算机……,这些"新一代"计算机的争相问世,将为 21 世纪人类进入智能信息社会作必要的准备。毫无疑义,计算机在未来社会中将会发挥越来越重要的作用。

1.2　计算机中数和字符的表示

1.2.1　无符号数表示

计算机中字长是一定的,因此,在表示有符号数与无符号数时数值范围是有区别的。若所表示的是无符号数,则机器字长的所有位都参与表示数值。

若计算机的字长为 n 位,则 n 位无符号数可表示的数 X 的范围是

$$0 \leqslant X \leqslant 2^n - 1$$

当 $n = 8$ 时,可表示的无符号数的范围为 0 ~ 255;当 $n = 16$ 时,可表示的无符号数的范围为 0 ~ 65 535。

在计算机中最常用的无符号整数是表示地址的数。此外,如双精度数的低位字也是无符

号整数等。

1.2.2 有符号数的表示方法

(1) 机器数与真值

计算机中的数是用二进制表示的,数的符号也是用二进制表示的。通常一个数的最高位为符号位,为 0 表示正数,为 1 表示负数。若字长为 8 位的计算机,则 D_7 为符号位,$D_6 \sim D_0$ 为数值位,如下所示:

D_7	D_6	D_5	D_4	D_3	D_2	D_1	D_0

符号　　　　　　数值位

例 1.1　$X = +65$ 在机器中表示为:

$X = 01000001B$

这种符号数码化的数称为机器数。机器数所代表的实际数值称为真值。

机器数可以用不同的码制来表示,常用的有原码和补码表示法。

(2) 原码表示法

最高位为符号位,正数的符号位用 0 表示,负数的符号位用 1 表示,其余各位为数值位,这种表示法称为原码表示法。

例 1.2　若 $X = +97$　　则 $[X]_原 = 01100001B$

若 $X = -97$　　则 $[X]_原 = 11100001B$

原码表示数 0 有两种表示形式:

$[+0]_原 = 00000000B$

$[-0]_原 = 10000000B$

n 位原码可表示的数 X 的范围是:

$$-2^{n-1} + 1 \leqslant X \leqslant +2^{n-1} - 1$$

当 $n = 8$ 时,8 位二进制原码所能表示的数值范围为 $-127 \sim +127$。

用原码表示机器数简单、直观,与真值的转换方便,缺点是进行减法运算时麻烦。为此,引入了补码表示法,它可以使减法运算简化为单一的加法运算。

(3) 补码表示法

补码表示法中,正数的补码和原码相同,负数的补码可由其原码除符号位保持不变外,其余各位按位取反,再在最末位加 1 而形成。

例 1.3　假设机器字长为 8 位,则

$[+97]_补 = 01100001B$

$[-97]_补 = 10011111B$

补码具有以下特点:

① $[+0]_补 = [-0]_补 = 00000000$

② n 位二进制补码所能表示的数值范围为:

$$-2^{n-1} \leqslant X \leqslant +2^{n-1} - 1$$

若 $n = 8$,则 8 位二进制补码所能表示的数值范围为 $-128 \sim +127$。

③一个用补码表示的负数,如将$[X]_补$再求一次补,即将$[X]_补$除符号位外取反并在最末位加 1 就可得到$[X]_原$。用下式表示为:

$$[[X]_补]_补 = [X]_原$$

表 1.1　数的表示方法

二进制数码表示	无符号二进制数	原码	补码
00000000	0	+0	0
00000001	1	+1	+1
00000010	2	+2	+2
⋮	⋮	⋮	⋮
01111110	126	+126	+126
01111111	127	+127	+127
10000000	128	−0	−128
10000001	129	−1	−127
10000010	130	−2	−126
⋮	⋮	⋮	⋮
11111110	254	−126	−2
11111111	255	−127	−1

例 1.4　若$[X]_原 = 11010101B$

$\qquad\qquad [X]_补 = 10101011B$

则　　　　　　$[[X]_补]_补 = 11010101B = [X]_原$

(4)补码的加减运算

补码的加法运算规则是:

$$[X+Y]_补 = [X]_补 + [Y]_补$$

该式表明,当有符号的两个数采用补码形式表示时,进行加法运算可以把符号位和数值位一起进行运算(若符号位有进位,则丢掉),结果为两数之和的补码形式。下面通过具体例子可以验证该公式的正确性。

例 1.5　用补码进行下列运算:(+33)+(+15);(+33)+(−15)

解

```
    00100001B  [+33]补              00100001B  [+33]补
+   00001111B  [+15]补          +   11110001B  [−15]补
    00110000B  [+48]补          1 │ 00010010B  [+18]补
                                    ↑自然丢失
```

补码的减法运算规则是:

$$[X-Y]_补 = [X]_补 + [-Y]_补$$

该式表明,求$[X-Y]_补$可以用$[X]_补$与$[-Y]_补$相加来实现,这里的$[-Y]_补$是对减数进行求负操作。一般称已知 $[Y]_补$ 求得 $[-Y]_补$ 的过程叫变补或求负,方法是将 $[Y]_补$ 的每一位(含符号位)都按位取反,然后最末位加1。

例 1.6 用补码进行 $X - Y$ 运算。

解 若 $X = +33$ $Y = +15$

则 $[X]_补 = 00100001B$ $[Y]_补 = 00001111B$ $[-Y]_补 = 11110001B$

$$00100001B \quad [X]_补$$
$$+ \quad 11110001B \quad [-Y]_补$$
$$\overline{\text{自然丢失}\rightarrow \boxed{1}\ 00010010B \quad [+18]_补}$$

若 $X = -33$ $Y = -15$

则 $[X]_补 = 11011111B$ $[Y]_补 = 11110001B$ $[-Y]_补 = 00001111B$

$$11011111B \quad [X]_补$$
$$+ \quad 00001111B \quad [-Y]_补$$
$$\overline{11101110B \quad [-18]_补}$$

引入补码后,将减法运算转化为易于实现的加法运算,且符号位也当作数据相加,从而可简化运算器的结构,提高运算速度。因此,在微型计算机中,有符号数通常都用补码表示,得到的是补码表示的结果。

当字长由8位扩展到16位时,对于用补码表示的数,正数的符号扩展应该在前面补0,而负数的符号扩展应该在前面补1。

例如,已经知道机器字长为8位,则 $[+46]_补 = 00101110B$,$[-46]_补 = 11010010B$,如果要把它们从8位扩展到16位,那么

$$[+46]_补 = 0000\ 0000\ 0010\ 1110B = 002EH$$
$$[-46]_补 = 1111\ 1111\ 1101\ 0010B = FFD2H$$

(5)有符号数运算时的溢出问题

当两个有符号数进行加减运算时,如果运算结果超出可表示的有符号数的范围时,就会发生溢出,使计算结果出错。显然,只有两个同符号数相加或两个异号数相减时,才会产生溢出。

例 1.7 设机器字长为8位,以下运算都会发生溢出。

$$(+88) + (+65) = +153 > 127$$
$$(+88) - (-65) = +153 > 127$$
$$(-83) - (+80) = -163 < -128$$

1.2.3 定点数和浮点数

在计算机中,数值数据有两种表示法:定点表示法和浮点表示法。它们分别称为定点数和浮点数。下面作简单介绍:

(1)定点数

定点数是指小数点在数中的位置是固定不变的,常用的定点数有纯小数和纯整数两种。

①纯小数:小数点固定在符号位之后,如 1.1100111,此时机器中所有数均为小数。

②纯整数:小数点固定在最低位之后,如 11100111.,此时机器中所有数均为整数。

机器字长为8位的有符号纯整数与纯小数表示范围如图1.1所示。从图中可以看出,小数点在计算机中是不表示出来的,采用哪一种表示方法,由人们事先约定。

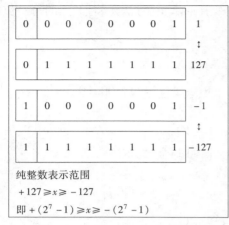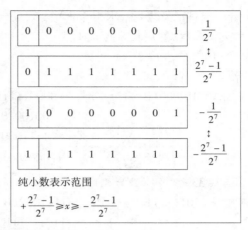

图 1.1 8 位有符号纯整数与纯小数

（2）浮点数

浮点数由阶码和尾数两部分组成。对任意一个有符号的二进制数 N 的普遍形式可表示为：

$$N = 2^E \times M$$

式中，E 称为阶码，它是一个有符号的可变整数。设

$$E = e_j e_{k-1} \cdots e_0$$

e_j 为阶符：若 $e_j = 0$，则 E 是正数；若 $e_j = 1$，则 E 为负数。$e_{k-1} \cdots e_0$ 是阶值。

M 称为 N 的尾数，它是一个有符号的纯小数。设

$$M = m_j m_1 \cdots m_n$$

m_j 为尾符：若 $m_j = 0$，则 M 为正数；若 $m_j = 1$，则 M 为负数。尾数 M 的符号就是浮点数 N 的符号。$m_1 \cdots m_n$ 是尾值。

浮点数 N 在计算机内的表示形式如下所示。

e_j	$e_{k-1}e_{k-2}\cdots e_0$	m_j	$m_1 m_2 \cdots m_n$
阶符	阶值	尾符	尾值

（3）规格化数与溢出

为了便于浮点数的运算，数采用规格化表示。对尾数规格化作如下定义：若 $m_j \neq m_1$，则称尾数 M 为规格化数；若 $m_j = m_1$，则称尾数 M 为非规格化数。

如果尾数不是规格化数，那么要用移位手段把它变为规格化数。尾数每左移一位，阶码就减 1，尾数每右移一位，阶码就加 1，直至 $m_j \neq m_1$ 为止。以左移操作实现尾数的规格化称为左规，以右移实现规格化称为右规。

存储在计算机中的数一定是规格化数。两数的运算结果也应为规格化数，如果不是，那么必须通过移位方式把它变为规格化数。若是规格化数，则 $1/2 \leqslant |M| < 1$。

例如，$N = 2^{011} \times 0.0010100$，显然，尾数 0.001010 为非规格化数，将 0.0010100 左移两位后，变成 0.1010000，此数已是规格化数，不再左移，从阶码 011 中减去 010，得 001。所以，规格化后的 N 应为 $2^{001} \times 0.1010000$。

当浮点数超出机器所能表示数的范围时，称为溢出。对规格化的浮点数，当阶码小于机器

所能表示的最小数时,称为下溢,此时机器将把此数作 0 处理;若阶码大于机器所能表示的最大范围时,称为上溢。溢出发生时,机器就产生溢出中断,进入中断处理。

浮点表示法比定点表示法所表示的数的范围大,精度高,但运算规则比较复杂,成本较高。早期的微型计算机采用定点表示,机器中数均为整数,没有处理浮点数的指令。为了弥补这方面的不足,专门设计了相应的数值协处理器(8087、80287、80387 等)来实现对浮点数的运算。80486、80586 的数值协处理器已集成在 CPU 芯片内部。在本教材中,若无特别说明,数据均采用纯整数定点表示。

1.2.4 计算机中的二进制编码

(1)BCD 码(Binary Coded Decimal)

BCD 码是以 4 位二进制的不同组合表示十进制数十个数码的方法,又称二—十进制编码。

常用的 BCD 码为 8421 BCD 码,即每位十进制数码用 4 位二进制数来表示,4 位二进制数从高到低的权值分别为 2^3、2^2、2^1、2^0 即 8421。8421 BCD 码见表 1.2。

表 1.2 8421BCD 码

十进制数	8421BCD 码	十进制数	8421BCD 码
0	0000	5	0101
1	0001	6	0110
2	0010	7	0111
3	0011	8	1000
4	0100	9	1001

这种 BCD 码与十进制数的关系直观,其相互转换也很简单。

例 1.8 十进制数和 BCD 码相互转换。

将十进制数 86.5 转换为 BCD 码:86.5 = (1000 0110.0101)$_{BCD}$

将 BCD 码 1001 0111.0100 转换为十进制数:(1001 0111.0100)$_{BCD}$ = 97.4

在 IBM PC 机中,根据在存储器中的不同存放格式,BCD 码又分为压缩型 BCD 码和非压缩型 BCD 码。压缩型 BCD 码是在一个字节中存放两个十进制数码,而非压缩型 BCD 码每个字节只存放一个十进制数。

例如,将十进制数 8762 用压缩型 BCD 码表示,则为:
1000 0111 0110 0010

在存储器中的存放格式为:

01100010
10000111

而用非压缩型 BCD 码表示,则为:
0000 1000 0000 0111 0000 0110 0000 0010

在存储器中的存放格式为:

00000010
00000110
00000111
00001000

（2）ASCII 码（American Standard Code for Information Interchange）

由于计算机处理信息要涉及各种字符，这些字符都必须用二进制代码来表示，在微型计算机中普遍采用美国信息交换标准码，即 ASCII 码。附录 1 给出了 ASCII 码表，以便查阅。

ASCII 码采用 7 位二进制编码，总共有 128 个字符，包括 52 个英文大、小写字母，10 个阿拉伯数字 0～9，32 个通用控制字符和 34 个专用字符。例如，数字 0～9 的 ASCII 码分别为 30H～39H，英文大写字母 A～Z 的 ASCII 码为 41H～5AH。ASCII 码表中有一些符号是作为计算机控制字符使用的，这些控制符号有专门用途，表中给出了这些控制字符的含义。例如，回车字符 CR 的 ASCII 码为 0DH，换行符 LF 的 ASCII 码为 0AH 等。

通常，7 位 ASCII 码在最高位加一个 0 组成 8 位代码。因此，字符在计算机内部存储时，正好占一个字节。在存储和传送信息时，最高位常用作奇偶校验位，用来检验代码在存储和传送过程中是否发生错误。奇校验时，每个代码的二进制形式中应有奇数个 1。例如，传送字母 A，其 ASCII 码的二进制形式为 1000001，因有两个 1，故奇校验位为 1，8 位代码将是 11000001。偶校验每个代码中应有偶数个 1。若用偶校验传送字符 A，则 8 位代码为 01000001。

7 位二进制码称为标准的 ASCII 码。近年来，在标准 ASCII 码基础上，为表示更多符号，将 7 位 ASCII 码扩充到 8 位，可表示 256 个字符，称为扩充的 ASCII 码。扩充的 ASCII 码可以表示某些特定的符号，如希腊字符、数学符号等。扩充的 ASCII 码只能在不用最高位做校验位或其他用途时使用。

1.3　微型计算机系统概论

1.3.1　微处理器、微型机、微机系统之间的关系

（1）微处理器

微处理器是一个由算术逻辑运算单元、控制器单元、寄存器组以及内部系统总线等组成的大规模集成电路芯片，它具有 CPU 的全部功能。因此，微处理器通常又简称为 CPU。

（2）微型计算机

微型计算机是以微处理器芯片为核心，配上内存芯片、I/O 接口电路以及相应的辅助电路构成的装置，它又简称为微型机。

（3）微型计算机系统

微型计算机系统是以微型计算机为主体，配上输入设备、输出设备、外存储器设备、电源、机箱以及基本系统软件组成的系统，它又简称为微机系统。

1.3.2 微机硬件系统组成

(1)微机硬件系统基本结构

微机硬件系统的基本结构由中央处理器 CPU、存储器、接口电路、外部设备以及系统总线等组成,如图 1.2 所示。

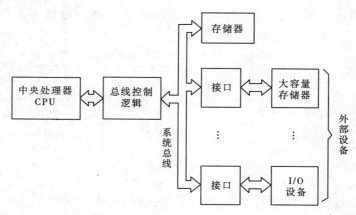

图 1.2 微机硬件系统基本结构

中央处理器(CPU)包括运算器、控制器和寄存器组三个主要单元。运算器的功能是完成数据的算术运算和逻辑运算操作。控制器把指令从存储器中取出,译码后发出相应的控制信号,使各部件相互协调工作,从而完成整个微机系统的控制。寄存器组则是用来存放 CPU 频繁使用的数据和地址信息,这样可加快 CPU 访问的速度。

存储器是微机存放、记忆程序和数据的装置。它由许多存储单元构成,每一个存储单元可以存放和记忆若干位二进制代码。通常把位于主机内部的用于暂时存放程序和数据的存储器称为内存,也称为主存。它由只读存储器(ROM)和随机存储器(RAM)两部分组成。位于主机外部的用于存放大量信息的存储器则称为外存。

外部设备一般包括 I/O(Input/Output)设备和外存储器,也称为计算机的外设。I/O 设备是指负责计算机与外界通信用的输入和输出设备,如显示器、键盘、打印机、鼠标器、扫描仪、数字化仪、条码读入器等多种类型的外部设备。外存储器则是指机器外部可存储大量信息的存储器,如磁盘、磁带、光盘等,存取信息的速度要比内存慢得多。因此,除必要的系统程序外,一般程序(包括数据)是存放在外存中的,只有当运行时,才把它从外存传送到内存的某个区域,再由 CPU 控制执行。

接口电路是设置在外设与 CPU 之间的专门电路,又称 I/O 接口,用于协调 CPU 与外设之间的信息传输。

系统总线把 CPU、存储器和接口电路连接起来,用来传送各部分之间的信息。系统总线包括数据总线、地址总线和控制总线,简称三总线。数据总线传送数据(包括指令代码、原始数据、中间数据和结果数据),地址总线上的信息(即地址)指出数据的来源和目的地,控制总线传送 CPU 对存储器或 I/O 设备的控制命令和 I/O 设备对 CPU 的请求信号。系统总线的工作由总线控制逻辑负责指挥。

(2）微机硬件系统的典型配置

微机硬件系统由主机和外设组成。主机包括：主板、I/O 接口卡（又称适配器）、电源、机箱等部件。微机的外设很丰富，典型的外设有键盘、鼠标器、显示器、打印机、软盘驱动器、硬磁盘驱动器以及光盘驱动器等设备。

1）主板

主板又称为系统板或母板。它是微机硬件系统的主要部件，微机的大部分功能芯片都安装在这块印制电路板上，其组成框图见表 1.3。

表 1.3 典型微型机主板组成框图

微处理器	外部高速缓存 CACHE	主存 DRAM
ROMBIOS	CMOS RAM	外围接口集成芯片组
总线插槽	键盘及鼠标接口	扬声器接口

①微处理器

微处理器是主板的核心芯片。不同类型的微处理器可构成不同性能的主板，如 80486 芯片构成的主板为 486 主板，Pentium 芯片构成的主板为 Pentium 主板。同一档次的芯片构成的主板也有一些差异，如 486DX2 66MHz（双倍速度微处理器）芯片构成的主板与 486DX 4100MHz（四倍速度微处理器）芯片构成的主板，其性能不同。一般来讲，采用越先进的微处理器芯片，其主板的性能就越高。

②外部高速缓存

大容量的动态随机存取存储器（DRAM）相对微处理器而言，其速度较慢。为了加快微处理器访问 DRAM 所存信息的速度，通常在微处理器和 DRAM 之间加入了一层速度接近 CPU、容量较小的静态随机存取存储器（SRAM），作为主存信息访问的高速缓冲存储器（Cache）。Cache 的容量一般不大，典型配置为 64～256KB，可实现 CPU 访问主存零等待。当 Cache 位于微处理器芯片外部时，称为外部高速缓冲存储器，位于微处理器芯片内部时，则称为内部高速缓冲存储器。

③主存

微机系统的主存要求容量大、成本低，访问存取速度较高，目前主要采用 DRAM 作为主存。在高、中档微机系统中，DRAM 芯片并不是直接安装在主板上，而是插入主板上的内存插槽使用。主板上的内存条插槽数一般为 4～8 个。

④ROMBIOS

主板上配置了一片称为固件的 ROM 芯片，它固化有上电自检程序、基本外设输入/输出控制程序、系统配置程序等，因此又称为 ROMBIOS。这种芯片一般为可擦除只读存储器 EPROM，容量为 64～128KB。

⑤CMOSRAM

CMOSRAM 是一种低功耗的半导体存储器。它由微机电池供电，可长时间储存信息。CMOSRAM 容量一般很小，只有几十个字节，主要用来存储微机系统的各种配置信息，如时钟与日期、系统口令、主存储器容量、软硬盘类型与容量等各种硬件参数配置信息。

⑥外围接口集成芯片组

在高、中档微机系统中,很少再采用大量的小规模接口芯片来构成微处理器的外围接口电路,而是采用少量几片超大规模的集成 I/O 芯片来实现接口电路功能。这样,微机主板电路更加简洁,系统可靠性与性能也得到增强。如在支持 ISA 系统总线的 386/486 微机系统中,只采用82C392(存储器控制芯片)、82C391(总线控制芯片)、82380(外围集成芯片)三片超大规模集成电路芯片来实现微处理器的所有外围接口电路,还有支持 Pentium Ⅱ、Pentium Ⅲ、Pentium Ⅳ的 Intel810、815、845、850 系统支持芯片组。

⑦总线插槽

总线插槽是指主板上用于插接 I/O 接口卡的插槽,这些插槽相同序号的插脚串接在一起,也称为 I/O 通道。通过这些插槽,可将外设 I/O 接口卡连接到系统总线上,即把外设连接到主机。主板上的总线插槽一般支持某种系统总线标准,如 IBM PC/XT 主板总线插槽支持 8 位数据传送的 PC 总线,IBM PC/AT 主板总线插槽支持 16 位数据传送的 ISA 总线,而大多数486、Pentium 主板总线插槽则支持 32 位数据传送的 EISA 总线或 PCI 总线。采用 EISA 总线或 PCI 总线标准的主板,可兼容支持 ISA 总线标准的 I/O 接口卡。采用 ISA 总线标准的主板,也可兼容支持 PC 总线标准的 I/O 接口卡。

⑧键盘、鼠标器、扬声器接口

键盘、鼠标器、扬声器的接口电路一般直接集成在系统主板上,由单片机(如 8742)来控制。它负责将键盘按键产生的扫描码(键的位置信息)转换成能表示字符的 ASCII 码,将鼠标器送来的电脉冲转换成光标的移动数据,并产生相应中断把输入数据传送到 CPU。它也能将CPU 给出的数据信号转换成脉冲频率信号驱动扬声器发出声音。

2)I/O 接口卡

一个微机系统可配置多种输入与输出设备。它们与主板一般是以接口卡形式连接,即外设通过 I/O 接口卡插入系统主板的总线插槽实现与主机相连,如声卡、显示卡等。

外部设备与主机的接口除了以接口卡形式连接外,也有把外设 I/O 接口电路(如磁盘驱动器接口电路、串口/并口接口电路、键盘/鼠标接口电路等)直接集成到系统主板上,外设则通过电缆信号线直接与主板上的 I/O 插座相连。现在的微机系统基本如此。

1.3.3 微机软件系统

前面已经学习了构成微型计算机的硬件,但是,仅有这样的硬件还只是具有了处理信息的基础,计算机真正能进行处理信息,还必须要有软件配合,软件即各种程序。微机软件系统由两部分组成:程序设计语言、系统软件与应用软件。

(1)程序设计语言

程序设计语言是指用来编写程序的语言,通常分为机器语言、汇编语言和高级语言三类。

1)机器语言

机器语言是一种用二进制代码表示的、能够被计算机识别和执行的语言。用机器语言编写的程序称为机器语言程序。用机器语言编写程序,直观性差,容易出错,而且繁琐费时。

2)汇编语言

汇编语言是一种用助记符和符号地址等来表示的面向机器的程序设计语言。用汇编语言编写的程序称为汇编语言程序(源程序)。与机器语言相比,汇编语言易于理解和记忆,所编写的源程序也容易阅读和调试。但是,计算机不能直接识别和执行汇编语言程序,必须通过汇编程序将源程序翻译成机器语言程序(目标程序)。这一翻译过程称为汇编。

由于汇编语言的语句与机器指令是一一对应的,因而对于不同的计算机,针对同一问题所编的汇编语言源程序是互不通用的,即汇编语言不具有通用性。但它产生的目标程序较之高级语言程序的目标程序,具有占用内存空间小和执行速度快等特点,特别是有些用高级语言难以实现的操作,却能简单地使用汇编语言实现。因此,几乎每一个计算机系统都把汇编语言作为系统的基本配置,汇编程序成为系统软件的核心成分之一。对于从事计算机研制和应用的广大科技工作者来说,掌握汇编语言程序设计技术是很重要的。

3)高级语言

高级语言不是面向机器而是面向问题的,具有良好的可移植性。但是,计算机并不能直接执行高级语言程序。高级语言源程序必须通过编译程序或解释程序翻译成机器语言程序(目标程序),计算机才能识别和执行。

(2)系统软件和应用软件

计算机软件可分为系统软件和应用软件两大类。系统软件是由计算机厂家提供的用于使用、管理计算机的软件。应用软件则是用户为解决各种实际问题,自行编制的各种程序。图1.3 表示了计算机软件的层次。下面简要地介绍系统软件的组成。

系统软件的核心称为操作系统,它的主要作用是对系统的硬、软件资源进行合理的管理,为用户创造方便、有效和可靠的计算机工作环境。操作系统的主要部分是常驻监督程序,它从用户接收命令,并使操作系统执行相应的动作。

I/O 驱动程序用来对 I/O 设备进行控制或管理。当系统程序或用户程序需要使用 I/O 设备时,就调用 I/O 驱动程序对设备发出命令,完成 CPU 和 I/O 设备之间的信息传送。

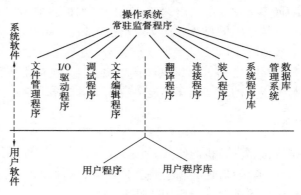

图 1.3　计算机软件层次图

文件管理程序用来处理存放在外存储器中的大量信息,它可以和外存储器的设备驱动程序相连接,对存放在其中的信息以文件形式进行存取、复制及其他管理操作。

文本编辑程序用来建立、输入或修改文本,并使它存入存储器中。例如,字处理程序WORDSTAR 可提供屏幕编辑功能,并能提供各种功能及命令的菜单,使文本的建立和修改较方便。

翻译程序又称语言处理程序,用于将汇编语言或高级语言源程序翻译成机器语言目标程序,它包括汇编程序、BASIC 解释程序及各种高级语言的编译程序。

连接程序用来把要执行的程序与库文件或其他已经翻译的子程序连接在一起,形成机器能执行的程序。

　　装入程序用来把程序从外存储器传送到内存储器,以便机器执行。例如,计算机开机后就需要立即启动装入程序,把常驻监督程序装入内存储器,使机器运转起来。

　　调试程序是系统提供给用户的能监督和控制用户程序的一种工具程序,它可以装入、修改、显示、逐条或连续执行一个程序。该程序主要用于汇编语言程序的调试。在 IBM PC 机上,简单的汇编语言程序可以通过调试程序来建立、修改和执行。

　　系统程序库和应用程序库是各种标准程序、子程序及一些文件的集合,它可以被系统程序或应用程序调用。

　　数据库管理系统是管理数据库资源的系统软件,其主要功能包括数据库定义功能、数据库管理功能、数据库维护功能和通信功能等。

1.3.4　微型计算机的工作过程

(1)模型机的结构

　　为了使初学者了解微型计算机的工作过程,在此以图 1.4 所示的模型机为例进行说明。为简化起见,图中只画出内存储器和微处理器,并假定要执行的程序以及数据已存入内存储器中。微处理器由三部分组成:控制器、运算器和寄存器组。

　　1)控制器

　　由指令寄存器 IR(Instruction Register)、指令译码器 ID(Instruction Decoder)和可编程逻辑阵列 PLA(Programmable Logic Array)组成,由 PLA 产生控制信号。

　　2)运算器

　　算术逻辑部件 ALU(Arithmetic Logic Unit)的两个输入端表示为 I_1 和 I_2,I_1 输入由累加器 AL 提供,I_2 输入可以来自寄存器 BL,也可来自数据寄存器 DR(Data Register)提供的从内存

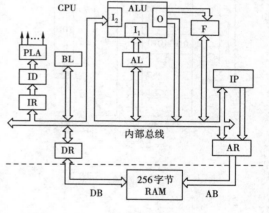

图 1.4　模型机结构

储器读出的内容。输出端表示为 O,输出运算结果通过内部总线传送到指定的目的地。标志寄存器 F(Flag)用来存放运算结果的某些特征。

　　3)寄存器组

　　模型机中的寄存器有 AL、BL、AR、DR 和 IP。要执行的指令的地址由指令指针寄存器 IP (Instruction Pointer Register)给出,送地址寄存器 AR(Address Register),再通过地址总线 AB (Address Bus)寻址内存储器中相应的存储单元,从中读出一条指令的指令代码,由数据总线 DB(Data Bus)送数据寄存器 DR,再经过指令寄存器 IR、指令译码器 ID 和可编程逻辑阵列 PLA 发出执行该指令所需的各种控制信号。

　　模型机中存储器结构如图 1.5 所示。存储器由 256 个字节单元组成,为了能区分不同的单元,对这些单元分别编了号并用两位 16 进制数表示,这就是它们的地址,如 00,01,02,…,FF。每个单元存放 8 位二进制信息(用两位 16 进制数表示),这就是它们的内容。每一个存储单元的地址和这一个地址中存放的内容是完全不同的。

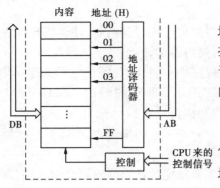

图 1.5　模型机中存储器结构

存储器中的不同存储单元是由地址总线上送来的地址(8 位二进制数),经过存储器中的地址译码器来寻找的(每给定一个地址号,可从 256 个单元中找到相应于这个地址号的某一单元),然后就可以对这个单元的内容进行读或写的操作。

①读操作

若已知在 10H 号存储单元中存的内容为 5AH,要把它读出至数据总线上,则要求 CPU 的地址寄存器先给出地址号 10H,然后通过地址总线送至存储器,存储器中的地址译码器对它进行译码,找到 10H 单元,CPU 发出读控制命令,于是,10H 单元的内容 5AH 通过数据总线传送到数据寄存器 DR,如图 1.6 所示。

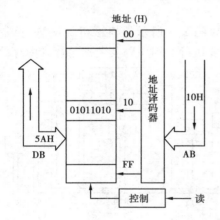

图 1.6　存储器读操作示意图

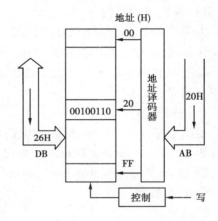

图 1.7　存储器写操作示意图

②写操作

若要把数据寄存器中的内容 26H 写入到 20H 存储单元,则要求 CPU 的地址寄存器先给出地址 20H,通过地址总线(AB)送至存储器,经译码后选中 20H 单元,然后把 DR 数据寄存器中的内容 26H 经数据总线(DB)送给存储器,且 CPU 发出写控制命令,于是,数据总线上的信息 26H 就可以写入到 20H 单元中,如图 1.7 所示。

(2)模型机中指令的执行过程

下面以一个简单的例子来说明程序执行的过程。

若要求模型机把两个数 8 和 11 相加,则用汇编指令形式表示的程序为:

　　　　MOV AL,08H

　　　　ADD AL,0BH

　　　　HLT

第一条指令是把立即数 08H 送入累加器 AL,第二条指令是把 AL 中的内容同立即数 0BH 相加,结果(08H + 0BH = 13H)存入 AL 中,第三条指令 HLT 为暂停指令。

微处理器只能识别机器代码,因此,上述指令必须以机器码形式表示如下:

第一条指令 MOV　AL,08H　　——10110000B

00001000B

第二条指令 ADD　AL,0BH　　——00000100B

00001011B

第三条指令 HLT　　　　　　——11110100E

三条指令共 5 个字节,存放在内存储器 00H~04H 5 个存储单元中。

1)取第一条指令操作码的操作过程

首先将第一条指令第一字节的地址 00H 赋予 IP,然后进入第一条指令的取指操作(即取指令操作码)。

①IP 的内容 00H 送入地址寄存器 AR;

②IP 的内容自动加 1 变为 01H;

③地址寄存器 AR 将地址码 00H 通过地址总线送到存储器,经译码后选中 00H 单元;

④CPU 给出读命令$\overline{\text{MEMR}}$;

⑤所选中的 00H 单元内容 B0H 送到数据总线;

⑥数据总线上的数据 B0H 送至数据寄存器 DR;

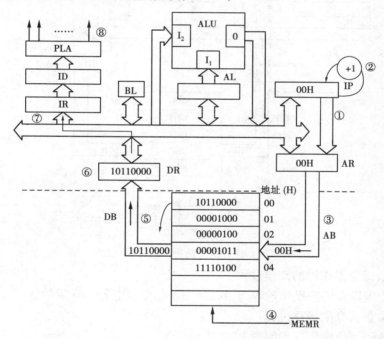

图 1.8　取第一条指令操作码的操作过程

⑦因是取指操作,取出的是指令操作码 B0H,故由 DR 送到指令寄存器 IR;

⑧IR 中的操作码经指令译码器 ID 译码后,通过 PLA 发出执行该指令的有关控制命令,过程如图 1.8 所示。

第一条指令的操作码 B0H 经译码后知道这是一条把操作数送累加器 AL 的指令,而操作数在指令的第二字节中,所以执行第一条指令就是从内存中取出指令第二字节中的操作数送入 AL。

2）执行第一条指令的操作过程

①将 IP 的内容 01H 送入 AR；

②IP 的内容自动加 1，变为 02H；

③AR 通过地址总线 AB 把地址码 01H 送到存储器，经地址译码后选中相应的存储单元；

④CPU 给出读命令$\overline{\text{MEMR}}$；

⑤选中的存储单元内容 08H 送上数据总线 DB；

⑥通过数据总线，把读出的内容送至 DR；

⑦由指令操作码的译码可知，指令要求把第二字节的数据送入累加器 AL，则 DR 上的数据 08H 通过内部总线送到 AL，如图 1.9 所示。至此，第一条指令的执行过程全部完成。然后，进入第二条指令的取操作码阶段。

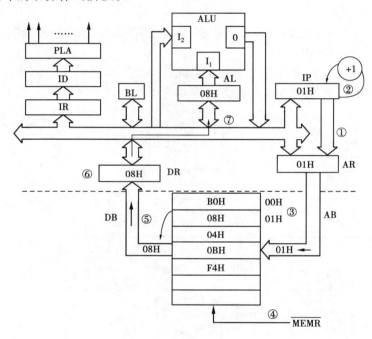

图 1.9　执行第一条指令的操作过程

3）取第二条指令操作码的操作过程

取第二条指令操作码的操作过程与第一条完全相似，如图 1.10 所示。

4）执行第二条指令的操作过程

执行第二条指令的操作过程如图 1.11 所示。

①把 IP 的内容 03H 送入 AR；

②IP 的内容自动加 1；

③AR 通过地址总线 AB 把地址码 03H 送到存储器，经地址译码后选中相应的存储单元；

④CPU 给出读命令$\overline{\text{MEMR}}$；

⑤选中的存储单元内容 0BH 送上数据总线 DB；

⑥DB 上的数据 0BH 送至数据寄存器 DR；

⑦由指令译码已知读出的为操作数，且要与 AL 中的内容相加，故数据由 DR 通过内部数

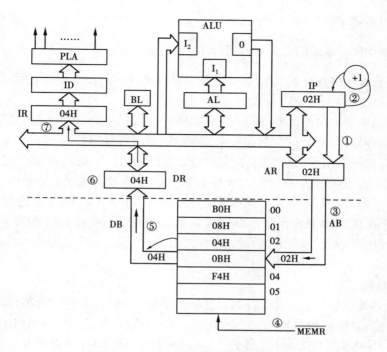

图 1.10　取第二条指令操作码的操作过程

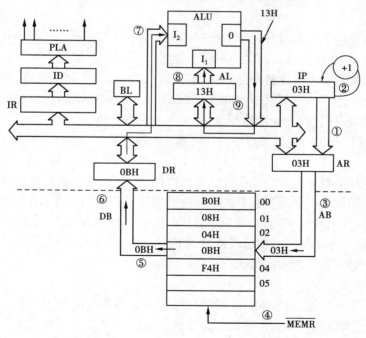

图 1.11　执行第二条指令的操作过程

据总线送至 ALU 的另一输入端；

⑧AL 中的内容送 ALU，且执行加法操作；

⑨相加的结果(13H)由 ALU 输出至累加器 AL 中。

至此，第二条指令执行完毕。转入第三条指令的取操作码阶段，按上述类似的过程取出操作码 F4H,经译码后就停机。

1.3.5 微型计算机系统的主要性能指标

微型计算机系统和一般计算机系统一样,衡量其性能好坏的技术指标主要有以下几方面:

(1)字长

字长是计算机内部一次可以处理的二进制数码的位数。一般一台计算机的字长决定于它的通用寄存器、内存储器、ALU 的位数和数据总线的宽度。字长越长,一个字所能表示的数据精度就越高;在完成同样精度的运算时,则数据处理速度越快。但是,字长越长,计算机的硬件代价相应也增大。为了兼顾精度/速度与硬件成本两方面,有些计算机允许采用变字长运算。

一般情况下,CPU 的内、外数据总线宽度是一致的。但有的 CPU 为了改进运算性能,加宽了 CPU 的内部总线宽度,致使内部字长和对外数据总线宽度不一致。如 8088 的内部数据总线宽度为 16 位,外部为 8 位。对于这类芯片,称之为"准 xx 位"CPU。因此,8088 被称为准 16 位 CPU。

(2)存储器容量

存储器容量是衡量计算机存储二进制信息量大小的一个重要指标。微型计算机中一般以字节 B(Byte 的缩写,1Byte 表示 8 位二进制信息)为单位表示存储容量,并且将 1 024B 简称为 1KB(千字节),1 024KB 简称为 1MB(兆字节),1 024MB 简称为 1GB(吉字节),1 024GB 简称为 1TB(太字节)。

(3)运算速度

计算机的运算速度一般用每秒钟所能执行的指令条数表示。由于不同类型的指令所需时间长度不同,因而运算速度的计算方法也不同。常用的计算方法有:

①根据不同类型的指令出现的频度,乘上不同的系数,求得统计平均值,得到平均运算速度。这时常用百万条指令/秒(MIPS,Millions of Instruction Per Second)作单位。

②以执行时间最短的指令(如加法指令)为标准来估算速度。

③直接给出 CPU 的主频和每条指令执行所需的时钟周期。主频一般以 MHz 为单位。

(4)系统总线

系统总线是连接微机系统各功能部件的公共数据通道,其性能直接关系到微机系统的整体性能。系统总线的性能主要表现为它所支持的数据传送位数和总线工作时钟频率。数据传送位数越宽,总线工作时钟频率越高,则系统总线的信息吞吐率就越高,微机系统的性能就越强。目前,微机系统采用了多种系统总线标准,如 ISA、EISA、VESA、PCI 等,它们分别为 16 位和 32 位的系统总线标准,性能依次增强。

(5)外设扩展能力

主要指计算机系统配接各种外部设备的可能性、灵活性和适应性。一台计算机允许配接多少外部设备,对于系统接口和软件研制都有重大影响。在微型计算机系统中,打印机型号、显示器屏幕分辨率、外存储器容量等都是外设配置中需要考虑的问题。

(6)软件配置情况

软件是计算机系统必不可少的重要组成部分,它配置是否齐全,直接关系到计算机性能的好坏和效率的高低。例如,是否有功能很强、能满足应用要求的操作系统和高级语言、汇编语言,是否有丰富的、可供选用的应用软件等,都是在购置计算机系统时需要考虑的。

习　题

1.1　简述微型计算机的发展概况及其特点和应用范围。

1.2　用 8 位二进制码,写出下列十进制数的原码和补码表示。

①+65;②+115;③−65;④−115

1.3　用 16 位二进制码,写出下列十进制数的原码和补码表示。

①+120;②−120;③+230;④−230

1.4　写出下列用补码表示的二进制数的真值。

①00110111;②01011001;③10001101;④11111001

1.5　按图 1.10 写出取第二条指令操作码的过程。

1.6　什么是微处理器、微型计算机、微型计算机系统?

1.7　衡量微机系统性能主要有哪些技术指标?

1.8　简述微型计算机的基本组成及特点。

1.9　如何确定一个微处理器是 8 位、16 位或 32 位的器件?

第2章

Intel 8086 微处理器

8086CPU 属于第三代微处理器。有 20 条地址线,寻址范围 1M 字节(1MB),内部寄存器和外部数据总线都是 16 位,是一个典型的 16 位微处理器。

2.1 8086 微处理器的内部结构

2.1.1 8086 基本组成

8086CPU 由总线接口部件 BIU(Bus Interface Unit)和指令执行部件 EU(Execution Unit)两个独立的功能部件组成,其内部结构框图如图 2.1 所示。

(1)指令执行部件 EU

指令执行部件主要由算术逻辑单元(ALU)、标志寄存器、通用寄存器和 EU 控制系统等部件组成,其主要功能是执行指令。一般情况下指令顺序执行,EU 可源源不断地从指令队列中取得待执行的指令,达到满负荷连续地执行指令,而省去访问存储器取指令所需要的时间。如果在指令执行过程中需要访问存储器取操作数,那么 EU 将访问地址送给 BIU 后,将要等待操作数到来后才能继续操作;遇到转移类指令,要将指令队列中的后续指令作废,等待 BIU 重新从存储器取出目标地址中的指令代码进入指令队列后,EU 才能继续执行指令。

EU 中的算术逻辑单元(ALU)可完成 16 位或 8 位的二进制运算,运算结果可通过内部总线送到通用寄存器或 BIU 的内部寄存器中等待写入存储器。16 位暂存寄存器用来暂存参加运算的操作数。经 ALU 运算后的结果特征置入标志寄存器中保存。

EU 控制系统从 BIU 的指令队列中取指令,并对指令译码,根据指令要求向 EU 内部各部件发出控制命令以完成各条指令的功能。

(2)总线接口部件 BIU

总线接口部件主要由地址加法器、专用寄存器组、指令队列缓冲器和总线控制逻辑等部件组成,其主要功能是形成访问存储器的物理地址,与外部(存储器或 I/O 接口)进行联系。在正常情况下,BIU 通过地址加法器形成指令在存储器中的物理地址后,启动存储器,从给定地址中取出指令代码送指令队列缓冲器中等待执行,一旦指令队列缓冲器中出现一个空字节,

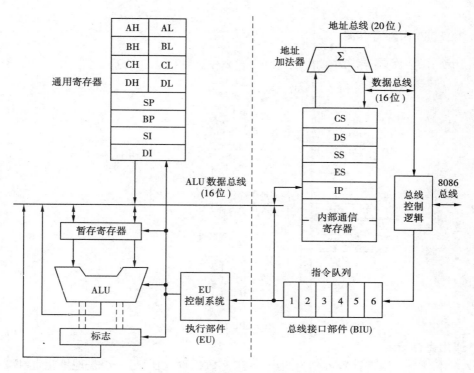

图 2.1　8086CPU 内部结构框图

BIU 将自动进行读指令的操作以填满指令队列缓冲器。只要收到 EU 送来的操作数地址，BIU 将立即形成操作数的物理地址，完成读/写操作数或运算结果等功能。遇到转移类指令，BIU 将指令队列缓冲器中的尚存指令作废，重新从存储器目标地址中取指令送指令缓冲器中。

　　BIU 中的指令队列可存放 6 字节的指令代码，一般情况下应保证指令队列中总是填满指令，使得 EU 可源源不断地得到执行的指令。16 位地址加法器专门用来完成由逻辑地址变换成物理地址的功能，实际上是进行一次地址加法，将两个 16 位的逻辑地址转换为 20 位的物理地址，以达到可寻址 1MB 的存储空间。

　　总线控制逻辑将 8086CPU 的内部总线与外部总线相连，是 8086CPU 与外部交换数据的必经之路，它包括 16 条数据总线、20 条地址总线和若干条控制总线，CPU 正是通过这些总线与外部进行联系，形成 8086 微型计算机系统。

　　由于 EU 和 BIU 这两个功能部件能相互独立地工作，并在大多数情况下，能使大部分的取指令和执行指令操作重叠进行，所以大大减少了等待取指令所需的时间，提高了微处理器的利用率和整个系统的执行速度。这种取指令和执行指令的重叠过程如图 2.2 所示。

图 2.2　取指令和执行指令的重叠过程

2.1.2　8086 内部寄存器

8086CPU 中有 14 个 16 位的寄存器,其寄存器结构如图2.3 所示。

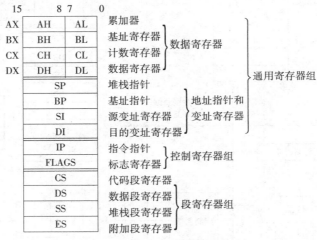

图 2.3　8086CPU 的寄存器结构

(1)通用寄存器组

图 2.3 中 8 个通用寄存器可分为两组:一组是数据寄存器,另一组是地址指针和变址寄存器。

1)数据寄存器

通用寄存器 AX、BX、CX 和 DX 称为数据寄存器,可用来存放 16 位的数据或地址。也可把它们当作 8 个 8 位寄存器(AH、AL、BH、BL、CH、CL、DH、DL)来使用,这时只能存放 8 位数据,而不能用来存放地址。

2)地址指针和变址寄存器

地址指针和变址寄存器包括 SP、BP、SI、DI 这 4 个 16 位寄存器。它们可以像数据寄存器一样在运算过程中存放操作数,但只能以字(16 位)为单位使用。此外,它们更通常的用途是在段内寻址时提供偏移地址。其中,SP(Stack Pointer)称为堆栈指针寄存器,BP(Base Pointer)称为基址指针寄存器,它们都可以与 SS 寄存器联用,用来确定堆栈段中的某一存储单元的地址。SP 用来指示栈顶的偏移地址,BP 可作为堆栈区中的一个基地址以便访问堆栈。SI(Source Index)源变址寄存器和 DI(Destination Index)目的变址寄存器一般与 DS 联用,用来确定数据段中某一存储单元的地址。

表 2.1 给出了这些寄存器的特殊用途。

(2)段寄存器组

8086CPU 总线接口部件 BIU 中设置 4 个 16 位段寄存器,它们是代码段寄存器 CS(Code Segment)、数据段寄存器 DS(Data Segment)、附加数据段寄存器 ES(Extra Segment)和堆栈段寄存器 SS(Stack Segment)。

由于 8086CPU 可直接寻址的存储器空间是 1MB,直接寻址需要 20 位地址码,而所有的内部寄存器都是 16 位的,用这些寄存器只能直接寻址 64KB。为此把 1MB 的存储空间分成许多逻辑段,每段最长为 64KB,这些逻辑段可在整个存储空间中浮动。于是,用段寄存器给定各个逻辑段的首地址的高 16 位,被称为段地址。段寄存器 CS、DS、ES、SS 分别用来存放当前代码段、数据段、附加数据段、堆栈段的段地址。

表 2.1　通用寄存器的特殊用途

寄存器名称	特　殊　用　途
AX、AL	在输入/输出指令中作数据寄存器用
	在乘法指令中,存放被乘数或乘积
	在除法指令中,存放被除数或商数
AH	在 LAHF 指令中,作目标寄存器用
AL	在十进制运算指令中作累加器用
	在 XLAT 指令中作累加器用
BX	在间接寻址中作基址寄存器用
	在 XLAT 指令中作基址寄存器用
CX	在串处理和 LOOP 指令中作计数器用
CL	在移位/循环移位指令中作移位次数计数器用
DX	在字乘法/除法指令中存放乘积高位或被除数高位或余数
	在间接寻址的输入/输出指令中作地址寄存器用
SI	在字符串处理指令中作源变址寄存器用
	在间接寻址中作变址寄存器用
DI	在字符串处理指令中作目标变址寄存器用
	在间接寻址中作变址寄存器用
BP	在间接寻址中作基址指针用
SP	在堆栈操作中作堆栈指针用

通常代码段用来存放可执行的指令,数据段和附加数据段用来存放参加运算的操作数和运算结果,堆栈段用作程序执行中需要使用的堆栈,即在存储器中开辟的堆栈区。如果程序量或数据量很大,超过 64KB,那么可定义多个代码段、数据段、附加数据段和堆栈段,只是在 4 个段寄存器中存放的应该是当前使用的逻辑段的段地址,必要时可修改这些段寄存器的内容,以扩大程序的规模。

（3）控制寄存器组

1）指令指针寄存器 IP（Instruction Pointer）

8086CPU 中设置一个 16 位指令指针寄存器 IP,用来存放将要取出的下一条指令在代码段中的偏移地址。在程序运行过程中,BIU 可修改 IP 中的内容,使它始终指向将要取出的下一条指令。

2）标志寄存器 FLAGS

8086CPU 中设立了一个两字节的标志寄存器 FLAGS（又称 PSW、FR）,有 9 个标志位,其中 6 个用来表示运算结果的状态,包括 CF、PF、AF、ZF、SF 和 OF,称为状态标志位,另外 3 个是控制标志位,用来控制 CPU 的操作,包括 IF、DF 和 TF,如图 2.4 所示。

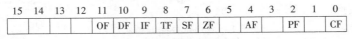

15	14	13	12	11	10	9	8	7	6	5	4	3	2	1	0
				OF	DF	IF	TF	SF	ZF		AF		PF		CF

图 2.4 8086 标志寄存器

现将各标志位的定义说明如下:

①CF(Carry Flag)——进位标志位。如果做加法时最高位(字节操作是 D_7 位,字操作是 D_{15} 位)产生进位或做减法时最高位产生借位,则 CF = 1,否则 CF = 0。

②PF(Parity Flag)——奇偶标志位。如果操作结果的低八位中含有偶数个 1,则 PF = 1,否则 PF = 0。

③AF(Auxiliary Carry Flag)——辅助进位标志位。如果做加法时 D_3 位有进位或做减法时 D_3 位有借位,则 AF = 1,否则 AF = 0。

④ZF(Zero Flag)——零标志位。如果运算结果各位都为零,则 ZF = 1,否则 ZF = 0。

⑤SF(Sign Flag)——符号标志位。如果运算结果的最高位(字节操作是 D_7,字操作是 D_{15})为 1,则 SF = 1,否则 SF = 0。

⑥OF(Overflow Flag)——溢出标志位。在加或减运算中结果超出 8 位或 16 位有符号数所能表示的数值范围时,产生溢出,OF = 1,否则 OF = 0。

⑦IF(Interrupt Flag)——中断标志位。可用指令设置。当 IF = 1 时,CPU 可响应可屏蔽中断请求;IF = 0,CPU 不响应可屏蔽中断请求。

⑧TF(Trap Flag)——单步标志位。假如 TF = 1,则 CPU 处于单步工作方式。在这种工作方式下,CPU 每执行完一条指令就自动产生一次内部中断。在调试程序 DEBUG 中,T 命令就是利用这种中断。

⑨DF(Direction Flag)——方向标志位。在串处理指令中,若 DF = 0,表示串处理指令地址指针自动增量,即串操作由低地址向高地址进行;DF = 1,表示地址指针自动减量,即串操作由高地址向低地址进行。DF 标志位可通过指令预置。

2.1.3 8086 存储器管理

(1)存储器的分段

8086 微处理器有 20 条地址线,可访问存储器的最大容量为 1MB;而 8086 内部所有的寄存器都只有 16 位,只能寻址 64KB。因此,在 8086 系统中,把整个存储空间分成许多逻辑段,每个逻辑段的容量≤64KB,允许它们在整个存储空间中浮动,各个逻辑段之间可以紧密相连,也可以相互重叠(完全重叠或部分重叠)。

在 8086 存储空间中,各逻辑段的起始地址必须是能被 16 整除的地址,即段的起始地址的低 4 位二进制码必须是 0。一个段的起始地址的高 16 位被称为该段的段地址,把它存放在相应的段寄存器中,而段内的相对地址可用系统中的 16 位通用寄存器来存放,被称为偏移地址。

若已知当前有效的代码段、数据段、附加数据段和堆栈段的段地址分别为 1055H、250AH、8FFBH 和 EFF0H,那么它们在存储器中的分布情况如图 2.5 所示。每个段可以独立地占用 64KB 存储区。

各个逻辑段也可以允许重叠。例如,如果代码段中的程序占有 8KB(2000H)存储区,数据段占有 2KB(800H)存储区,堆栈段占有 256B 的存储区,此时分段情况如图 2.6 所示。由图可

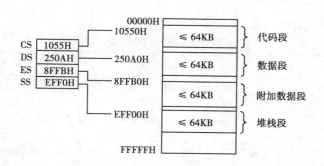

图 2.5　段分配方式之一

知,代码段的区域本可为 02000H～11FFFH(64KB),由于程序区只需要 8KB,所以程序区结束后的地址就可作为数据段的起始地址(04000H)。注意,这里所谓的"重叠"只是指每个区段的大小允许根据实际情况分配,而不一定非要占有 64KB 的最大段空间。

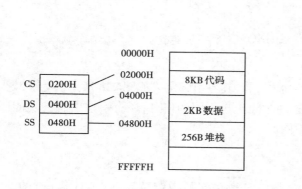

图 2.6　段分配方式之二

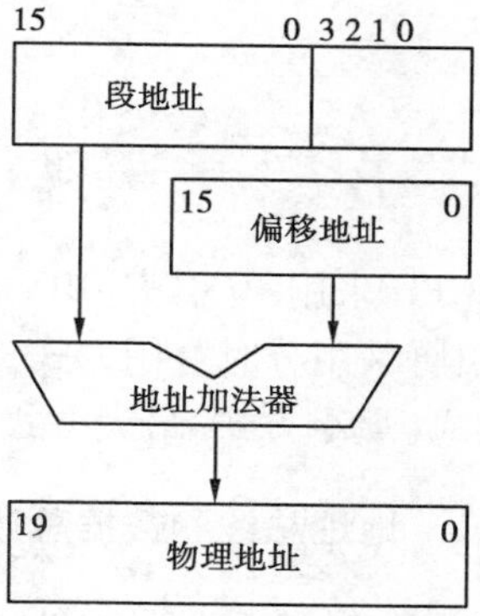

图 2.7　物理地址的形成过程

(2)存储器中的逻辑地址和物理地址

采用分段结构的存储器中,任何一个逻辑地址由段地址和偏移地址两个部分构成。它们都是无符号的 16 位二进制数。

任何一个存储单元对应一个 20 位的物理地址,它是由逻辑地址变换得来的。当 CPU 需要访问存储器时,必须完成如下的地址运算:

$$物理地址 = 段地址 \times 16 + 偏移地址$$

这是在 CPU 的总线接口部件 BIU 的地址加法器中完成的,其操作过程如图 2.7 所示。如果访问存储器要求读/写操作数,则通常由数据段寄存器 DS 给出段地址(必要时可修改为 CS、ES 或 SS),而其偏移地址要由 CPU 的指令执行部件根据指令中所给定的寻址方式来进行计算,通常将这样计算得到的偏移地址称为有效地址(EA)。但如果所采用的寻址方式是通过基址指针 BP 寻址,则段地址要由堆栈段寄存器 SS 提供(必要时可以修改为 CS、DS 或 ES)。

如果对存储器中的堆栈进行操作,则段地址来源于堆栈段寄存器 SS,偏移地址来源于堆栈指针 SP。

如果执行的是串处理指令,当取源串时,段地址由数据段寄存器 DS 提供(必要时可修改为 CS、ES 和 SS),偏移地址必须由源变址寄存器 SI 提供。当取目标串时,段地址必须由附加段寄存器 ES 提供,偏移地址必须由目标变址寄存器 DI 提供。以上这些是系统内部约定,程序设计过程中必须遵守这些约定,见表2.2。

表2.2 逻辑地址来源

操作类型	段地址		偏移地址
	正常来源	其他来源	
取 指 令	CS	无	IP
堆栈指令	SS	无	SP
通用数据访问	DS	CS、ES、SS	有效地址 EA
源串数据访问	DS	CS、ES、SS	SI
目标串数据访问	ES	无	DI
以 BP 间接寻址的指令	SS	CS、ES、DS	有效地址 EA

2.2 8086 引脚功能

8086CPU 采用 40 引脚 DIP(双列直插)封装,其各引脚定义如图 2.8 所示。为了减少引脚数,部分引脚采用分时复用方式,即在不同时间传送不同的信息;还有一些引脚的功能因 CPU 的工作方式(最小方式/最大方式)的不同而不同。

2.2.1 地址总线和数据总线

8086CPU 有 20 条地址总线,用于输出 CPU 要访问的内存单元(或 I/O 端口)的地址;16 条数据总线,用来在 CPU 与内存(或 I/O 端口)之间传送数据。前者为三态输出信号,后者为三态双向信号。地址和数据分时使用总线,共占 20 只引脚。

(1)$AD_{15} \sim AD_0$——地址/数据总线(分时复用)

在每个总线周期开始(T_1)时,用于输出地址总线的低 16 位($A_{15} \sim A_0$),其他时间为数据总线($D_{15} \sim D_0$)。

(2)$A_{19}/S_6 \sim A_{16}/S_3$——地址/状态线(分时复用)

表2.3 S_4、S_3 的编码表

S_4	S_3	正在使用的段寄存器
0	0	ES
0	1	SS
1	0	CS(或不是存储器操作)
1	1	DS

在存储器操作的 T_1 状态,输出最高 4 位地址($A_{19} \sim A_{16}$)。在 I/O 操作的 T_1 状态,这些引脚不用,输出全为 0。

作状态线时,输出状态信息 $S_6 \sim S_3$。这里 S_6 始终为 0;S_5 指示状态寄存器中断允许标志(IF)的当前值,$S_5 = IF$;而 S_4 和 S_3 表示正在使用哪个段寄存器,见表2.3。

2.2.2 控制总线

控制总线是传送控制信号的一组信号线。其中有些是输出线,用来传输 CPU 发出的控制

命令(如读、写命令等);有些是输入线,由外部向 CPU 输入状态或请求信号(复位、中断请求等)。

8086 的控制总线中有一条 MN/$\overline{\text{MX}}$——工作方式选择控制线,用来控制 8086 的工作方式。当 MN/$\overline{\text{MX}}$ 接 +5V 时,8086 处于最小方式,由 8086 提供系统所需要的全部控制信号,用来构成单处理机系统;当 MN/$\overline{\text{MX}}$ 接地时,8086 处于最大方式,系统部分总线控制信号由专用的总线控制器 8288 提供,最大方式用于多处理机系统。

在 8086 的 16 条控制总线中有 8 条的功能与工作方式无关,而另外 8 条的功能随工作方式的不同而不同(即一条信号线有两种功能),现分述如下:

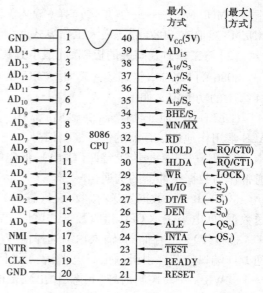

图 2.8 8086 引脚图

(1)与工作方式无关的控制线(公共总线)

①$\overline{\text{RD}}$——读控制信号(三态输出),低电平有效。$\overline{\text{RD}}$ 有效时表示 CPU 正从存储器或 I/O 端口读取信息。

②READY——准备好信号(输入),高电平有效。READY 信号来自存储器或 I/O 端口,反映它们是否做好传送数据的准备。当被访问的部件无法在 8086 规定的时间内完成数据传送时,该部件向 CPU 发出的 READY 信号为低,使 8086 处于等待状态,插入一个或几个等待周期 T_W;当被访问的部件能在规定的时间内完成数据传送时,该部件向 CPU 发出的 READY 信号为高,8086 的操作不受影响。

③RESET——复位信号(输入),高电平有效。RESET 信号有效时,系统处于复位状态。8086CPU 停止正在运行的操作,并将标志寄存器 FLAGS、段寄存器(DS、SS、ES)、指令指针 IP 以及指令队列清零,而将代码段寄存器 CS 置为 FFFFH。当复位信号变为低电平时,CPU 从 FFFF0H 开始执行程序。系统加电或操作员在键盘上进行"RESET"操作时产生 RESET 信号。

④INTR——可屏蔽中断请求(输入),高电平有效。INTR 有效时表示外部有可屏蔽中断请求。CPU 在现行指令的最后一个时钟周期对 INTR 进行测试,以便决定现行指令执行完后是否响应中断。CPU 对可屏蔽中断的响应受中断允许标志 IF 状态的影响。

⑤NMI——不可屏蔽中断请求(输入),上升沿有效。NMI 有效时表示外部有不可屏蔽中断请求,CPU 在现行指令执行完后,立即进行中断处理。CPU 对不可屏蔽中断的响应不受中断允许标志 IF 状态的影响。

⑥$\overline{\text{TEST}}$——测试信号(输入),低电平有效。在 WAIT(等待)指令期间,8088CPU 每隔 5 个时钟周期对$\overline{\text{TEST}}$引脚取样。若$\overline{\text{TEST}}$为高电平,则 8086 循环于等待状态;若为低电平,则 8086 脱离等待状态,继续执行后续指令。

⑦$\overline{\text{BHE}}$/S_7——数据总线高 8 位允许/状态 S_7 信号(输出)。在总线周期的 T_1 时刻,为数据总线高 8 位允许信号$\overline{\text{BHE}}$线,低电平有效,有效时允许高 8 位数据在 $D_{15} \sim D_8$ 总线上传送;其他时刻,该引脚用作状态 S_7 信号线,S_7 为备用信号。

⑧MN/$\overline{MX}$——工作方式选择(输入)。MN/$\overline{MX}$接 + 5V 时,8086处于最小工作方式;MN/$\overline{MX}$接地时,8086 处于最大工作方式。

(2) 与工作方式有关的控制线(最小方式)

8086 的 MN/$\overline{MX}$引脚接 + 5V 时,CPU 处于最小工作方式,其基本配置如图2.9所示,引脚24~31 的功能定义如下:

①ALE——地址锁存允许(输出),高电平有效。有效时表示地址线上的地址信息有效。ALE 常用作地址锁存器的锁存控制信号。

②$\overline{DEN}$——数据传送允许(输出),低电平有效。有效时表示 CPU 准备接收/发送数据。通常作为数据缓冲器的选通信号。

③DT/$\overline{R}$——数据发送/接收信号(输出)。用于指示数据传送的方向,高电平表示 CPU 发送数据,低电平表示 CPU 接收数据。该信号常用于数据缓冲器的方向控制。

④M/$\overline{IO}$——存储器/输入输出选择信号(输出)。用于区分当前操作是访问存储器还是访问 I/O 端口。若该引脚输出高电平,表示访问存储器;若输出低电平,表示访问 I/O 端口。

⑤$\overline{WR}$——写控制信号(三态、输出),低电平有效。$\overline{WR}$有效时表示 CPU 正将信息写入存储器或 I/O 端口。

⑥INTA——中断响应信号(输出),低电平有效。当8086 响应来自 INTR 引脚的可屏蔽中断请求时,在中断响应周期,INTA输出低电平。

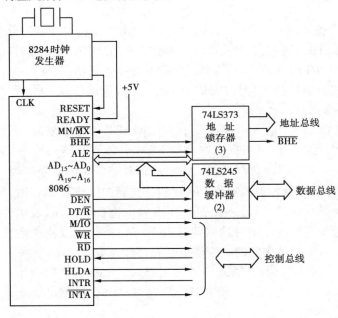

图 2.9 8086 最小工作方式的基本配置

⑦HOLD——总线请求信号(输入),高电平有效。有效时表示系统中其他总线主控设备向 CPU 申请总线控制权。

⑧HLDA——总线响应信号(输出),高电平有效。HLDA 是 CPU 对系统中其他总线主控设备请求使用总线的应答信号。当 CPU 接收到有效的总线请求信号 HOLD 后,就使处理器的地址线、数据线及相应的控制线变为高阻状态,同时输出一个有效的 HLDA,表示 CPU 已放弃

对总线控制。

（3）与工作方式有关的控制线（最大方式）

8088 的 $MN/\overline{MX}$ 引脚接地时，CPU 处于最大工作方式，其基本配置如图 2.10 所示，引脚 24 ~ 31 的功能另定义如下：

① QS_1、QS_0——指令队列状态（输出）。用来表示 8086 中指令队列当前的状态，其含义见表 2.4。

表 2.4　指令队列状态位的编码

QS_1	QS_0	指令队列状态
0	0	无操作，队列中指令未被取出
0	1	从队列中取出当前指令的第一字节
1	0	队列空
1	1	从队列中取出指令的后续字节

② $\overline{S_2}$、$\overline{S_1}$、$\overline{S_0}$——总线状态信号（输出）。这三位状态信号的组合表示 8086 当前总线周期的操作类型。在最大方式系统中，总线控制器 8288 接收这三位状态信息，译码后代替 CPU 输出相应的控制信号，见表 2.5。

表 2.5　8288 可提供的总线命令信号

总线状态信号			CPU 状态	8288 命令
$\overline{S_2}$	$\overline{S_1}$	$\overline{S_0}$		
0	0	0	中断响应	$\overline{INTA}$
0	0	1	读 I/O 端口	$\overline{IORC}$
0	1	0	写 I/O 端口	$\overline{IOWC}$ $\overline{AIOWC}$
0	1	1	暂停	无
1	0	0	取指令	$\overline{MRDC}$
1	0	1	读存储器	$\overline{MRDC}$
1	1	0	写存储器	$\overline{MWTC}$ $\overline{AMWC}$
1	1	1	无作用	无

③ $\overline{LOCK}$——总线锁定信号（输出），低电平有效。该信号有效时表示不允许总线上的主控设备占用总线。$\overline{LOCK}$ 信号由前缀指令 LOCK 使其有效，直至下一条指令执行完毕。

④ $RQ/\overline{GT_1}$ 和 $RQ/\overline{GT_0}$——总线请求响应（输入/输出），低电平有效。该信号为输入时表示其他主控设备向 CPU 请求使用总线；输出时则表示 CPU 对总线请求的响应信号。两只引脚可同时与两个主控设备相连，8086 规定 $RQ/\overline{GT_0}$ 比 $/RQ/\overline{GT_1}$ 有较高优先权。

2.2.3　其他引脚

① CLK——时钟信号（输入）

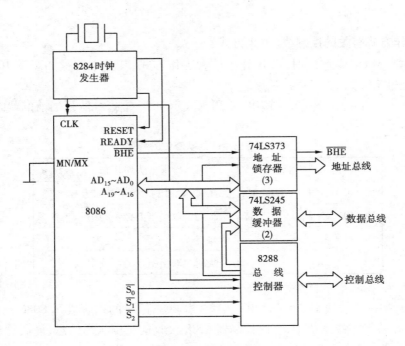

图 2.10　8086 最大工作方式的基本配置

该信号为 8086 提供基本的定时脉冲,其占空比为 1∶3,以提供最佳的内部定时。

②V_{CC}——电源(输入)

接 +5V 电源。

③GND——地线

2.3　8086 系统总线时序

在微机系统的设计和实际应用中,了解系统总线上有关信号的时间关系是很重要的,这就是本节所要讨论的系统总线操作的时序问题。

2.3.1　指令周期、总线周期和时钟周期

每条指令的执行由取指令、译码及执行指令等操作组成。执行一条指令所需要的时间称为指令周期。8086 中不同指令的指令周期是不相同的。

8086CPU 与外部交换信息总是通过总线进行的。CPU 通过总线从存储器或 I/O 接口存取一个字节所需要的时间称为总线周期。一个指令周期由一个或若干个总线周期组成。

CPU 执行指令的一系列操作都是在时钟脉冲 CLK 的统一控制下一步一步地进行的,时钟脉冲的重复周期称为时钟周期。时钟周期是 CPU 处理定时的最小单位,由计算机的主频决定。如 8086 的时钟频率为 5MHz,故时钟周期为 200ns。

8086CPU 的总线周期至少包括 4 个时钟周期,即 T_1、T_2、T_3 和 T_4。处在这些基本时钟周期中的总线状态称为 T 状态。

　　一个总线周期完成一次数据传送,至少包含传送地址和传送数据两个过程。CPU 在 T_1 周期将要访问的存储器或 I/O 端口的地址送上总线,在 $T_2 \sim T_4$ 周期通过总线传送数据。也就是说,数据传送必须在 $T_2 \sim T_4$ 这 3 个周期内完成,否则,在 T_4 过后,CPU 将开始下一个总线周期。

　　在实际应用中,如果 CPU 访问的存储器或外设由于本身速度或其他原因,无法在 3 个 T 周期中完成与 CPU 的数据交换,那么将造成系统读写出错。为此,在 CPU 中设计了一条准备好输入线 READY。若被选中的存储器或外设在 3 个 T 周期中无法完成读写操作,则由它们发出一个请求延长总线周期的低电平信号到 8086 的 READY 引脚,8086CPU 收到该请求后,就在 T_3 与 T_4 之间插入等待周期 T_W,插入 T_W 的个数与外设请求信号的持续时间长短有关。通过插入 T_W 周期,以降低系统的速度为代价,实现了高速 CPU 与低速的存储器或外设同步工作。

　　如果在一个总线周期后不立即执行下一个总线周期,即总线上无数据传输操作,系统总线处于空闲状态,执行空闲周期 T_i。T_i 也以时钟周期 T 为单位,两个总线周期之间插入几个 T_i 与 8086CPU 执行的指令有关,如 8086 执行一条乘法指令时,需要 124 个 T 周期,而其间使用总线的时间极少,大部分时间用于 CPU 内部运算,故指令周期中插入的 T_i 多达 100 多个。图 2.11 给出了 8086CPU 典型的总线周期。

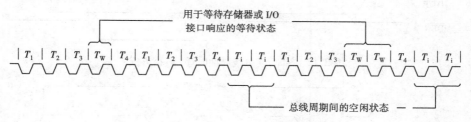

图 2.11　8086CPU 的总线周期

2.3.2　最小方式下 8086 系统总线周期

(1)8086 读总线周期

　　在读总线周期,8086 从存储器或 I/O 端口读出字节数据。一个基本的读总线周期由 4 个 T 状态组成,如图 2.12 所示。

　　在 T_1 周期,8086 将被访问的存储单元或 I/O 端口的 20 位物理地址经 $A_{19}/S_6 \sim A_{16}/S_3$、$AD_{15} \sim AD_0$ 输出(若是访问 I/O 端口,则 $A_{19}/S_6 \sim A_{16}/S_3$ 输出为低电平)。在地址锁存允许信号 ALE 的控制下,这些地址被锁存到 74LS373 地址锁存器中,然后输出到地址总线上,由 $M/\overline{IO}$ 信号表明是读存储器还是读 I/O 端口。在 T_1 周期,CPU 还输出 $\overline{BHE}$ 有效信号,表示高 8 位数据总线上的信息可以使用。

　　到 T_2 周期,CPU 撤销输出的地址信息,输出状态信息 $S_7 \sim S_3$,$AD_{15} \sim AD_0$ 成为高阻悬空状态,此时 $\overline{RD}$ 信号有效,启动被选中的存储器或 I/O 端口。

　　如果被选中的存储器或 I/O 端口在 T_3 周期来得及读出数据并送到数据总线上,它们就将 READY 置为高电平(有效)。CPU 在 T_3 周期时钟脉冲的前沿(下降沿)测得 READY 信号有效后就在 T_3 周期结束时,在 $DT/\overline{R}$ 和 $\overline{DEN}$ 信号的控制下,将数据总线上的数据经数据缓冲器 74LS245 输入 CPU,从而完成了读总线周期的任务。

　　若被选中的存储器或 I/O 端口的工作速度较慢,不能满足上述基本时序的要求,则通过

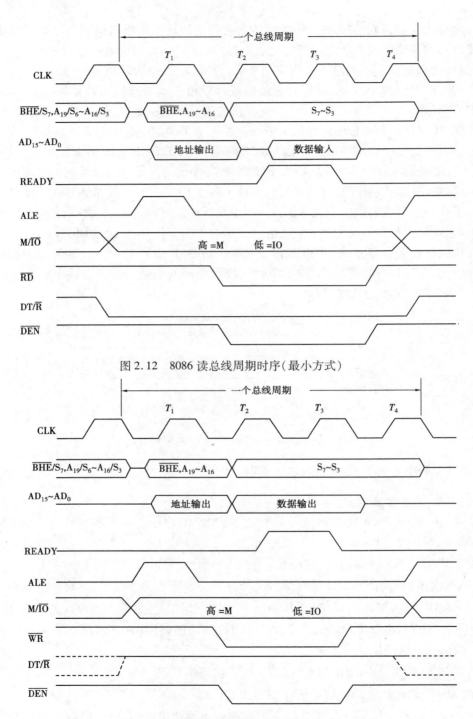

图 2.12　8086 读总线周期时序(最小方式)

图 2.13　8086 写总线周期时序(最小方式)

READY 信号产生电路向 CPU 发一个低电平信号。8086 在 T_3 周期的前沿采样 READY 线,若发现其为低,则在 T_3 周期结束后,不进入 T_4 周期,而插入一个 T_W 周期。然后在 T_W 周期的前沿,采样 READY 线,若 READY 仍为低电平,则又插入一个 T_W 周期;只有在发现 READY 为高电平时,才在这个 T_W 周期结束以后进入 T_4 周期。在 T_W 周期,8086CPU 的控制信号,状态信号都不变。

(2)8086 写总线周期

在写总线周期,8086 将 CPU 输出的数据写到指定的存储单元或 I/O 端口。

一个基本的写总线周期也由 4 个 T 状态组成,如图 2.13 所示。它与前述的读总线周期有许多相同之处,下面主要介绍它们的不同之点。

在写总线周期中,地址的传送过程与读周期完全相同,只是在地址/数据总线 $AD_{15} \sim AD_0$ 上,一旦输出地址被锁存,立即输出数据,并使 $\overline{WR}$ 有效,向存储器或 I/O 端口发出写命令,将数据总线上的数据写入到指定的内存单元或 I/O 端口中去。同样,根据存储器或 I/O 端口的速度,可通过 READY 线要求 CPU 在 T_3 和 T_4 状态之间插入 T_W 周期,以延长写入过程。此外,在写总线周期中,DT/$\overline{R}$ 应输出高电平,使数据缓冲器 74LS245 成输出状态。

2.4　8086 寻址方式

一条指令的机器码通常包含操作码(OP)和操作数两部分。操作码表示指令执行什么操作,操作数表示参加操作的数或数的存放地址。不同指令机器码的长度(二进制代码的位数)不一定相同,但都是字节的整数倍(8086 指令长度为 1~6 个字节)。操作码是每条指令不可缺少的部分,指令机器码的第一个字节一定是操作码;操作数位于操作码之后,有的指令没有操作数。

寻找操作数存放地址的方式称为寻址方式。8086 的寻址方式分为两类:数据寻址方式和转移地址寻址方式。本节只讨论数据寻址方式,转移地址寻址方式将在转移指令中讨论。

2.4.1　立即寻址

在这种寻址方式中,指令中直接给出 8 位或 16 位的操作数(立即数)。它紧跟在操作码之后,作为指令的操作数字段存放在指令代码中,如果是 16 位立即数,那么低位字节数存放在低地址单元中,高位字节数存放在高地址单元中。机器码存放形式如图 2.14 所示。

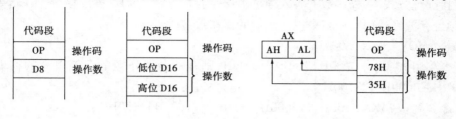

图 2.14　立即寻址示意图　　　　　　图 2.15　例 2.2 的执行情况

立即寻址方式的操作数经常用于寄存器赋初值,并且只能用于源操作数字段,不能用于目的操作数字段。

例 2.1　MOV　AL,06H

指令执行后,AL＝06H,8 位数据 06H 存入 AL 寄存器。

例 2.2　MOV　AX,3578H

指令执行后,AX = 3578H,16 位数据存入 AX 寄存器,可用图 2.15 表示。图中指令存放在代码段中,OP 表示该指令的操作码部分,接下去存放立即数的低位字节 78H,再存放高位字节35H,它们是指令机器码的一部分。

2.4.2 寄存器寻址

操作数在寄存器中,指令中给出存放操作数的寄存器号。对于 16 位操作数,寄存器可以是 AX、BX、CX、DX、SI、DI、SP 和 BP 等;对于 8 位操作数,寄存器可以是 AL、AH、BL、BH、CL、CH、DL 和 DH。这种寻址方式由于操作数就在寄存器中,不需要访问存储器来取操作数,因而可以得到较高的运算速度。

例 2.3 MOV AX,BX

若指令执行前,AX = 3064H,BX = 1234H。则指令执行后,AX = 1234H,BX = 1234H。

2.4.3 存储器寻址

存储器寻址指令,其操作数在某个或某几个存储单元中。要得到存储器操作数,必须执行访问存储器单元的总线周期。存储器单元的逻辑地址由两部分组成:段地址和偏移地址。段地址通常由数据段寄存器 DS 提供,如果所采用的寻址方式通过基址指针 BP 寻址,则段地址由堆栈段寄存器 SS 提供。偏移地址又称为有效地址(EA),它是由下面 3 个地址分量计算得到:

$$16 \text{ 位有效地址 } EA = 基址 + 变址 + 位移量$$

在 8086 中,基址由基址寄存器 BX 和基址指针 BP 提供,变址由变址寄存器 SI、DI 提供,位移量是一个 8 位或 16 位二进制常数。即

$$EA = \left\{ \begin{array}{c} BX \\ BP \end{array} \right\} + \left\{ \begin{array}{c} SI \\ DI \end{array} \right\} + \left\{ \begin{array}{cc} 8 \text{ 位} \\ 16 \text{ 位} & 位移量 \end{array} \right\}$$

以上 3 个分量的不同组合,可以构成 6 种不同的有效地址形成方式,即存储器操作数有 6 种寻址方式。

(1)直接寻址

在直接寻址方式中,操作数的有效地址由指令直接给出,即 EA = 位移量。在指令机器码中,有效地址存放在代码段中指令操作码后的操作数字段。

例 2.4 MOV AX,[3000H]

从指令中可知 EA = 3000H,若 DS = 2000H,则存放源操作数的存储单元的物理地址 = 2000H × 10H + 3000H = 23000H。

设指令执行前,AX = 7850H,(23000H) = 50H,(23001H) = 30H。

指令执行后,AX = 3050H,(23000H) = 50H,(23001H) = 30H,DS = 2000H。指令执行情况如图 2.16 所示。

在汇编语言指令中,可以用符号地址代替数值地址,如:

例 2.5 MOV AX,VALUE

其中 VALUE 即存放源操作数的符号地址。此指令也可写成:

  MOV AX,[VALUE]

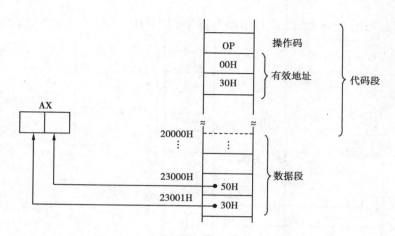

图 2.16　例 2.4 的执行情况

（2）寄存器间接寻址

操作数的有效地址由基址寄存器 BX、BP 或变址寄存器 SI、DI 提供。即

$$EA = \begin{Bmatrix} BX \\ BP \\ SI \\ DI \end{Bmatrix}$$

例 2.6　MOV　AX,[BX]

由于是通过基址寄存器 BX 寻址,故操作数是在数据段中,段地址由数据段寄存器 DS 提供。若 DS = 2000H,BX = 1000H,则物理地址 = 2000H × 10H + 1000H = 21000H。

设指令执行前,AX = 8040H,(21000H) = A0H,(21001H) = 50H。

则指令执行后,AX = 50A0H,(21000H) = A0H,(21001H) = 50H。执行情况如图 2.17 所示。

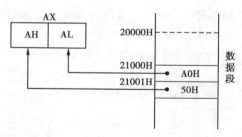

图 2.17　例 2.6 的执行情况

（3）带位移的基址寻址

操作数的有效地址由基址寄存器的值与位移量相加形成,即 EA = 基址 + 位移量。

例 2.7　MOV　AX,4000H[BP]

　　　　　或 MOV　AX,[BP + 4000H]

由于是通过基址指针 BP 寻址,故操作数是在堆栈段中,段地址要由堆栈段寄存器 SS 提供。若 SS = 3000H,BP = 2000H,则 EA = 2000H + 4000H = 6000H,物理地址 = 3000H × 10H + 6000H = 36000H。

指令执行情况如图 2.18 所示,执行结果是:AX = 1234H。

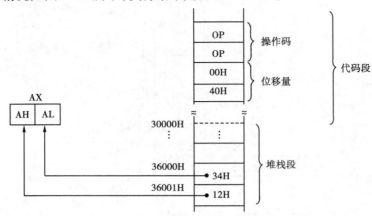

图 2.18　例 2.7 的执行情况

（4）带位移的变址寻址

操作数的有效地址由变址寄存器的值与位移量相加所或,即 EA = 变址 + 位移量。

例 2.8　MOV　AL,COUNT[SI]

　　　　或 MOV　AL,[SI + COUNT]

其中位移量 COUNT 为符号地址,可由伪指令来定义,详见第 3 章伪指令一节说明。

其功能是将数据段中有效地址为(SI + COUNT 的 16 位偏移量)的内存单元的 8 位操作数送给 AL,即 AL ←(SI + COUNT)。

（5）基址变址寻址

操作数的有效地址是基址寄存器的值与变址寄存器的值相加形成,即 EA = 基址 + 变址。

例 2.9　MOV　AX,[BX][DI]

　　　　或 MOV　AX,[BX + DI]

若 DS = 3000H,BX = 6780H,DI = 0041H,则 EA = 6780H + 0041H = 67C1H。源操作数存放单元的物理地址 = 30000H + 67C1H = 367C1H

执行结果 AX = 1234H。指令执行情况如图 2.19 所示。

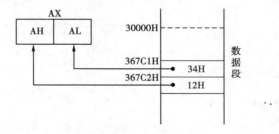

图 2.19　例 2.9 的执行情况

（6）带位移的基址变址寻址

操作数的有效地址是一个基址寄存器的内容,一个变址寄存器的内容与位移量之和,即 EA = 基址 + 变址 + 位移量。

例 2.10　MOV　AX,MASK[BX][SI]

　　或 MOV　AX,MASK[BX + SI]

　　或 MOV　AX,[MASK + BX + SI]

这条指令的三种写法是一样的,汇编程序都能识别。

　　若 DS = 3000H,BX = 2000H,SI = 1000H,MASK = 0250H,则物理地址 = 3000H × 10H + 2000H + 1000H + 0250H = 33250H。

　　指令执行情况如图 2.20 所示,执行结果 AX = 5678H。

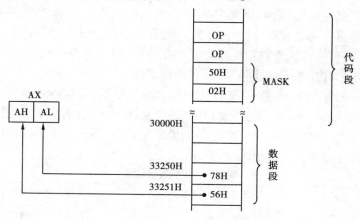

图 2.20　例 2.10 的执行情况

在存储器寻址中,可以通过段超越前缀来修改提供段地址的寄存器。

例 2.11　MOV　AX,ES:[3000H]

　　　　　MOV　AX,SS:[BX]

　　　　　MOV　AX,DS:[BP + DI + 4000H]

例 2.11 中 3 条指令的源操作数的段地址在加了段超越前缀后分别由附加段寄存器 ES、堆栈段寄存器 SS、数据段寄存器 DS 提供,相应的源操作数分别存放在附加数据段、堆栈段、数据段中。

2.5　8086 指令系统

　　8086 指令系统按其功能可将全部指令分成数据传送类、算术运算类、逻辑运算类、串操作类、程序转移类和控制类 6 大类,下面按类分别予以讨论。

2.5.1　数据传送指令

　　数据传送指令可完成寄存器与寄存器之间、寄存器与存储器之间以及寄存器与 I/O 端口之间的字节或字传送,它们共同的特点是不影响标志寄存器的内容。其中又可分成 4 种类型的指令,见表 2.6。

(1)通用数据传送指令

1)MOV 传送指令

格式:　MOV　目标,源

指令功能:将源操作数(一个字节或一个字)传送到目标操作数。

源操作数可以是 8/16 位通用寄存器、段寄存器、存储器中的某个字节/字或者是 8/16 位的立即数。

目标操作数不允许为立即数,其他同源操作数。

2)堆栈操作指令

堆栈是以后进先出的规则存取信息的一种存储机构。在微型计算机中,堆栈通常是存储器的一部分。为了保证堆栈区的存储器能按后进先出的规则存取信息,该存储区的存取地址由一个专门的地址寄存器来管理,这个地址寄存器称为堆栈指针。当信息存入堆栈时,堆栈指针将自动减量,并将信息存入堆栈指针所指出的存储单元;当需要从堆栈中取出信息时,也将从堆栈指针所指出的存储单元读出信息,并自动将堆栈指针增量。所以,堆栈指针始终指向堆栈中最后存入信息的那个单元,称该单元为栈顶。在信息的存与取的过程中,栈顶是不断移动的,也称它为堆栈区的动端。而堆栈区的另一端则是固定不变的,称其为栈底。在 8086CPU中,寄存器 SP 即为堆栈指针,它是一个 16 位的地址寄存器,用来存放堆栈栈顶的偏移地址,堆栈区的段地址则存于段寄存器 SS 中。

表 2.6　数据传送指令

指令类型	指令功能	指令书写格式
通用数据传送	字节或字传送 字压入堆栈 字弹出堆栈 字节或字交换 代码转换	MOV　目标,源 PUSH　源 POP　目标 XCHG　目标,源 XLAT
目标地址传送	装入有效地址 装入 DS 寄存器 装入 ES 寄存器	LEA　目标,源 LDS　目标,源 LES　目标,源
标志位传送	将 FLAGS 低字节装入 AH 寄存器 将 AH 内容装入 FLAGS 低字节 将 FLAGS 内容压入堆栈 从堆栈弹出 FLAGS 内容	LAHF SAHF PUSHF POPF
I/O 数据传送	输入字节或字 输出字节或字	IN　累加器,端口 OUT　端口,累加器

在程序设计中,堆栈是十分有用的一种结构。后面要介绍的子程序的调用与返回都将离不开堆栈。此外,堆栈还可以用来保存程序中的某些信息,在中断系统中,中断响应和返回的正确操作也必须由堆栈来保证。

①PUSH　入栈指令

格式:　PUSH　源

指令功能:将源操作数压入堆栈。

源操作数可以是 16 位通用寄存器、段寄存器或者是存储器中的数据字。

例 2.12　PUSH　CX

设指令执行前,SP=2500H,SS=5000H,CX=3125H。

执行该指令时,首先修改堆栈指针 SP – 1→SP,SP = 24FFH;然后寄存器高字节入栈,CH→(SP),(524FFH) = 31H;再 SP – 1→SP,SP = 24FEH;最后寄存器低字节入栈,CL→(SP),(524FEH) = 25H,如图 2.21 所示。

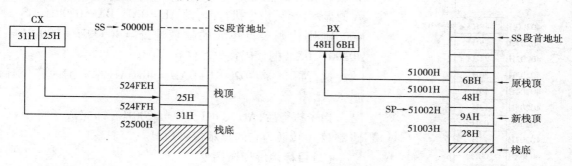

图 2.21　PUSH CX 指令操作过程　　　　图 2.22　POP　BX 指令的操作过程

②POP　出栈指令

格式:　POP　目标

指令功能:将堆栈中当前栈顶和次栈顶中的数据字弹出送到目标操作数。

目标操作数可以是 16 位通用寄存器、段寄存器或者是存储单元。

例 2.13　POP　BX

设指令执行前,SS = 5000H,SP = 1000H,如图 2.22 所示。

执行该指令,首先栈顶数据弹到寄存器低字节,(SP)→BL,BL = 6BH;然后指针加 1,SP + 1→SP,SP = 1001H;次栈顶数据弹到寄存器高字节,(SP)→BH,BH = 48H;最后指针再加 1,SP + 1→SP,SP = 1002H。

3)XCHG　交换指令

格式:　XCHG　目标,源

指令功能:将源操作数与目标操作数(一个字节或一个字)相互交换位置。

源操作数可以是通用寄存器或存储单元。目标操作数只允许是通用寄存器。

例 2.14　XCHG　DX,[BP][SI]

若已知 SS = 5000H,BP = 0200H,SI = 0046H,则存储单元的物理地址 = 50000H + 0200H + 0046H = 50246H。

指令执行前,DX = 37CDH,(50246H) = 42H,(50247H) = 65H。

指令执行后,DX = 6542H,(50246H) = CDH,(50247H) = 37H。

4)XLAT　换码指令

这是一条完成字节翻译功能的指令,又可称为代码转换指令。

格式:　XLAT

指令功能:AL←(BX + AL)

在程序中经常需要把一种代码转换为另一种代码。例如,把字符的扫描码转换为 ASCII 码,或者把数字 0 ~ 9 转换为七段数码管所需要的相应代码等。XLAT 就是为这种用途设置的指令。XLAT 指令通过查表方式完成翻译功能,因此,在使用这条指令以前,应先建立一个表格,表格的首地址预先存入 BX 寄存器,要转换的代码相对于表格首地址的偏移量是一个 8 位无符号数,预先存入 AL 寄存器中,表格中的内容则是所要转换的代码。

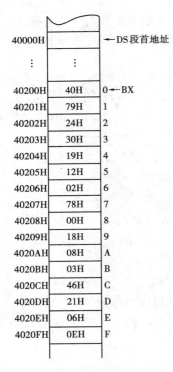

40000H		←DS段首地址
⋮	⋮	
40200H	40H	0←BX
40201H	79H	1
40202H	24H	2
40203H	30H	3
40204H	19H	4
40205H	12H	5
40206H	02H	6
40207H	78H	7
40208H	00H	8
40209H	18H	9
4020AH	08H	A
4020BH	03H	B
4020CH	46H	C
4020DH	21H	D
4020EH	06H	E
4020FH	0EH	F

图 2.23　数码管显示代码表

例 2.15　若需将 0~F 的十六进制数转换为七段数码管显示的显示代码。此代码表位于数据段中,BX 的内容指向代码表的首单元,如图 2.23 所示。若要取出十六进制数 A 的显示代码,指令执行前,设 AL = 0AH,BX = 0200H,DS = 4000H,则代码表首单元的物理地址 = 40000H + 0200H = 40200H,0~F 的代码预先存储在表中。

执行指令,将 40200H + 0AH = 4020AH 单元的内容 08H 送入 AL。

指令执行后,AL = 08H,BX = 0200H。即完成了将十六进制数 A 转换为它的显示代码 08H。

（2）目标地址传送指令

这是一类专用于传送地址码的指令,可用来传送操作数的段地址或偏移地址,共包含以下三条指令:

1）LEA　有效地址送寄存器指令

格式：　LEA　目标,源

指令功能:将源操作数的有效地址 EA 传送到目标操作数。

源操作数必须是存储器操作数。目标操作数必须是 16 位通用寄存器。

例 2.16　LEA　BX,[SI + 1055H]

指令执行前,BX = 508AH,SI = 0054H。

指令执行后,BX = 10A9H,SI = 0054H。

此指令执行结果是将源操作数的有效地址 EA = 1055H + 0054H = 10A9H 送入 BX 中。

2）LDS　指针送寄存器和 DS 指令

格式：　LDS　目标,源

指令功能:从源操作数所指定的存储单元中取出某变量的地址指针(共 4 个字节),将其前两个字节(即变量的偏移地址)传送到目标操作数,后两个字节(即变量的段地址)传送到 DS 段寄存器中。

源操作数必须是存储器操作数,从该单元开始,连续 4 个字节存放的是某变量的地址指针。目标操作数必须是 16 位通用寄存器。

例 2.17　LDS　BX,[DI + 1008H]

若已知当前 DS = 2500H,DI = 2400H,则该指令的操作过程如图 2.24 所示。

执行这条指令,是将物理地址 28408H 单元开始的 4 个字节中前 2 个字节(偏移地址值)3344H 传送到 BX 寄存器中,后 2 个字节(段地址)1122H 传送到 DS 段寄存器中。

3）LES　指针送寄存器和 ES 指令

格式：　LES　目标,源

这条指令与 LDS 指令的操作基本相同,不同之处仅在于将源操作数所指向地址指针中的段地址送到 ES 段寄存器,而不是 DS 段寄存器。

LDS 和 LES 指令常用于在串处理指令之前传送源串和目标串的地址指针。

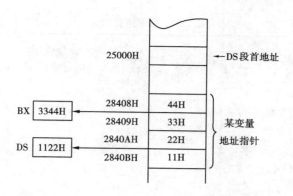

图 2.24　LDS BX,〔DI+1008H〕指令的操作过程

（3）标志位传送指令

可完成标志位传送的指令共有 4 条。

1）LAHF　标志位送 AH 指令

格式：　LAHF

指令功能:将标志寄存器 FLAGS 的低字节传送到 AH 寄存器中。

2）SAHF　AH 送标志寄存器指令

格式：　SAHF

指令功能:将 AH 寄存器内容送到标志寄存器 FLAGS 的低字节。

3）PUSHF　标志进栈指令

格式：　PUSHF

指令功能:将 16 位标志寄存器 FLAGS 内容入栈保护。其操作过程与前述的 PUSH 指令类似。

4）POPF　标志出栈指令

格式：　POPF

指令功能:将当前栈顶和次栈顶中的数据字弹出送到标志寄存器 FLAGS 中。

以上两条指令常成对出现,用来保护和恢复标志寄存器的内容,必要时可用来修改标志寄存器的内容。

（4）输入/输出数据传送指令

输入/输出指令用来完成累加器（AX/AL）与 I/O 端口之间数据传送功能。这部分指令将在第 6 章中介绍。

2.5.2　算术运算指令

8086 指令系统中,具有完备的加、减、乘、除算术运算指令,可处理无符号或有符号的 8/16 位二进制数,以及压缩型/非压缩型 BCD 码十进制整数。

表 2.7 给出 8086 指令系统中算术运算指令的名称、助记符和它们对标志位的影响。

对于加法和减法运算指令,由于有符号数和无符号数的加法和减法运算的操作过程无差别,因此,可用一条加法/减法指令来完成。而对于乘法和除法运算,由于有符号数和无符号数的运算过程完全不同,因此,从表 2.7 中可看出,分别设有无符号的乘法和除法以及有符号的乘法和除法运算指令。

表 2.7　算术运算指令

类别	指令名称	指令书写格式（助记符）	状态标志位					
			O	S	Z	A	P	C
加法	加法(字节/字)	ADD　目标,源	X	X	X	X	X	X
	带进位加法(字节/字)	ADC　目标,源	X	X	X	X	X	X
	加1(字节/字)	INC　目标	X	X	X	X	X	—
减法	减法(字节/字)	SUB　目标,源	X	X	X	X	X	X
	带借位减法(字节/字)	SBB　目标,源	X	X	X	X	X	X
	减1(字节/字)	DEC　目标	X	X	X	X	X	—
	求补(字节/字)	NEG　目标	X	X	X	X	X	X
	比较(字节/字)	CMP　目标,源	X	X	X	X	X	X
乘法	无符号乘法(字节/字)	MUL　源	X	U	U	U	U	X
	有符号整数乘法(字节/字)	IMUL　源	X	U	U	U	U	X
除法	无符号除法(字节/字)	DIV　源	U	U	U	U	U	U
	有符号整数除数(字节/字)	IDIV　源	U	U	U	U	U	U
	字节转换成字	CBW	—	—	—	—	—	—
	字转换成双字	CWD	—	—	—	—	—	—
十进制调整	加法的 ASCII 码调整	AAA	U	U	U	X	U	X
	加法的十进制调整	DAA	U	X	X	X	X	X
	减法的 ASCII 码调整	AAS	U	U	U	X	U	X
	减法的十进制调整	DAS	X	X	X	X	X	X
	乘法的 ASCII 码调整	AAM	U	X	Z	U	X	U
	除法的 ASCII 码调整	AAD	U	X	X	—	X	U

注:C:进位标志　　　　　　X:运算结果影响标志位

P:奇偶校验标志　　　　—:运算结果不影响标志位

A:辅助进位标志　　　　U:标志位为任意值

Z:零标志　　　　　　　1:将标志位置"1"

S:符号标志　　　　　　0:将标志位置"0"

O:溢出标志

　　对于十进制运算,在 8086 系统中采用先用二进制进行运算,后进行十进制调整的方式来实现。对于加法和减法运算,由于压缩型和非压缩型十进制数的调整方法不同,因此,设置加法/减法的十进制调整指令完成对压缩型 BCD 码进行调整的功能,加法/减法的 ASCII 码调整指令完成对非压缩型 BCD 码进行调整的功能。

　　对于十进制数的乘法/除法运算,不允许采用压缩型格式,因此,各设置一条对 ASCII 码进行调整的指令就够了。

　　从表 2.7 中还可看出,绝大部分算术运算指令都影响状态标志位。

　　下面对各类算术运算指令分别加以说明。

(1)加法运算指令

1)ADD　加法指令

格式:　ADD　目标,源

指令功能:将源操作数与目标操作数相加,结果保留在目标操作数,并根据结果置标志位。源操作数可以是 8/16 位通用寄存器、存储单元或立即数。

目标操作数不允许是立即操作数,其他同源操作数,且不允许两者同时为存储器操作数。

例 2.18　ADD　[BX + 105AH],1322H

若已知当前 DS = 2000H,BX = 1200H,则该指令的操作过程如图 2.25 所示。

执行这条指令的结果,将立即数 1322H 与存储器中物理地址为 2225AH 和 2225BH 中的字数据 3344H 相加,结果为 4666H,保留在目标地址 2225AH 和 2225B 单元中。根据运算结果所置的状态标志位如图 2.25 所示。

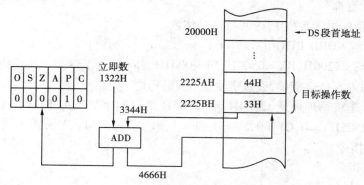

图 2.25　ADD[BX + 105AH],1322H 指令操作过程

2)ADC　带进位加法指令

格式:　ADC　目标,源

指令功能:将源操作数和目标操作数以及 CF 的值相加,结果保留在目标操作数,并根据结果置标志位。

这条指令主要用于多字节(或多字)加法运算中。

例 2.19　实现两个无符号的双精度数(双字)的加法。

假设目标操作数存放在 DX、AX 寄存器中,其中 DX 存放高位字。源操作数存放在 BX、CX 中,其中 BX 存放高位字。

指令执行前,DX = 0002H,AX = F365H,BX = 0005H,CX = E024H。

双字加法指令序列为:

　　　　ADD　AX,CX;低位字相加

　　　　ADC　DX,BX;带进位的高位字相加

则第一条指令执行

$$
\begin{array}{ccccl}
 & 1111 & 0011 & 0110 & 0101 & \text{AX} \\
+) & 1110 & 0000 & 0010 & 0100 & \text{CX} \\
\hline
[1] & 1101 & 0011 & 1000 & 1001 & \text{AX}
\end{array}
$$

指令执行后,AX = D389H,OF = 0,SF = 1,ZF = 0,CF = 1,PF = 0,AF = 0。

第二条指令执行

```
        0000  0000  0000  0010   DX
        0000  0000  0000  0101   BX
   + )                      1    CF
        0000  0000  0000  1000   DX
```

指令执行后,DX = 0008H,CF = 0,OF = 0,SF = 0,ZF = 0,PF = 0,AF = 0。

可以看出,为实现双精度加法,必须用两条指令分别完成低位字和高位字的加法,而且在高位字相加时,必须使用 ADC 指令,以便把低位字相加的进位加入高位字内。

3)INC 加 1 指令

格式: INC 目标

指令功能:将目标操作数加 1,送回目标操作数。

例 2.20 INC WORD PTR[BX + DI]

若已知当前 DS = 1200H,BX = 0500H,DI = 0004H,并有变量定义语句说明[BX + DI]所指向的存储单元中的内容是字变量,设该字变量为 FFFFH。

执行这条指令是将物理地址 12504H 和 12505H 单元的字数据 FFFFH 加 1,指令执行后,(12504H) = 0,(12505H) = 0,OF = 0,SF = 0,ZF = 1,PF = 1,AF = 1,CF 标志不受影响。

(2)减法运算指令

1)SUB 减法指令

格式: SUB 目标,源

指令功能:将目标操作数减去源操作数,其结果送回到目标操作数,并根据运算结果置标志位状态。

源操作数可以是 8/16 位通用寄存器、存储器单元或立即数。

目标操作数只允许是通用寄存器或存储单元,且不允许两个操作数同时为存储器操作数。

例 2.21 SUB AX,[BX]

若已知当前 DS = 2000H,BX = 250BH,AX = 8811H,则该指令的操作过程如图 2.26 所示。

执行这条指令,是将 AX 寄存器中的目标操作数 8811H 减去物理地址 2250BH 和 2250CH 单元中的源操作数 00FFH 得 8712H,并把它送回 AX 寄存器中,其运算过程如下:

```
        1000  1000  0001  0001
   - )  0000  0000  1111  1111
        1000  0111  0001  0010
```

根据运算结果所置各标志位状态如图 2.26 所示。

2)SBB 带借位减法指令

格式: SBB 目标,源

本指令执行过程与 SUB 指令基本相同,唯一的不同点是 SBB 指令在执行减法运算时,还要减去 CF 的值,SBB 指令主要用于多字节减法运算中。

3)DEC 减 1 指令

格式: DEC 目标

指令功能:将目标操作数减 1 后送回目标操作数。

目标操作数可以是 8/16 位通用寄存器和存储器操作数,但不允许是立即数。

例 2.22 DEC CL

若已知 CL = 80H,执行该指令,是将 CL 寄存器中的 80H 减 1 后所得的 7FH 送回 CL 寄存

44

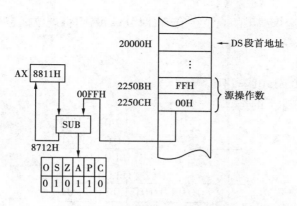

图 2.26　SUB AX,[BX]指令操作过程

器中,并根据运算结果置标志位,但不影响进位标志 CF。

4)NEG　求补指令

格式:　NEG　目标

指令功能:将目标操作数取负后送回目标操作数,也即把操作数按位取反后末位加 1。

目标操作数可以是 8/16 位通用寄存器或存储器操作数。

NEG 指令把目标操作数当成一个有符号数,如果源操作数是正数,NEG 指令则将其变成负数(用补码表示);如果源操作数是负数(用补码表示),NEG 指令则将其变成正数。

例 2.23　NEG　BL

设执行指令前 BL = FDH。

执行指令后,BL = 03H,CF = 1,PF = 1,ZF = 0,AF = 1,OF = 0,SF = 0。

5)CMP　比较指令

格式:　CMP　目标,源

指令功能:将目标操作数减去源操作数,结果不回送,只根据运算结果置标志位。

源操作数可以是 8/16 位通用寄存器、存储单元或立即数。

目标操作数只允许是通用寄存器或存储单元。

例 2.24　CMP　AX,[DI]

若已知当前 DS = 3000H,DI = 0530H,AX = 1FB8H。

执行本指令,是将 AX 的内容 1FB8H 与物理地址 30530H 和 30531H 中的数据字进行比较运算,根据结果置标志位状态。若(30530H) = B8H,(30531H) = 1FH,则指令执行后,AX 和上述内存单元中的操作数均不变,标志 CF = 0,PF = 1,ZF = 1,AF = 0,OF = 0,SF = 0。

(3)乘法运算指令

1)MUL　无符号数乘法指令

格式:　MUL　源操作数

指令功能:完成两个无符号的 8/16 位二进制数相乘。

被乘数隐含存放在累加器中。指令中给出的源操作数作乘数,可以是 8/16 位通用寄存器或存储单元。

对于字节乘法,完成运算:AL * 源操作数(8 位)→AX。若运算结果的高字节有效,即 AH≠0,则将进位标志 CF 和溢出标志 OF 同时置 1。对于字乘法,完成运算:AX * 源操作数

(16 位)→DX,AX。若运算结果的高位字有效,即 DX≠0,则将进位标志 CF 和溢出标志 OF 同时置 1。

例 2.25　MUL　BL

若已知当前 AL = D5H,BL = 14H。

执行这条指令完成如下的运算:

$$
\begin{array}{r}
11010101 \\
\times\quad 00010100 \\
\hline
11010101 \\
+\quad 11010101\quad\ \\
\hline
000100001010100
\end{array}
$$

AX = 10A4H。因为 AH≠0,所以 CF = 1,OF = 1,其他标志位保持任意状态。

2)IMUL　有符号数乘法指令

格式:　IMUL　源操作数

指令功能:完成两个有符号的 8/16 位二进制数相乘。

对于两个有符号数相乘,如果采用与无符号数乘法相同的操作过程,那么会得到完全错误的结果。为此,专门设置了有符号数的乘法运算指令 IMUL。至于 IMUL 指令采用什么算法来完成,有各种不同的方案,可选的方案之一是将参加乘法运算的操作数恢复为原码,将符号位单独运算,数值位当成无符号数相乘,最后给乘积赋以正确的符号,并用补码表示。当然也可直接采用补码乘法运算的算法来实现。

有关 IMUL,指令的其他约定都与 MUL 指令相同。

(4)除法运算指令

1)DIV　无符号数除法指令

格式:　DIV　源操作数

指令功能:完成两个无符号的二进制数相除。

被除数隐含存放在累加器 AX(字节除)或 DX、AX(字除)中,指令中给出的源操作数作除数,可以是 8/16 位通用寄存器或存储单元。

对于字节除法,完成如下运算:

　　　　　AX ÷ 源操作数(8 位) = 商数在 AL 中,余数在 AH 中。

对于字除法,完成如下运算:

　　　　　DX,AX ÷ 源操作数(16 位) = 商数在 AX 中,余数在 DX 中。

若除法运算所得的商数超出累加器的容量,则系统将其当作除数为 0 处理,这种情况下所得商数和余数均无效。

例 2.26　DIV　BYTE PTR[BX + SI]

若已知当前 BX = 1000H,SI = 005EH,DS = 1200H,AX = 0400H,存储器中的源操作数已被定义为字节变量 32H,执行这条指令完成如下的除法运算:

$$\begin{array}{r}
00010100 \\
00110010 \enclose{longdiv}{0000010000000000} \\
-110010 \\
\hline
0111000 \\
-110010 \\
\hline
00011000
\end{array}$$

——商数在 AL 中

——余数在 AH 中

2）IDIV　有符号数除法指令

格式：　IDIV　源操作数

指令功能：完成两个有符号的二进制数相除。

如果源操作数是字节数据，那么被除数应为字数据并隐含存放在 AX 中；如果被除数也是字节数，那么应将其扩展为 16 位并存放到 AX 后，才能开始字节除法运算。运算结果商数在 AL 中，余数在 AH 中。在这种情况下，允许的最大商数为 +127，最小商数为 −128。

如果源操作数是字数据，那么被除数应为双字数据并隐含存放在 DX、AX 中；如果被除数也是字数据，那么应将其扩展为 32 位并存放到 DX、AX 后，才能开始字除法运算。运算结果商数在 AX 寄存器中，余数在 DX 寄存器中。在这种情况下允许的最大商数为 +32 767，最小商数为 −32 768。

至于 IDIV 指令是用什么算法完成，可有许多种不同的方案。可选的方案之一是将参加运算的操作数恢复为原码，将符号位独立运算，数值位当成无符号数相除，再给结果赋以正确符号，并转换成补码。当然也可直接采用补码除法运算来实现。

（5）符号扩展指令

1）CBW　字节转换为字指令

格式：　CBW

指令功能：将 AL 中的符号扩展到 AH 中，即将一个字节的有符号数扩展成一个字。

2）CWD　字转换为双字指令

格式：　CWD

指令功能：将 AX 中的符号扩展到 DX 中，即将一个字的有符号数扩展成双字。

（6）十进制调整指令

前面介绍的所有算术运算指令都是二进制数的运算指令，但是，人们最常用的是十进制数。这样，当计算机进行计算时，必须先把十进制数转换为二进制数，再进行二进制数运算，最后将运算结果又转换为十进制数输出。为了便于十进制数的运算，8086 指令系统提供了一组用于十进制调整的指令，将二进制运算结果进行调整而得到十进制数的结果。

1）压缩型 BCD 码调整指令

①DAA　加法的十进制调整指令

格式：　DAA

指令功能：将 AL 寄存器中二进制加法运算的结果调整为两位压缩型十进制数，仍保留在 AL 寄存器中。

下面通过几个实例来说明 DAA 指令如何进行调整操作。

例 2.27　在机器中这样进行运算。

```
        48              01001000
     +  29           +  00101001
        77              01110001      AF=1,低位需要+6调整
                     +      0110
                        01110111
```

```
        66              01100110
     +  92           +  10010010
       158              11111000      高位出现非法码,需要+6调整
                     +      0110
                       101011000
```

```
        98              10011000
     +  77           +  01110111
       175             100001111      低位出现非法码,需要+6调整
                     +  01100110      CF=1,高位需要+6调整
                       101110101
```

上述 3 个例子说明,AL 寄存器中的运算结果在下列两种情况下要进行调整:

a. 当运算结果中出现非法码(1010B ~ 1111B)。

b. 本位向高位(指 BCD 码)有进位。AF = 1,表示低位向高位有进位,低位要进行 +6 调整;CF = 1,表示高位向更高位有进位,高位要进行 +6 调整。

DAA 指令的调整操作就是根据这两条原则来进行的。由于 DAA 指令不能单独使用,只能跟在 ADD 或 ADC 指令之后,对 AL 中的相加结果进行调整,因此,对于多字节的十进制运算,只能从低字节开始,逐个字节的进行运算和调整。例如,已知当前 AX = 4866,BX = 2992,如果要将这两个十进制数相加,结果保留在 AX 中,那么需要安排下列几条指令来完成:

```
ADD     AL,BL      ;低字节相加
DAA                ;低字节调整
MOV     CL,AL
MOV     AL,AH      ;高字节相加
ADC     AL,BH
DAA                ;高字节调整
MOV     AH,AL
MOV     AL,CL
```

依照类似方式,可推广到任意多个字节的压缩型十进制数的加法运算,除最低字节外,其他字节必须采用 ADC 指令来完成加法运算。

②DAS　减法的十进制调整指令

格式:　DAS

指令功能:将 AL 寄存器中的减法运算结果调整为两位压缩型 BCD 格式,仍保留在 AL 寄

存器中。该指令不能单独使用,总是跟在 SUB 或 SBB 指令之后。

本指令调整的方法是:若 AF = 1,或者 AL 寄存器中的低 4 位是十六进制的 A ~ F,则使 AL 寄存器内容减去 06H,并将 AF 标志位置 1;若 CF = 1 或者 AL 寄存器中的高 4 位是十六进制 A ~ F,则使 AL 寄存器的内容减去 60H。

例 2.28　SUB　AL,BH
　　　　　　DAS

设指令执行前,AL = 86H,BH = 07H。

执行 SUB 指令后,AL = 7FH,CF = 0,AF = 1。

执行 DAS 指令后,因 AF = 1,需进行调整。AL = AL − 06H = 79H,CF = 0,AF = 1,结果调整为 79 的压缩 BCD 码。

2)非压缩型 BCD 码调整指令

①AAA　加法的 ASCII 码调整指令

格式:　AAA

指令功能:将 AL 寄存器中的二进制运算结果调整为非压缩型 BCD 码格式,结果仍保留在 AL 寄存器中。若向高位有进位(AF = 1),则进到 AH 寄存器中。该指令跟在 ADD 或 ADC 指令之后。

AAA 指令的调整过程与 DAA 指令大体相同。但是,由于 AAA 指令允许参加加法运算的十进制数用 ASCII 码(前 4 位码为 0011)或非压缩型十进制数(前 4 位码为 0)进行,高 4 位可参加运算,但不影响运算结果,因此,不需要对高 4 位进行调整;对低位的调整原则与 DAA 指令相同。

本指令的调整步骤为:

a. 若 AL 寄存器的低 4 位在 0 ~ 9 之间,且 AF = 0,则跳到第 c 步。

b. 若 AL 寄存器的低 4 位在十六进制数 A ~ F 之间或 AF = 1,则 AL 寄存器的内容加 6,AH 寄存器的内容加 1,并将 AF 标志位置 1。

c. 清除 AL 寄存器的高 4 位。

d. AF 位的值送 CF 位。

AAA 指令影响 AF 和 CF 标志位,其余标志位均无定义。

例 2.29　ADD　AL,BL
　　　　　　　AAA

若指令执行前,AX = 0535H,BL = 39H,即 AL 和 BL 寄存器的内容分别为数字 5 和 9 的 ASCII 码,则第一条指令执行完后,AL = 6EH,AF = 0。第二条指令进行 ASCII 调整的结果,使 AX = 0604H,AF = 1,CF = 1。

②AAS　减法的 ASCII 码调整指令

格式:　AAS

指令功能:把 AL 中的差(二进制数)调整为非压缩型 BCD 码格式,并把结果存放在 AL 寄存器中。

本指令调整步骤为:

a. 若 AL 寄存器的低 4 位在 0 ~ 9 之间,且 AF = 0,则跳到第 c 步。

b. 若 AL 寄存器的低 4 位在十六进制数 A ~ F 之间或 AF = 1,则把 AL 寄存器的内容减去

6,AH 寄存器内容减 1,并将 AF 标志位置 1。

　　c.清除 AL 寄存器的高 4 位。

　　d.AF 位的值送 CF 位。

　　AAS 指令除影响 AF 和 CF 标志位以外,其余标志位均无定义。

　　例 2.30　SUB　AL,CL

　　　　　　　AAS

　　指令执行前,AX = 0335H,CL = 38H。SUB 指令执行后,AL = FDH,CF = 1,AF = 1。AAS 调整后,AX = 0207H,CF = 1,AF = 1,结果正确。

　　③AAM　乘法的 ASCII 码调整指令

　　格式：　AAM

　　指令功能:将 AL 寄存器中的乘法运算结果调整为非压缩型 BCD 码格式,其高位在 AH 中,低位在 AL 寄存器中,而且要求参加乘法运算的十进制数必须为非压缩型 BCD 码。通常在 MUL 指令之前安排两条 AND 指令,以确保参加乘法运算的操作数为非压缩型 BCD 码,为完成一位十进制数的乘法运算应安排下列 4 条指令:

　　　　　　　AND　AL,0FH

　　　　　　　AND　BL,0FH

　　　　　　　MUL　BL

　　　　　　　AAM

　　执行 MUL 指令的结果,会在 AL 寄存器中得到二进制结果,用 AAM 指令可将 AL 中结果调整为二位非压缩型 BCD 码格式,并保留在 AX 寄存器中。

　　AAM 指令的调整操作是这样来进行的:将 AL 寄存器中的结果除以 10,所得商数即为高位十进制数,置入 AH 寄存器中,所得余数即为低位十进制数,置入 AL 寄存器中。

　　④AAD　除法的 ASCII 码调整指令

　　格式：　AAD

　　前述的加法、减法和乘法的十进制调整指令都是跟在算术运算指令之后,将二进制的运算结果调整为十进制数。而除法的调整指令则不然,它的调整操作是在除法运算之前进行,先对非压缩型十进制数的被除数进行调整操作,将其调整为二进制数,然后进行二进制的除法运算,即可得到十进制的商和余数。

　　AAD 指令的调整操作,是将累加器 AX 中的二位非压缩型 BCD 码的被除数调整为二进制数,保留在 AL 寄存器中。具体的做法是将 AH 中的高位十进制数乘以 10,与 AL 中的低位十进制数相加,结果保留在 AL 寄存器中。下面通过一个实例来说明:

　　例 2.31　假定在累加器 AX 中有二位被除数为 65,在 BL 寄存器中有一位除数为 9,如下所示:

	15		8	7		0
AX	0 0 1 1 0 1 1 0			0 0 1 1 0 1 0 1		

		7		0
BL		0 0 1 1 1 0 0 1		

　　现要求将两数相除,商保留在 AL 中,余数保留在 AH 中,则应安排如下几条指令:

```
AND    BL,0FH
AND    AX,0F0FH
AAD
DIV    BL
```

2.5.3　逻辑运算和移位指令

8086 指令系统中的逻辑运算指令和移位指令见表 2.8。大体上可分成三种类型：逻辑运算指令、移位指令与循环移位指令。

表 2.8　逻辑运算和移位指令

类　别	指令名称	指令书写格式（助记符）	状态标志位					
			O	S	Z	A	P	C
逻辑运算	'非'（字/字节）	NOT　目标	—	—	—	—	—	—
	'与'（字/字节）	AND　目标,源	0	X	X	U	X	0
	'或'（字/字节）	OR　目标,源	0	X	X	U	X	0
	'异或'（字/字节）	XOR　目标,源	0	X	X	U	X	0
	测试（字/字节）	TEST　目标,源	0	X	X	U	X	0
移位	逻辑左移（字/字节）	SHL　目标,计数值	X	X	X	U	X	X
	算术左移（字/字节）	SAL　目标,计数值	X	X	X	U	X	X
	逻辑右移（字/字节）	SHR　目标,计数值	X	X	X	U	X	X
	算术右移（字/字节）	SAR　目标,计数值	X	X	X	U	X	X
循环移位	循环左移（字/字节）	ROL　目标,计数值	X	—	—	U	—	X
	循环右移（字/字节）	ROR　目标,计数值	X	—	—	U	—	X
	带进位循环左移（字/字节）	RCL　目标,计数值	X	—	—	U	—	X
	带进位循环右移（字/字节）	RCR　目标,计数值	X	—	—	U	—	X

（1）逻辑运算指令

逻辑运算指令可对 8 位数或 16 位数进行逻辑运算，逻辑运算是按位进行操作的。

AND、OR、XOR 和 TEST 指令的使用形式很相似，都是双操作数指令。操作数寻址方式的规定与加法、减法运算指令相同。

NOT 指令是单操作数指令，操作数不能使用立即数和段寄存器操作数，可使用通用寄存器和各种寻址方式的存储器操作数。

1）NOT　逻辑非指令

格式：　NOT　目标

指令功能：将目标操作数各位取反，结果送回目标操作数。

例 2.32　NOT　AL

若指令执行前，AL = 01100101B。则指令执行后，AL = 10011010B。

2）AND　逻辑与指令

格式：　AND　目标,源

指令功能:对两个操作数按位进行与操作,结果送回目标操作数。

AND 指令通常用于使某个操作数中的若干位维持不变,而使另外若干位为 0 的场合,也称为屏蔽某些位。要维持不变的位必须和 1 相与,而要置为 0 的位,则和 0 相与。

例 2.33　要求屏蔽 AL 中的高 4 位,可用 AND AL,0FH 来实现。

若指令执行前,AL = 39H。则指令执行后,AL = 09H。

3）OR　逻辑或指令

格式：　OR　目标,源

指令功能:将两个操作数进行逻辑或运算后,把结果送回目标操作数。

OR 指令通常用于要求某一个操作数中的若干位维持不变,而另外若干位置为 1 的场合。这时,要维持不变的位与 0 相或,而要置 1 的位与 1 相或。

例 2.34　OR　AL,80H

使 AL 中的最高位置 1,其余位不变。

若指令执行前,AL = 2BH。则指令执行后,AL = ABH。

4）XOR　逻辑异或指令

格式：　XOR　目标,源

指令功能:对两个操作数进行异或运算后,把结果送回目标操作数。

例 2.35　XOR　[BX + DI],AX

若已知当前 DS = 2E00H,BX = 2000H,DI = 005EH,AX = 3355H,(3005EH) = 55H,(3005FH) = 33H。执行这条指令的结果,将物理地址 3005EH 和 3005FH 单元中的数据字 3355H 与 AX 中的 3355H 进行如下异或运算:

$$
\begin{array}{r}
0011 \quad 0011 \quad 0101 \quad 0101 \\
\oplus\ 0011 \quad 0011 \quad 0101 \quad 0101 \\
\hline
0000 \quad 0000 \quad 0000 \quad 0000
\end{array}
$$

运算结果为全 0,并将全 0 结果写回物理地址 3005EH 和 3005FH 单元中。标志 CF = 0,PF = 1,ZF = 1,OF = 0,SF = 0,AF 为任意值。

5）TEST　测试指令

格式：　TEST　目标,源

指令功能:将目标操作数与源操作数进行逻辑与运算,不回送结果,只根据运算结果置标志位。

在不希望改变原有的操作数的情况下,通常用 TEST 指令来检测某一位或某几位的条件是否满足。编程时,可作为条件转移指令的先行指令(产生条件的指令)。

（2）移位指令与循环移位指令

移位和循环移位指令的功能可用图 2.27 来说明。

移位指令有逻辑移位和算术移位之分。根据移位操作的结果置标志寄存器中的状态标志(AF 标志除外)。若移位的位数是 1 位,移位结果使最高位发生变化(0→1 或 1→0),则将溢出标志 OF 置 1;若是移多位,则 OF 标志无效。

循环移位指令是将操作数首尾相接进行移位,它们只影响 CF 和 OF 标志。CF 标志总是

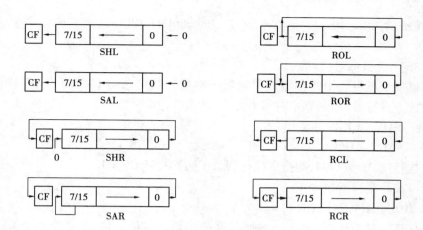

图 2.27　移位/循环移位指令功能

保持移出的最后一位的状态。若只循环移 1 位,且使最高位发生变化,则 OF 标志置 1,循环移多位时 OF 无效。

　　所有移位和循环移位指令的目标操作数,只允许是 8/16 位通用寄存器或存储单元。指令中的计数值可以是常数 1,即移 1 位。若移位位数多于 1 位,则必须将移位位数 n 事先装入 CL 寄存器中,最多可移 255 位,这时指令中的计数值只能书写 CL,而不允许用立即数 n。

　　1)SHL/SAL　逻辑左移/算术左移指令

　　格式:　SHL/SAL　目标,计数值

　　逻辑左移(SHL)和算术左移(SAL)指令实际上是同一条指令的两种助记符。满足下列条件时,左移一次,目标操作数数值乘以 2:操作数为无符号数且移位后无进位(CF = 0);或操作数为有符号数且移位后无溢出(OF = 0)。

　　例 2.36　SAL　AH,1

　　若指令执行前 AH = 41H

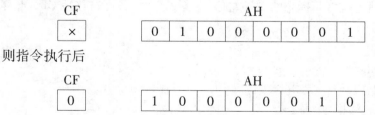

　　则指令执行后

AH = 82H,且 CF = 0,OF = 1,ZF = 0,SF = 1,PF = 0。

　　若 AH 中是一个无符号数,它的数值为 65,则左移一次后,AH = 130,数值增大一倍(CF = 0)。若 AH 中放的是符号数,移位之前的值为 + 65,则左移一次后,AH = − 126。这显然是错误的,因为运算产生了溢出(+ 130 > + 127,OF = 1)。

　　2)SHR　逻辑右移指令

　　格式:　SHR　目标,计数值

　　逻辑右移指令可将 8/16 位的通用寄存器或存储器中的操作数右移 1 ~ 255 位,移出的最高位进入进位标志 CF,左边空出的位补 0。操作数若为无符号数,逻辑右移 1 位,数值除以 2。

　　例 2.37　SHR　BX,CL

若已知 CL = 3,BX = 309CH。则执行指令后,BX = 0613H,移出的最高位为 1 并置入 CF 标志。

3)SAR 算术右移指令

格式: SAR 目标,计数值

算术右移指令可将通用寄存器或存储器中的操作数向右移 1 ~ 255 位,右移后符号位不变。若操作数为有符号数,则算术右移 1 位后,数值除以 2。

例 2.38 MOV CL,2

           SAR AH,CL

设指令执行前 AH = D8H,则指令执行后 AH = F6H,且 CF = 0。

4)ROL 循环左移指令

格式: ROL 目标,计数值

循环左移指令是不包含 CF 标志的循环移位。循环左移一位,最高位移至 CF 和最低位,其余往左移一位。

例 2.39 MOV CL,6

           ROL BX,CL

设指令执行前 BX = 94CFH,则指令执行后 BX = 33E5H,且 CF = 1。

5)ROR 循环右移指令

格式: ROR 目标,计数值

ROR 指令是不包含 CF 标志的循环右移。右移一位时,低位移至 CF 和最高位,其余往右移一位。

例 2.40 ROR BX,1

若已知当前 BX = 8844H,则指令执行后 BX = 4422H,CF = 0。因为目标操作数的最高位由 1→0,所以 OF 标志位被置 1。

6)RCL 带进位循环左移指令

格式: RCL 目标,计数值

带进位循环左移指令是包含 CF 标志的循环左移,左移一位时,最高位移至 CF,CF 移至最低位,其余左移一位。

例 2.41 MOV CL,4

           RCL DL,CL

若已知当前 DL = 1FH,CF = 0。则指令执行后 DL = F0H,CF = 1。

7)RCR 带进位循环右移指令

格式: RCR 目标,计数值

RCR 指令是包含 CF 标志的循环右移,右移一位时,CF 移至最高位,最低位移至 CF,其余右移一位。

例 2.42 RCR BL,1

若已知当前 BL = 8FH,CF = 0。则指令执行后 BL = 47H,CF = 1,OF = 1。

2.5.4 串操作指令

在 8086 指令系统中,基本的串操作指令以及可使用的重复前缀见表 2.9。

串操作指令可进行串传送、串比较、串扫描、取串或存串等操作,被处理的串长度可达 64KB。

表 2.9　串操作指令

类　别	指令名称	指令书写格式(助记符)	状态标志位					
			O	S	Z	A	P	C
基本字符串指令	字节串/字串传送	MOVS　目标串,源串	—	—	—	—	—	—
		MOVSB/MOVSW	—	—	—	—	—	—
	字节串/字串比较	CMPS　目标串,源串	X	X	X	X	X	X
		CMPSB/CMPSW	X	X	X	X	X	X
	字节串/字串扫描	SCAS　目标串	X	X	X	X	X	X
		SCASB/SCASW	X	X	X	X	X	X
	取字节串/字串	LODS　源串	—	—	—	—	—	—
		LODSB/LODSW	—	—	—	—	—	—
	存字节串/字串	STOS　目标串						
		STOSB/STOSW						
重复前缀	无条件重复	REP	—	—	—	—	—	—
	当相等/为零时重复	REPE/REPZ	—	—	—	—	—	—
	当不等/不为零时重复	REPNE/REPNZ	—	—	—	—	—	—

为了缩短指令长度,串操作指令均采用隐含寻址方式,源串一般在当前数据段中,即由 DS 段寄存器提供段地址,源串中各元素的偏移地址必须由源变址寄存器 SI 提供;目标串一般在附加数据段中,即由 ES 段寄存器提供段地址,其偏移地址必须由目标变址寄存器 DI 提供。如果要在同一段内进行串处理,必须使 DS 和 ES 指向同一段。待处理的串长度必须存放在 CX 寄存器中,CPU 每处理完一个元素,自动修改 SI 和 DI 寄存器内容,使之指向下一个元素。至于 SI 和 DI 中的地址是递增还是递减,由方向标志 DF 决定。因此,执行串操作指令之前,必须对 SI、DI 和 CX 寄存器和 DF 标志进行预置,将源串和目标串的首元素或末元素的偏移地址分别置入 SI 和 DI 寄存器中,将串长度置入 CX 寄存器中。

为了加快串操作指令的执行,可在基本串操作指令的前面加上重复前缀,可使用的重复前缀有无条件重复(REP)、相等时重复(REPE)、不等时重复(REPNE)、结果为 0 时重复(REPZ)和结果不为 0 时重复(REPNZ)5 种。带有重复前缀的串操作指令,每处理完一个元素能自动修改 CX 内容(−1 或 −2),以完成计数功能。

无条件重复前缀(REP)常与串传送(MOVS)指令连用,完成传送整个串功能,即执行至 CX = 0 为止。REPE 和 REPZ 具有相同的含义,只有当 ZF = 1,且 CX ≠ 0 时,才重复执行串操作,常与串扫描(SCAS)指令连用,扫描操作一直进行到 ZF = 0 或 CX = 0 为止。

(1) MOVS　**串传送指令**

格式:①MOVS　目标串,源串

　　　②MOVSB　　　;字节串传送

③MOVSW   ;字串传送

指令功能:从源串中取一个元素送目标串中,修改 SI 和 DI,使之指向下一元素。若加上 REP 前缀,则每传送完一个元素,CX 减量,直到 CX = 0 为止。

例 2.43   REP MOVSB

若已知当前 DS = 1500H,SI = 2400H,ES = 3000H,DI = 1200H,CX = 0064H,DF = 0,执行该指令,是将源串的 100 个字节传送到目标串,每传送一个字节,SI/DI + 1→SI/DI,CX − 1→CX,直到 CX = 0 为止。

(2)CMPS   **串比较指令**

格式:①CMPS   目标串,源串

②CMPSB   ;字节串比较

③CMPSW   ;字串比较

指令功能:将源串的一个元素和目标串中相对应的一个元素进行比较,根据结果特征置标志位,并修改 SI 和 DI,使之指向下一元素。

通常在 CMPS 指令前加重复前缀 REPE/REPZ,用来寻找两个串中的第一个不相同数据。如例 2.43 中经串传送指令后,目标串与源串的内容应该完全相同,但它们是否相同呢? CMPS 指令可完成这一比较功能,用下面的程序段来实现:

```
        CLD                     ;DF = 0
        MOV     CX,100
        MOV     SI,2400H
        MOV     DI,1200H
        REPE    CMPSB           ;串比较,直到 ZF = 0 或 CX = 0
        AND     CX,0FFH
        JZ      AGAIN
        DEC     SI
        MOV     BX,SI           ;第一个不相同字节偏移地址送 BX
        MOV     AL,[SI]         ;第一个不相同字节内容送 AL
        JMP     STOP
AGAIN:  MOV     BX,0            ;两串完全相同,BX = 0
STOP:   HLT
```

执行完上述程序,若两串相同,则 BX 寄存器内容为 0;若两串不同,则 BX 指向源串中第 1 个不相同字节的地址,该字节的内容保留在 AL 寄存器中。

(3)SCAS   **串扫描指令**

格式:①SCAS   目标串

②SCASB   ;字节串扫描

③SCASW   ;字串扫描

指令功能:用来从目标串中查找某个关键字,要求查找的关键字应事先置入 AX 或 AL 寄存器中。

SCAS 指令的操作,是将 AX/AL 寄存器中的关键字和 DI 所指向的目标串中一个元素相比较,不传送结果,只根据结果置标志位,修改 DI 寄存器内容指向下一个元素。通常在 SCAS 指令之前加重复前缀 REPNE/REPNZ,用来从目标串中寻找关键字,操作一直进行到 ZF = 1 或 CX = 0 为止。

例 2.44　要求在某字符串中查找是否存在 $ 字符。若存在,则将 $ 字符所在地址送入 BX 寄存器中,否则将 BX 寄存器清零。可用下面的程序段来实现:

```
        CLD                          ;DF = 0
        MOV    DI,目标串首元素偏移地址
        MOV    AL,'$'                ;关键字送 AL
        MOV    CX,目标串长度          ;串长度送 CX
        REPNE  SCASB                 ;找关键字
        AND    CX,0FFH
        JZ     ZERP
        DEC    DI
        MOV    BX,DI                 ;关键字所在地址送 BX
        JMP    STO
ZERP:   MOV    BX,0                  ;未找到,0 送 BX
STO:    HLT
```

（4）LODS　**取串指令**

格式:①LODS　源串

②LODSB　　　;取字节串

③LODSW　　　;取字串

指令功能:将源串中 SI 所指向的元素送到 AX/AL 寄存器中,修改 SI 内容指向下一个元素。

该指令一般不加重复前缀,常和其他指令结合起来完成复杂的串处理功能。

（5）STOS　**存串指令**

格式:①STOS　目标串

②STOSB　　　;存入字节串

③STOSW　　　;存入字串

指令功能:将 AX/AL 寄存器内容写入由 DI 所指向的目标串中某元素所在地址中,修改 DI 内容指向下一元素。该指令可加重复前缀 REP,常与其他指令结合起来完成较复杂的串处理功能。

2.5.5　处理器控制指令

处理器控制指令只完成简单的控制功能,指令中不需要设置地址码,因此,又可称之为无地址指令。8086 指令系统中属于这一类的指令,见表 2.10。

（1）**清除进位标志(CLC)、置位进位标志(STC)和取反进位标志(CMC)指令**

这 3 个指令是用来对进位标志 CF 清 0、置 1 和取反操作。

（2）**清除方向标志(CLD)和置位方向标志(STD)指令**

这两个指令是用来将 DF 标志清 0 和置 1。常用在串处理指令之前,当串操作由低地址向高地址进行时应将 DF 清 0,反之,则应将 DF 标志置 1。

（3）清除中断标志（CLI）和置位中断标志（STI）指令

这两个指令是用来将 IF 标志置 0 和置 1。当 CPU 需要禁止可屏蔽中断进入时，应将 IF 置 0；允许可屏蔽中断进入时，应将 IF 置 1。

表 2.10　处理器控制指令

类型	指令名称	助记符	J								
			O	D	I	T	S	Z	A	P	C
对标志位操作	清除进位标志	CLC	—	—	—	—	—	—	—	—	0
	置 1 进位标志	STC	—	—	—	—	—	—	—	—	1
	取反进位标志	CMC	—	—	—	—	—	—	—	—	$\overline{C}$
	清除方向标志	CLD	—	0	—	—	—	—	—	—	—
	置 1 方向标志	STD	—	1	—	—	—	—	—	—	—
	清除中断标志	CLI	—	—	0	—	—	—	—	—	—
	置 1 中断标志	STI	—	—	1	—	—	—	—	—	—
外部同步	等　待	WAIT	—	—	—	—	—	—	—	—	—
	交　权	ESC	—	—	—	—	—	—	—	—	—
	封锁总线	LOCK	—	—	—	—	—	—	—	—	—
其他	暂停	HLT	—	—	—	—	—	—	—	—	—
	空操作	NOP	—	—	—	—	—	—	—	—	—

（4）HLT　停机指令

该指令是使 CPU 进入暂停状态。只有当下面 3 种情况之一发生时，CPU 才退出暂停状态。这 3 种情况是：CPU 的复位输入端 RESET 线上有复位信号；非屏蔽中断请求输入端 NMI 线上出现请求信号；可屏蔽中断输入端 INTR 线上出现请求信号且标志寄存器的中断标志 IF = 1。

（5）NOP　无操作指令

该指令不执行任何操作，只是每执行一条 NOP 指令，耗费 3 个时钟周期的时间，常用来作延时或补插一些指令。

习　题

2.1　下列操作可使用哪些寄存器？

①存放各种运算操作的数据。

②存放字符串处理时的计数值。

③查看程序已执行到哪条指令的地址。

④查看堆栈中当前正要进行入栈或出栈的存储单元的地址。

⑤查看运算结果是否等于零。

⑥查看程序中的数据存放段区是从哪个地址开始的。

⑦查看程序中的指令存放的段区是从哪个地址开始的。

2.2　在存储器中存放的数据如题图 2.1 所示。试读出 75422H 和 75424H 字节单元的内容是什么? 读出 75422H 和 75424H 字单元的内容是什么?

存储器
⋮

7542 0H	13H
1H	78H
2H	9CH
3H	24H
4H	5DH
5H	E6H

题图 2.1　存储器中的数据

2.3　段地址和偏移地址为 1000H:117AH 的存储单元的物理地址是什么? 而 1109H:00EAH 或 1025H:0F2AH 的存储单元的物理地址又是什么? 这说明了什么问题?

2.4　在存储器分段结构中,每个段区最大可占用多少地址范围,为什么? 如果在 8086 的机器中,若段间不允许重叠,那么最多可分多少个段区?

2.5　如果从存储器的 02000H 地址开始分配段区,要求数据段占用 1KB 范围,堆栈段占用 512B 范围,代码段占用 8KB 范围。按数据段、堆栈段和代码段的顺序连续分段,试画出存储器分段地址分配示意图,图中应写明各段寄存器的内容?

2.6　指出下列指令的源和目标操作数的寻址方式:

①MOV　ARRAY,BX

②ADC　CX,ALPHA[BX][SI]

③AND　GAMMA[DI],11011000B

④INC　BL

⑤TEST　ES:[SI],DX

⑥SBB　SI,[BP]

2.7　现有 DS = 2000H, BX = 0100H, SI = 0002H, (20100H) = 12H, (20101H) = 34H, (20102H) = 56H, (20103H) = 78H, (21200H) = 2AH, (21201H) = 4CH, (21202H) = B7H, (21203H) =65H,试说明下列各条指令执行完后 AX 寄存器的内容。

①MOV　AX,1200H

②MOV　AX,BX

③MOV　AX,[1200H]

④MOV　AX,[BX]

⑤MOV　AX,1100H[BX]

⑥MOV　AX,[BX][SI]

⑦MOV　AX,1100H[BX][SI]

2.8　假定 DS = 2000H,ES = 2100H,SS = 1500H,SI = 00A0H,BX = 0100H,BP = 0010H,数据段中变量名 VAL 的偏移地址值为 0050H,试指出下面源操作数字段的寻址方式是什么? 其物理地址值是多少?

①MOV　AX,00ABH

②MOV　AX,BX

③MOV　AX,[100H]

④MOV　AX,[BX]

⑤MOV　AX,[BP]

⑥MOV　AX,[BX + 10]

⑦MOV　AX,[BX][SI]

⑧MOV　AX,VAL

⑨MOV　AX,ES:[BX]

⑩MOV　AX,[SI]

⑪MOV　AX,VAL[BX]

⑫MOV　AX,VAL[BX][SI]

2.9　设 AX = 1122H,BX = 3344H,CX = 5566H,SP = 2000H,试分析下列程序段执行后,
AX、BX、CX、SP 中的内容各为多少? 并画出堆栈变化示意图。

　　　　　PUSH　　AX

　　　　　PUSH　　BX

　　　　　PUSH　　CX

　　　　　POP　　AX

　　　　　POP　　CX

2.10　下列程序段中每一条指令执行完后,AX 中的十六位进制内容是什么?

　　　　　MOV　　AX,0

　　　　　DEC　　AX

　　　　　ADD　　AX,7FFFH

　　　　　ADD　　AX,2

　　　　　NOT　　AX

　　　　　SUB　　AX,0FFFFH

　　　　　ADD　　AX,8000H

　　　　　OR　　AX,0BFDFH

　　　　　AND　　AX,0EBEDH

　　　　　XCHG　AH,AL

　　　　　SAL　　AX,1

　　　　　RCL　　AX,1

2.11　将十六进制数 62A0H 与下列各个数相加,试给出和数及标志位 AF、SF、ZF、CF、OF
和 PF 的状态。

①9D60H　　　　②4321H

2.12　从下列各数中减去 4AE0H,试给出差值和标志位 AF、SF、ZF、CF、OF 和 PF 的状态。

①1234H　　　　②9090H

2.13　假设 BX = 00E3H,字变量 VALUE 中存放的内容为 79H,确定下列各条指令单独执
行后的结果。

①XOR　BX,VALUE

②AND　BX,VALUE

③OR　BX,VALUE

④XOR　BX,0FFH

⑤AND　BX,0

⑥TEST　BX,01H

2.14　试写出执行下列指令序列后 BX 寄存器的内容。执行前 BX =6D16H。

　　　　MOV　CL,7

　　　　SHR　BX,CL

2.15　假定 DX =00B9H,CL =3,CF =1,确定下列各条指令单独执行后 DX 中的值。

①SHR　DX,1

②SAR　DX,CL

③SHL　DX,CL

④SHL　DL,1

⑤ROR　DX,CL

⑥ROL　DL,CL

⑦SAL　DH,1

⑧RCL　DX,CL

⑨RCR　DL,1

2.16　如果要将 AL 中的高 4 位移至低 4 位,试分别写出两种实现方法的程序段。

第 **3** 章
宏汇编语言程序设计

汇编语言是一种面向机器的语言,它能够充分利用计算机的硬件特征,与机器语言密切相关,它们之间具有明显的对应关系,使用汇编语言编写的程序被称作汇编语言源程序。汇编程序可将汇编语言源程序翻译成为机器语言程序(目标程序)。采用汇编语言进行程序设计时,程序员可充分利用机器的硬件功能和结构特点,从而可有效地加快程序的执行速度,减小目标程序占用的存储空间。因此,与其他高级语言相比,汇编语言源程序具有执行速度快和节省存储空间的明显优点。这也正是微型计算机在各种实时控制系统中一般采用汇编语言进行程序设计的主要原因之一。

80X86 有两种汇编程序:小汇编程序 ASM 和宏汇编程序 MASM。前者可在小于 64KB 内存的系统中运行,但功能比较简单;后者需要 96KB 以上的内存容量,具有更为强大的宏处理功能。本章将以 MASM 所具有的基本功能来展开讨论。

3.1 汇编语言的语句格式

汇编语言源程序中的语句分成两大类:指令语句和指示性语句。

3.1.1 指令语句

指令语句与机器指令一一对应,汇编程序会把它翻译成机器代码,也就是由第 2 章中介绍的指令所形成的语句。每个语句可以由 4 项组成,格式如下:

标号:指令助记符　操作数;　注释

(1)标号

标号是给指令所在地址取的名字,必须后跟冒号“:”。标号可以缺省,是可供选择的标识符。MASM 中可使用的标识符必须遵循下列规则:

①由英文字母(A~Z、a~z)、数字(0~9)或某些特殊的符号(@、—、? 等)组成;

②数字不能作为标识符的第一个符号;

③不能用保留字(助记符、伪指令、寄存器名等)作标识符;

④标识符有效长度为 31 个字符,若超过 31 个字符,则只有前面的 31 个字符有效。

（2）指令助记符

指令助记符是指令名称的代表称号，它是指令语句中的关键字，不能缺省。它表示本指令的操作类型，必要时可在指令助记符的前面加上一个或多个"前缀"，从而实现某些附加操作。

（3）操作数

操作数是参加指令运算的数据，有些指令不需要操作数，可以缺省；有些指令有两个操作数，这时必须用逗号将两个操作数分开。操作数可以是常数和表达式。

（4）注释

注释部分是可选项，允许缺省。如果带注释，则必须用分号开头。注释本身只用来对指令功能加以说明，给阅读程序者提供方便，汇编程序不对它作任何处理。

3.1.2　指示性语句

指示性语句又称为伪指令语句，它没有对应的机器指令，汇编程序无法将它们翻译成机器指令代码，只是在汇编过程中为汇编程序提供有关信息。

指示性语句的格式如下：

　　　　名字　伪指令助记符　操作数;注释

（1）名字

名字是给该指示性语句取的名称，它相当于指令性语句的标号，但是在名字后面不允许带冒号，这是两种语句形式上的最明显区别。当然，它和标号一样，名字也可以缺省，而且有些指示性语句根本不允许有名字。

（2）伪指令助记符

伪指令助记符是由 MASM 规定的符号，也可称为汇编命令。

（3）操作数

指示性语句中包含的操作数的个数随不同伪指令而相差悬殊，有的伪指令不允许有操作数；有的伪指令允许带多个操作数，这时必须用逗号将各个操作数分开。操作数同样可以是常数和表达式。

3.2　汇编语言的数据项

常数、变量和标号是 MASM 能识别的三种基本的数据项。

3.2.1　常数

（1）数值常数

①二进制数

以字母 B 结尾的由一串 0 和 1 组成的序列，例如：11100111B。

②十进制数

由若干个 0 到 9 的数字组成的序列，可以以字母 D 结尾，或结尾不带字母。例如：7856D,1234。

③八进制数

以字母 Q(或字母 O)结尾,由若干个 0 到 7 的数字组成的序列,例如:27Q,3652O。

④十六进制数

以字母 H 结尾,由若干个 0 ~ 9 的数字或 A ~ F 的字母所组成的序列。例如:3AC6H,0F6H。

注意:当十六进制常数第 1 个数(即最高位)是字母 A 到 F 时,必须在第 1 个数前面补写一个数字 0,如 F6H,必须写成 0F6H,以便和标号或变量名相区别(标号和变量名不能以数字开头)。

(2)字符串常数

字符串常数是指用单引号括起来的可打印的 ASCII 码字符串,例如,'ABCD','1234AB'。在机内存放的是各字符的 ASCII 码。

(3)符号常数

常数用符号名来代替就是符号常数,例如:

   MOV CX, COUNT

COUNT 是符号常数,它必须用伪指令 EQU 定义,详见后面的符号定义语句。

3.2.2　变量和变量定义语句

(1)变量

变量主要用来定义存储器中的数据。在程序运行过程中变量是可以被修改的运算对象。所有的变量都具有三种属性,它们是:

1)段属性

段属性是指该变量所在段的段地址。

2)偏移地址属性

偏移地址属性是指该变量在所在段内的偏移地址。

3)类型属性

类型属性是指该变量中每个元素所包含的字节数。每个元素只包含一个字节的变量,其类型为 BYTE,被称之为字节变量;每个元素包含两个字节的变量,其类型为 WORD,被称之为字变量;每个元素包含 4 个字节的变量,其类型为 DWORD,被称之为双字变量。

(2)变量定义语句

汇编语言中的变量是通过变量定义伪指令定义的,其格式如下:

   变量名　DB　表达式;　 定义字节变量

   变量名　DW　表达式;　 定义字变量

   变量名　DD　表达式;　 定义双字变量

   变量名　DQ　表达式;　 定义长字变量

   变量名　DT　表达式;　 定义一个 10 字节变量

变量名是变量定义语句的名字。变量的类型与变量名后面的变量定义伪指令 DB、DW、DD、DQ、DT 有关,它们分别定义了单字节变量、双字节变量(字变量)、4 字节变量(双字变量)、8 字节变量(长字变量)和 10 字节变量。

例 3.1　用数值表达式定义变量。

   DATA1　DB　10,10H,'AB',?

　　　　　DATA2　　DW　200H，－2，'AB'，？
　　　　　DATA3　　DD　　3＊20

　　汇编程序可以在汇编期间，在相应的存储器中存入数据，如图 3.1 所示。常用问号定义不确定值的变量，用于存放运算结果。

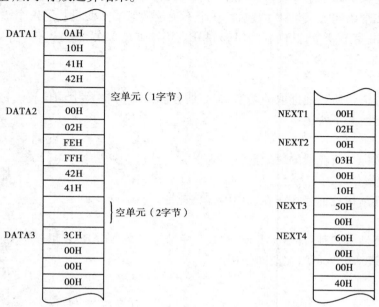

　　图 3.1　数值变量存储格式　　　　　图 3.2　地址变量的存放格式

　　例 3.2　用地址表达式定义变量。

　　所谓地址表达式是指该表达式的运算结果是一个地址。由它指向某个存储单元，这个存储单元若用来存放数据，则称之为变量；若存放指令，则称之为标号。因此，可以用变量或标号来定义一个新的变量，显然只能用 DW 或 DD 来定义。如果是用 DW 定义，那么是将原变量或标号的偏移地址定义为新变量；如果是用 DD 来定义，那么是将原变量或标号的偏移地址置入新变量的低位字中，将原变量或标号的段地址置入新变量的高位字中。

　　如果当前已有标号 FIRST 和 ONE、变量 A 和 B，那么可以用它们来定义新的变量如下：

　　　　　NEXT1　　DW　　FIRST
　　　　　NEXT2　　DD　　ONE
　　　　　NEXT3　　DW　　A
　　　　　NEXT4　　DD　　B

　　上述第一个语句将标号 FIRST 的偏移地址值赋给字变量 NEXT1；第二个语句将标号 ONE 的偏移地址和段地址赋给双字变量 NEXT2；第三个语句将变量 A 的偏移地址值赋给变量 NEXT3；第四个语句将变量 B 的偏移地址和段地址赋给双字变量 NEXT4。

　　假定已知标号 FIRST 和 ONE 处于同一个代码段内，当前 CS ＝ 1000H，其偏移地址分别为 0200H 和 0300H。变量 A 和 B 处于同一数据段内，当前 DS ＝ 4000H，其偏移地址分别为 0050H 和 0060H，那么上述标号和变量在存储器中的存放格式如图 3.2 所示。

　　例 3.3　用 DUP 定义重复变量

```
LAB   DB   5   DUP(0)
TAB   DW   10 DUP(?)
NMA   DB   5   DUP(1,3,2DUP(40H))
```

第一个语句定义 LAB 为由 5 个 0 组成的字节变量,即从 LAB 单元开始,将连续 5 个字节的内容清零。第二个语句定义 TAB 为包含 10 个不确定数值的字变量。第三个语句定义 NMA 为包含 20 个字节的字节变量,其内容为(1,3,40H,40H)重复 5 次。

3.2.3 标号

标号是给指令语句所在地址取的名字,它表明该指令在存储器中的位置。标号和变量一样,也具有三重属性,如下所述:

(1)段属性

段属性是指该标号所在段的段地址。

(2)偏移地址属性

偏移地址属性是指该标号在所在段内的偏移地址。

(3)距离属性

标号的距离属性有两种:即 NEAR 和 FAR。标号定义为 NEAR,表示该标号在段内使用,而定义成 FAR 则表示标号可以在段间使用。

3.3 汇编语言的表达式

上节中讨论了语句中的数据,不管是常数、变量还是标号,都可以用表达式给出,而这些表达式的运算不是 CPU 来完成,而是由汇编程序对它们进行运算,将所得到的结果作为操作数参加指令所规定的操作。MASM 允许使用的表达式可分为数值表达式和地址表达式两大类。数值表达式产生一个数值的结果,而地址表达式的结果是一个存储器的地址。

表达式由运算符号和运算对象组成。表 3.1 给出 MASM 表达式中可采用的运算符号,可分为算术运算符、逻辑运算符、关系运算符、分解运算符、修改属性运算符以及其他运算符等 6 大类。参加表达式运算的运算对象可以是常数,也可以是变量或标号。

下面对各类运算符作简要的说明:

3.3.1 算术运算符

算术运算符有加(+)、减(−)、乘(*)、除(/)、模除(MOD)、左移(SHL)和右移(SHR)等 7 种。其中,加、减、乘、除是最常用的运算符,它们的运算对象和运算结果都必须是整数。除法运算的结果只取整数的商,模除运算的结果只取余数。

例 3.4

```
MOV   AH, 2 +6
MOV   CL, 33/5
MOV   DL, 23 MOD 5
MOV   BL, 00001010B SHL 4
```

```
        MOV    AH, 0110B SHR 5
```
等效于：
```
        MOV    AH, 08H
        MOV    CL, 06H
        MOV    DL, 03H
        MOV    BL, 10100000B
        MOV    AH, 0000B
```

表 3.1　MASM 表达式中运算符

类型	运算符 符号	运算符 名称	运算结果	实　例
算术运算符	+	加法	和	3 + 5 = 8
	−	减法	差	8 − 3 = 5
	*	乘法	乘积	3 * 5 = 15
	/	除法	商	22/5 = 4
	MOD	模除	余数	12MOD3 = 0
	SHL	左移	左移后二进制数	0010B　SHL　2 = 1000B
	SHR	右移	右移后二进制数	1100B　SHR　1 = 0110B
逻辑运算符	NOT	非运算	逻辑非结果	NOT　1010B = 0101B
	AND	与运算	逻辑与结果	1011B　AND　1100B = 1000B
	OR	或运算	逻辑或结果	1011B　OR　1100B = 1111B
	XOR	异或运算	逻辑异或结果	1010B　XOR　1100B = 0110B
关系运算符	EQ	相等	结果为真输出全1	5 EQ 11B = 全 0
	NE	不等		5 NE 11B = 全 1
	LT	小于		5 LT 3 = 全 0
	LE	不大于	结果为假输出全0	5 LE 101B = 全 1
	GT	大于		5 GT 100B = 全 1
	GE	不小于		5 GE 111B = 全 0
分解运算符	SEG	返回段地址	段地址	SEG N1 = N1 所在段的段地址
	OFFSET	返回偏移地址	偏移地址	OFFSET N1 = N1 的偏移地址
	LENGTH	返回变量单元数	单元数	LENGTH N2 = N2 单元数
	TYPE	返回元素字节数	字节数	TYPE N2 = N2 中元素字节数
	SIZE	返回变量总字节数	总字节数	SIZE N2 = N2 总字节数
修改属性	PTR	修改类型属性	修改后类型	BYTE PTR [BX]
	THIS	指定类型/距离属性	指定后类型	ALPHA EQU THIS BYTE
	段寄存器名	段前缀	修改段	ES:[BX]
其他运算符	HIGH	分离高字节	高字节	HIGH 3355H = 33H
	LOW	分离低字节	低字节	LOW 3355H = 55H
	SHORT	短转移说明		JMP SHORT LABEL

3.3.2 逻辑运算符

逻辑运算符与指令系统中的逻辑运算指令具有完全相同的符号,但是两者有明显的区别,表达式中的逻辑运算符由汇编程序来完成运算,而逻辑运算指令要由 CUP 来执行。可采用的逻辑运算符包括逻辑非、逻辑与、逻辑或和逻辑异或等 4 种。

例 3.5

```
MOV    AL,NOT   00110 011B
MOV    BL,11110000B   AND    10111101B
MOV    AH,10100000B   OR    00000101B
MOV    BH,10101011B   XOR    10100100B
```

等效于:

```
MOV    AL,11001100B
MOV    BL,10110000B
MOV    AH,10100101B
MOV    BH,00001111B
```

3.3.3 关系运算符

关系运算符对两个运算对象进行比较操作,若满足条件,则表示运算结果为真(TRUE),这时输出结果为全 1;若比较后不满足条件,则表示运算结果为假(FALSE),这时输出结果为全 0。

例 3.6

```
MOV    AX,5    EQ    101B
MOV    BH,10H   GT    16
```

等效于:

```
MOV    AX,0FFFFH
MOV    BH,00H
```

3.3.4 分解运算符

分解运算符也叫分析运算符,从变量或标号中分解出某些属性值。

(1) **SEG 运算符**

格式: SEG   变量或标号

功能:计算变量或标号的段地址。

(2) **OFFSET 运算符**

格式: OFFSET   变量或标号

功能:计算变量或标号的段内偏移地址。

例 3.7

```
MOV    AX,SEG    NP         ;将变量 NP 所在段的段地址值送 AX
MOV    BX,OFFSET   NP       ;将变量 NP 的偏移地址值送 BX
```

（3）TYPE **运算符**

格式： TYPE 变量或标号

功能:计算变量或标号的类型值。

用 DB、DW、DD、DQ、DT 定义的字节变量、字变量、双字变量、长字变量、10 字节变量对应的类型值分别为 1、2、4、8、10；NEAR、FAR 型标号对应的类型值分别为 −1(FFH)、−2(FEH)。

例 3.8

```
        A1      DB      21H,42H
        A2      DW      3412H
        A3      DD      ?
        ALOP：  MOV     AL,TYPE  A1
                MOV     BL,TYPE  A2
                MOV     AH,TYPE  A3
                MOV     DL,TYPE  ALOP
```

等效于：

```
        ALOP：  MOV     AL,1
                MOV     BL,2
                MOV     AH,4
                MOV     DL,0FFH
```

（4）LENGTH **运算符**

格式： LENGTH 变量

功能:对于使用DUP定义的变量,计算分配给该变量的单元数,其他变量的LENGTH值为 1。

（5）SIZE **运算符**

格式： SIZE 变量

功能:计算分配给该变量的字节数。

SIZE 和 LENGTH 运算符仅对使用 DUP 定义的变量有意义。当变量为 DUP 定义且 DUP 括号内为单项数据时,下列关系成立:

$$SIZE = LENGTH * TYPE$$

例 3.9

```
        P1      DB      10    DUP(0)
        P2      DW      20    DUP(?)
        BB：    MOV     AL,LENGTH  P1
                MOV     BL,LENGTH  P2
                MOV     AH,SIZE    P1
                MOV     BH,SIZE    P2
```

等效于：

```
        BB：    MOV     AL,10
                MOV     BL,20
                MOV     AH,10
```

                        MOV   BH,40

3.3.5　修改属性运算符

在程序运行过程中,有时需要修改变量或标号的属性,可采用修改属性运算符来实现。

(1)修改段属性运算符

段寄存器(CS,DS,ES 和 SS)后跟一个冒号,称为修改段属性运算符,表示后跟的操作数由指定的段寄存器提供段地址值。

例 3.10

  MOV AX,ES:[BX] ;从 ES 段中偏移地址为 BX 内容的地址

            ;中取出一个字送 AX

  MOV BL,DS:[BP] ;从 DS 段中偏移地址为 BP 内容的地址

            ;中取一个字节送 BL

(2)PTR 运算符

格式：　类型　PTR　变量/标号

功能:将 PTR 左边的类型属性赋给其右边的变量/标号。

该运算符用来指明某个变量、标号或地址表达式的类型属性,或者使它临时兼有原定义所不同的类型属性,但保持它们原来的段属性和偏移地址属性不变。

例 3.11

  M1 DB 20H,32H

  M2 DW 5682H

    ⋮

  ALP1：MOV AX,WORD PTR M1

    ⋮

  ALP2：MOV AL,BYTE PTR M2

    ⋮

    JMP FAR PTR ALP1

    ⋮

上述程序中,第一条语句将 M1 定义为字节变量,第二条语句将 M2 定义为字变量。标号为 ALP1 的语句中,用 PTR 运算符将变量 M1 的类型属性由原定义的字节改变为字,否则会产生操作数类型不匹配的错误。同样,在标号为 ALP2 的语句中,用 PTR 运算符将变量 M2 的类型属性由原定义的字改变为字节。第 5 条语句是一条无条件转移指令(JMP),用 PTR 运算符将标号 ALP1 的距离属性由原定义的 NEAR 改变为 FAR,使得这一条 JMP 指令可以安排在其他的代码段中,以实现段间的转移。PTR 运算符只在本语句中有效。

(3)THIS　运算符

格式：　变量/标号　EQU　THIS　类型

功能:将变量或标号定义成指定的类型,但并不分配新的存储单元,其寻址空间与跟在后面的变量的寻址空间相同。

例 3.12

  BB　EQU　THIS　BYTE

　　　AA　DD　44332200H

BB、AA 分别为字节变量和双字变量,但具有相同的寻址空间。

3.4　伪指令语句

　　汇编语言程序的语句除指令语句之外,还有伪指令语句。它没有对应的机器指令,不是由 CPU 执行,而是由汇编程序识别,并完成相应的功能。本节将介绍一些 MASM 中某些常用的伪指令。

3.4.1　符号定义伪指令

(1)等值伪指令 EQU

格式:　符号名　EQU　表达式

功能:给符号定义一个值、别的符号名、表达式或助记符,经 EQU 语句定义的符号在同一个程序模块中不允许重新定义。

例 3.13

　　　CONST　EQU　256
　　　BETA　　EQU　BX + SI
　　　ALP　　EQU　CONST − 6
　　　BUT　　EQU　SEG　MN
　　　EMP　　EQU　OFFSET　MN

(2)等号伪指令 =

等号伪指令(=)与 EQU 语句有相同的格式与功能,区别仅在于用等号语句定义的符号允许重新定义,使用更灵活方便。

下列等号语句都是有效的:

　　　EMP = 200H
　　　COUNT = 100
　　　　　⋮
　　　EMP = COUNT

3.4.2　段定义伪指令

段定义伪指令(SEGMENT/ENDS)用来定义各种类型的逻辑段,整个逻辑段的内容必须用段定义伪指令括起来。

格式:　段名　SEGMENT　　[定位类型]　[组合类型]　[类别]
　　　　　　:}逻辑段内容
　　　　段名　ENDS

任何一个逻辑段从 SEGMENT 开始,到 ENDS 结束。段名是该逻辑段的标识符,不可以缺省,由它来确定该逻辑段在存储器中的首地址。SEGMENT 语句和 ENDS 语句必须具有相同的段名。

SEGMENT 和 ENDS 是伪指令名,本语句中的关键字,不可以缺省,而且必须成对出现。该语句带有三个可供选择的参数,它们可以被单独省略,未省略的参数必须按格式中规定的顺序排列,类别名必须用单引号括起来。

(1)定位类型

定位类型规定段的起始地址要求,有如下 4 种方式(默认方式为 PARA):

①PARA——段地址从段边界开始,段起始单元 20 位地址的最低 4 位必须为 0。

②BYTE——段地址从字节边界开始,该段可从任意单元开始。

③WORD——段地址从字边界开始,段起始单元 20 位地址的最低 1 位必须为 0。

④PAGE——段地址从页边界开始,段起始单元 20 位地址的最低 8 位必须为 0。

(2)组合类型

组合类型规定本段与其他段的关系,有如下 5 种方式(默认方式为 NONE):

①NONE——连接时,表示本段与其他段在逻辑上没有关系。

②PUBLIC——连接时,该段可与其他模块中的同名段在满足定位类型前提下,依次连接起来。连接的顺序由连接程序 LINK 确定。

③COMMON——定义该段与其他模块中的同名段,采用覆盖方式在存储器中定位,即它们具有相同的段首地址。通常不同模块采用公用缓冲区时使用这种组合类型。

④STACK——表示该段是堆栈段,连接方式与 PUBLIC 段相同。

⑤AT——这种组合类型后面跟一个常数表达式,表达式的值指定了段地址。

例如 AT 1234H,表示该段的首地址为 12340H。一般情况下各个逻辑段在存储器中的分配位置由系统自动完成,并不需要程序员自己安排;但在某些情况下,如果程序员要求某个逻辑段必须分配在某个位置,那么就需要用本参数来实现(但不能用于代码段);如果进一步要求某个逻辑段必须从存储器的 1234AH 单元开始,那么应采用如下的语句格式:

```
DATA        SEGMENT     AT      1234H
            ORG     000AH
BUF         DB      20H,30H,40H
DATA        ENDS
```

(3)类别名

在定义每一个段的时候,还可以给出该段的类别名。类别名是一个用单引号括起来的字符串,进行连接处理时,LINK 程序把类别名相同的所有段放在连续的存储区域内。同类的各个段连接时,先出现的在前,后出现的在后。

3.4.3 段分配伪指令

格式: ASSUME 段寄存器:段名[,段寄存器:段名,…]

功能: 该语句安排在代码段的开始,通知汇编程序,某个段是以哪一个段寄存器为它的段地址寄存器,即将当前逻辑段定义为代码段、数据段、附加数据段或堆栈段。

有以下段分配语句:

ASSUME CS:CODE,DS:DATA,ES:EXTRA,SS:ASTACK

其中,逻辑段 CODE、DATA、EXTRA、ASTACK 分别以 CS、DS、ES、SS 为它们的段寄存器,这 4 个

逻辑段分别被定义为代码段、数据段、附加数据段和堆栈段。

ASSUME 语句只是建立当前段与段寄存器之间的联系,但不能把各段的段地址装入相应的段寄存器中。

DS、ES 和 SS 的装入可以通过给段寄存器赋初值的指令来完成。由于段寄存器不能用立即寻址方式直接传送,所以一个段的段地址必须借助于通用寄存器进行传递。对于堆栈段,不仅要将段地址置入 SS 段寄存器中,而且还要将堆栈栈顶的偏移地址置入堆栈指针寄存器 SP 中。

例 3.14

```
DATA        SEGMENT
AA          DB    0DH,20H
DATA        ENDS
EXTRA       SEGMENT
BN          DW    3478H
EXTRA       ENDS
ASTACK      SEGMENT    STACK
            DW    256   DUP(0)
TOP         LABEL   WORD
ASTACK      ENDS
CODE        SEGMENT
            ASSUME    CS:CODE,DS:DATA,ES:EXTRA,SS:ASTACK
START:      MOV    AX,DATA        ;初始化 DS
            MOV    DS,AX
            MOV    AX,EXTRA       ;初始化 ES
            MOV    ES,AX
            MOV    AX,ASTACK      ;初始化 SS
            MOV    SS,AX
            LEA    SP,TOP         ;初始化 SP
              ⋮
CODE        ENDS
            END    START
```

CS 和 IP 装入通常是按照源程序 START 结束伪指令的地址来完成的。结束伪指令的格式是:

> END　　起始地址

该语句中的起始地址是一个标号或表达式。这个起始地址是程序装入内存后开始执行的起始点,它的段地址和偏移地址就是 CS 和 IP 的内容。在例 3.14 中,START 就是程序装入内存后第一条可执行语句的首地址。

3.4.4　过程定义伪指令

过程定义伪指令 PROC 和 ENDP 用来定义过程,可供其他程序调用,如果把调用过程的程序称作主程序,那么过程便可称作子程序。

格式:　　过程名　　　　PROC　　　　　NEAR/FAR
　　　　　　　　　　　　　　⋮
　　　　　　　　　　　　RET
　　　　　　过程名　　　　ENDP

过程名是用户给过程取的名称,它是提供给其他程序调用时用的,因而是不能省略的。过程名具有与语句标号相同的属性,即具有段地址、偏移地址和类型三个属性。过程名的段地址和偏移地址是指过程中第一条语句的段地址和偏移地址,过程名的类型属性由格式中的类型指明,可以有 NEAR 和 FAR 两种。若类型为 FAR,表示过程与调用过程在不同代码段,类型为 NEAR 则表示过程与调用过程在同一代码段。格式中的类型缺省时,则该过程认为是 NEAR 类型。PROC 和 ENDP 必须具有相同的过程名称。过程内部至少要设置一条返回指令(RET)作为过程的出口。允许过程中设置多条返回指令,即具有多个出口。

3.4.5　其他伪指令

(1)TITLE 伪指令

格式:　TITLE　标题

TITLE 伪指令可指定每一页上打印的标题。同时,如果程序中没有使用 NAME 伪指令,那么将用标题中的前 6 个字符作为模块名。标题最多可用 60 个字符。

(2)源程序结束伪指令

格式:　END　表达式

其中表达式是该程序中第一条可执行语句的标号,可以缺省。如果一个程序中包含多个模块,那么只有主程序模块中的 END 语句需要带表达式。

(3)LABEL 伪指令

格式:　名称　LABEL　类型

LABEL 伪指令可用来给已定义的变量或标号重新定义它的类型或距离属性。例如,在定义堆栈段时,常用下面的格式:

```
ASTACK    SEGMENT    STACK
          DW    256    DUP(?)
ATOP      LABEL    WORD
ASTACK    ENDS
```

在这里定义了一个由 256 个字组成的堆栈,用 LABEL 语句定义的 ATOP 是给堆栈栈底取的名称,把它的类型定义为字。

(4)置汇编地址计数器伪指令

在介绍该语句之前,首先介绍一下汇编地址计数器。汇编地址计数器用符号"＄"表示,它用来记录正在被汇编程序翻译的语句的地址。

在一个源程序中,往往包含了多个段,汇编程序在将该源程序翻译成目标程序时,每遇到一个新的段,就为该段分配一个初置为0的汇编地址计数器,然后再对该段中的语句汇编。

在汇编过程中,对凡是需要申请分配存储单元的语句和产生目标代码的语句,汇编地址计数器则按该语句目标代码的长度增值。因此,段内定义的所有标号和变量的偏移地址就是当前汇编地址计数器的值。

汇编地址计数器符号 $ 可出现在表达式中。

例 3.15

```
DATA        SEGMENT
BUF         DB      '1234…ABCD…'
COUNT       EQU     $ – BUF
DATA        ENDS
```

COUNT 的值就是 BUF 数据区所占的字节数。

汇编地址计数器的值可以用伪指令 ORG 设置。

格式:　ORG　数值表达式

功能:将汇编地址计数器设置成数值表达式的值。其中,数值表达式的值应为非负的整数,其值可在 0 ~ 65 535 之间。

例 3.16

```
DATA        SEGMENT
            ORG   10H              ;设置 $ 的值为 10H
BUF         DB    'ABCD'           ;变量 BUF 的偏移地址为 10H
DATA        ENDS
```

分析以上数据段中各语句的功能,可知变量 BUF 的首偏移地址为 10H。如果不设置 ORG 语句,那么变量 BUF 的首偏移地址为 0。

3.5　汇编语言程序设计概述

3.5.1　汇编语言程序设计的基本步骤

(1)分析问题,建立数学模型

分析问题的目的就是求得对问题有一个确切的理解,明确问题的环境限制,弄清已知条件、输入信息的形式和种类,对运算精度和处理速度的要求以及要求输出什么样的信息等等。在确切理解问题的基础上,建立一个数学模型,把一个实际问题转化为能用计算机处理的问题。

(2)设计算法

所谓算法,就是确定解决问题的方法和步骤。评价算法的标准是程序执行的时间和占用存储器的空间,设计该算法和编写程序所投入的人力,以及可扩充性和可适应性等等。

算法可以用自然语言、程序设计语言(也称半自然语言)或流程图来描述。本书采用流程图描述。流程图是一种用特定的图形符号加上简单的文字说明来表示数据处理过程的步骤。它给出了计算机执行操作的逻辑次序,而且表达很简明、清晰,使设计者可以从流程图上直接了解系统执行任务的全过程以及各部分之间的关系。常用的流程图符号如图3.3所示。

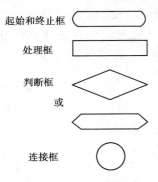

图3.3　流程图符号

（3）编制程序

用计算机的指令语句和伪指令语句实现算法的过程，就是编制程序。编制程序时，必须严格按语言的语法规则书写，这样编写出来的程序称为源程序。

编制汇编语言源程序时要考虑以下几点：

①内存空间的分配主要包括：程序中使用的代码段、数据段、堆栈段和附加数据段放在内存的什么位置；原始数据、中间结果及最终结果放在内存的什么地方，需要占用多大的存储空间；堆栈段需要多大空间等等。

②程序结构尽可能简单、层次清楚，合理分配寄存器的用途。多次使用的程序段可采用子程序或宏指令。选择常用、简单、占用内存少、执行速度快的指令序列。

③尽量提高源程序的可读性和可维护性，必要时应提供简明的注释。

（4）上机调试

源程序编制完毕后，送入计算机进行汇编、连接和调试。汇编程序可以检查源程序中的语法错误，调试人员根据指出的语法错误修改程序，直到无语法错误，再利用DEBUG调试工具检查程序运行后是否能达到预期的结果。

3.5.2　汇编语言程序的基本结构

汇编语言程序的基本结构大体上可分为顺序结构、分支结构、循环结构和子程序结构等4种基本形式。下面将对这4种基本结构的程序设计方法作较详细的介绍。

3.6　顺序程序设计

顺序程序是最简单的一种程序结构。在流程图中，只有一个起始框，一个终止框和几个处理框。程序以直线方式一条指令接着一条指令顺序地执行。本节以算术运算为例介绍顺序程序的设计。

例3.17　编写计算 $f = (V - (X * Y + Z - 5\,000))/X$ 的程序。（其中 X、Y、Z、V 均为有符号16位二进制数）。

算式中 $X * Y$ 是两个字操作数相乘，其积是双字长的数。因而 V、Z 均应将符号扩展成双字操作数之后再进行加减运算。显然，运算的中间结果是32位有符号二进制数。f 是双字操作数除以字操作数所得商，故 f 占一个字。

存储单元及寄存器分配：

字变量 XX、YY、ZZ、VV 分别存放 X、Y、Z、V 的值。

字变量 FF、FF+2 分别用来存放除法运算所得的商和余数。

寄存器 CX、BX 用来存放运算的中间结果，CX 中存放高16位，BX 中存放低16位。

程序流程图如图3.4所示。

若取 X、Y、Z、V 的值分别为 250、-200、20 000、10 000,则求得 f 为 180,余数为 0。程序运行后,在变量 FF 中存入了十六进制数 00B4H,而余数 0 送入了变量 FF +2 之中。

程序如下:

```
STACK      SEGMENT      STACK
           DW    256   DUP(?)
TOP        LABEL    WORD
STACK      ENDS
DATA       SEGMENT
XX         DW    250
YY         DW    -200
ZZ         DW    20000
VV         DW    10000
FF         DW    2    DUP(?)
DATA       ENDS
CODE       SEGMENT
           ASSUME   CS:CODE,DS:DATA;SS:STACK
START:     MOV      AX,DATA          ;取数据段段地址送 DS
           MOV      DS,AX
           MOV      AX,STACK         ;取堆栈段段地址送 SS
           MOV      SS,AX
           MOV      SP,OFFSET   TOP  ;SP 置初值
           MOV      AX,XX            ;X * Y→CX,BX
           IMUL     YY
           MOV      CX,DX
           MOV      BX,AX
           MOV      AX,ZZ            ;将 Z 扩展成双字→DX,AX
           CWD
           ADD      BX,AX            ;X * Y + Z→CX,BX
           ADC      CX,DX
           SUB      BX,5000          ;X * Y + Z - 5000→CX,BX
           SBB      CX,0
           MOV      AX,VV            ;将 V 扩展成双字→DX,AX
           CWD
           SUB      AX,BX            ;(V - (X * Y + Z - 5000))→DX,AX
           SBB      DX,CX
           IDIV     XX               ;(V - (X * Y + Z - 5000))/X→DX,AX
           MOV      FF,AX            ;商→FF
```

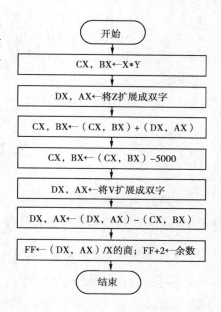

图 3.4 计算 f 值的程序流程图

```
            MOV     FF＋2,DX          ;余数→FF＋2
            MOV     AH,4CH           ;返回 DOS
            INT     21H
    CODE    ENDS
            END     START
```

3.7　分支程序设计

分支程序就是根据不同的条件完成不同功能的程序,编写分支程序要用到转移指令。本节先介绍无条件转移指令和条件转移指令,再举例讨论分支程序的设计方法。

3.7.1　无条件转移指令

无条件转移(JMP)指令使程序无条件转移到目标地址去执行,根据目标地址的位置及所采用的寻址方式有 4 种基本格式:段内直接转移指令、段内间接转移指令、段间直接转移指令和段间间接转移指令。

(1)段内直接转移指令

段内直接转移指令分段内直接短转移和段内直接近转移两种。

1)段内直接短转移指令

格式:　JMP　SHORT　OPR

指令功能:转移的目标地址为当前的 IP 值(即 JMP 指令的下一条指令的首地址)与指令代码中的 8 位位移量之和,即 IP←IP＋8 位位移量。

例3.18　代码段中有一条无条件转移指令如下:

　　　　　　　⋮

　　　　JMP　SHORT　NEXT

　　　　　　　⋮

　　NEXT:MOV　AL,05H

图 3.5 表示了该指令的机器代码及转移地址形成的方法。由图可知,位移量为 08H,当前 IP 为 0102H,所以转移地址的偏移地址为:

$$IP = 0102H ＋08H ＝010AH$$

其标号为 NEXT。

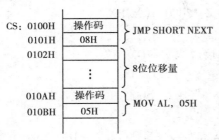

图 3.5　段内直接短转移

2)段内直接近转移指令

格式:　JMP　NEAR　PTR　OPR

指令功能:转移的目标地址为当前的 IP 值与指令代码中的 16 位位移量之和,即 IP←IP＋16 位位移量。

NEAR　PTR 属性操作符说明位移量是 16 位的二进制补码,位移量的取值范围为: － 32 768 ～ ＋32 767

直接转移指令中的目标地址 OPR 可直接使用要转向指令的标号,属性操作符 SHORT、NEAR　PTR 在指

令中可省略,直接写成:

JMP　　标号;IP←标号的偏移地址

而位移量是 8 位还是 16 位,可以由汇编程序在汇编过程中,根据标号地址与 JMP 指令所在地址进行计算得到。

（2）段内间接转移指令

格式:　JMP　OPR

指令功能:转移的目标地址由 16 位通用寄存器或存储单元给出,即 IP←（EA）。

有效地址 EA 值由 OPR 的寻址方式确定。如果是寄存器寻址,EA 就是寄存器名;如果是存储器操作数,EA 就是各种寻址方式的存储器字存储单元的有效地址。

例 3.19　JMP　WORD　PTR　［BX + 20H］

设 DS = 3000H,BX = 1000H,则存放转移有效地址的字单元的物理地址:

PA = 30000H + 1000H + 20H = 31020H

若指令执行前,CS = 0100H,IP = 2110H,（31020H）= C6H,（31021H）= 40H,则指令执行后,IP = 40C6H,CS 值不变。因此,程序就转移到 0100H:40C6H 处继续执行,如下所示:

```
        CS:IP            ⋮
0100H:2110H      JMP   WORD   PTR      ［BX + 20H］
                         ⋮
0100H:40C6H      ADD   AX,DX
                         ⋮
```

（3）段间直接转移指令

格式:　JMP　FAR　PTR　标号

指令功能:IP←标号的偏移地址,CS←标号的段地址。

例 3.20　在 C1 代码段有一条转移到 C2 代码段的无条件转移指令,如下所示:

```
C1      SEGMENT
              ⋮
        JMP   FAR   PTR   NEXT
              ⋮
C1      ENDS
C2      SEGMENT
              ⋮
NEXT:   MOV   CL,AL
              ⋮
C2      ENDS
```

执行 JMP 指令后,程序转移到另一代码段标号为 NEXT 的指令处继续执行。

（4）段间间接转移指令

格式:　JMP　DWORD　PTR　OPR

指令功能:IP←（EA）,CS←（EA + 2）。

其中,EA 只能通过存储器寻址方式确定。转移地址的偏移地址和段地址存放在内存相邻 4 个字节单元中,根据寻址方式求出 EA 后,将 EA 指向的字单元内容送到 IP 寄存器,并把下一个字单元内容送到 CS 段寄存器。

例 3.21　　JMP　DWORD　PTR　［BP］［DI］

设 SS = 5000H,BP = 1000H,DI = 0050H,存放转移地址的堆栈段中的存储单元物理地址:

PA = 50000H + 1000H + 0050H = 51050H

此时转移地址的存储情况如图 3.6 所示,JMP 指令位于 C1 代码段,转移到 C2 代码段,程序形式如下:

```
                    C1    SEGMENT
                             ⋮
1000H:1300H              JMP   DWORD   PTR   ［BP］［DI］
                             ⋮
                    C1    ENDS
                    C2    SEGMENT
                             ⋮
2000H:2500H              MOV   DL,AL
                             ⋮
                    C2    ENDS
```

执行 JMP 指令,从堆栈段的 51050H 和 51051H 两个单元中取出内容送 IP,则 IP = 2500H。从 51052H 和 51053H 两个单元中取出内容送 CS,则 CS = 2000H,此时,程序就无条件转移到 C2 段的 2000H:2500H 处执行 MOV 指令。

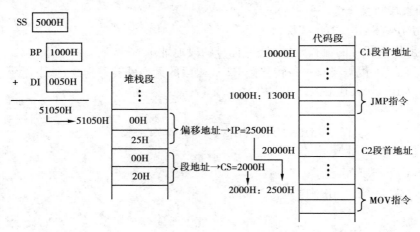

图 3.6　段间间接转移

3.7.2　条件转移指令

条件转移指令是根据标志位来判断测试条件。若满足测试条件,则转移到由指令所指定的转移地址去执行那里的程序,这就称为分支。若不满足条件,则顺序执行下一条指令,如图 3.7 所示。

条件转移指令采用段内直接短转移,转移范围在 − 128 ~ + 127 之内。所有的条件转移指令都不影响标志位。

（1）单条件转移指令

根据 ZF、SF、OF、PF 和 CF 中某个标志位的状态决定是否转移。

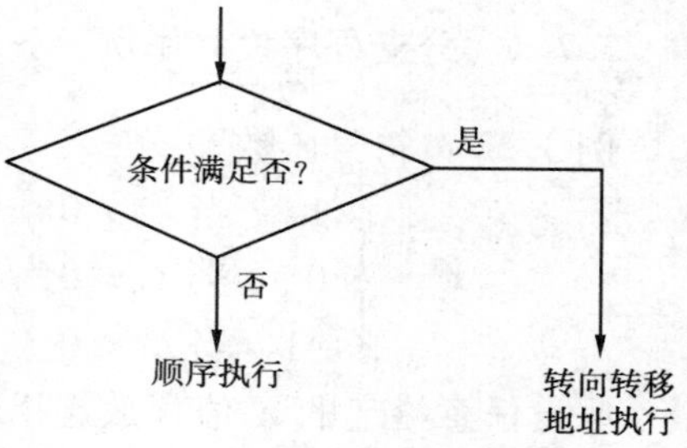

① JZ/JE   OPR   结果为零（ZF=1）转移指令

② JNZ/JNE OPR   结果不为零（ZF=0）转移指令

③ JS   OPR   结果为负（SF=1）转移指令

④ JNS   OPR   结果为正（SF=0）转移指令

⑤ JO   OPR   结果有溢出（OF=1）转移指令

⑥ JNO   OPR   结果无溢出（OF=0）转移指令

⑦ JP/JPE   OPR   结果的低八位中 1 的个数为偶数（PF=1）转移指令

⑧ JNP/JPO OPR   结果的低八位中 1 的个数为奇数（PF=0）转移指令

⑨ JC   OPR   结果有进位（CF=1）转移指令

⑩ JNC   OPR   结果无进位（CF=0）转移指令

图 3.7　条件转移指令执行示意图

（2）比较两个无符号数条件转移指令

① JB/JNAE OPR   低于/不高于也不等于（CF=1）转移指令

② JBE/JNA OPR   低于或等于/不高于（CF∨ZF=1）转移指令

③ JA/JNBE OPR   高于/不低于也不等于（CF∨ZF=0）转移指令

④ JAE/JNB OPR   高于或等于/不低于（CF=0）转移指令

（3）比较两个有符号数条件转移指令

① JL/JNGE OPR   小于/不大于也不等于（SF⊕OF=1）转移指令

② JLE/JNG OPR   小于或等于/不大于（（SF⊕OF）∨ZF=1）转移指令

③ JG/JNLE OPR   大于/不小于也不等于（（SF⊕OF）∨ZF=0）转移指令

④ JGE/JNL OPR   大于或等于/不小于（SF⊕OF=0）转移指令

3.7.3　分支程序的结构

分支程序结构有两种：单分支结构和多分支结构。

单分支程序结构如图 3.8 所示。当条件满足，转向执行分支程序段；若条件不满足，顺序执行下一条指令。

多分支程序结构适用于有多种条件的情况，根据不同的条件进行不同处理，它的结构框图如图 3.9 所示。

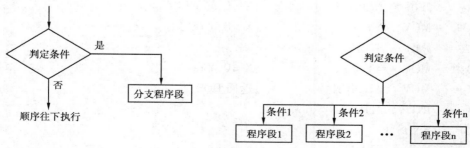

图 3.8　单分支程序结构框图　　　　图 3.9　多分支程序结构框图

3.7.4 分支程序设计举例

例 3.22 符号函数

$$Y = \begin{cases} 1 & \text{当 } X > 0 \\ 0 & \text{当 } X = 0 \\ -1 & \text{当 } X < 0 \end{cases} \qquad (-128 \leqslant X \leqslant +127)$$

假设任意给定的 X 值存放在 XX 单元,函数 Y 的值存放在 YY 单元。根据 X 的不同值求 Y 的算法流程图如图 3.10 所示。

程序如下:

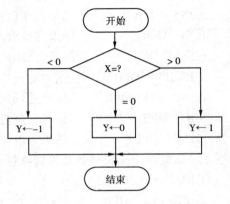

图 3.10 例 3.28 程序框图

```
STACK     SEGMENT    STACK
          DW    256   DUP(?)
TOP       LABEL   WORD
STACK     ENDS
DATA      SEGMENT
XX        DB    X
YY        DB    ?
DATA      ENDS
CODE      SEGMENT
          ASSUME   CS:CODE,DS:DATA,SS:STACK
START:    MOV    AX,DATA
          MOV    DS,AX
          MOV    AX,STACK
          MOV    SS,AX
          LEA    SP,TOP
          MOV    AL,XX          ;AL←X
          CMP    AL,0           ;X 与 0 比较
          JGE    NEPA           ;X≥0,转 NEPA
          MOV    YY,0FFH        ;X<0,YY←-1
          JMP    STOP
NEPA:     JE     NEPB           ;X=0,转 NEPB
          MOV    YY,1           ;X>0,YY←1
          JMP    STOP
NEPB:     MOV    YY,0           ;X=0,YY←0
STOP:     MOV    AH,4CH         ;返回 DOS
          INT    21H
CODE      ENDS
          END    START
```

例 3.23 编制将一位十六进制数转换成对应的 ASCII 码的程序(只考虑大写字母)。

一位十六进制数由 0～9 的 10 个数字符号和 A～F 的 6 个字母符号表示,它们对应的 ASCII 码见表 3.2。由表中可以看出,对于 0～9 的 10 个数字只要将十进制数加 30H 即可,而 10～15 个数字必须加 37H 才能得到其对应的 ASCII 码。因此,对于给定的数 N 要实现这种转换需经判别后分别处理,其流程图如图 3.11 所示。

图中给出只有当数 N 为一位十六进制数,即其值在 0～15 范围内时,才对 N 作相应转换,否则只给出标记 0FFH。

表 3.2

十六进制数	ASCII 码
0	30H
1	31H
2	32H
3	33H
4	34H
5	35H
6	36H
7	37H
8	38H
9	39H
A	41H
B	42H
C	43H
D	44H
E	45H
F	46H

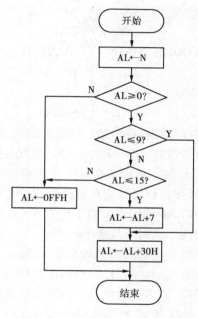

图 3.11 例 3.23 程序流程图

程序如下:

```
STACK      SEGMENT    STACK
           DW   256   DUP(?)
TOP        LABEL   WORD
STACK      ENDS
DATA       SEGMENT
NN         DB    ?
DATA       ENDS
CODE       SEGMENT
           ASSUME    CS:CODE,DS:DATA,SS:STACK
START:     MOV       AX,DATA
           MOV       DS,AX
           MOV       AX,STACK
           MOV       SS,AX
           MOV       SP,OFFSET  TOP
```

```
              MOV       AL,NN              ;AL←N
              CMP       AL,9               ;AL 和 9 比较
              JBE       ALOOP1             ;AL≤9,转 ALOOP1
              CMP       AL,15              ;AL 和 15 比较
              JA        ALOOP2             ;AL>15,转 ALOOP2
              ADD       AL,07H             ;AL←AL+07H
ALOOP1:       ADD       AL,30H             ;AL←AL+30H
DONE:         MOV       AH,4CH             ;返回 DOS
              INT       21H
ALOOP2:       MOV       AL,0FFH            ;AL←0FFH
              JMP       DONE
CODE          ENDS
              END       START
```

程序中没有进行第一判断框的判定,这是因为若 AL<0,则其最高位必然为 1,当将它看作无符号数时,它一定大于 15。因此,这种情况在第三判断框中已被包含。

例 3.24　从键盘接受一个字符送入 AL,并做如下处理:若 AL 的内容为数字 0 的 ASCII 码,则转移到程序分支 0 去执行;若 AL 的内容为数字 1 的 ASCII 码,则转移到程序分支 1 去执行……若 AL 的内容为数字 9 的 ASCII 码,则转移到程序分支 9 去执行;若为其他字符,则不做任何处理。试编写其程序。

设各分支的入口地址分别用 L_0、L_1、…、L_9 表示。在内存中建立一地址表,将不同分支的入口地址 L_0、L_1、…、L_9 存放到内存中连续字单元中,每个入口地址占一个字。假设地址表首址为 TAB,则该表在内存中的存放形式如图 3.12 所示。

L_i 的存放地址 $= TAB+2*i(i=0,1,2,…,9)$,当 AL $= 0,1,…,9$ 的 ASCII 码时,$i=AL-30H$。

首先将 L_i 的存放地址 $TAB+2*i→BX$,然后通过指令"JMP　WORD　PTR　[BX]"实现分支转移。

程序流程图如图 3.13 所示。

程序如下:

```
STACK       SEGMENT          STACK
            DW    256   DUP(?)
TOP         LABEL   WORD
STACK       ENDS
DATA        SEGMENT
TAB         DW    L0,L1,L2,L3,L4,L5,L6,L7,L8,L9
DATA        ENDS
CODE        SEGMENT
            ASSUME   CS:CODE,DS:DATA,SS:STACK
START:      MOV       AX,DATA
            MOV       DS,AX
```

```
MOV        AX,STACK
MOV        SS,AX
MOV        SP,OFFSET  TOP
MOV        AH,01H                    ;键入字符
INT        21H
CMP        AL,30H                    ;AL 和 30H 比较
```

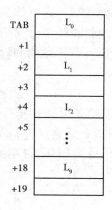

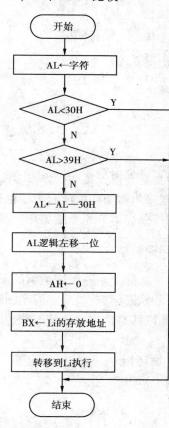

图 3.12　地址表　　　　　　　　　图 3.13　例 3.24 的程序框图

```
        JB         DONE                 ;AL < 30H,转 DONE
        CMP        AL,39H               ;AL 和 39H 比较
        JA         DONE                 ;AL > 39H,转 DONE
        SUB        AL,30H
        SHL        AL,1                 ;AX←2 * i
        MOV        AH,0
        LEA        BX,TAB               ;BX←TAB 偏移地址
        ADD        BX,AX                ;BX←TAB + 2 * i
        JMP        WORD  PTR  [BX]      ;转(TAB + 2 * i) = Li 处执行
DONE:   MOV        AH,4CH               ;返回 DOS
```

```
              INT      21H
L0：          ⋮                                        ;分支 L0
              JMP      DONE
L1：          ⋮                                        ;分支 L1
              JMP      DONE
⋮            ⋮                                        ⋮
L9：          ⋮                                        ;分支 L9
              JMP      DONE
CODE         ENDS
             END      START
```

3.8　循环程序设计

程序设计中常常会遇到某些操作需多次重复地进行,故需要按照一定规律,多次重复执行一串语句,这类程序叫做循环程序。为了加快对循环程序的控制,8086 指令系统中专门设置了一组循环控制指令。本节先介绍循环控制指令,然后再讨论循环程序结构和设计方法。

3.8.1　循环控制指令

循环控制指令实际上是一组增强型的条件转移指令。前述的条件转移指令,只能测试由前面指令所设置的状态标志,以确定程序的走向。而循环控制指令是自己进行某种运算后置状态标志,然后测试状态标志判定是否满足循环条件,若满足条件则循环,否则退出循环顺序执行下一条指令。

(1)LOOP　循环指令

格式：　LOOP　OPR

功能:①CX←CX－1

②若 CX≠0,则转移到目标标号继续循环,否则结束循环顺序执行下条指令。

使用 LOOP 指令前,应将循环数送入 CX 寄存器。

(2)LOOPE/LOOPZ　相等/结果为零时循环

格式：　LOOPE(或 LOOPZ)　OPR

功能:①CX←CX－1

②若 ZF＝1 且 CX≠0 时,则循环,否则顺序执行下条指令。

(3)LOOPNE/LOOPNZ　不等/结果不为零时循环

格式：　LOOPNE(或 LOOPNZ)　OPR

功能:①CX←CX－1

②若 ZF＝0 且 CX≠0 时,则循环,否则顺序执行下条指令。

(4)JCXZ 指令

格式：　JCXZ　OPR

功能:当 CX＝0 时,则转移到 OPR 指出的转移地址去执行,否则顺序往下执行。

3.8.2　循环程序的基本结构

循环程序的基本结构如图 3.14 所示。主要由以下 4 个部分组成：

①循环准备部分：设置地址指针、计数器、累加器、标志位的初值等。

②循环工作部分：也叫循环体，是循环程序的主体；它以循环准备部分设置的初值为基础，动态地执行功能相同的操作。

③循环修改部分：与工作部分协调配合，完成对指针及控制量的修改，为下次循环或退出循环做好准备。

④循环控制部分：用以判别和控制循环的走向，根据控制量的变化，决定是退出还是继续循环。目前常用的循环控制方法有计数控制法、条件控制法和逻辑尺控制法。

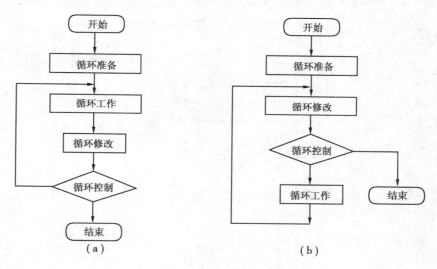

图 3.14　循环程序结构

图 3.14(a)所示的循环结构执行时，循环体至少执行一次后才判别循环是否结束，又称"先执行，后判断"循环结构。

图 3.14(b)中所示的循环结构执行时，先判别循环的条件是否满足，有可能循环体一次也不执行，又称"先判断，后执行"循环结构。

循环工作部分可以是顺序结构、分支结构或循环结构。当工作部分只有顺序结构、分支结构时，则称为单重循环程序；若工作部分又是一个新的循环程序，则该循环程序统称为多重循环程序。

3.8.3　循环程序设计方法

(1)计数控制法

在循环次数已知的情况下，可以用计数控制法来控制循环次数。通常设置一个计数器，采用倒计数法，做完规定的次数后，跳出循环。

例 3.25　编一程序在以 BUF 为首地址的字节单元中存放了 COUNT 个无符号数，找出其中最大数，送 MAX 单元。

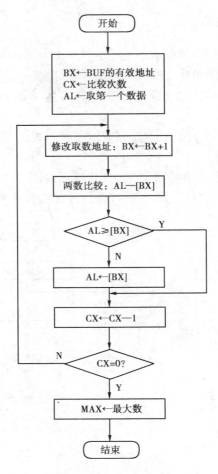

图 3.15 例 3.25 程序流程图

具体算法是:先取第一个数送入寄存器 AL 中,将 AL 中的数依次与后面的 COUNT－1 个数进行比较,若 AL 中的数较小,则将较大数送入 AL 寄存器中;若 AL 中的数较大,则 AL 保持不变;在比较过程中,始终保持 AL 中存放较大数,比较 COUNT－1 次后,AL 中即为最大数,最后将 AL 中最大数送入 MAX 单元。

这是一个循环次数已知的单重循环程序,因此,可用寄存器 CX 作循环计数器,用以控制循环,程序的流程图如图 3.15 所示。

程序编写如下:

```
STACK      SEGMENT    STACK
           DW   256   DUP(?)
TOP        LABEL   WORD
STACK      ENDS
DATA       SEGMENT
BUF        DB    3,23,90,135,30,70,…
COUNT      EQU      $ － BUF
MAX        DB      ?
```

```
DATA        ENDS
CODE        SEGMENT
            ASSUME  CS:CODE,DS:DATA,SS:STACK
STARK：MOV   AX,DATA
       MOV   DS,AX
       MOV   AX,STACK
       MOV   SS,AX
       LEA   SP,TOP
       MOV   BX,OFFSET  BUF
       MOV   CX,COUNT - 1      ;CX←比较次数
       MOV   AL,[BX]           ;AL←取第一个数据
ALP：  INC   BX
       CMP   AL,[BX]           ;AL 与下一个数据比较
       JAE   NEXT              ;若 AL≥下一个数,转 NEXT
       MOV   AL,[BX]           ;否则,AL←较大数
NEXT： LOOP  ALP               ;CX←CX - 1,CX≠0 时继续
                              ;循环,CX =0 时结束循环
       MOV   MAX,AL            ;MAX←最大数
       MOV   AH,4CH
       INT   21H
CODE        ENDS
            END   START
```

若将题目改成为 COUNT 个有符号数中找最大数,则只要将条件转移指令 JAE NEXT 改成 JGE NEXT 即可。

（2）条件控制法

有些问题事先无法知道循环次数,但对循环有一定的条件要求。这时,只能根据给定的条件来判断循环是否结束。

例 3.26　设在内存某一数据区从 STRING 地址开始存放了一字符串,其最后一个字符为 $ (ASCII 码为 24H)。要求检查该字符串中所有字符的奇偶性,规定每个字符对应的一个字节数中必须有偶数个 1。若奇偶性正确,则结果为 0,否则结果为 – 1,试编写这一程序。

这是一个单重循环结构。循环结束的条件有两个:

①只要有一个字符奇偶性错,就退出循环并置结果单元为 – 1。

②测试到结束标志 $ 时也退出循环。说明字符串中所有字符奇偶性均为正确,置结果单元为 0。

以上两个条件是或的关系。根据分析画出程序流程图如图 3.16 所示。

程序编写如下:

```
STACK       SEGMENT   STACK
            DW   256   DUP (?)
TOP         LABEL   WORD
```

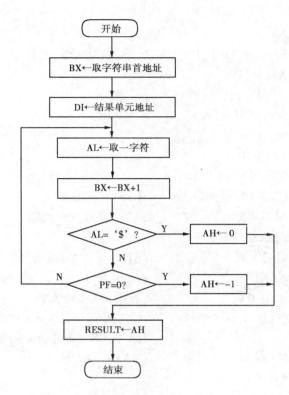

图 3.16 例 3.26 程序流程图

```
STACK      ENDS
DATA       SEGMENT
STRING     DB    'THIS  IS  A  STRING. $'
RESULT     DB    ?
DATA       ENDS
CODE       SEGMENT
           ASSUME  CS:CODE, DS:DATA, SS:STACK
START:     MOV  AX,DATA
           MOV  DS,AX
           MOV  AX,STACK
           MOV  SS,AX
           MOV  SP,OFFSET  TOP
           MOV  BX,OFFSET  STRING     ;BX←字符串首址
           MOV  DI,OFFSET  RESULT     ;DI←结果单元地址
LOP1:      MOV  AL,[BX]               ;AL←取一字符
           INC  BX                    ;修改字符地址
           CMP  AL,24H                ;比较是否为 $ 结束标志
           JZ   DONE                  ;若是转 DONE
           OR   AL,AL                 ;判是否为偶校验
```

```
            JPO    EROR
            JMP    LOP1
DONE：      MOV    AH,0              ;偶校验正确时置 AH 为 0
            JMP    NEXT
EROR：      MOV    AH, -1            ;偶校出错时置 AH 为 -1
NEXT：      MOV    ［DI］,AH          ;奇偶标志送 RESULT 单元
            MOV    AH,4CH
            INT    21H
CODE        ENDS
            END    START
```

（3）逻辑尺控制法

可以用逻辑变量的状态控制循环。如把逻辑变量的各位放在寄存器中,寄存器的内容就像一把尺子的刻度。作为识别调用某程序段的标志,称之为"逻辑尺"。逻辑尺的长度就是循环次数。

例 3.27　用逻辑尺控制法实现如下功能:

计算 FUNC0 和 FUNC1 共 16 次,顺序是:FUNC0 5 次,FUNC1 3 次,FUNC0 2 次,FUNC1 4 次,FUNC0 1 次,FUNC1 1 次。FUNC0 的功能是输出一个 A,FUNC1 的功能是输出一个 B。

程序流程图如图 3.17 所示。

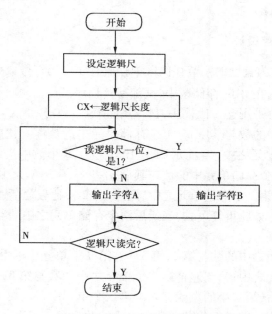

图 3.17　例 3.27 的程序流程图

程序如下:

```
DATA       SEGMENT
LOGRL      DW    0000011100111101B       ;定义逻辑尺
DATA       ENDS
CODE       SEGMENT
```

```
              ASSUMECS：CODE，DS：DATA
START：  MOV    AX，DATA
         MOV    DS，AX
         MOV    DX，LOGRL              ;传送逻辑尺刻度
         MOV    CX，16                 ;传送逻辑尺长度
NEXT1：  SAL    DX，1                  ;左移，最高位送 CF
         JC     NEXT2                 ;CF=1 转移
         MOV    DL，'A'                ;CF=0，输出字符 A
         MOV    AH，2
         INT    21H
         JMP    NEXT3                 ;转 NEXT3，本分支结束
NEXT2：  MOV    DL，'B'                ;CF=1，输出字符 B
         MOV    AH，2
         INT    21H
NEXT3：  LOOP   NEXT1                 ;CX 不为 0，继续循环
         MOV    AH，4CH
         INT    21H
CODE     ENDS
         END    START
```

3.8.4　多重循环程序设计

例 3.28　在以 BUF 为首址的字节存储区中存放有 n 个无符号数 $X_1,X_2,\cdots,X_n$，现需将它们按从小到大的顺序排列在 BUF 存储区中，试编写其程序。

对这个问题的处理可采用逐一比较法，其算法如下：

将第一个存储单元中的数与其后 $n-1$ 个存储单元中的数逐一比较，每次比较之后，总是把小者放在第一个存储单元之中，经过 $n-1$ 次比较之后，n 个数中最小者存入了第一个存储单元之中。接着，将第二个存储单元中的数与其后 $n-2$ 个存储单元中的数逐一比较，每次比较之后，总是把小者放在第二个存储单元之中，经过 $n-2$ 次比较之后，n 个数中第二小者存入了第二个存储单元之中。如此重复下去，当最后两个存储单元之中的数比较完之后，就可实现从小到大的排序。

第一遍将第一个单元之中的数与第 2，第 3，$\cdots$，第 n 个单元中的数逐一比较之后，第一小的数就存入了第一个单元之中；第二遍将第二个单元之中的数与第 3，第 4，$\cdots$，第 n 个单元之中的数逐一进行比较之后，第二小的数就存入了第二个单元中；$\cdots$，第 $n-1$ 遍将第 $n-1$ 个单元中的数与第 n 个单元中的数进行比较，第 $n-1$ 小的数就存入了第 $n-1$ 个单元中。此时，第 n 个单元中就是第 n 小的数，即 n 个数中最大者。若用 i 表示遍数，则第 i 遍是将第 i 个单元中的数与第 $i+1$，第 $i+2$，$\cdots$，第 n 个单元中的数逐一比较，每次比较之后，总是将小者放入第 i 个单元中。当第 i 个单元中的数与第 n 个单元之中的数比较之后，第 i 小的数就存入了第 i 个单元中。显然，这是一个循环过程，当 i 从 1 到 $n-1$ 循环之后，n 个数的排序就完成了。其处理流程图如图 3.18 所示。

图 3.18 中的第三框(将第 i 小的数存入第 i 单元)是一粗框,其处理过程也是循环过程。若用 j 表示第 i 个单元之后元素的下标,则 j 从 $i+1$ 到 n 循环之后,第 i 小的数就存入了第 i 个单元之中。其处理流程图如图 3.19 所示。

由于 n 个数 $X_1,X_2,\cdots,X_n$ 依次存放在以 BUF 为首址的字节存储区中,因此 X_i 的存放地址为:$\text{BUF}+i-1(i=1,2,\cdots,n-1,n)$。

寄存器分配如下:

SI:用来存放 i 的值,初值为 1,每循环一次加 1。

DI:用来存放 j 的值,初值为 $i+1$,每循环一次加 1。

将图 3.19 套在图 3.18 之中,并将有关寄存器与图中变量联系起来,可画出程序流程图如图 3.20 所示。

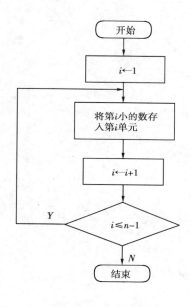

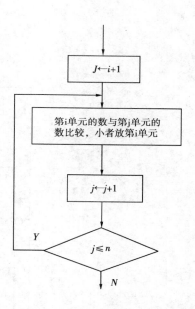

图 3.18 将 n 个数排成递增序列的处理粗框图 图 3.19 将第 i 小的数存入第 i 单元的处理细框图

程序如下:

```
STACK      SEGMENT   STACK
           DW    256   DUP(?)
TOP        LABEL   WORD
STACK      ENDS
DATA       SEGMENT
BUF        DB    70H,10H,20H,90H,80H,50H,40H,30H
N = $ - BUF
DATA       ENDS
CODE       SEGMENT
           ASSUME   CS:CODE,DS:DATA,SS:STACK
START:     MOV   AX,DATA
           MOV   DS,AX
```

```
                MOV    AX,STACK
                MOV    SS,AX
                LEA    SP,TOP
                MOV    SI,1
        AL001:  MOV    DI,SI
                INC    DI
                MOV    AL,[BUF + SI − 1]        ;AL←[BUF + SI − 1]
        AL002:  CMP      AL,[BUF + DI − 1]      ;两数比较,小者放[BUF + SI − 1]
                JBE    NEXT
                XCHG   AL,[BUF + DI − 1]
```

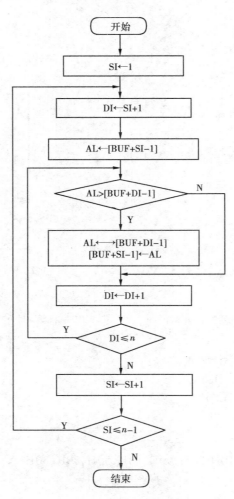

图 3.20 n 个无符号数按递增排序的程序流程图

```
                MOV    [BUF + SI − 1],AL
        NEXT:   INC    DI
                CMP    DI,N
```

```
        JBE    AL002              ;若 DI≤N,转 AL002
        INC   SI
        CMP    SI,N－1
        JBE    AL001              ;若 SI≤N－1,转 AL001
        MOV   AH,4CH
        INT   21H
CODE    ENDS
        END    START
```

程序运行后,BUF 区中的内容如下:

　　　　　10H,20H,30H,40H,50H,70H,80H,90H

程序中紧跟"CMP　AL,[BUF＋DI－1]"之后的是无符号数条件转移指令"JBE NEXT",显然,该程序被排序的 n 个数为无符号数。若要对有符号数进行排序,只要将"JBE　NEXT"改为"JLE　NEXT"即可。

3.9　DOS 系统功能调用

磁盘操作系统 DOS 曾是微型机中应用最广泛的核心系统软件。DOS 系统中设置了两层内部子程序可供用户使用,即基本输入输出模块 BIOS 和 DOS 层功能模块。这些子程序对用户来说均可看做中断处理程序,它们的入口都安排在中断入口表中,使用汇编语言编程时可以直接调用它们,这就极大地方便了用户对这些微机系统资源的利用。

BIOS 固化在 ROM 中,它是操作系统的核心。它的主要功能是驱动系统所配置的外部设备,如磁盘驱动器、显示器、键盘、打印机及异步通信接口等。用户可以不必过多地关心有关设备的物理性能及接口方面的细节,可直接通过使用中断指令 INT 10H ～ INT 1AH 而进入中断服务程序,称为 BIOS 功能调用。

系统启动时,DOS 层功能模块从系统盘被装入内存。它们的主要功能是输入/输出设备管理、文件管理及目录管理等。这些子程序是通过 BIOS 使用设备,从而进一步隐蔽了设备的物理特性及其接口的细节,因而调用系统功能时总是先调用 DOS 层功能模块。如果这层模块内容达不到要求,再进一步选用 BIOS 子程序。

3.9.1　DOS 系统功能调用方法

为了使用方便,将 DOS 层功能模块所提供的 100 个子程序从 00H ～63H 统一顺序编号,调用方法如下:

①设置入口参数;

②将子程序编号送入 AH 寄存器;

③执行中断指令 INT 21H。

有的子程序不需入口参数,但大部分需要将参数送入指定地点。程序员只需给出这 3 个方面的信息,DOS 根据所给的信息,自动转入相应的子程序去执行。调用结束后有出口参数时,一般在寄存器中。有些子程序调用结束时会在屏幕上看到结果。

3.9.2 常用 DOS 系统功能调用举例

(1)**键盘输入单字符(1 号调用)**

调用格式:

```
MOV    AH,1
INT    21H
```

系统执行该功能调用时将扫描键盘,等待有键按下。一旦按下,就将其字符的 ASCII 码读入,首先检查是否是(CTRL)+(Break),若是,则从本调用的执行中退出;否则,将 ASCII 码送寄存器 AL,同时将该字符送显示器显示。

(2)**显示单字符(2 号调用)**

调用格式:

```
MOV    DL,待显示字符的 ASCII 码
MOV    AH,2
INT    21H
```

执行该调用时,将置入 DL 寄存器中的字符从屏幕上显示输出。

例 3.29 执行下列调用将在屏幕上显示字符 A。

```
MOV    DL,'A'
MOV    AH,2
INT    21H
```

(3)**显示字符串(9 号调用)**

调用格式:

```
LEA    DX,字符串首地址
MOV    AH,9
INT    21H
```

执行该调用,将当前数据区中 DS:DX 所指向的以 $ 结尾的字符串送显示器显示。

例 3.30 阅读下列程序,并指出该程序执行后,显示器显示的结果是什么?

```
STACK     SEGMENT   STACK
          DW   256   DUP(?)
TOP       LABEL   WORD
STACK     ENDS
DATA      SEGMENT
BUF       DB   'Ⅰ WISH YOU SUCCESS! $'
DATA      ENDS
CODE      SEGMENT
          ASSUME   CS:CODE,DS:DATA,SS:STACK
START:    MOV   AX,DATA
          MOV   DS,AX
          MOV   AX,STACK
          MOV   SS,AX
```

```
        LEA    SP,TOP
        LEA    DX,BUF
        MOV    AH,9
        INT    21H
        MOV    AH,4CH
        INT    21H
CODE    ENDS
        END    START
```

执行以上程序,显示器上将显示出字符串:

　　　I WISH YOU SUCCESS!

在使用 9 号调用时,待输出的字符串一定要在当前数据段中,而且字符串要用 $ 结尾。如果待输出的字符串本身就包含字符 $,那就不能采用本调用,而只能循环使用 2 号调用才能完成整个字符串的输出。

　　(4)键盘输入字符串(10 号调用)

调用格式:

```
        LEA        DX,输入缓冲区首地址
        MOV        AH,0AH
        INT        21H
```

0AH 号系统功能调用是将键盘输入的字符串写入到内存缓冲区中。因此,必须事先在内存储器中定义一个缓冲区,其第一字节给定该缓冲区中能存放的字节个数,第二个字节留给系统填写实际键入的字符个数,从第三个字节开始用来存放键入的字符串,最后键入回车(↘)键表示字符串结束。如果实际键入的字符数不足填满缓冲区时,则其余字节填零;如果实际键入的字符数超过缓冲区的容量,则超出的字符将丢失,而且响铃。

0AH 号系统功能调用举例如下:

```
            ⋮
BUF    DB    30         ;⎫
       DB    ?          ;⎬ 定义缓冲区
       DB    30  DUP(?) ;⎭
            ⋮
       LEA    DX,BUF     ;⎫
       MOV    AH,0AH     ;⎬ 0AH 号系统功能调用
       INT    21H        ;⎭
```

上述程序中,由变量定义语句定义了一个可存放 30 个字节的缓冲区,执行到 INT 21H 指令时,系统等待用户键入字符串,程序员每键入一个字符,其相应的 ASCII 码将被写入缓冲区中,等程序员最后键入回车键时,由系统给出实际键入的字符数,并将其写入缓冲区的第二字节中。

　　例3.31　　用0AH 号功能调用,从键盘输入最多达 50 个字符的字符串,存入以 BUF 为首址的缓冲区中。

```
STACK    SEGMENT
```

```
                DW      256    DUP(?)
TOP             LABEL   WORD
STACK           ENDS
DATA            SEGMENT
BUF             DB      50                      ;定义缓冲区长度
                DB      ?                       ;保留,填入实际输入字符数
                DB      50     DUP(?)           ;定义50个字节存储空间
DATA            ENDS
CODE            SEGMENT
                ASSUME   CS:CODE,DS:DATA,SS:STACK
START:          MOV     AX,DATA                 ;DS←输入缓冲区段地址
                MOV     DS,AX
                MOV     AX,STACK
                MOV     SS,AX
                LEA     SP,TOP
                LEA     DX,BUF                  ;DX←输入缓冲区偏移地址
                MOV     AH,0AH                  ;0AH 号功能调用
                INT     21H
                MOV     AH,4CH                  ;返回 DOS
                INT     21H
CODE            ENDS
                END     START
```

(5)返回操作系统(4CH 号调用)

调用格式:

```
        MOV     AH,4CH
        INT     21H
```

执行该调用,结束当前正在执行的程序,返回操作系统。

关于常用 DOS 系统功能调用在此仅举以上几例说明,其余功能调用的具体用法、入口参数、出口参数等请读者在使用时参考附录 4。

3.10 子程序设计

3.10.1 子程序的概念

在程序设计中,任何一个大程序均可分解为许多相互独立的小程序段,称为程序模块。可以将其中重复或功能基本相同的程序模块设计成规定格式的独立程序段,提供给其他程序在不同的地方调用。这种具有一定功能的独立程序段通常称为子程序。利用子程序可避免编制程序的重复劳动,也可减少调试程序的时间。

调用子程序的程序称为主程序(或称调用程序)。主程序调用子程序的过程称为调用子程序,简称为转子。子程序执行完后,应返回主程序的调用处,继续执行主程序,这个过程称为返回主程序。调用子程序的关键是如何保存返回地址。在指令系统中设置了调用指令和返回指令,用以实现正确地转向子程序和执行后正确地返回主程序。

3.10.2　子程序调用与返回指令

子程序与调用它的主程序在同一代码段,此时子程序名一般属于 NEAR 类型,这种调用方式称为段内调用;子程序也可以与调用它的主程序在不同的代码段,此时子程序名一般属于 FAR 类型,这种调用方式称为段间调用。因此,子程序调用与返回指令分为两类:段内调用与段间调用、段内返回与段间返回。

(1)子程序调用指令

1)段内直接调用

格式：　CALL　　过程名

　　　　或 CALL　　NEAR　PTR　过程名

功能:①首先将主程序中 CALL 指令的下一条指令地址(通常称为断点地址)压入堆栈,断点地址入栈的操作过程如下:

先 SP←SP−1,将 IP 的高位字节入栈;

再 SP←SP−1,将 IP 的低位字节入栈。

断点地址入栈操作过程如图 3.21 所示。

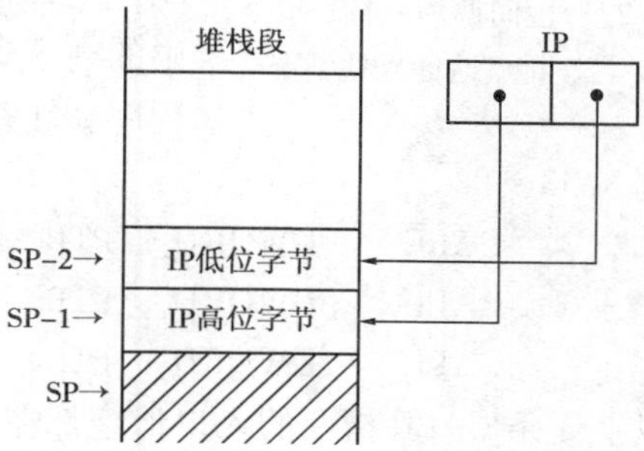

②IP←子程序入口偏移地址。

2)段内间接调用

格式：　CALL　　DST

　　　　或 CALL　　WORD　PTR　DST

此指令与段内直接调用的区别是子程序入口地址的寻址方式不同而已。此指令的 DST 可以是寄存器操作数和各种寻址方式的存储器操作数。

例 3.32

　　　　CALL　　WORD　　PTR　　［BX］
　　　　CALL　　BX
　　　　CALL　　WORD　　PTR　　［BP］［SI］
　　　　CALL　　WORD　　PTR　　ES:［SI］

其中第二条指令的子程序入口偏移地址就是 BX 的内容,其他三条指令的入口偏移地址都是存放在采用各种寻址方式的相邻两个内存单元中。由于是段内调用,CS 值保持不变。

3)段间直接调用

格式：　CALL　　FAR　PTR　　过程名

功能:①SP←SP−2,将 CS 内容压入堆栈

　　　　SP←SP−2,将 IP 内容压入堆栈

②IP←子程序入口偏移地址(指令的第 2、3 字节)

　　CS←子程序入口段地址(指令的第 4、5 字节)

图 3.21　段内调用 CALL 指令断点地址入栈过程

此指令操作也分两大步骤:第一步保护断点,即将 CALL 指令的下一条指令的 CS 和 IP 值先后入栈保护,入栈的顺序如图 3.22 所示;第二步将指令字节中的入口偏移地址和段地址分别送入 IP 和 CS,程序就转向 CS 所指示的代码段中 IP 所指出的指令继续执行子程序。

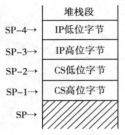

堆栈段	
SP-4→	IP低位字节
SP-3→	IP高位字节
SP-2→	CS低位字节
SP-1→	CS高位字节
SP→	

图 3.22　段间调用 CALL 指令
断点地址入栈情况

4)段间间接调用

格式:　CALL　DWORD　PTR　DST

其中 DST 只能是各种寻址方式的存储器操作数。

功能:①SP←SP – 2　　将 CS 内容压入堆栈

　　　　SP←SP – 2　　将 IP 内容压入堆栈

　　②IP←(EA)

　　　CS←(EA + 2)

用各种寻址方式形成的有效地址 EA 和 EA + 1 两个单元中的内容送入 IP,EA + 2 和 EA + 3 两个单元的内容送入 CS,程序就转移到子程序继续执行。

例 3.33

　　　　CALL　　DWORD　　PTR　　〔BX〕

　　　　CALL　　DWORD　　PTR　　VALUE　〔DI〕

　　　　CALL　　DWORD　　PTR　　〔BP〕〔SI〕

以上 3 条 CALL 指令的入口地址都在各种寻址方式所指的相邻 4 个存储单元中。

(2)子程序返回指令

子程序返回指令 RET 放在子程序的末尾,它使子程序在执行完任务后返回主程序,继续执行被打断的程序。而返回地址即是子程序调用时入栈保存的断点地址。

1)段内返回指令

格式:　RET

功能:IP←(SP + 1),(SP)

　　　SP←SP + 2

2)段内带立即数返回指令

格式:　RET　EXP

功能:IP←(SP + 1),(SP)

　　　SP←SP + 2

　　　SP←SP + D_{16}

其中 EXP 是个表达式,根据表达式计算出的值(常数)成为机器指令中的位移量 D_{16},这种指令允许断点地址出栈后,再修改堆栈指针。

3)段间返回指令

格式:　RET

功能:IP←(SP + 1),(SP)

　　　SP←SP + 2

　　　CS←(SP + 1),(SP)

　　　SP←SP + 2

4)段间带立即数返回指令

格式： RET EXP

功能：IP←(SP+1),(SP)

     SP←SP+2

     CS←(SP+1),(SP)

     SP←SP+2

     SP←SP+D_{16}

说明：只从返回指令的格式,无法区分段内返回和段间返回。但在汇编过程中,汇编程序会根据主程序和子程序是否在同一代码段来区分。

3.10.3 子程序的结构形式

一个完整的子程序结构应该包括子程序的调用和返回、子程序的现场保护和现场恢复以及子程序的说明文件。下面分别讨论：

(1)子程序的说明文件

为了使所编的子程序具有通用性,以便用户调用,因而在设计子程序时,同时要建立子程序的文档说明,以便用户清楚该子程序的功能和调用方法。

子程序的说明文件一般应包括以下几项内容：

①子程序名：一般取具有象征意义的标识符。

②子程序的功能：说明子程序完成的具体任务。

③子程序占用寄存器和工作单元的情况。

④子程序的入口参数：说明子程序运行所需的参数以及存放位置。

⑤子程序的出口参数：说明子程序运行完毕的结果参数及存放的位置。

⑥子程序示例：通过所举示范例子,把具体的参数值代入,使之更具体了解子程序的功能,并能起到验证作用。

例 3.34 有一子程序说明文件如下：

①子程序名：DTOB

②功能：完成将两位十进制数(BCD 码)转换成二进制数。

③入口参数：AL 寄存器中存放要转换的十进制数。

④出口参数：CL 寄存器中存放转换后的二进制数。

⑤占用寄存器：BX

⑥示例：输入 AL=01010110B (56)

       输出 CL=00111000B

(2)子程序的现场保护和现场恢复

由于汇编语言的操作处理对象主要是 CPU 寄存器,而主程序在调用子程序时,已经占用了一定的寄存器,子程序执行时又要使用寄存器,子程序执行完毕返回主程序后又要保证主程序按原有状态继续正常执行,这就需要对这些寄存器的内容加以保护,称为保护现场。子程序执行完毕后再恢复这些被保护的寄存器的内容,称为恢复现场。在子程序设计时,一般在子程序的开始就保护子程序将要占用的寄存器的内容,子程序执行返回指令前再恢复被保护的寄存器的内容。保护现场和恢复现场的工作既可在主程序中完成,也可在子程序完成。

通常利用堆栈进行现场保护和现场恢复。通过入栈指令(PUSH)将寄存器的内容保存在堆栈中,恢复时再用出栈指令(POP)从堆栈中取出。这样在设计嵌套子程序和递归子程序时,由于入栈和出栈指令会自动修改堆栈指针,故保护和恢复现场层次清晰。

例 3.35

```
SUB1      PROC      NEAR
          PUSH      AX
          PUSH      BX
          PUSH      CX
          PUSH      DX
             ⋮
          POP       DX
          POP       CX
          POP       BX
          POP       AX
          RET
SUB1      ENDP
```

(3)子程序的调用和返回

在程序设计时,为了使程序结构清晰,增加可读性,一般都用过程定义语句将子程序定义为独立的程序段,并说明是 NEAR 类型还是 FAR 类型。具有 NEAR 类型的子程序中的 RET 指令,汇编成段内返回指令,它不能被其他代码段的程序调用。要使子程序既可被本代码段程序调用,又可被其他代码程序调用,该子程序必须在过程定义语句中被说明为 FAR 类型,其返回指令 RET 将被汇编成段间返回指令。

子程序的调用和返回是由设在主程序中的 CALL 指令和设在子程序末尾的 RET 指令来完成的。

3.10.4　子程序设计方法

(1)子程序的定义格式

子程序是通过过程定义伪指令 PROC ~ ENDP 来定义的,其一般格式为:

```
子程序名      PROC      NEAR 或 FAR
                 ⋮
              RET
子程序名      ENDP
```

其中子程序名由用户定义。当主程序和所调用的子程序在同一代码段中,子程序的类型属性为 NEAR;当主程序和所调用的子程序不在同一代码段中,则子程序的类型属性为 FAR。

(2)主程序和子程序之间的参数传递

主程序在调用子程序之前,必须把需要子程序处理的原始数据传送给子程序,即为子程序准备入口参数。当子程序执行完返回主程序时,应该把本次操作的最终结果传递给主程序,即提供出口参数以便主程序使用。这种主程序为子程序准备入口参数、子程序为主程序提供出口结果的过程称为参数传递。

常用的参数传递方式有寄存器法、堆栈法和约定存储单元法。下面分别讨论:

1)用寄存器传递参数

寄存器传递参数方式是指子程序的入口参数和出口参数都是通过寄存器传递。

例 3.36　编写一程序,统计一个字中的 1 的个数。

```
;主程序
STACK      SEGMENT    STACK
           DW    256    DUP(?)
TOP        LABEL    WORD
STACK      ENDS
DATA       SEGMENT
BUTW       DW    3456H
RSTW       DW    ?
DATA       ENDS
CODE       SEGMENT
           ASSUME   CS:CODE,DS:DATA,SS:STACK
MAIN:      MOV    AX,DATA
           MOV    DS,AX
           MOV    AX,STACK
           MOV    SS,AX
           LEA    SP,TOP
           MOV    AX,BUTW
           CALL    BCNT1                  ;调 BCNT1 子程序
           PUSH    BX
           MOV    AL,AH
           CALL    BCNT1
           POP    AX                      ;从栈中弹出第一次结果
           ADD    AX,BX                   ;两次结果相加
           MOV    RSTW,AX
           MOV    AH,4CH
           INT    21H
CODE       ENDS
           END    MAIN
;子程序名:BCNT1
;功能:统计一个字节中 1 的个数
;入口参数:AL←需要统计 1 的个数的字节数
;出口参数:统计结果存在在 BX 中
BCNT1      PROC    NEAR                   ;BCNT1 子程序
           MOV    BX,0
```

```
                MOV     SI,0
BLOOP1：        ROL     AL,1
                JNC     BLOOP2
                INC     BX
BLOOP2：        INC     SI
                CMP     SI,08H
                JNZ     BLOOP1
                RET
BCNT1           ENDP
```

2）用堆栈传递参数

利用堆栈不仅可用来保存返回地址,而且还可以用来存放主程序和子程序之间传递的参数,这些参数既可以是数据,也可以是地址。用堆栈传递参数的方法是在调用子程序之前,用PUSH 指令将入口参数压入堆栈,在子程序中通过出栈方式依次获得这些参数。经过子程序操作处理后再将出口参数压入堆栈,返回主程序后再通过出栈获得结果。使用这种方式传递参数时,特别要注意堆栈中断点的保存与恢复。

例 3.37　　编一数据模块传送子程序,指定用堆栈来传递参数

```
;主程序
STACK       SEGMENT   STACK
            DW   256   DUP(?)
TOP         LABEL   WORD
STACK       ENDS
DATA        SEGMENT
SOUCE       DB      …
COUNT       EQU    $ − SOUCE
DEST        DB   COUNT  DUP(?)
DATA        ENDS
CODE        SEGMENT
            ASSUME   CS:CODE,DS:DATA,SS:STACK
START：     MOV     AX,DATA
            MOV     DS,AX
            MOV     AX,STACK
            MOV     SS,AX
            LEA     SP,TOP
            MOV     SI,OFFSET   SOUCE
            MOV     DI,OFFSET   DEST
            MOV     CX,COUNT
            PUSH    CX                      ;数据块长度进栈
            PUSH    DI                      ;目的数据块首地址栈
            PUSH    SI                      ;源数据块首地址进栈
```

```
        CALL    MOVTOM
          ⋮
;子程序名:MOVTOM
;功能:完成数据块的传送
;入口参数:源数据块首址,目的数据块首址,数据块长度均通过堆栈传送
;出口参数:在内存单元 DEST 开始存放传送好的数据块
MOVTOM  PROC    NEAR
        POP     BX                      ;取出断点
        POP     SI                      ;源数据块首址出栈
        POP     DI                      ;目的数据块首址出栈
        POP     CX                      ;数据块长度出栈
        PUSH    BX                      ;保存断点
LOP1:   MOV     AL,[SI]
        MOV     [DI],AL
        INC     SI
        INC     DI
        LOOP    LOP1
        RET
MOVTOM  ENDP
```

3)用存储单元传递参数

还有一种传递较多参数的方法是在内存中使用一个存储区来保存和传递主、子程序间的参数。主程序在调用前将所有入口参数按约定好的次序存入该存储区,进入子程序后按约定从存储区中取出输入参数进行处理,所得出口参数也按约定的次序存入指定存储区,返回主程序后就可取得结果。通常,还可以通过用寄存器存放存储区首址,实现多参数情况下的传递。

例 3.38   把 4 个字节单元的非压缩型 BCD 码(高 4 位为 0)压缩为 4 位压缩型 BCD 码,存放到指定的 BCD 码单元中。

该子程序的入口参数是存放 4 个字节的非压缩型 BCD 码的首址 BUF。出口参数(即压缩合并后的 4 位 BCD 码)存放在字单元 BCDE 中,都是通过存储单元来传递参数的。

具体算法为:

①取出第一字节单元的内容;

②取出第二字节单元的内容,左移 4 位后与上字节单元合并;

③取出第三字节单元的内容;

④取出第四字节单元的内容,左移 4 位后与上字节单元合并;

⑤归并成 4 位 BCD 码后送 BCDE 单元。

```
;主程序
STACK   SEGMENT     STACK
        DW  256  DUP(?)
TOP     LABEL  WORD
STACK   ENDS
```

```
DATA        SEGMENT
BUF         DB    04H,03H,02H,01H
BCDE        DW    ?
DATA        ENDS
CODE        SEGMENT
            ASSUME   CS:CODE,DS:DATA,SS:STACK
START:      MOV      AX,DATA
            MOV      DS,AX
            ⋮
            CALL     MERGE
            ⋮
```

;子程序名:MERGE
;功能:将4位非压缩型 BCD 码压缩成4位压缩型 BCD 码
;入口参数:4位非压缩型 BCD 码存放在 BUF 开始的单元中
;出口参数:压缩后的4位 BCD 码存放在 BCDE 字单元中

```
MERGE       PROC     NEAR
            PUSH     AX                      ;保护现场
            PUSH     BX
            PUSH     CX
            PUSH     SI
            MOV      SI,OFFSET  BUF          ;取首址
            MOV      AL,[SI]                 ;取一位 BCD 码
            MOV      BL,[SI+1]               ;再取一位 BCD 码
            MOV      CL,4
            SHL      BL,CL                   ;左移4位
            ADD      AL,BL                   ;合并两位 BCD 码
            MOV      AH,[SI+2]               ;取一位 BCD 码
            MOV      BH,[SI+3]               ;再取一位 BCD 码
            MOV      CL,4
            SHL      BH,CL                   ;左移4位
            ADD      AH,BH                   ;合并两位 BCD 码
            MOV      BCDE,AX                 ;4位压缩 BCD 码送 BCDE 单元
            POP      SI                      ;恢复现场
            POP      CX
            POP      BX
            POP      AX
            RET
MERGE       ENDP
```

（3）子程序及其调用举例

例 3.39　编写将 n 个 8 位无符号二进制数排成递增序列的子程序 SORT。

在循环程序设计例 3.28 中,已讨论了排序的算法并编制了程序,此处的任务是将其改写成子程序,以供调用。

入口参数有两个:一是待排序的元素个数 n,二是用来存放这 n 个数的字节存储区首址。由于要传递的参数不多,故可采用寄存器方式传递参数。

子程序 SORT 的说明及程序如下:

```
;子程序名:SORT
;功能:将一组 8 位无符号二进制数按递增顺序排列。
;入口参数
     BX——存放待排序数组存储区首址
     CX——存放待排序数组元素的个数
;出口参数:已排成递增序列的 n 个无符号数仍存放在由 BX 指示首址的字节存储区中。
SORT    PROC    NEAR
        PUSH    AX                          ;保护现场
        PUSH    DX
        PUSH    SI
        PUSH    DI
        MOV     DX,CX
        DEC     DX
        MOV     SI,1
LOP1:   MOV     DI,SI
        INC     DI
        MOV     AL,[BX+SI-1]
LOP2:   CMP     AL,[BX+DI-1]
        JBE     NEXT
        XCHG    AL,[BX+DI-1]
        MOV     [BX+SI-1],AL
NEXT:   INC     DI
        CMP     DI,CX
        JBE     LOP2                        ;若 DI≤N,转 LOP2
        INC     SI
        CMP     SI,DX
        JBE     LOP1                        ;若 SI≤N-1,转 LOP1
        POP     DI                          ;恢复现场
        POP     SI
        POP     DX
        POP     AX
        RET
```

```
        SORT    NEDP
排序子程序 SORT 调用示例:
STACK   SEGMENT STACK
            DW   256   DUP(?)
TOP     LABEL   WORD
STACK   ENDS
DATA    SEGMENT
BUF1    DB   30H,10H,40H,20H,50H,70H
        DB   60H,90H,80H,0,0FFH
N1 = $ - BUF1
BUF2    DB   22H,11H,33H,55H,44H,77H
        DB   66H,99H,88H,0AAH,0EEH,0
N2 = $ - BUF2
DATA    ENDS
CODE    SEGMENT
            ASSUME   CS:CODE,DS:DATA,SS:STACK
START:  MOV     AX,DATA
        MOV     DS,AX
        MOV     AX,STACK
        MOV     SS,AX
        LEA     SP,TOP
        LEA     BX,BUF1
        MOV     CX,N1
        CALL    SORT
        LEA     BX,BUF2
        MOV     CX,N2
        CALL    SORT
        MOV     AH,4CH
        INF     21H
SORT    PROC    NEAR                    ;子程序 SORT
            ⋮
SORT    ENDP
CODE    ENDS
        END     START
```

程序运行之后,两个存储区中的数据存放形式如下:

BUF1	00H	10H	20H	30H	40H	50H	60H	70H	80H	90H	0FFH

BUF2	00H	11H	22H	33H	44H	55H	66H	77H	88H	99H	0AAH	0EEH

（4）子程序的嵌套与递归

1）子程序的嵌套

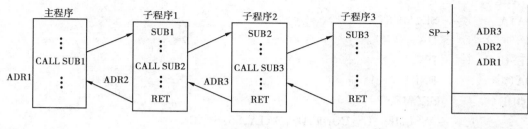

图 3.23　子程序嵌套

图 3.24　子程序嵌套调
用堆栈示意图

　　子程序嵌套是指子程序本身再次调用别的子程序。如图 3.23 所示，主程序调用子程序 SUB1，SUB1 又调用子程序 SUB2，SUB2 又调用子程序 SUB3。在返回时，也必须是按层返回，SUB3 子程序返回时将返回到 CALL SUB3 指令的下一条指令处；同样，SUB2 子程序将返回到 CALL SUB2 指令的下一条指令处；最后 SUB1 子程序返回到主程序。嵌套过程中的逐层调用及按层返回是由堆栈保证的。图 3.23 中的 3 次调用指令的返回地址若分别为 ADR1，ADR2，ADR3，则在 3 次调用后堆栈中的内容将如图 3.24 所示，SP 指向最后一个返回地址。当子程序执行结束开始返回时，由于首先执行的是 SUB3 的 RET，从栈顶弹出的返回地址保证了它正常地返回到 SUB2 的调用指令的下一条指令处，当执行到 SUB1 的 RET 指令时，因为 ADR2 早已弹出，SP 已指向返回地址 ADR1，因而使子程序返回到主程序。当然，在子程序中还会用到堆栈，因此，实际使用时，在各个返回地址之间还会有其他数据。必须指出，子程序中若需使用堆栈，则压入操作与弹出操作必须成对。只有这样，才能保证每个子程序返回前 SP 恰好指向返回地址。

　　2）子程序的递归

　　在子程序嵌套的情况下，如果一个子程序调用的子程序就是它本身，那么就称为递归调用。这样的子程序称为递归子程序。递归子程序对应于数学上对函数的递归定义，它往往能设计出效率较高的程序，可完成相当复杂的计算，因而它是很有用的。这里以阶乘函数为例，说明递归子程序的设计方法。

　　例 3.40　编制计算 N!（N≥0）的程序。

$$N! = N * (N-1) * (N-2) * \cdots * 1$$

递归函数的定义如下：

$$f(N) = \begin{cases} 1 & N = 0 \\ N * (N-1)! & N > 0 \end{cases}$$

　　根据上述定义，求 N 的阶乘可以用一递归子程序实现。每次递归调用时应将调用参数减 1，即求 N-1 的阶乘。当调用参数为 0 时应停止递归调用，且有 0! = 1 的中间结果。最后将每次调用的参数相乘得到最后结果。每次递归调用时参数都送入堆栈中，当 N 减为 0 而程序开始返回时，应按嵌套的方式逐层返回，并逐层取出相应的调用参数。根据这些要求可画出本例的程序框图如图 3.25 所示。编制程序如下：

STACK　　　　　　　SEGMENT　　　STACK

```
                    DW    256   DUP(?)
TOP                 LABEL   WORD
STACK               ENDS
DATA                SEGMENT
NN                  DW    ?
RESULT              DW    ?
DATA                ENDS
CODE                SEGMENT
                    ASSUME   CS:CODE,DS:DATA,SS:STACK
START:              MOV    AX,DATA
                    MOV    DS,AX
                    MOV    AX,STACK
                    MOV    SS,AX
                    MOV    SP,OFFSET  TOP
                    MOV    AX,OFFSET  RESULT      ;将存放结果的地址压入栈中
                    PUSH   AX
                    MOV    AX,NN                   ;将 N 压入栈中
                    PUSH   AX
                    CALL   FAR  PTR  FACT
                    MOV    AH,4CH
                    INT    21H
CODE                ENDS
CODES               SEGMENT
                    ASSUME   CS:CODES
FACT                PROC   FAR
                    PUSH   BP
                    MOV    BP,SP
                    PUSH   BX
                    PUSH   AX
                    MOV    BX,[BP+8]               ;BX←从栈中取放结果的地址
                    MOV    AX,[BP+6]               ;AX←从栈中取 N
                    CMP    AX,0
                    JE     DONE                    ;N=0,转向 DONE
                    PUSH   BX                      ;压入地址
                    DEC    AX
                    PUSH   AX                      ;压入 N-1
                    CALL   FACT                    ;递归调用
                    MOV    BX,[BP+8]
                    MOV    AX,[BX]                 ;AX←栈中存放结果
```

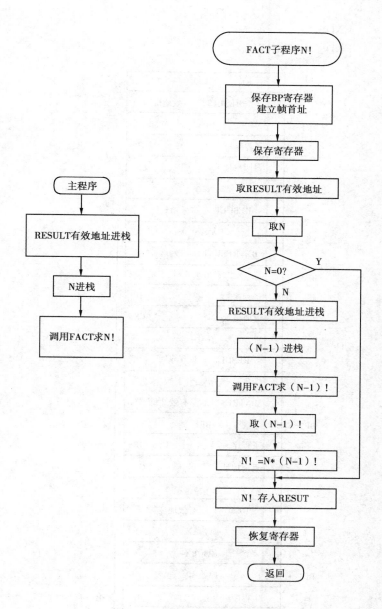

图 3.25　计算 N! 的程序框图

```
            MUL     WORD   PTR    [BP+6]        ;AX = N * RESULT
            JMP     RETURN
DONE：      MOV     AX,01H                       ;AX = 1
RETURN：    MOV     [BX],AX                       ;送结果
            POP     AX
            POP     BX
            POP     BP
            RET     4
FACT        ENDP
```

```
CODES          ENDS
               END     START
```

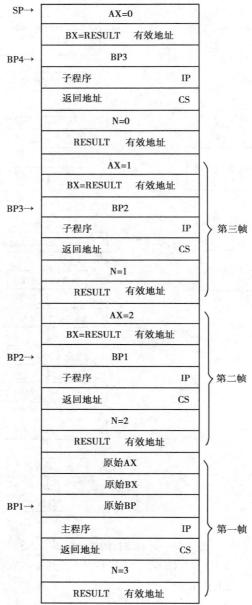

图 3.26　例 3.40 求 3! 时的堆栈状态

　　在程序运行的过程中,FACT 不断调用自身,每调用一次使(N –1)及有关信息入栈,直到 N 等于基数 0 为止。当 N 等于 0 时开始返回,程序在不断返回的过程中,每次执行 N * (N – 1)! 并保存中间结果直到 N 等于给定值为止。当 N =3 时,堆栈状态如图 3.26 所示。在程序运行过程中,每次调用在堆栈中建立一帧,程序返回时,每退出一帧计算一次中间结果,当程序运行完毕后,堆栈恢复原状,在 RESULT 单元中得到计算结果值。在 $N=3$ 的情况下,RESULT 单元中的值为 6。

3.11　宏　指　令

为了简化汇编语言源程序的书写,把一些频繁出现的程序段定义为宏指令,当程序中遇到这个程序时,只需安排一条调用该宏指令的语句,而不必重复书写许多条指令。这可有效地缩短汇编语言源程序的长度,给程序员书写程序带来很大的方便。从某种意义上讲,它与前述的子程序有相似之处,也可以将构成一条宏指令的程序段定义为一个过程,程序中安排一条调用指令来调用执行这段程序。但是,两者之间又具有明显的区别,主要表现在以下几个方面:

①宏调用语句由宏汇编语言程序 MASM 中的宏处理程序来识别,并完成相应的处理;而调用子程序的 CALL 语句是由 CPU 来执行。

②汇编语言源程序在汇编过程中,要将宏指令所代替的程序段汇编成相应的机器代码,并插入到源程序的目标代码中,宏调用语句每出现一次,就要插入一次,因此,使用宏调用并不能缩短目标代码的长度。而被定义的子程序经汇编后的机器代码是与主程序分开而独立存在的,其目标代码在存储器中只需要保留一份。因此,采用子程序能有效地缩短目标代码的长度,节省内存空间,而宏指令却不具有这一优点。

③子程序调用时需要保留程序的断点和现场,等子程序执行完毕还要恢复现场和断点,这些操作需要耗费 CPU 的时间,而宏调用则不需要进行这些操作。与子程序调用相比,宏调用有较快的执行速度。

④在每一次宏调用时允许修改有关参数,使得同一条宏指令在各次调用过程中可完成不同的操作;而子程序一般不允许修改。因此,任何子程序在各次调用中只能完成完全相同的功能。

综合上述特点可看出,当需要多次执行的程序段比较长,对速度要求不很高,并且不要求修改参数的情况下,宜采用子程序调用方式。反之,当要求多次执行的程序段比较短,或希望在各次调用中能修改某些参数时,则宜采用宏指令调用方式。

3.11.1　宏定义

宏指令的定义是使用伪指令 MACRO 和 ENDM 来实现的。定义的格式为:
```
宏指令名        MACRO         形式参数[ ,形式参数,…]
               宏体
               ENDM
```
其中,MACRO 为宏定义的开始;宏指令名是宏定义为宏指令规定的名称,供宏调用时使用,不可缺省;形式参数简称为形参,当有多个形参时,个数不限制,但字符个数不得超过 132 个,各形参之间要用逗号隔开,形参可出现在宏体中的任何地方。宏体为宏指令代替的程序段,它由一系列指令语句组成,是实现宏指令功能的实体。ENDM 表示宏定义的结束,它必须与伪指令 MACRO 成对出现。

宏指令一定要先定义,后调用。因此,宏定义一定要放在它的第一次调用之前。当要取消某

些用户已定义好的宏定义或宏库中的宏定义,可用取消宏定义伪指令 PURGE。其使用格式为:

    PURGE   宏指令名[,宏指令名,…]

宏定义一旦取消就不能再调用。如果需要对某一宏指令重新定义,那么无须用 PURGE 伪指令取消,直接重新定义即可。

用户定义宏指令的最简单形式就是用来缩写一段程度。例如,在某程序中,由于要经常输出缓冲区中的字符串,需要反复进行 9 号功能调用:

```
            ⋮
LEA     DX,BUF1
MOV     AH,9
INT     21H
            ⋮
LEA     DX,BUF2
MOV     AH,9
INT     21H
            ⋮
LEA     DX,BUF3
MOV     AH,9
INT     21H
```

在这 3 次功能调用中,语句格式完全相同,只是每次输出缓冲区首址不同。这时就可以将 9 号功能调用的过程定义成一条宏指令,并将输出缓冲区首址选定为形式参数。其定义的格式为:

```
WRITE   MACRO   AA
        LEA     DX,AA
        MOV     AH,9
        INT     21H
        ENDM
```

AA 是形式参数,该宏指令是显示 AA 所指明的缓冲区的内容,因此,调用该宏指令时,代替形式参数的实际参数应该是要显示的缓冲区的变量名。

在宏定义中,有些形参需要夹在字符串中。为了将这种形参标识出来,需在这样的形参前面加符号 &。这时,宏汇编程序可识别出字符串中的形参,在用相应的实参代替该形参后,形成一个完整的符号或字符串。

例 3.41　宏指令 SHIFT 定义如下:

```
SHIFT   MACRO   N,BB,REG
        MOV     CL,N
        S&BB    REG,CL
        ENDM
```

宏指令 SHIFT 有 3 个形式参数,N 表示移位的次数,REG 表示要移位的寄存器,BB 则指出移位方向。移位方向是在指令的助记符中,形式参数出现在助记符中时,前面需加字符 &。必须指出的是:在调用时所提供的实际参数只能为 HR、HL、AR 和 AL,当它们之一取代形式参数 BB 后,才能使该指令组成一条移位指令。

3.11.2　宏调用与宏展开

(1) 宏调用

宏指令一旦完成定义之后,就可以在源程序中调用。宏调用格式为:

　　　　宏指令名　　　实在参数[,实在参数,…]

其中宏指令名必须与宏定义中的指令名一致,其后的实在参数(简称实参)要与宏定义中的形参按位置关系一一对应。如果实参的个数多于形参的个数时,多余的实参被忽略。如果实参的个数少于形参个数,则缺少的实参被处理为空白(即无字符)。

例如,当有了上面的宏指令 WRITE 和 SHIFT 的定义后,程序中可以有下面的宏调用语句:

　　　　WRITE　　　　BUFA
　　　　SHIFT　　　　4,HL,AX

第一条宏调用指出要显示 BUFA 对应缓冲区的字符串。第二条宏调用指出,要对 AX 的内容逻辑左移 4 次。

(2) 宏展开

宏展开是指在汇编程序中,当汇编到宏调用语句时,它将用宏体中的一段程序来代替这条宏调用语句。

例如上述两条宏调用语句,宏展开时,将其展开成:

```
+ LEA      DX,BUFA    ; ⎫
+ MOV      AH,9       ; ⎬ 显示 BUFA 缓冲区字符串
+ INT      21H        ; ⎭
+ MOV      CL,4       ; ⎫ 将 AX 内容逻辑左移 4 位
+ SHL      AX,CL      ; ⎭
```

宏展开后,将宏体中的指令插入到源程序中宏指令所在位置上,并在插入的每一条指令前面加上一个 + 号。

下面通过一个简单的例子说明宏调用的全过程:

例 3.42

```
MOAD     MACRO      FIR,SED,SUM              ;宏定义
         MOV        AL,FIR
         ADD        AL,SED
         MOV        BYTE  PTR  SUM,AL
         ENDM
STACK    SEGMENT    STACK
         DW   256   DUP(?)
TOP      LABEL  WORD
STACK    ENDS
DATA     SEGMENT
BUF      DB   20H,30H
```

```
REST       DB     ?
DATA       ENDS
CODE       SEGMENT
           ASSUME   CS:CODE,DS:DATA,SS:STACK
START:     MOV          AX,DATA
           MOV          DS,AX
           MOV          AX,STACK
           MOV          SS,AX
           MOV          SP,OFFSET  TOP
           MOAD         BUF,BUF+1,REST              ;宏调用
           MOV          AH,4CH
           INT          21H
CODE       ENDS
           END          START
```

宏展开时,将宏调用展开成如下形式,并插入到宏调用语句 MOAD 所在的位置上:

```
+ MOV        AL,BUF
+ ADD        AL,BUF+1
+ MOV        BYTE  PTR  REST,AL
```

3.11.3 宏定义中的标号与变量

在某些宏定义中,常常需要定义一些变量或标号。当这些宏定义在同一程序中多次调用并宏展开后,就会出现变量或标号重复定义的错误。例如,有以下宏定义:

```
SUM        MACRO        A,B
           MOV          CX,A
           MOV          BX,B
           MOV          AX,0
NEXT:      ADD          AX,BX
           ADD          BX,2
           LOOP         NEXT
           ENDM
```

该宏定义的功能是用来求从形参 B 所规定的数开始,由形参 A 所规定的若干个连续奇数(或偶数)的和并送 AX(不考虑溢出情况)。若某程序对此宏定义作两次调用:

```
SUM     50,1           ;求从 1 开始连续 50 个奇数的和
           ⋮
SUM     20,10          ;求从 10 开始连续 20 个偶数的和
```

宏汇编程序在汇编这两个宏指令语句时,所得到的宏展开为:

```
+       MOV          CX,50
+       MOV          BX,1
+       MOV          AX,0
```

```
+ NEXT：ADD        AX，BX
+        ADD        BX，2
+        LOOP       NEXT
                ⋮
+        MOV        CX，20
+        MOV        BX，10
+        MOV        AX，0
+ NEXT：ADD        AX，BX
+        ADD        BX，2
+        LOOP       NEXT
```

由此可见,标号 NEXT 出现了两次,引起了重复定义的错误。为了解决这个问题,MASM 提供了伪指令 LOCAL。

格式:　　LOCAL　　形式参数[,形式参数,…]

功能:在宏展开时,让宏汇编程序自动为其后的形参顺序生成特殊符号(范围为?? 0000 ~ ?? FFFFH),并用这些特殊符号来取代宏体中的形参,从而避免了符号重复定义的错误。

LOCAL 语句只能作为宏体中的第一条语句,它后面的形参即为宏定义中所定义的变量和标号。

对于前面求若干个奇数(或偶数)的和的宏定义,可改写成以下形式:

```
SUM    MACRO       A,B
       LOCAL       NEXT
       MOV         CX,A
       MOV         BX,B
       MOV         AX,0
NEXT：ADD          AX,BX
       ADD          BX,2
       LOOP         NEXT
       ENDM
```

这样一来,两次宏调用后的展开形式为:

```
+          MOV        CX,50
+          MOV        BX,1
+          MOV        AX,0
+?? 0000：ADD         AX,BX
+          ADD         BX,2
+          LOOP        ?? 0000
                ⋮
+          MOV        CX,20
+          MOV        BX,10
+          MOV        AX,0
+?? 0001：ADD         AX,BX
```

```
+              ADD     BX,2
+              LOOP    ?? 0001
```

3.12　汇编语言程序的建立、汇编、连接与调试

3.12.1　概述

当用户编制好汇编语言源程序之后,需要在机器上运行,必须经过以下几个步骤,如图3.27所示。

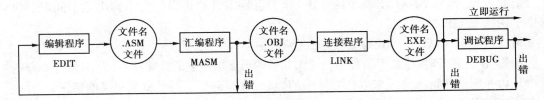

图 3.27　汇编语言程序的建立、汇编、连接和调试

①用编辑程序(WORDSTAR. EXE 或其他)形成汇编语言源程序(文件名. ASM)。

②用汇编程序(MASM. EXE)对源文件进行汇编,如有错误,再回到①进行修改,直到无语法错误,产生目标文件(文件名. OBJ)。

③用连接程序(LINK. EXE)把目标文件转换为可执行文件(文件名. EXE)。

④执行可执行文件,若有错误,可用调试程序(DEBUG. COM)对可执行文件进行调试,再进行步骤①~④,直到无错误为止。

3.12.2　建立汇编语言程序的工作环境

硬件环境:一般的计算机都能满足要求。

软件环境:操作系统(DOS 2.0 以上)、编辑程序(WORDSTAR 的全部文件或其他编辑程序)、汇编程序(MASM. EXE)、连接程序(LINK. EXE)、调试程序(DEBUG. COM 或 DEBUG. EXE)。

用于汇编语言程序上机运行用的系统软件,版本也在不断更新,只要能满足汇编语言源程序上机运行,都可用作软件环境。

3.12.3　用编辑程序建立 ASM 文件

为了说明汇编语言源程序上机运行的过程,举例如下:

例 3.43　将以 ASC_BUF 为首地址的缓冲区中的 100 个 ASCII 码(数字 0 ~ 9),转换为 50 个字节的压缩 BCD 码,存入以 BCDBUF 为首址的缓冲区中。

采用字处理程序 WORDSTAR 在磁盘上建立 ASM 的源文件。首先在 DOS 状态下调用 WORDSTAR 程序:

C > WS ↘

此时,屏幕上就出现命令清单,选择使用非文本文件编辑方式,即 N 命令,就可开始编辑和建立源程序文件,文件名取为 EXAM,源文件清单如下所示:

```
;PROGRAM      TITLE      GOES      HERE − − EXAM. ASM
DATA_SEG      SEGMENT
ASC_BUF       DB                   100    DUP('7')
BCD_BUF       DB                   50     DUP( ? )
DATA_SEG      ENDS
CODE_SEG      SEGMENT
MAIN          PROC       FAR
              ASSUME     CS:CODE_SEG,DS:DATA_SEG
START:        PUSH       DS
              SUB        AX,AX
              PUSH       AX
              MOV        AX,DATA_SEG
              MOV        DS,AX
              MOV        BH,50
              MOV        SI,0
              MOV        CL,4
              MOV        DI,0
REPEAT:       MOV        AL,ASC_BUF[SI]
              AND        AL,0FH
              SAL        AL,CL
              MOV        BL,AL
              MOV        AL,ASC_BUF[SI+1]
              AND        AL,0FH
              OR         AL,BL
              MOV        BCD_BUF[DI],AL
              INC        SI
              INC        SI
              INC        DI
              DEC        BH
              JNZ        REPEAT
              RET
MAIN          ENDP
CODE_SEG      ENDS
              END        START
```

3.12.4 用 MASM 程序产生 OBJ 文件

源文件建立后,就要用汇编程序对源文件进行汇编。汇编后,如果没有语法错误,就会产生二进制的目标文件(文件名. OBJ),其操作过程及屏幕显示内容如下:

C > MASM　　　EXAM ↙(↙表示回车键)

Microsoft(R) Macor Assembler Version 5. 00

Copyright(C) Microsoft Corp 1981—1985,1987

All rights reserved.

Object filename [EXAM. OBJ]:↙

Source listing [NUL. LST]:EXAM ↙

Cross_reference [NUL. CRF]:EXAM ↙

50434 + 394910 Byte Symbol space free

0 Warnig Errors

0 Severe Errors

汇编程序的输入文件是 ASM 源文件,其输出文件有三个,表示于应该回答的三行中。第一个是 OBJ 文件,这是汇编需要的目标文件,对于 Object filename [EXAM. OBJ]:的回答,如果文件名还用 EXAM(一般都是这样做,由源文件产生的各种文件都采用同一个文件名,而以扩展名相区别),用回车键作答。当然想改变文件名,可输入新的文件名。此时,在磁盘上就建立了目标文件 EXAM. OBJ。第二个是 LST 文件,称为列表文件,这个文件同时列出源程序和机器语言程序清单,同时也给出符号表,因而可给调试程序带来方便。这个文件可要可不要,当不需要时,对于 Soure listing [NUL. LST]:可用回车键作答。如果需要这个文件,就写出文件名作答 EXAM ↙,这样在磁盘上又建立了 EXAM. LST 文件。下面是 LST 文件的清单。LST 文件清单的最后部分为段名表和符号表,表中分别给出段名、段的大小与有关属性,以及用户定义的符号名、类型与属性。

```
 1                    ;PROGRAM     TITLE     GOES     HERE – – EXAM. ASM
 2 000                DATA_SEG     SEGMENT
 3 000      0064[     ASC_BUF      DB        100      DUP('7')
 4          37
 5          ]
 6
 7 0064     0032[     BCD_BUF      DB        50       DUP(?)
 8          ??
 9          ]
10
11 0096                DATA_SEG     ENDS
12 0000                CODE_SEG     SEGMENT
13 0000                MAIN         PROC      FAR
14                                  ASSUME   CS:CODE_SEG,DS:DATA_SEG
15 0000     1E         START:       PUSH                  DS
```

120

```
16 0001      2BCO                           SUB      AX,AX
17 0003      50                             PUSH     AX
18 0004      B8_R                           MOV      AX,DATA_SEG
19 0007      8E DB                          MOV      DS,AX
20 0009      B7 32                          MOV      BH,50
21 000B      BE 0000                        MOV      SI,0
22 000E      B104                           MOV      CL,4
23 0010      BF 0000                        MOV      DI,0
24 0013      8A 840000R        REPEAT:      MOV      AL,ASC_BUF[SI]
25 0017      24 0F                          AND      AL,0FH
26 0019      D2 E0                          SAL      AL,CL
27 001B      8A D8                          MOV      BL,AL
28 001D      8A 840001R                     MOV      AL,ASC_BUF[SI+1]
29 0021      240F                           AND      AL,0FH
30 0023      0A C3                          OR       AL,BL
31 0025      8885 0064R                     MOV      BCD_BUF[DI],AL
32 0029      46                             INC      SI
33 002A      46                             INC      SI
34 002B      47                             INC      DI
35 002C      FECF                           DEC      BH
36 002E      75E3                           JNZ      REPEAT
37 0030      CB                             RET
38 0031                        MAIN         ENDP
39 0031                        CODE_SEG     ENDS
40                                          END      START
```

Microsoft(R)macro Assembler Version 5.00

8/1/94　　　07:43:16　　　Symbols_1

Segment and Groups:

Name	length	Aligh	Combine class
CODE_SEG·································· 0031		PARA	NONE
DATA_SEG·································· 0096		PARA	NONE

Name	Type	Value	Attr	
ASC_BUF···········	L_BYTE	0000	DATA_SEG	Length=0064
BCD_BUF···········	L_BYTE	0064	DATA_SEG	Length=0032
MAIN ················	F PROC	0000	CODE_SEG	Length=0031
REPEAT ···········	L NEAR	0013	CODE_SEG	
START ···············	L NEAR	0000	CODE_SEG	

@ FILENAME　　　TEXT　　EXAM

34 Source Lines

34 Total Lines

9 Symbols

50434 + 394910 Byte Symbol Space Free

0 Warning Errors

0 Severe Errors

汇编语言能提供的第三个文件是 CRF 文件,这个文件用来产生交叉引用表 REF。对于一般程序不需要建立此文件,所以,对于第三行的 cross_reference［NUL. CRF］:以回车键作答。如果需要此文件,应该以文件名↘作答,在磁盘上就建立了文件名.CRF 文件。为了建立交叉引用表,还必须调用 CREF 程序,此后就键入:

C > CREF EXAM ↘

屏幕上就显示:

List filename［EXAM. REF］:

用回车键回答,就建立了 EXAM. REF 文件,此文件内容为:

Symbol cross Reference(# is definition) Cref_1 +

ASC_BUF	················· 3#	24	28
CODE_SEG	·············12#	14	39
DATA_SEG	················· 2#	11	14
BCD_BUF	················· 7#	31	
MAIN	·················13#	38	
REPEAT	·················24#	36	
START	················· 15#	40	

交叉引用表给出了用户定义的所有符号,对于每个符号列出了其定义所在行号(加上#)及引用的行号。可以看出,它为大程序的修改提供了方便,而一般较小的程序则可不使用。

汇编过程中,如果程序有语法上的错误,汇编程序就会在屏幕上指出每一错误的出错信息,它指出行号,错误的性质,并显示语句。错误信息分两种:一种是警告错误(Warning Errors),指出汇编程序所认为的一般性错误;另一种是严重错误(Severe Errors),指出汇编程序认为已使汇编程序无法进行正确汇编的错误。ASM 程序只给出错误号,MASM 则可直接显示出错性质等。如果汇编的程序有错,必须再由编辑程序对源文件进行修改,并重新汇编,直到无错误存在为止。不过,汇编程序只能指出程序中的语法、格式和规定有错,至于算法和逻辑上的错误,只有通过调试程序的调试执行,才能够发现。

3.12.5 用 LINK 程序产生 EXE 文件

汇编程序已产生二进制的目标文件(OBJ 文件),但 OBJ 文件并不是可执行的文件,还必须用连接程序(LINK)把 OBJ 文件转换为可执行的 EXE 文件。主要原因是 OBJ 文件中的存储器地址还没有真正分配实际的存储器物理地址,而分配的是浮动地址。另一方面,有些大的程序由许多程序模块组合而成,还需用连接程序把它们连接起来,再由连接程序分配真正的存储区,给以实际的存储器物理地址。连接程序操作方法和屏幕显示如下:

C > LINK　EXAM ↙

Microsoft(R) Overlay Link Version 3. 60

Run File［EXAM. EXE］:↙

list File［NUL. MAP］:EXAM↙

Libraries［. LIB］↙

Link:Warning L4021:no stack segment

LINK 文件有两个输入文件 OBJ 和 LIB。OBJ 文件由汇编程序产生,LIB 则是程序中如要用到系统中的子程序库,就要在 Libraries［. LIB］:问答中回答所要用的子程序库库名,如没有就给以回车键作答。LINK 程序有两个输出文件:一是 EXE 文件,在 Run File［EXAM. EXE］:问答中用回车键作答就可以了;另一个输出文件为 MAP 文件,它是连接程序的列表文件,又称为连接映像(Link map),它给出每个段在存储器中的分配情况。EXAM. MAP 文件的内容如下:

Links Warning L4021:no stack segment

start	stop	Length	Name Class
00000H	00096H	00096H	DATA_SEG
000A0H	000D0H	00031H	CODE_SEG

Program entry point at 000A:0000

连接程序给出的无堆栈段(no stack segment)的警告性错误并不影响程序的执行,因此,到此为止,连接过程已经结束,可以对 EXAM. EXE 程序进行调试,当然也可在 DOS 中直接执行。

3.12.6　程序的调试和执行

当得到了可执行文件,但并不能说明所设计的程序已满足设计的算法和逻辑要求,必须要经过调试程序 DEBUG 的调试。利用此程序的各种功能,可以对 EXE 文件进行各种方法的执行,并且可随时了解中间结果的情况,以及程序执行流程的情况。有关 DEBUG 程序的各种命令请查阅有关手册。下面介绍几个常用的命令。

用 DEBUG 程序的步骤及屏幕显示如下:

C > DEBUG EXAM. EXE↘

—

DEBUG 程序以"—"作提示符等待打入命令。主要观察程序运行的情况,需要启动程序运行后停在 DEBUG 程序等待命令状态,也就是在程序的最后一条指令 RET 所在地址处。因此,必须首先用反汇编命令 U 来列出程序清单,弄清 RET 指令断点处地址。键入 U 后显示信息如下:

—U

170D:0000	1E	PUSH	DS
170D:0001	2BCO	SUB	AX,AX
170D:0003	50	PUSH	AX
170D:0004	B80317	MOV	AX,1703
170D:0007	8ED8	MOV	DS,AX
170D:0009	B732	MOV	BH,32

170D:000B	BE0000	MOV	SI,0000
170D:000E	B104	MOV	CL,04
170D:0010	BF0000	MOV	DI,0000
170D:0013	8A840000	MOV	AL,[SI+0000]
170D:0017	240F	AND	AL,0F
170D:0019	D2E0	SAL	AL,CL
170D:001B	8AD8	MOV	BL,AL
170D:001D	8A840001	MOV	AL,[SI+0001]
170D:0021	240F	AND	AL,0F
170D:0023	0AC3	OR	AL,BL
170D:0025	8880064	MOV	[DI+0064],AL
170D:0029	46	INC	SI
170D:002A	46	INC	SI
170D:002B	47	INC	DI
170D:002C	FFCF	DEC	BH
170D:002E	75E3	JNZ	0013
170D:0030	CB	RET	

其中最左边给出了指令所在的段地址、偏移地址,然后是机器语言指令,右边是汇编语言指令。从列出的程序清单可以看出,所需要的断点偏移地址为0030。有了断点,就可以用G命令使程序启动运行,屏幕显示如下:

—G30

AX=1777 BX=0070 CX=0004 DX=0000 SP=FFFC BP=0000 SI=0064 DI=0032
DS=1703 ES=16F3 SS=1703 CS=170D IP=0030 NV CP EI PL ZR NA PE NC
170D:0030   CB   RET

程序停在断点处,并显示出所有寄存器以及各标志位的当前值,第三行列出下一条将要执行指令的地址、机器语言指令和汇编语言指令。可以从显示的寄存器内容来了解程序运行是否正确。这段程序是要将数据段的 ASC_BUF 为首址的缓冲区中的 100 个 ASCII 字符(数字 0~9)转换为 50 个字节的压缩型 BCD 码,存入 BCD_BUF 为首址的存储区。因此,单从寄存器的内容看不到程序运行的结果,而需用 D 命令察看数据段的有关区域才能了解。此时屏幕显示如下:

—D DS:0000 0090

1703:0000 37 37 37 37 37 37 37 37—37 37 37 37 37 37 37 37   7777777777777777

1703:0010 37 37 37 37 37 37 37 37—37 37 37 37 37 37 37 37   7777777777777777

1703:0060 37 37 37 37 77 77 77 77—77 77 77 77 77 77 77 77   7777WWWWWWWWWWWW

1703:0080 77 77 77 77 77 77 77 77—77 77 77 77 77 77 77 77   WWWWWWWWWWWWWWWWW

1703:0090 77 77 77 77 77 77 00 00—00 00 00 00 00 00 00 00   WWWWWW…………

其中左边给出每小段(总共 16 个存储单元)的起始地址(用段地址:偏移地址表示)。接着顺序给出此小段中 16 个存储单元的内容(十六进制数),最右边则是可打印的 ASCII 字符(无此编码时显示′·′)。因此,从这里可以看出数据段中,偏移地址为 0000H 开始(即 ASC_BUF)的 100 个单元中都存储 37H,也即字符 7。而从偏移地址为 0064H 开始(即 BCD_BUF)的 50 个单元中存储的是经程序执行后,转换的压缩型 BCD 码 77。如果调试过程中发现错误,打入 Q 命令退出 DEBUG,再经过编辑、汇编、连接,再进行调试,直到程序满足设计要求为止。

　　除上述命令外,DEBUG 的常用命令 R 可以显示当前寄存器的内容,T 命令可以逐条跟踪执行指令。其他命令请查阅手册中有关 DEBUG 程序的说明。

　　在建立了 EXE 文件,并且确保正确无误后,也可以直接在 DOS 状态下运行,步骤如下:

C > EXAM ↘

　　程序运行结束,如果最后一条指令是 HLT,那么计算机处于停机状态,屏幕上没有任何信息显示,无法继续执行 DOS 命令,这实际上是常说的"死机"状态,必须重新启动 DOS,机器才能继续工作。因此,一般最好使程序运行结束,自动能返回 DOS。上述实例中就是利用 DOS 调用,在程序开头,将 DS 入栈保护,再将 0000H 入栈保护。到程序结束,执行 RET 指令时,此时,DOS 提示符重在屏幕上出现,又可使用 DOS 命令了,这就不会产生"死机"现象。

习　题

3.1　对于下面的数据定义,各条 MOV 指令单独执行后,有关寄存器的内容是什么?

```
FLDB        DB    ?
TABLEA      DW    20   DUP(?)
TABLEB      DB   'ABCD'
```

①MOV　AX,TYPE　FLDB

②MOV　AX,TYPE　TABLEA

③MOV　CX,LENGTH　TABLEA

④MOV　DX,SIZE　TABLEA

⑤MOV　CX,LENGTH　TABLEB

3.2　试写出完成下列操作的伪指令语句:

①将 56H,78,B3H,100 存放在定义为字节变量 ARRAY 的存储单元中。

②将字数据 2965H,45H,2965,A6H 存放在定义为字变量 DATA 的存储单元中。

③将字节数据 56H,C6H,78H,12H 存放在字变量 ALPHA 的存储单元中,并且不改变数据按字节存储的次序。

④在 BETA 为首址的存储单元中连续存放字节数据,2 个 23,5 个′A′,10 个(1,2),20 个空单元。

⑤在 STRING 为首址的存储单元中存放字符串′THIS　IS　A　EXAMPE′。

⑥用符号 COUNT 替代 100。

3.3　画图表示下列语句中数据在存储器中的存储情况:

①BYTE_VAR　DB　′ABCD′,76,57H,3　DUP　(?),2　DUP(1,3)

②WORD_VAR　DW　5　DUP　(0,1),?,′AB′,′CD′,7965。

3.4 设置一个数据段 DATA_SEG,其中连续存放下列的 8 个变量,用段定义语句和变量定义语句写出数据段:

①DATA1 为字符串变量:′DATA SEGMENT′。

②DATA2 为十进制数字字节变量:72,65,−10。

③DATA3 为十六进制数字字节变量:109,98,21,40。

④DATA4 为 10 个零的字节变量。

⑤DATA5 为数字的 ASCII 字符字节变量:12345。

⑥DATA6 为十进制数的字变量:7,9,298,1967。

⑦DATA7 为十六进制数的字变量:785,13475。

⑧DATA8 为本段中字变量和字节变量之间的字节单元数之差。

3.5 假设程序中的变量定义如下:

```
BUF1    DB    100   DUP  (′A′)
BUF2    DW    1275H,567,0C5H
BUF3    DB    20    DUP  (?)
BUF4    DB    7,4,6,9,8
```

①用一条指令将 BUF1 的偏移地址送入 BX。

②将 BUF2 的第三字节数据送入 CL。

③将 A6H 送入 BUF3 的第十个字节单元中。

④用伪指令写出 BUF1 和 BUF2 二者的总长度(字节数)。

3.6 给出等值语句如下:

```
ALPHA   EQU   100
BETA    EQU   25
GAMMA   EQU   2
```

求下列表达式的值:

①ALPHA * 100 + BETA

②ALPHA MOD GAMMA + BETA

③(ALPHA + 2) * BETA − ALPHA

④(BETA/3) MOD 5

⑤BETA AND 7

⑥GAMMA OR 3

3.7 下列语句中,在存储器中每个变量分配到多少字节?

```
VR1   DW   9
VR2   DW   4   DUP  (?),2
VR3   EQU  100
VR4   DD   VR3  DUP(?)
VR5   DB   2   DUP  (?,VR3  DUP  (0,1))
VR6   DB   ′HOW ARE YOU?′
```

3.8 试写出一个完整的数据段 DATA_SEG,首先把 10 个压缩的 BCD 码 29 存放在 AR-RAY 变量字节单元中,紧接着把 −25,4,10,76,3 存放在 ALPHA 数组变量的字单元中,接着留

100 个空单元作为工作单元用,它定义为字节变量 BUFFER。

3.9　将存放在字节变量 BCD1 中的两个十进制数的 ASCII 码合并为一字节压缩型 BCD 码,存入字节变量 BCD2,试编写程序。

3.10　分析下列程序段,并说明完成什么操作。

```
ADDNUM    DB    28H,46H,95H,26H
ADDSUM    DB    2    DUP    (?)
          MOV    AL,ADDNUM
          ADD    AL,ADDNUM + 2
          DAA
          MOV    ADDSUM,AL
          MOV    AL,ADDNUM + 1
          ADC    AL,ADDNUM + 3
          DAA
          MOV    ADDSUM + 1,AL
```

3.11　写出完成下述功能的程序段:

①将 32H 存入 CH 中。

②将 CH 中的内容与 2AH 相加。

③将 CH 中的内容乘 2。

④将 CH 中的内容存入以 BX 作为相对基址寻址的数组变量 NUM 的第十个字节单元中(数据段)。

问:各程序段分别执行后,CH 中的内容是多少?

3.12　编写程序,计算 $Z = ((W - X)/10 * Y)^2$,r 为相除所得余数。其中 W,X,Y 均为 8 位有符号二进制数。

3.13　在数组字变量 ARRAY 中有 10 个数据,将数组中的第 5 个字数据求补,再放回原处,画出程序流程图和编写程序。

3.14　用重复前缀串比较指令比较两个字符串,一个是在数据段的字符串变量 STR1(内容为′THIS IS A DOG′),另一个是在附加段的字符串变量 STR2(内容为′THIS IS A COCK′)。当比较到第一个不相同的字符时停止比较,把相同部分字符串长度存入数据段的字节变量 NUM 中。写出分段结构的程序段,应包括段定义,伪指令和指令序列。问:相同部分字符串长度为多少? 在 STR1 和 STR2 第一个不同处的偏移地址是什么?

3.15　有两个 4 位压缩型 BCD 码相加,被加数(6 756)和加数(7 321)存放在数据段的 BUFFER 变量的 4 个连续的字节存储单元中,结果(和)存放在 RESUT 变量的 3 个字单元中(考虑到有进位的情况),编制具有数据段和代码段结构的完整程序,程序中需作必要的注释。

3.16　将 SRCBUF 变量定义的 80 个字符串传送到 DSTBUF 变量定义的存储区去。当遇到 0DH 时,不将此字符传送到 DSTBUF 变量中去。试编写程序,并加以注释。

3.17　已知有 n 个元素存放在以 BUF 为首址的字节存储区中,试统计其中负元素的个数,画出程序框图,编写程序。

3.18　已知以 BUF 为首址的字存储区中存放着 n 个有符号的二进制数,试编写程序,将大于等于 0 的数送以 BUF1 为首址的字存储区中,将小于 0 的数送以 BUF2 为首址的字存储区中,并画出程序框图。

3.19 已知在以 BUF 为首地址的字节存储区中,存放着一个以′$′作结束标志的字符串,试编写程序,在 CRT 上显示该字符串,并要求将小写字母以大写字母形式显示出来。画出程序框图。

3.20 设有 3 个字节变量 X、Y、Z,试找出 X、Y 有符号数中较大者送入 Z 中,编写程序。

3.21 设在变量单元 A、B 和 C 中存放有 3 个数,若 3 个数都不为 0,则求出 3 个数之和存入 D 中;若有一个为 0,则将其他两个单元也清零,编写程序。

3.22 试分析下列程序段,说明完成了什么操作? 程序执行前后 HEXNUM 字节单元的内容是什么?

```
ASCNUM      DB          41H
HEXNUM      DB          ?
            MOV         AH,ASCNUM
            CMP         AH,39H
            JBE         NEXT
            SUB         AH,7
NEXT:       SUB         AH,30H
            MOV         HEXNUM,AH
            HLT
```

3.23 在数据区 STR1 单元开始存放一长度为 1～256 个字符的字符串。要求对该字符串中每个字符在最高位配上一个偶校验位(即保持一字节数中 1 的个数为偶数),并存回到原单元中。

3.24 已知在数据区中 DATA1 和 DATA2 开始分别存放 N 个字节数据,编制程序检查两数据块中的数据是否相同。若完全一致,则将标志单元 FLAG 置 FFH,否则置 0。并将第一次出现的不同数据的地址分别存放 ADR1 和 ADR2 单元中,编写程序。

3.25 定义一数组 GRADE 存放有 100 个学生某门功课的考试成绩,要求编一程序,统计各分数段的人数,即要求统计 90～100 分,80～89 分,70～79 分,60～69 分以及 60 分以下的各有多少人?

3.26 编一程序,在以 BUF 为首址的字节单元中存放了 COUNT 个有符号数,找出其中最小数送 MIN 单元。

3.27 利用系统功能调用从键盘输入 10 个一位无符号数,求出其中最大和最小数,在显示器上输出显示。

3.28 利用系统功能调用,完成将键盘输入的小写字母转换成大写字母输出显示,直到输入 $ 字符时,停止输出。

3.29 设有一字符串已存放在 STRBUF 为首址的数据区中,编一程序找出其中的 $ 字符,并将其存放地址送 ADRBUF 单元中。

3.30 用子程序结构编程计算:$S=1! +2! +3! +4! +\cdots+8!$

第4章
Intel 80486 微处理器

80486 是一种与 80386 完全兼容但功能更强的 32 位微处理器。它是为多任务操作系统设计的,也可以同时执行多个操作系统。简单地从结构组成上看,80486 相当于以 80386 为核心,增加了高速缓冲存储器(Cache Memory)后相当于片外 80387 的片内浮点协处理器(FPU),以及增加了面向多处理器的机构。但是,从程序设计角度看,其体系结构几乎没变,可以说是对 80386 的照搬,在相同的工作频率下,其处理速度比 80386 提高了 2~4 倍。80486 的最低工作频率为 25MHz,目前最高工作频率可达 132MHz。80486 微处理器的主要特点为:

①采用 RISC(精简指令系统计算机)技术,芯片上不规则的控制部分减少,使指令能以较短的周期执行。此外,还把部分微码控制改为硬件逻辑直接控制,进一步缩短了指令的执行周期,大多数常用指令均可在一个时钟周期内完成。

②微处理器内部为全 32 位结构,即寄存器、ALU 和内部数据总线都是 32 位。而 CPU 和 FPU 之间的数据通道是 64 位,CPU 与 Cache 之间以及 Cache 与 Cache 之间的数据通道均为 128 位。因此,80486 较 80386 处理数据的速度大大提高。

③片内集成了浮点运算部件,可支持 32 位、64 位和 80 位的浮点算术运算。由于 FPU 与 CPU 的数据通道总线加宽,而引线缩短,它们之间的信息交换速度也得到提高。

④片内具有 8KB 的数据/指令高速缓存 Cache,可为频繁访问的数据和指令提供高速缓存,从而加快 CPU 与存储器之间的信息交换,同时也减轻系统总线的负担。

⑤片内具有存储管理部件 MMU,可支持对存储器地址实施管理和对存储器空间进行保护。

⑥采用了突发式总线周期操作,即一次总线周期操作可完成一个数据块的传送,这样可加快 CPU 与存储器之间的数据交换。

⑦具有三种工作方式:即实地址方式、虚拟地址保护方式(保护方式)和虚拟 8086 方式。80486 在实地址方式下就是一个高速的 8086,但它比 8086 具有更强的功能;在保护方式下,可寻址 4GB 物理地址空间以及 64TB 虚拟地址空间,支持多任务运行;在虚拟 8086 方式下,可同时运行多个 8086 程序,并仍能利用微处理器的虚拟保护机制。

4.1 80486 内部结构

4.1.1 80486 基本组成

80486 由总线接口、高速缓存、指令预取、指令译码、控制、算术逻辑运算、浮点运算、存储器管理八大部件组成。其中,指令预取、指令译码、存储器管理以及算术逻辑运算部件都可以独立并行工作,构成流水作业。如图 4.1 所示。

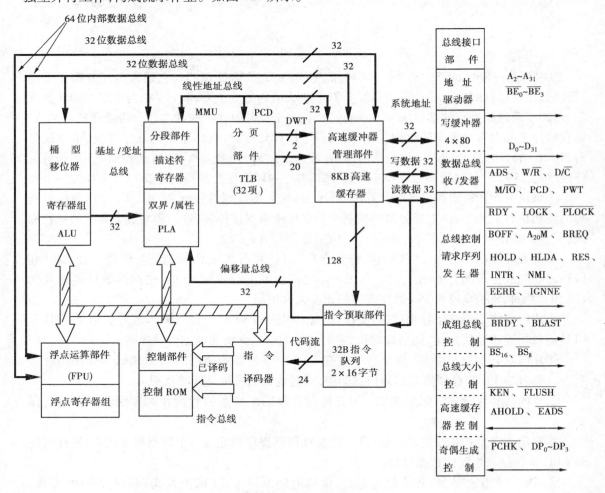

图 4.1 80486 内部结构

(1)总线接口部件

总线接口部件通过数据总线、地址总线和控制总线与外部联系,包括访问存储器和访问 I/O 端口以及完成其他控制功能。

(2)高速缓存部件

80486 微处理器芯片内部集成了一个 8KB 的高速缓冲存储器,它用来存放 CPU 最近要使用的指令和数据。8KB 的 Cache 分为 4 组,每组 2KB,被之称为 4 路成组相联 Cache。这个片内 Cache 既可存放数据,又可存放指令,它比片外 Cache 进一步加快了微处理器访问主存的速度,并减轻系统总线的负担。

(3) 指令预取部件

指令预取部件从高速缓冲存储器中取出指令并放入指令队列,使微处理器的其他部件无需等待便可以从指令队列中取出指令处理。在 Cache 和指令预取部件之间采用 128 位内部总线相连接,一次可以预取 16B 的指令,而指令预取队列缓冲区容量为 32B。当指令预取队列的一条指令被指令译码器取走后,队列指针便改变到下一条指令的位置。一旦队列缓冲区有空字节单元产生,指令预取部件将再次从高速缓冲存储器中取出指令去装满队列缓冲区。

(4) 指令译码部件

指令译码部件从指令预取队列缓冲区中取出指令进行译码,产生指令的微码入口地址和寻址信息,存放在译码部件的队列中。译码队列可同时存放三条指令的译码信息。译码信息从译码队列取出后,微码入口地址送控制器,而寻址信息送存储器管理部件 MMU。

(5) 控制器部件

控制器部件从指令译码器队列中取出指令微码入口地址,用来产生对个部件操作所需的一系列信号。控制器内的控制 ROM 中存放着微处理器指令的微码,它们是一组常驻在 ROM 中的低级命令。微处理器的每一条指令都对应一组微码,控制器部件根据指令译码器提供的微码入口地址找到微码,产生执行该指令的控制信号。

(6) 算术逻辑运算部件

算术逻辑运算部件执行控制器所规定的算术与逻辑运算。它由算术逻辑单元 ALU、8 个通用寄存器、若干个专用寄存器和一个桶型移位寄存器组成。ALU 可以通过内部的 64 位数据总线与高速缓存部件、浮点部件、分段部件进行信息交换。桶型移位寄存器可以加快移位指令、乘除运算指令的执行。

(7) 浮点运算部件

浮点运算部件是专门用来完成实数和复杂运算的处理单元。它不但能处理一般的实数运算,还能进行对数、指数、三角函数等复杂函数运算。浮点运算部件能与算术逻辑运算部件并行操作。

(8) 存储器管理部件 MMU

MMU 由分段部件和分页部件组成。分段部件用来将指令给出的逻辑地址转化为线性地址,分页部件将线性地址换算为物理地址。分页部件可任选,不用该部件,线性地址就相当于物理地址。

4.1.2　80486 内部寄存器

80486 的内部寄存器包括了 80386 和 80387 的全部寄存器,共分为三大类:①基本结构寄存器组,它由通用寄存器、指令指针寄存器、标志寄存器、段寄存器组成;②系统级寄存器组,它由控制寄存器、系统地址寄存器、测试寄存器、调试寄存器组成;③浮点寄存器组,由数据寄存器、标记寄存器、指令和数据指针、控制字寄存器组成。

基本结构寄存器组和浮点寄存器组可用应用程序访问,而系统级寄存器组只能由系统程序访问,并且它的特权级为 0 级。

（1）通用寄存器

80486 有 8 个 32 位的通用寄存器,包括累加器 EAX、基址寄存器 EBX、计数寄存器 ECX、数据寄存器 EDX、源变址寄存器 ESI、目的变址寄存器 EDI、基址指针寄存器 EBP 和堆栈指针寄存器 ESP,如图 4.2 所示。

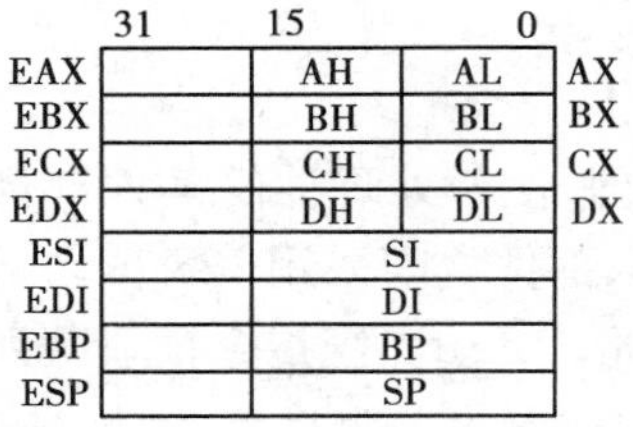

通用寄存器可以存放数据和地址位移量。它们作为 32 位寄存器来使用时,寄存器命名为 EAX、EBX、ECX、EDX、ESI、EDI、EBP、ESP。这些寄存器的低 16 位可以单独访问,命名为 AX、BX、CX、DX、SI、DI、BP、SP,功能同 8086 的通用寄存器。

图 4.2　80486 的通用寄存器组　16 位寄存器 AX、BX、CX、DX 的高位字节与低位字节也可以单独访问,分别命名为 AH、BH、CH、DH 和 AL、BL、CL、DL。

（2）指令指针寄存器

指令指针寄存器 EIP 是一个 32 位寄存器,用于存放下一条要取出的指令的偏移地址,如图 4.3 所示。EIP 的低 16 位是一个 16 位的指令指针寄存器 IP,提供给 16 位寻址时使用。

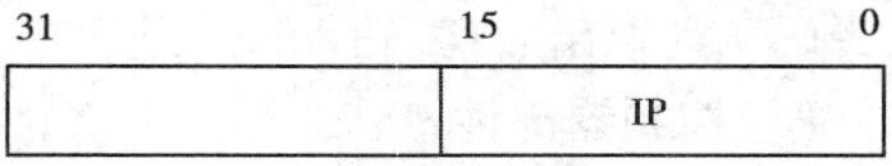

图 4.3　指令指针寄存器 EIP

（3）标志寄存器

标志寄存器 EFLAGS 是一个 32 位寄存器,它有 14 个标志位。其中 6 个（CF、PF、AF、ZF、SF、OF）用来表示指令执行结果的特征状态,称为状态标志位;另外 8 个（IF、DF、TF、AC、VM、RF、NT、IOPL）是控制标志位,用来控制 CPU 的操作,如图 4.4 所示。

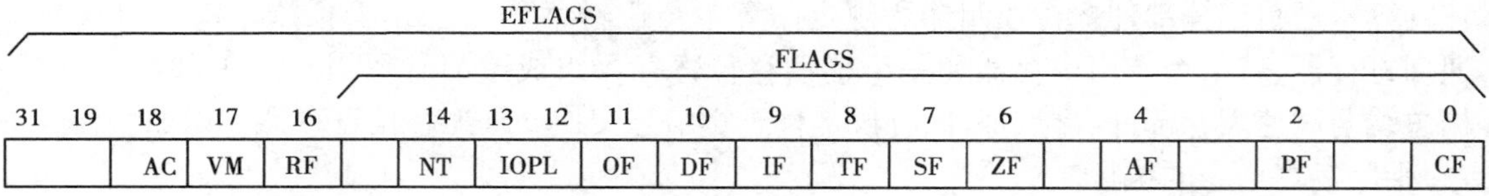

图 4.4　标志寄存器 EFLAGS

EFLAGES 的低 16 位命名为 FLAGS,各位的含义与 8086 的 FLAGES 基本相同。80486 中新增加的标志位的功能说明如下:

①AC——对准标志位。若 AC 为 1,且 CR_0 寄存器的 AM 位也为 1 时,则进行字、双字、4 字的对准检查,若 CPU 发现在访问存储器操作数时未按边界对准,则产生一个异常中断 17 错误报告;AC 位为 0 时,则不进行对准检查。

②VM——虚拟 8086 方式标志位。80486 在保护方式下,当 VM 被置 1,则转换到虚拟 8086 工作方式;当 VM 为 0 时,80486 返回保护方式。在实地址方式下,VM 位无效。

③RF——恢复标志位。它与调试寄存器的代码断点结合使用,以保证不重复使用断点。该标志用于 DEBUG 调试,每执行完一条指令,使 RF 复位;而 RF 置 1 时,即便遇到断点或调试故障均被忽略。

④NT——任务嵌套标志位。用来表示当前的任务是否嵌套在另一任务内。微处理器当前执行的任务正嵌套在另一任务中时,NT = 1;否则,NT = 0。该标志位只适用于保护工作方式。

⑤IOPL——I/O 特权级标志位。这两位只是用于保护工作方式,用于规定 I/O 操作的级

别(0～3)。

(4)段寄存器

与 8086 相比,80486 除具有 CS、DS、SS、ES 寄存器外,又增加了 FS 和 GS 两个新的 16 位段寄存器,以支持对附加数据段的访问。这样,80486 在任一时刻可以访问代码段、数据段、堆栈段和 3 个附加数据段等 6 个当前存储段。

80486 在保护方式下对存储段的访问不再用 8086 简单的段管理机制,而采用较复杂的段描述符管理机制。80486 为每一个存储段定义了一个 8 字节长的数据结构,用来说明段的基址,段的界限长度(大小)和段的访问控制属性,该数据结构称为段描述符。系统将有关的段描述符放在一起并构成一个系统表,称为段描述符表。CPU 若要访问存储段内的信息,首先要从系统的段描述表中取得该段的描述符,然后根据描述符提供的段基址、段界限和段访问控制属性等信息去访问段内数据,如图 4.5 所示。

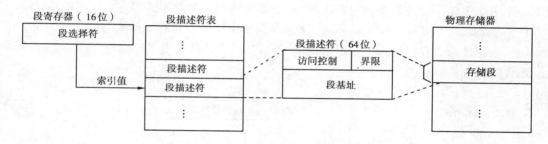

图 4.5　段描述符存储管理

为了能标识一个段描述符是在哪一个段描述符表中,其索引号是多少,它的特权级如何,80486 为每个段定义了一个 16 位的段选择符。CS、DS、SS、ES、FS 和 GS 寄存器则用来存放每个当前段的选择符。80486 硬件会自动根据段选择符中的索引值,从系统的描述符表中取出一个 8 字节的描述符,装入相应的段描述符寄存器,以后再次访问该段存储器时,就可以直接使用相应的段描述符寄存器中的段基址作为线性地址计算的一个元素,而不需要再次从内存中查表来得到段基址。这样,可加快存储器物理地址的形成。段寄存器与描述符寄存器的结构如图 4.6 所示。

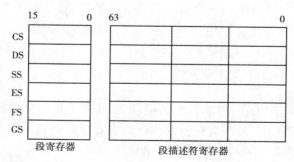

图 4.6　段寄存器与段描述符寄存器

描述符装入过程对程序员是透明的。在实地址方式和虚拟 8086 方式下,是通过将段选择符左移 4 位来得到段基地址,与 8086 相同,不必用段描述符来说明性质。

(5) 系统地址寄存器

系统地址寄存器只在保护方式中使用,因而也叫保护方式寄存器。

在保护方式下,为适应多任务、多用户操作,80486 共设计了 4 种描述符表,即全局描述符表 GDT,局部描述符表 LDT、中断描述符表 IDT 和任务状态段 TSS。

全局描述符表 GDT(Global Descriptor Table)用于存放操作系统和各任务公用的描述符,如公用的数据段和代码段描述符、各任务的 TSS 描述符和 LDT 描述符。每个系统只有一个 GDT。

局部描述符表 LDT(Local Descriptor Table)用于存放各个任务私有的描述符,如本任务的代码段描述符、数据段描述符,堆栈段描述符等。通常每个任务都各有一个 LDT,每个 LDT 的描述符都在 GDT 中。

中断描述符表 IDT(Interrupt Descriptor Table)用于存放系统的中断描述符。80486 系统中只有一个 IDT,IDT 中描述符是通过 INT 指令、外部向量和内部发生的异常来访问的。

任务状态段 TSS(Task State Segment)用来存放多个任务的私有运行状态信息描述符。

每一种描述符表在存储器中的段基地址、界限和段属性信息由系统地址寄存器保存,如图 4.7 所示。

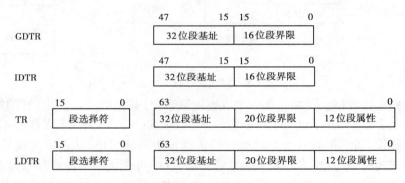

图 4.7   系统地址寄存器

1)GDTR 和 IDTR

全局描述符表寄存器 GDTR 和中断描述符表寄存器 IDTR 分别用来保存 GDT 和 IDT 所在段的 32 位基地址以及 16 位的界限值。GDT 和 IDT 的界限都是 16 位,即表长度最大为 64KB,每个描述符为 8B,故每个表可以存放 8K 个描述符。由于 80486 只有 256 个中断,故 IDT 中最多有 256 个中断描述符。

2)LDTR 和 TR

局部描述符表寄存器 LDTR 用来存放当前任务 LDT 所在存储段的选择符及段描述符。任务状态段寄存器 TR 用来存放当前任务的 TSS 所在存储段的选择符及段描述符。LDTR 和 TR 是由 16 位的段寄存器与 64 位的段描述符寄存器构成。

LDT 和 TSS 是面向任务的,每个任务对应一个 LDT 和一个 TSS,而 LDTR 和 TR 在 CPU 中只有一个。当任务转换时,将任务给出的段选择符加载到 LDTR 的段寄存器,即可以此为索引从 GDT 表中选取一个 LDT 描述符(描述要访问的 LDT 表所在段的基地址、段界限和属性),并将其自动加载到 LDTR 的段描述符寄存器。同样,当 TR 的段寄存器加载段选择符时,以此为索引从 GDT 表中选取一个 TSS 描述符(描述要访问的任务状态段 TSS 所在段的基地址、段界限和属性），并将其自动加载到 TR 的段描述符寄存器。GDTR 和 IDT 是所有任务共有的，因此，任务转换时，没有必要修改 GDTR 和 IDTR，故 GDTR 和 IDTR 没有段寄存器。

（6）控制寄存器

80486 有 4 个 32 位的控制寄存器 $CR_0 \sim CR_3$，其中 CR_1 保留给将来的 Intel 微处理器使用。控制寄存器的作用是保存全局性的机器状态和设置控制位，如图 4.8 所示。系统程序员只能通过 MOV 指令的装入与存放来实现访问的目的。

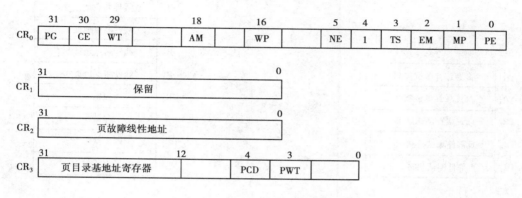

图 4.8　控制寄存器

1）CR_0 控制寄存器

CR_0 所有控制位的功能说明如下：

①PE——保护方式允许位。PE 为 1 时，系统进入保护方式，否则为实地址方式。

②PG——允许分页控制位。PG 为 1 时，允许分页，否则禁止分页。

③CE——高速缓存允许控制位。CE 为 1 时，允许填充高速缓存，否则禁止填充高速缓存。

④WT——通写控制位。WT 为 1 时，允许 Cache 通写，即所有命中 Cache 的写操作不仅要写 Cache，同时要写外部存储器；WT 为 0 时，禁止 Cache 通写。

⑤TS——任务转换控制位。每当进行任务转换时，由 CPU 自动将 TS 置 1。

⑥EM——仿真协处理器控制位。EM 为 1，表示用软件仿真协处理器，而这时 CPU 遇到浮点指令，则产生故障中断 7（协处理器无效）；EM 为 0 时，浮点指令将被执行。

⑦MP——协处理器监控位。MP 为 1，表示有协处理器，否则表示没有协处理器。

⑧NE——数据异常中断控制位。NE 为 1 时，若执行浮点指令时发生故障，进入异常中断 16 处理，否则进入外部中断处理。

⑨AM——对准屏蔽控制位。AM 为 1，并且 EFLAGS 的 AC 位有效时，将对存储器操作数进行对准检查，否则不进行对准检查。

⑩WP——写保护控制位。WP 为 1 时，将对系统程序读取的专用页进行写保护。

2）CR_2 控制寄存器

CR_2 控制寄存器为页故障线性地址寄存器。它保存的是最后出现页故障的 32 位线性地址。

3）CR_3 控制寄存器

CR_3 中的高 20 位为页目录表的基地址寄存器。

①PWT——页通写控制位。PWT 为 1 时,对当前所访问的页实现通写,否则实现写返回。

②PCD——页高速缓存允许控制位。PCD 为 1 时,只对外部高速缓存(或外存)进行读/写;PCD 为 0,且 80486 高速缓存允许引脚$\overline{\text{KEN}}$信号有效时,内部高速缓存有效工作。

(7) 测试寄存器

80486 有 5 个 32 位的测试寄存器,如图 4.9 所示。

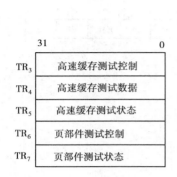

图 4.9　测试寄存器

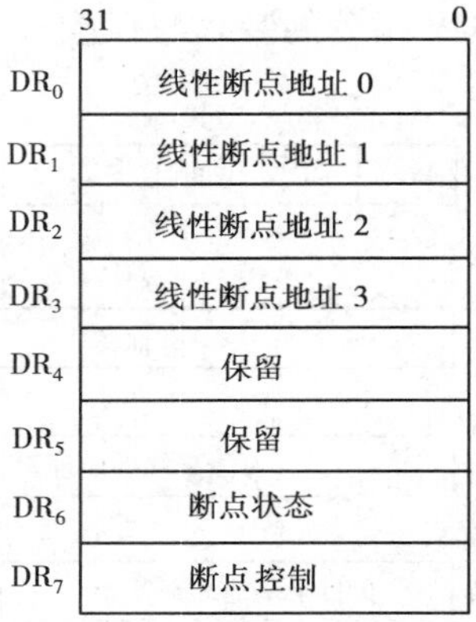

DR$_0$｜线性断点地址 0

DR$_1$｜线性断点地址 1

DR$_2$｜线性断点地址 2

DR$_3$｜线性断点地址 3

DR$_4$｜保留

DR$_5$｜保留

DR$_6$｜断点状态

DR$_7$｜断点控制

图 4.10　调试寄存器

TR$_3$ ~ TR$_5$ 用于高速缓存的测试操作,TR$_6$、TR$_7$ 则用于页部件的测试操作。

(8) 调试寄存器

80486 有 8 个 32 位的调试寄存器,如图 4.10 所示。

DR$_0$ ~ DR$_3$ 用来容纳 4 个断点的线性地址,从而可使程序员在调试过程中一次设置 4 个断点。DR$_6$ 用来放置断点的状态,以协助断点调试。DR$_7$ 为断点控制寄存器,可以通过对应位的设置来有选择地允许和禁止断点调试。DR$_4$ 和 DR$_5$ 暂未定义,留待以后使用。

4.2　80486 的工作方式

80486 有 3 种工作方式,即实地址方式、保护方式和虚拟 8086 方式,如图 4.11 所示。微处理器复位后,首先进入实地址方式下工作;利用修改 CR$_0$ 指令,将 CR$_0$ 控制寄存器的 PE 位置 1,微处理器由实地址方式转移到保护方式;将 CR$_0$ 中的 PE 位复位,微处理器则由保护方式

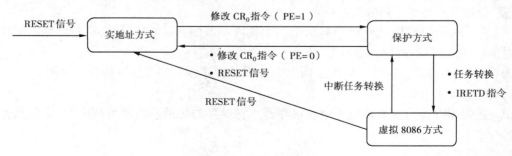

图 4.11　80486 的 3 种工作方式

返回到实地址方式。在保护方式下,执行 IRETD 指令或进行任务转换,微处理器从保护方式转移到虚拟 8086 方式;通过中断进行任务转换,可使 CPU 由虚拟 8086 方式返回到保护方式;在保护方式和虚拟 8086 方式下,微处理器若收到复位信号,均返回实地址方式。

4.2.1　实地址方式

实地址方式是 80486 最基本的工作方式,80486 加电或复位时,便进入实地址方式。80486 的实地址方式与 8086 工作方式基本相同。设置实地址方式一方面是为了保持和 8086 兼容;另一方面为 80486 保护方式所需要的数据结构做好配置和准备。因此,这是一种为建立保护方式做准备的方式。归纳起来,有如下几个特点:

①1MB 存储空间;

②分段部件不使用描述符表,所有段最大为 64KB;

③不采用分页部件,即不支持虚拟存储器;

④单任务;

⑤代码段和数据段没有保护机制。

80486 在实地址方式下,寻址方式、存储器管理、中断处理机构和 8086 一样。

在实地址方式下,操作数的默认长度为 16 位,在指令加上相应前缀字节后,则允许 32 位操作数和 32 位寻址方式,可编写 32 位运算程序。

在实地址方式下,物理地址的形成机制与 8086 相同,即段寄存器的内容左移 4 位,再加上有效地址形成存储单元的物理地址。存储器采用分段方式,所有段的长度最大为 64KB,且存储段可以相互覆盖。

在实地址方式下,存储器中保留两个固定区域:系统初始化区和中断向量区。中断向量区地址范围为 00000H ~ 003FFH,它保留了 256 个中断服务程序的入口地址,设置中断向量的方式与 8086 相同。系统初始化区地址范围为 FFFFFFF0H ~ FFFFFFFFH,大小为 16B。80486 复位后,首先从初始化区的 FFFFFFF0H 处取指令,执行远程跳转或调用后,A_{31} ~ A_{20} 地址线将变为低电平,从系统 ROM 内取指令,执行初始化程序并启动系统。

80486 有 4 个特权级,实地址方式下,程序在最高级(0 级)上执行。80486 除保护方式指令外,其余指令都可以在实地址方式下执行。

4.2.2　保护方式

保护方式是 80486 最常用的方式,此种方式提供了多任务环境中的各种复杂功能以及对复杂存储器组织的管理机制。只有在保护方式下,80486 才能发挥其强大的功能和特性。80486 保护方式的特点是:

①支持 4GB 的物理存储器地址空间;

②分段部件使用描述符表、段长可变(0 ~ 4GB);

③分页部件支持 64TB 的虚拟存储地址空间;

④允许多任务运行;

⑤代码段和数据段具有保护机制;

⑥支持任务之间以及特权级的数据和程序保护。

80486 的存储器管理系统包含地址转换与保护两个关键功能以及分段与分页等重要机

制,理解这些概念是掌握80486段页式结构寻址过程的基础。

（1）**物理存储器与虚拟存储器**

物理存储器是指由地址总线直接访问的主存储器。访问物理存储器的地址称为物理地址。地址总线的位数决定了访问的最大物理存储器的空间。80486的地址总线为32位,最大可寻址访问的物理存储器空间为4GB(2^{32}B),其物理地址范围为00000000H～FFFFFFFFH。

虚拟存储器有两层含义:一是指程序编程使用的逻辑存储空间,其大小由微处理器内部结构确定,如80486的最大虚拟存储空间为64TB(2^{46}B),它使编程人员在写程序时,不用考虑计算机的实际主存容量,可以写出比任何实际配套的物理存储器都大得多的程序;二是指在主存储器容量不能满足要求时,为了给用户提供更大的访问存储空间,而采用内外存自动调度方法构成的一种存储器。

虚拟存储器具体是由主—辅存储器系统加上存储器管理部件来实现的。用户编写程序时,其程序存入磁盘中,写入的程序可远大于物理存储器空间。然而,在运行程序时,只把程序的一部分(即虚拟存储器的一小部分)映射到物理存储器,其余部分仍存储在磁盘上。当访问存储器的范围发生变化时,再把虚拟存储器的对应部分从磁盘调入内存。虚拟存储器的另一部分,也能从物理存储器调回到磁盘上。

访问虚拟存储器的地址,称为虚拟地址。该地址是由程序确定的,所以也称逻辑地址。

（2）**分段机制**

在虚拟存储器中也采用分段存储管理,即虚拟地址由段选择符和段内偏移量两部分构成。段选择符的高14位用于选择存储段,最大段数为16K(2^{14})个。段内偏移量为32位,最大段长为4GB(2^{32}B)。因此,虚拟地址为46位,虚拟存储器空间最大为64TB。虚拟存储器的寻址空间如图4.12所示。

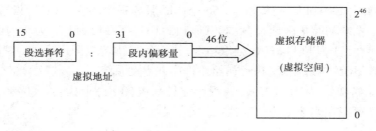

图4.12　虚拟存储器寻址空间

段选择符保存在段寄存器中,包含段描述符在描述符表中的索引和访问特权。在程序执行时,它由系统装入相应的段寄存器中。段选择符的格式如图4.13所示。

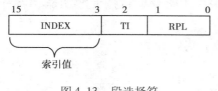

图4.13　段选择符

段选择符由16位二进制信息组成,分为索引字段、段描述符表指示字段和请求特权字段:

①INDEX——索引字段。由最高的13位组成,作为该段描述符在全局描述符表或局部描述符表中的索引位置。

②TI——段描述符表指示字段。TI为1,表示当前选择的是局部描述符表;TI为0,选择全局描述符表。

③RPL——请求特权字段。由最低两位组成,表示段选择符的特权级(0～3级)。

（3）虚拟地址和物理地址转换

程序编程使用的虚拟地址,并不直接用于寻址主存储器,而需要由微处理器地址转换机制把虚拟地址转化为主存储器的物理地址才能用于访问主存储器。

80486 采用分段与分页管理部件来实现 46 位的虚拟地址到 32 位物理地址的转换。它们使用了驻留在存储器中的各种表格(描述符表、页表等)来规定各自的转换函数。这些表格允许操作系统进行访问,而不允许应用程序对其进行修改。这样,操作系统可为每个任务维护一套各自不同的转换表格,其目的是使每个任务有不同的虚拟地址空间,并使各任务的系统彼此隔离开来,以便完成多任务存储管理。

80486 实现虚拟地址和物理地址的转换,首先使用分段部件,把虚拟地址转换为一个 32 位的线性地址,然后再用分页部件把 32 位线性地址转换位 32 位物理地址。若微处理器不使用分页部件,则线性地址就是物理地址,如图 4.14 所示。

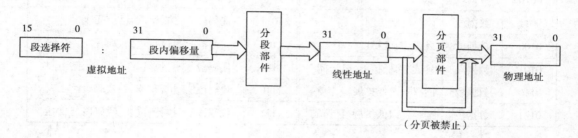

图 4.14　虚拟地址和物理地址的转换

（4）段描述符

段描述符是保护方式下由段选择符寻址的实体,它由 8 个字节组成,规定了段的基地址、段的界限和段的属性。段描述符的一般格式如图 4.15 所示。

15											0
段界限 15 ~0											

上表为复杂多行结构，下面按图重绘：

位									位
15	段界限 15~0								0
31	段基址 15~0								16
47	P	DPL	S	TYPE		段基址 23~16			32
63	段基址 31~24			G	D	0	U	段界限 19~16	48

图 4.15　段描述符

①段基址,即段的起始地址,共 32 位。

②段界限,即段的最大长度,共 20 位。

③段属性,共 12 位。

G——界限长度属性位。$G=1$,段长度的基本单位为 1 页(4KB);$G=0$,段长度的基本单位为 1 字节(1B)。

D——操作数长度。$D=1$,操作数与地址的默认长度为 32 位;$D=0$,为 16 位。

U——用户自定义位。

P——存在位。$P=1$ 时,表示对应段已装入物理存储器中;$P=0$,对应段目前并不在物理存储器中,而要从磁盘上调进来。

DPL——特权位,共 2 位。表示描述符的特权级(0 ~3)。

S——描述符类型。S=1,为存储段描述符,又称用户程序描述符,对应段为代码段、数据段或堆栈段;S=0,则为系统段描述符,用于管理任务、中断和异常,包括 TSS 描述符、LDT 描述符等。

TYPE——段类型,共 4 位。用于说明所描述段的具体属性。对于不同类型的描述符,TYPE 的定义是不同的。存储段描述符类型见表4.1。

表4.1　存储段描述符类型

TYPE 值	指定段	说　明	TYPE 值	指定段	说　明
0000	数据段	只读	1000	代码段	只执行
0001	数据段	只读、已访问	1001	代码段	只执行、已访问
0010	数据段	读/写	1010	代码段	执行/读
0011	数据段	读/写、已访问	1011	代码段	执行/读、已访问
0100	数据段	只读、向低扩展	1100	代码段	只执行、一致码段
0101	数据段	只读、向低扩展、已访问	1101	代码段	只执行、一致码段、已访问
0110	数据段	读/写、向低扩展	1110	代码段	执行/读、一致码段
0111	数据段	读/写、向低扩展、已访问	1111	代码段	执行/读、一致码段、已访问

(5)分页机制

分段机制可以把虚拟地址转换为线性地址,而分页机制可以进一步把线性地址转换为物理地址。当 CR_0 中的 PG=1 时,启动分页机制;PG=0 时,则禁用分页机制,而且把分段机制产生的线性地址当作物理地址使用。

80486 分页机制管理的对象是固定大小的存储块,称之为页。分页机制把整个线性地址空间和整个物理地址空间都看作由页组成,线性地址中的任何一页都可以映射到物理地址空间的任何一页。

80486 使用 4KB 为一页,并在 4KB 的边界上对齐,即每页的开始地址都能被 4KB 整除。因此,把 4GB(2^{32})线性地址空间划分成 2^{20} 个页面,并且线性地址的低 12 位经分页机制直接处理为物理地址低 12 位,而线性地址的高 20 位可视为将它转换成对应物理地址高 20 位的转换函数。

(6)分段分页地址转换

80486 的分段部件虚拟地址与线性地址的转换机构如图 4.16 所示。虚拟地址由段选择符与段内偏移量构成。段选择符由段寄存器 CS、DS、SS、ES、FS 或 GS 提供,而段内 32 位偏移量则由指令寻址方式产生。在分段部件中,把段描述符提供的 32 位基地址和 32 位的段内偏移量相加,即可把虚拟地址转换为一个 32 位的线性地址。从段选择符的高 13 位索引字段得到描述符的偏移值,再由段选择符的第 2 位(TI)从系统的描述符表寄存器(GDTR 或 LDTR)中去取该描述符表的基地址,这两个值相加则得到描述符的物理地址。从找到的描述符中可取出该存储单元的真正段基地址,把它与虚拟地址的段内偏移部分相加,则得到存储单元的 32 位线性地址。如果微处理器没有使用页部件,转换得到的 32 位线性地址就是该存储单元的物理地址。

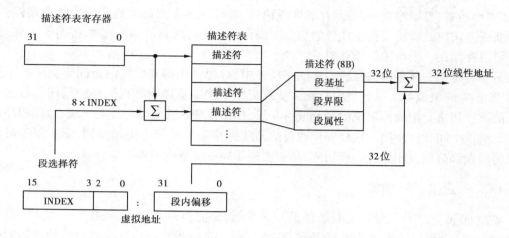

图 4.16　分段部件虚拟地址与线性地址的转换机构

分页部件实现线性地址到物理地址的转换,其转换机构如图 4.17 所示。

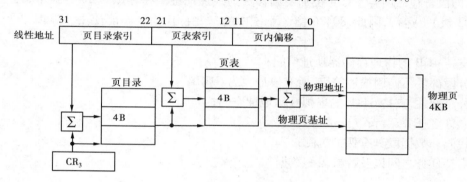

图 4.17　分页部件线性地址到物理地址的转换机构

为了优化存储管理功能和扩大保护方式下的虚拟存储空间,80486 采用了两级页表结构,即以存储器为基础的页目录表和页表。分页机制将实现两级地址转换,在低一级,由页表映射页;在较高一级,由页目录表中的一个页目录项映射页表。每个页目录表和页表都含有 1 024 个项,每一个项均由 4B 构成,即页目录表和页表均为 4KB。

在分页部件中,线性地址分解为 3 个字段:页目录索引(31 ~ 22)、页表索引(21 ~ 12)以及页内偏移量(11 ~ 0)。CR$_3$ 控制寄存器的高 20 位保存着页目录的基地址(事先由系统装入),它和页目录的索引值乘以 4 相加后得到相应页目录项的入口地址。页目录项的高 20 位是所指定页表的基地址,它和线性地址中提供的页表索引值乘以 4 相加,可得到页表项的入口地址。页表项内容的高 20 位是存储器的物理页基址,它和线性地址中的页内偏移量相加即可产生所要访问存储单元的 32 位物理地址。

(7)保护

80486 支持两个主要的保护类型:

一类是不同任务之间的保护。它是通过给每一任务分配不同的虚拟地址空间,而每一任务有各自不同的虚拟—物理地址转换映射,因而可实现任务之间的完全隔离。在 80486 中,每个任务都有各自的段描述符表和页表,即具有不同的地址转换函数,并可对段和页进行保护检查,如类型检查、界限检查、可访问存储区域检查、过程入口点限制检查和指令集限制检查等。根据新任务切换的转换表实现任务的切换。操作系统应与所有的应用程序相隔离,因此,操作系统可以存储在一个单独的任务中。

另一类是同一任务内的保护。在同一任务中,对程序代码和数据的访问定义了 4 个特权级,0 级最高,3 级最低。系统规定特权级低的程序不能随意访问特权级高的程序和数据。特权级的典型用法是把操作系统的核心放在 0 级,操作系统的其余部分放在 1 级,应用程序放在 3 级,2 级供中间软件使用。这样安排的目的是使操作系统的核心得以保护,而不至于被操作系统的其余部分以及用户程序所访问,从而实现了同一任务内的保护。

4.2.3 虚拟 8086 方式

虚拟 8086 方式是一种既能利用保护方式功能,又能执行 8086 代码的工作方式。它允许同时运行多个 8086 任务、80286 任务和 80486 任务,而彼此不会相互干扰。微处理器的分页机构还可以为每个 8086 任务分配一个受保护的 1MB 地址空间。段寄存器的用法和实地址方式一样,即段寄存器内容左移 4 位加上偏移量为线性地址。在虚拟 8086 方式中,程序在最低特权位(3 级)上运行,因此,80486 指令系统中的一些特权指令不能使用。虚拟 8086 方式特点如下:

①支持 4GB 的物理存储器地址空间;

②分段部件不使用描述符表,所有段最大为 64KB;

③分页部件,支持 64TB 的虚拟存储地址空间;

④允许多任务运行;

⑤代码和数据段具有保护机制;

⑥支持任务之间以及特权级的数据和程序保护。

4.3 80486 引脚功能

80486 有 168 只引脚,其引脚信号定义如图 4.18 所示。

4.3.1 地址总线和数据总线

①$A_{31} \sim A_2$——地址总线(输出、三态)。用于寻址一个 4 字节单元,和 $\overline{BE}_3 \sim \overline{BE}_0$ 相结合,起到 32 位地址的作用。

②$\overline{BE}_3 \sim \overline{BE}_0$——字节选通(输出),低电平有效。用于选通在当前的传送中要涉及 4 字节数据中的哪几个字节。具体地说,$\overline{BE}_3$ 用于选通允许 $D_{31} \sim D_{24}$ 传送;$\overline{BE}_2$ 用于选通允许 $D_{23} \sim D_{16}$ 传送;$\overline{BE}_1$ 用于选通允许 $D_{15} \sim D_8$ 传送;$\overline{BE}_0$ 用于选通允许 $D_7 \sim D_0$ 传送。

③$D_{31} \sim D_0$——数据总线(双向、三态)。可支持 32 位、16 位或 8 位数据传送。

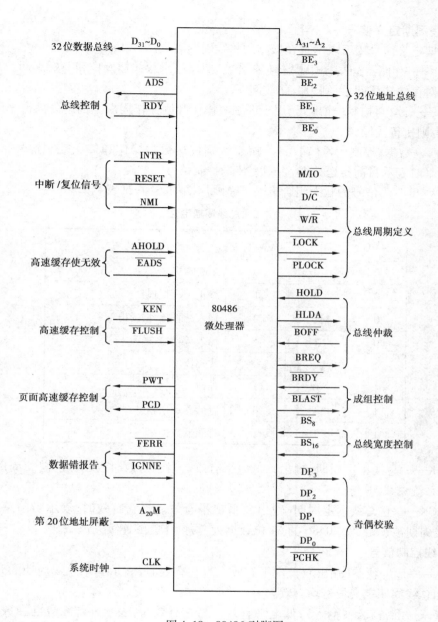

图 4.18　80486 引脚图

4.3.2　控制总线

(1) 奇偶校验信号

①DP$_3$ ~ DP$_0$——奇偶校验信号(输入/输出)。DP$_3$ 用于 D$_{31}$ ~ D$_{24}$ 数据线奇偶校验,DP$_2$ 用于 D$_{23}$ ~ D$_{16}$ 数据奇偶校验,DP$_1$ 用于 D$_{15}$ ~ D$_8$ 数据线奇偶校验,DP$_0$ 用于 D$_7$ ~ D$_0$ 数据线奇偶校验。

②$\overline{\text{PCHK}}$——奇偶校验状态(输出),低电平有效。有效时表示数据有奇偶校验错误。

（2）总线周期定义信号

总线周期定义信号用于表示正在操作的总线周期类型。

①$M/\overline{IO}$——存储器/输入输出选择（输出）。用于区别存储器操作和 I/O 周期。当它为高电平时表示对存储器访问，否则为 I/O 访问。

②$W/\overline{R}$——读/写控制（输出）。用于区别写操作和读操作周期。当它为高电平时表示执行写操作，否则执行读操作。

③$D/\overline{C}$——数据/控制信号（输出）。用于区别传送数据操作和传送控制信号操作周期。当它为高电平时表示目前传送数据，否则为传送控制信号。

$M/\overline{IO}$、$W/\overline{R}$、$D/\overline{C}$ 信号的状态组合定义了总线周期的类型，见表 4.2。

表 4.2　总线周期定义

$M/\overline{IO}$	$D/\overline{C}$	$W/\overline{R}$	总线周期类型
0	0	0	中断响应
0	0	1	终止/专用周期
0	1	0	输入/输出数据读出
0	1	1	输入/输出数据写入
1	0	0	代码读出
1	0	1	保留
1	1	0	存储器数据读出
1	1	1	存储器数据写入

④$\overline{LOCK}$——总线锁定周期（输出），低电平有效。当它有效时表示当前总线周期被锁定，80486 独占系统总线。

⑤$\overline{PLOCK}$——伪总线锁定周期（输出），低电平有效。当它有效时，表示当前总线周期和下一个总线周期被锁定，使 80486 的 64 位数据读/写操作能够连续完成。

（3）总线控制信号

①$\overline{ADS}$——地址状态（输出），低电平有效。当它有效时，表示一个总线周期的开始，此时地址信号和总线周期定义信号均有效。

②$\overline{RDY}$——准备就绪（输入），低电平有效。当它有效时，表示外部系统已在数据引脚上放好了有效数据（读操作）或者已接受了 80486 的数据（写操作）。一个典型的 80486 总线周期包括两个时钟周期（T_1、T_2）。如果在 T_2 结束前，采样到 $\overline{RDY}$ 信号有效，就结束当前总线周期；反之，就插入一个等待周期，使总线周期继续，然后 $\overline{RDY}$ 又被采样。除非 $\overline{RDY}$ 信号被采样时已为低电平，否则等待周期会继续加入。

（4）成组传送控制

①$\overline{BRDY}$——成组准备就绪（输入），低电平有效。当它有效时，表示外部系统已作好成组传送的准备。

②$\overline{BLAST}$——成组最后读取（输出），低电平有效。当它有效时，表示 80486 已从主存读取最后一个双字信息（共读取 4 个连续的双字信息）。

（5）**高速缓存控制信号**

①$\overline{KEN}$——高速缓存允许（输入），低电平有效。$\overline{KEN}$用来确定当前周期所传送的数据是否可以进行高速缓存。

②$\overline{FLUSH}$——高速缓存刷新（输入），低电平有效。当其有效时，则在一个时钟周期内清除整个内部高速缓存的全部内容。

（6）**高速缓存使无效控制信号**

①AHOLD——外部地址保持（输入），高电平有效。当其有效时，强制微处理器立即放弃地址总线输出，并允许读入外部地址。

②$\overline{EADS}$——外部地址保持（输入），低电平有效。当其有效时，表示一个有效地址已送到地址总线上，微处理器可以从地址总线读入该地址。

（7）**页面高速缓存控制信号**

①PWT——页通写（输出），高电平有效。当其有效时，允许进行页通写操作。

②PCD——页高速缓存禁止（输出），高电平有效。当其有效时，禁止页高速缓存操作。

（8）**数据出错报告信号**

①$\overline{FERR}$——浮点出错（输出），低电平有效。当其有效时，表示浮点运算中出现了错误。

②$\overline{IGNNE}$——数据出错忽略（输入），低电平有效。当其有效时，处理器将忽略当前的浮点运算出错状态。

（9）**第 20 位地址 A_{20} 屏蔽信号**

$\overline{A_{20}M}$——地址位 A_{20} 屏蔽（输入），低电平有效。当其有效时，微处理器在查找内部 Cache 或访问某个存储单元之前，将屏蔽第 20 位地址线（A_{20}），使微处理器只访问 1MB 以内的低位地址。

（10）**总线仲裁信号**

①BREQ——总线请求（输出），高电平有效。当其有效时，表示 80486 内部已提出一个总线请求。

②HOLD——总线保持请求（输入），高电平有效。当其他总线设备要求使用系统总线时，通过 HOLD 向 80486 提出总线保持请求。

③HLDA——总线保持响应（输出），高电平有效。当其有效时，表示微处理器已将总线控制权交给提出总线保持请求的总线设备。

④$\overline{BOFF}$——总线释放（输入），低电平有效。当其效时，将强制微处理器在下一个时钟周期释放对总线的控制。

（11）**总线宽度控制信号**

$\overline{BS_8}$、$\overline{BS_{16}}$——总线宽度控制（输入），低电平有效。$\overline{BS_8}$ 和 $\overline{BS_{16}}$ 均由外部硬件提供，用来控制数据总线传送的速度，以满足 8 位和 16 位设备数据传送的需要。当 $\overline{BS_8}$ 有效时，传送 8 位数据；$\overline{BS_{16}}$ 有效时，传送 16 位数据；$\overline{BS_8}$ 和 $\overline{BS_{16}}$ 同时有效时，传送 8 位数据；$\overline{BS_8}$ 和 $\overline{BS_{16}}$ 均无效时，传送 32 位数据。

（12）**中断/复位信号**

①INTR——可屏蔽中断请求（输入），高电平有效。当其有效时，表示外部有可屏蔽中断请求。

②NMI——不可屏蔽中断请求(输入),上升沿有效。当其有效时,表示外部有不可屏蔽中断请求。

③RESET——复位(输入),高电平有效。当其有效时,将终止 80486 正在进行的所有的操作,并设置 80486 为初始状态。在 RESET 之后,80486 将从 FFFFFFF0H 单元开始执行指令。

4.3.3 时钟信号

CLK——时钟信号(输入)。CLK 为 80486 提供基本的定时和内部工作频率。所有外部定时与计数操作都是相对于 CLK 的上升沿而制定的。

4.4 80486 的寻址方式

80486 支持 8086 的各种 16 位寻址方式,包括立即寻址方式、寄存器寻址方式和各种存储器寻址方式。在实地址工作方式下,其寻址方式和 8086 基本相同。在虚地址方式下,80486有 11 种寻址方式,其存储器寻址方式有效地址是 32 位,操作数可以是 8 位、16 位、32 位。

4.4.1 32 位寻址方式

(1)立即寻址方式
在这种寻址方式下,指令中直接包含了 8 位、16 位或 32 位的操作数(立即数)。例如:

```
MOV    BL,21H
MOV    AX,1234H
MOV    EAX,12345678H
```

(2)寄存器寻址方式
在这种方式下,操作数包含在指令规定的 8 位、16 位或 32 位寄存器中。例如:

```
INC    AL
MOV  DS,AX
MOV  EAX,EDX
```

(3)存储器寻址方式
32 位存储器寻址方式有效地址的组成公式为:

$$32 \text{ 位有效地址 EA} = \text{基址} + (\text{变址} \times \text{比例因子}) + \text{位移量}$$

基址可以由任何 8 个 32 位通用寄存器(EAX、EBX、ECX、EDX、ESI、EDI、EBP、ESP)之一提供。

变址可以由除 ESP 之外的任何 32 位通用寄存器之一提供。

比例因子可以是 1、2、4、8。

位移量可以是 8 位或 32 位二进制常数。

这 4 种分量可优化组合出 9 种寻址方式,除了与在 8086 寻址方式中介绍过的直接寻址、寄存器间接寻址、带位移的基址寻址、带位移的变址寻址、基址变址寻址、带位移的基址变址寻址外,还增加了带位移的比例变址寻址、基址比例变址寻址、带位移的基址比例变址寻址方式。

16 位和 32 位寻址时 4 种分量的定义见表 4.3。

表 4.3　16 位和 32 位寻址时 4 种分量的定义

	16 位寻址	32 位寻址
基址寄存器	BX、BP	任何 32 位通用寄存器
变址寄存器	SI、DI	除 ESP 外的任何 32 位通用寄存器
比例因子	无(或 1)	1、2、4、8
位移量	0、8、16 位	0、8、32 位

1）直接寻址

存放操作数的 32 位偏移量直接包含在指令中,即 EA = 位移量。例如:

　　　MOV　AX,[4000H]

直接寻址方式默认操作数在 DS 段中。

2）寄存器间接寻址

操作数的有效地址包含在某一个 32 位的通用寄存器中,即 EA = 基址寄存器/变址寄存器的内容。例如:

　　　MOV　EBX,[EAX]

　　　MOV　BX,[EAX]

除 EBP、ESP 默认段寄存器为 SS 外,其余 6 个通用寄存器均默认段寄存器为 DS。若操作数在默认段之外,指令中必须加段超越前缀。

3）带位移的基址/变址寻址

在这两种寻址方式中,EA = 基址/变址寄存器的内容 + 位移量。例如:

　　　MOV　DX,[EBP + COUNT]

　　　MOV　EDX,1000H[EAX]

除去 EBP、ESP 默认 SS 为段寄存器外,其余均默认 DS 为段寄存器。

4）基址变址寻址

在这种寻址方式中,EA = 基址寄存器的内容 + 变址寄存器的内容。

若在指令中 EBP、ESP 中的一个和其他 6 个通用寄存器的一个同时出现时,以出现的顺序默认段基地址。例如:

　　　MOV　EBX,[EDX][EBP]　;EDX 在前,默认 DS 为段基地址

　　　MOV　EBX,[EBP][EDX]　;EBP 在前,默认 SS 为段基地址

5）带位移的基址变址寻址

在这种寻址方式中,EA = 基址寄存器的内容 + 变址寄存器的内容 + 位移量,对段寄存器的默认约定与基址变址寻址相同。例如:

　　　MOV　EAX,[ECX][EBP + 12345678H]　;默认 DS 为段地址

6）带位移的比例变址寻址

在这种寻址方式中,EA = 变址寄存器的内容 × 比例因子 + 位移量,对段寄存器的默认同带位移的变址寻址。例如:

　　　MOV　EAX,COUNT[EDI * 8]　　　　　;默认 DS 为段地址

　　　MOV　EAX,[EBP * 4]　　　　　　　;默认 SS 为段地址

7）基址比例变址寻址

在这种寻址方式中，EA = 基址寄存器的内容 + 变址寄存器的内容 × 比例因子。当 EBP、ESP 中的一个与其他 6 个通用寄存器中的一个同时出现时，把乘上比例因子的那个寄存器当作变址寄存器，另一个寄存器作为基址寄存器，决定默认的段基地址。例如：

    MOV EAX,[EDX * 2][EBP];以 EBP 为基址,默认 SS 为段地址

    MOV EAX,[EDX][EBP * 2];以 EDX 为基址,默认 DS 为段地址

8）带位移的基址比例变址寻址

在这种寻址方式中，EA = 基址寄存器的内容 + 变址寄存器的内容 × 比例因子 + 位移量。这种寻址方式的基址寄存器、变址寄存器的确定，以及段基地址的默认情况同基址比例变址寻址。例如：

    MOV ECX,10H[EBX][EBP * 2]   ;以 EBX 为基址,默认 DS 为段地址

    MOV EAX,TAB[EDI * 4 + EBP + 100H];以 EBP 为基址,默认 SS 为段地址

4.4.2　存储器寻址时的段约定

80486 在进行存储器访问操作时，除要计算偏移地址外，还必须确定操作数所在的段，即确定有关的段寄存器。对于各种不同类型的存储器寻址，80486 都约定了默认的段寄存器。通过加段超越前缀，有的指令可实现段超越寻址。不同的访问存储器操作类型对默认段寄存器、允许超越的段寄存器和相应的偏移地址来源的约定情况见表 4.4。该表说明，除了程序只能在代码段、堆栈操作数只能在堆栈段、目的串操作数只能在附加数据段 ES 外，其他操作数虽然也有默认段，但都是允许段超越的。例如：

    MOV AL,FS:[BX]   ;显示指定段寄存器 FS

    MOV EAX,ES:[ECX + EDX * 4];显示指定段寄存器 ES

表 4.4　存储器操作时的段寄存器和偏移地址约定

操作类型	默认段寄存器	允许超越的段寄存器	偏移地址
取指令	CS	无	(E)IP
堆栈操作	SS	无	(E)SP
通用数据访问	DS	CS、SS、ES、FS、GS	有效地址 EA
源串数据访问	DS	CS、SS、ES、FS、GS	(E)SI
目标串数据访问	ES	无	(E)DI
以(E)BP、(E)SP 间接寻址的指令	SS	CS、DS、ES、FS、GS	有效地址 EA

4.4.3　操作数宽度和地址宽度的确定

在实地址或虚拟 8086 方式下，80486 操作数和地址的默认宽度都是 16 位；在保护方式下默认的操作数宽度和地址宽度则取决于可执行段的描述符中的 D 位：D 位为 0，表示默认宽度为 16 位，否则默认宽度为 32 位。

80486 可以通过使用操作数宽度超越前缀和地址宽度超越前缀来强行指定执行 16 位或

32 位操作。操作数宽度超越前缀使处理器在默认的 16 位方式下寻址 32 位数据,或者在默认的 32 位方式下寻址 16 位数据。地址宽度超越前缀使处理器在默认的 16 位方式下进行 32 位寻址,或者在默认的 32 位方式下进行 16 位寻址。

　无论操作数宽度前缀还是地址宽度前缀,它们的加入与否都是由汇编程序自动判断和完成的,对程序员来说是透明的。它们可以单独或同时应用于任何指令。这样,用户编程时,完全可以随心所欲地使用 16 位或 32 位指令,而不管处理器工作在什么方式下。例如:

$$\text{MOV}\quad \text{CX},[\text{SI}+50\text{H}]\qquad\qquad ;16\ 位操作数,16\ 位寻址$$
$$\text{MOV}\quad \text{AX},[\text{EBX}+\text{ESI}*4]\qquad ;16\ 位操作数,32\ 位寻址$$
$$\text{MOV}\quad \text{EAX},[\text{BP}+2]\qquad\qquad ;32\ 位操作数,16\ 位寻址$$
$$\text{MOV}\quad \text{EDX},[\text{EBX}+\text{EDI}+1234\text{H}] ;32\ 位操作数,32\ 位寻址$$

　需要指出的是,在实地址方式下,使用地址宽度超越前缀,只意味着指令可以使用 32 位寻址方式,但不能超越实地址方式所规定的寻址范围(64KB),即不能使偏移量超过 FFFFH,否则将会导致异常。

4.5　80486 常用指令介绍

　80486 的指令系统是在 8086、80386 指令系统的基础上逐步扩展而来的,在目标代码级具有向上兼容性。这种扩充不仅体现在增加了指令的种类,增强了一些指令的功能,也体现在提供了 32 位寻址方式和 32 位操作方式。同时,由于 80486 中集成了 FPU 部件,所以其指令系统中还包含有全部浮点运算指令。

　80486 指令的操作数可以是 0～3 个,根据寻址方式的不同,操作数可以直接包含在指令中,也可以存在于寄存器或存储器中。

　指令的操作数宽度可以是 8 位、16 位或 32 位,寻址宽度是 16 位或 32 位。执行原有的 8086 的 16 位指令代码时,操作数是 8 位或 16 位,寻址宽度是 16 位;而执行 80486 的 32 位代码时,则操作数是 8 位或 32 位,寻址宽度是 32 位。但也可以通过使用操作数宽度超越前缀和地址宽度超越前缀加以改变。

　本节在 8086 指令系统的基础上,介绍 80486 常用的新增指令,包括在原指令基础上增强的功能。要全面了解 80486 的指令系统,可参阅附录 2。

4.5.1　数据传送指令

(1)通用数据传送指令

1)带符号扩展的传送指令

格式:　MOVSX　目标,源

指令功能:把 8/16 位的寄存器/存储器的内容传送到一个寄存器,这个寄存器要按符号扩展到 16/32 位。

例 4.1　MOVSX　　AX,BL

设 BL＝80H,则指令执行后　AX＝FF80H,BL＝80H。

2)带零扩展的传送指令

格式： MOVZX 目标,源

指令功能:把8/16位的寄存器/存储器的内容传送到一个寄存器,这个寄存器要按零扩展到16/32位。

例4.2 MOVZX EAX,BL

设BL=80H,则指令执行后EAX=00000080H,BL=80H。

3)通用寄存器压栈指令

格式： PUSHA/PUSHAD

指令功能:把16/32位的通用寄存器的内容压入堆栈。

说明:PUSHA压栈的顺序为AX、CX、DX、BX、SP、BP、SI和DI;PUSHAD压栈的顺序为EAX、ECX、EDX、EBX、ESP、EBP、ESI和EDI。

4)通用寄存器出栈指令

格式： POPA/POPAD

指令功能:从堆栈弹出的内容以PUSHA/PUSHAD相反的顺序送到16/32位通用寄存器。

在中断服务程序和子程序中,利用通用寄存器压栈和出栈指令能快速地进行保护现场和恢复现场工作。例如:

```
        SUBX    PROC
                PUSHA
                  ⋮
                POPA
                RET
        SUBX    ENDP
```

(2)地址传送指令

格式： LFS/LGS/LSS 目标,源

指令功能:将源操作数所指内存单元的前2个或前4个字节单元的内容传送到目标操作数,后2个字节的内容传送到段寄存器FS/GS/SS。

说明:目标操作数是16/32位通用寄存器。

(3)标志传送指令

1)标志寄存器压栈指令

格式： PUSHF/PUSHFD

指令功能:将标志寄存器的低16位/全32位压入堆栈。

2)标志出栈指令

格式： POPF/POPFD

指令功能:从栈顶弹出字/双字,送标志寄存器FLAGS/EFLAGS。

4.5.2 算术运算指令

(1)有符号数乘法指令

格式1： IMUL 源

指令功能:将AL/AX/EAX寄存器的内容乘源操作数(寄存器、存储器、立即数),结果送到AX/DX·AX/EDX·EAX,运算数据为8/16/32位。

格式 2：　IMUL　　目标,源

指令功能:将目标操作数(寄存器)乘源操作数(寄存器、存储器、立即数),结果送到目标操作数,运算数据与结果同时为 16/32 位。

格式 3：　IMUL　　目标,源 1,源 2

指令功能:将源操作数 1(寄存器、存储器)乘源操作数 2(立即数),结果送到目标操作数(寄存器),运算数据与结果同时为 16/32 位。

说明:在格式 1 中,当运算数据为 8/16/32 位时,若乘积中 AH/DX/EDX 的内容是 AL/AX/EAX 符号的延伸,则把 CF 和 OF 置 0,否则置 1。在格式 2 和格式 3 中,由于存放乘积的目的操作数的长度与被乘数(或乘数)的长度相同,因此,乘积有可能溢出,如果乘积溢出,那么高位部分将被丢掉,标志 CF 和 OF 是 1,否则 CF 和 OF 是 0。

例 4.3　　IUML　　BX

设 AX = 1862H,BX = 8536H,则指令执行后 DX = 0CB0H,AX = 0EACH,BX = 8536H,CF = 1,OF = 1。

例 4.4　　IUML　　ECX,[EBX + EDI * 8 + 29H]

设 ECX = 00015792H,数据段中偏移量为(EBX + EDI * 8 + 29H)的双字单元中的数据为 00052692H,则指令执行后 ECX = E99D9D44H,数据段中偏移量为(EBX + EDI * 8 + 29H)的双字单元中的数据为 00052692H,CF = 1,OF = 1。

例 4.5　　IUML　　CX,DX,8

设 DX = 002AH,则指令执行后 CX = 0150H,DX = 002AH,CF = 0,OF = 0。

(2)符号扩展指令

1)字扩展为双字指令

格式：　CWDE

指令功能:将 AX 中的符号扩展到 EAX 的高位部分,即将一个 16 位的有符号数扩展为 32 位。

2)双字扩展为四字指令

格式：　CDQ

指令功能:将 EAX 中的符号扩展到 EDX,即将一个 32 位的有符号数扩展为 64 位。

4.5.3　移位指令

(1)一般移位指令和循环移位指令

格式：　SHL / SAL　　目标,计数值

　　　　SHR　　　　　目标,计数值

　　　　SAR　　　　　目标,计数值

　　　　ROL　　　　　目标,计数值

　　　　ROR　　　　　目标,计数值

　　　　RCL　　　　　目标,计数值

　　　　RCR　　　　　目标,计数值

指令功能:同 8086。

说明:①目标操作数为 8/16/32 位的通用寄存器或存储器。

②计数值(移位次数)可以为 CL 或一个 8 位立即数。

例 4.6　ROR　EDI,7

设 EDI = 07BDAF21H,则指令执行后 EDI = 420F7B5EH。

(2)双精度移位指令

1)双精度左移指令

格式：　SHLD　目标 1,目标 2,计数值

指令功能:将目标操作数 1 左移若干次(由计数值确定),最后移出的位保留在进位标志 CF 中,空出的位用目标操作数 2 高端的若干位填补,但目标操作数 2 保持不变。

2)双精度右移

格式：　SHRD　目标 1,目标 2,计数值

指令功能:将目标操作数 1 右移若干次(由计数值确定),最后移出的位保留在进位标志 CF 中,空出的位用目标操作数 2 低端的若干位填补,但目标操作数 2 保持不变。

3)说明

①目标操作数 1 是 16/32 位的寄存器或存储器,目标操作数 2 是 16/32 位的寄存器(位长与目标操作数 1 保持一致)。

②计数值(移位次数)可以为 CL 或一个 8 位立即数(取值 1~31)。

③如果只移 1 位,移位结果使最高位发生变化,则将溢出标志 OF 置 1;若是移多位,则 OF 标志无效。

例 4.7　SHLD　AX,DX,CL

若 AX = 8321H,DX = 5678H,CL = 1,则指令执行后 AX = 0642H,DX = 5678H,CF = 1,OF = 1。

4.5.4　串操作指令

80486 串操作的基本单位在字节和字的基础上增加了双字。以双字为元素的串操作指令的功能、使用方法、对标志位的影响等与以字节和字为元素的串操作指令相同。在双字基本串操作后源串指针和目的串指针加 4 或减 4。如果使用了"重复前缀"指令,则重复执行的次数由 CX/ECX 中的值来决定。

(1)双字串传送指令

格式：　MOVSD

指令功能:将 DS:SI/ESI 所指源串中的双字传送到 ES:DI/EDI 所指的目的串中。

(2)双字串比较指令

格式：　CMPSD

指令功能:将 DS:SI/ESI 所指源串中的双字元素的值与 ES:DI/EDI 所指目的串中的元素进行比较。

(3)双字串扫描指令

格式：　SCASD

指令功能:在 ES:DI/EDI 所指示的目的串中扫描 EAX 中的内容。

(4)取双字串指令

格式：　LODSD

指令功能:将 DS:SI/ESI 所指源串中的一个双字元素存入 EAX 中。

(5)存双字串指令

格式: STOSD

指令功能:将 EAX 中的内容存入 ES:DI/EDI 所指示的目的串中。

例 4.8   下面为一个简单的位串传送过程 SBIT。该过程能够把长度为 32 的倍数的位串传送到指定的缓冲区中,源串可以从双字中的任意位开始,但目标串必须对齐字节的边界,如图 4.19 所示。

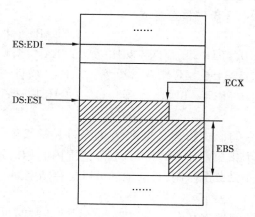

图 4.19   源位串和目标位串示意图

```
;子程序名称:SBIT
;功能:简单位串传送
;入口参数:DS:ESI = 源位串开始单元地址
;          ES:EDI = 目的串开始单元地址
;          EBX = 要传送的位串长度(以双字为单位)
;          ECX = 要传送的位串在源串的第一个双字中的位偏移量
;出口参数:无
;说明:①位串长度必须是双字的倍数
      ②目标位串必须从目标单元的第一个字节的边界处开始
    SBIT    PROC
            CLD
            MOV    EDX,DWORD    PTR    [ESI]
            ADD    ESI,4
    NEXT:LODSD
            SHRD    EDX,EAX,CL
            XCHG    EAX,EDX
            STOSD
            DEC    EBX
            JNZ    NEXT
            RET
```

SBIT　ENDP

4.5.5　转移、循环和调用指令

(1)无条件转移指令

格式：　JMP　OPR

扩展功能:若为近(NEAR)转移,目的操作数可以为 32 位的寄存器或存储器;若为远(FAR)转移,则目的操作数可为一个立即数(段选择符:偏移量)或存储器中的一个 48 位地址指针,即由 16 位段选择符和 32 位偏移量组成。

例4.9　JMP　EBX　　　　　　　　　　　　　　;NEAR 属性,以 EBX 为间址

　　　　JMP　DWORD　PTR　［ECX+80H］　;NEAR 属性,以存储器为间址

　　　　JMP　3700H:12345678H　　　　　　;FAR 属性,直接转移

　　　　JMP　FWORD　PTR　BUF　　　　　　;FAR 属性,以存储器为间址

(2)条件转移指令

80486 的条件转移指令的形式和含义与 8086 的条件转移指令相同。但在 8086 中,条件转移指令的目的地址必须为指令前后 -128 ~ +127 范围内的相对地址;而在 80486 中,条件转移指令的相对转移地址不受范围限制,目的地址可以是存储空间的任何地方。

(3)循环控制指令

80486 的循环控制指令的形式和含义与 8086 相同,转移范围仍限于 -128 ~ +127,但计数器可为 CX/ECX(JCXZ 指令的计数器只能是 CX)。

与 8086 相比,80486 增加了如下循环控制指令:

格式：　JECXZ　OPR

指令功能:若 ECX =0,则转移到 OPR,否则执行下一条指令。

(4)调用与返回指令

80486 的调用和返回指令的形式、含义与 8086 相同,只不过指令指针寄存器是 IP/EIP。

4.5.6　根据条件置字节指令

格式：　SET 条件　OPR

指令功能:若被测试条件成立,将 OPR 置1,否则清零。

说明:

①"条件"是指令助记符的一部分,是 SET 指令所测试的内容,该条件与转移指令的条件相同,即包括:

　　　　SETZ/SETE　　　　　　等于

　　　　SETNZ/SETNE　　　　　不等于

　　　　SETS/SETNS　　　　　为负/为正

　　　　SETO/SETNO　　　　　有溢出/无溢出

　　　　SETP/SETPE　　　　　校验为偶

　　　　SETNP/SETPO　　　　　校验为奇

　　　　SETC/SETNC　　　　　有进位/无进位

　　　　SETB/SETNAE　　　　　低于/不高于等于

STEBE/SETNA	低于等于/不高于
SETA/SETNBE	高于/不低于等于
SETAE/SETNB	高于等于/不低于
SETL/SETNGE	小于/不大于等于
SETLE/SETNG	小于等于/不大于
SETG/SETNLE	大于/不小于等于
SETGE/SETNL	大于等于/不小于
SETCXZ/SETECXZ	CX = 0/ECX = 0

②OPR 只能是 8 位的寄存器或存储器,用于存放测试结果。

③本指令的前面一般有影响标志位的 CMP 或 TEST 指令。

例 4.10　　SETZ　BL　　;若 ZF = 1,则 BL = 1,否则 BL = 0

　　　　　　　SETG　DH　　;若 SF $\oplus$ OF = 0 且 ZF = 0,则 DH = 1,否则 DH = 0

4.5.7　位操作指令

位操作指令是用来对操作数的二进制位进行操作的指令,它包括位测试及设置指令组和位扫描指令组。

(1)位测试及设置指令组

位测试及设置指令组包含如下 4 条指令:位测试指令 BT、位测试并取反指令 BTC、位测试并复位指令 BTR、位测试并置位指令 BTS。

格式: BT　　　目标,源

　　　　BTC　　　目标,源

　　　　BTR　　　目标,源

　　　　BTS　　　目标,源

指令功能:位测试指令 BT 的功能是将源操作数所指定的目标操作数的第 i 位(15 ~ 0 或 31 ~ 0)传送给 CF 标志。其余 3 条指令除完成上述操作外,BTC 指令还要将目标操作数的第 i 位取反,BTR 指令将第 i 位清零,BTS 指令将第 i 位置 1。

说明:

①目标操作数是 16/32 位的通用寄存器或存储器,用于指定要测试的内容;源操作数是 8 位立即数或与目标操作数位数相等的通用寄存器,用于指定要测试的位。

②如果源操作数是立即数,或源操作数和目标操作数均为寄存器,则源操作数除以目标操作数的位数,其余数为 i(要测试的位)。

③如果源操作数为寄存器,目标操作数为存储器,则将该存储器的地址加上源操作数除以 8 的商,其和就是实际测试单元的地址,源操作数除以 8 的余数 i 就是实际测试单元中要测试的位。寄存器中的源操作数是有符号整数。

例 4.11　　下列程序段把寄存器 AL 的 0、2、4、6 位依次重复一次,所得的 8 位数保存在寄存器 AL 中。

　　　　　　　MOV　　　DL,0

　　　　　　　MOV　　　CX,4

　　　　　　　MOV　　　BX,0

```
NEXT： BT    AX,BX
       SETC  AH
       OR    DL,AH
       ROR   DL,1
       OR    DL,AH
       ROR   DL,1
       INC   BX
       INC   BX
       LOOP  NEXT
       MOV   AL,DL
```

(2)位扫描指令组

位扫描指令组含有两条指令:前向扫描指令 BSF 和反向位扫描指令 BSR。

格式： BSF   目标,源

　　　 BSR   目标,源

指令功能:前向位扫描指令 BSF 的功能是从低到高逐位扫描源操作数,并将遇到的第一个含 1 的位的位号送目标操作数;反向位扫描指令 BSR 从高到低逐位扫描源操作数,将遇到的第一个含 1 的位的位号送目标操作数。

说明:

①目标操作数和源操作数可以是 16/32 位的寄存器或存储单元,两者的位数(长度)必须相等。

②如果源操作数为 0,则指令执行后零标志 ZF 置 1,目标操作数的值不确定;否则零标志 ZF 被清零。

例 4.12   下列程序段处理 AX 中的信息,仅保留可能有的最右和最左的各一位为 1 的位。若 AX =0010101100111010B,则程序段执行后 AX =0010000000000010B。

```
       XOR   DX,DX
       BSF   CX,AX
       JZ    DONE
       BTS   DX,CX
       BSR   CX,AX
       JZ    DONE
       BTS   DX,CX
DONE： MOV   AX,DX
```

4.5.8　操作系统类指令

操作系统类指令通常只在操作系统中使用,而不在应用系统中使用。操作系统类指令可分为 3 类:实地址方式和任何特权级下可执行的指令、实地址方式及特权级 0 下可执行的指令、仅在保护方式下执行的指令。

(1)实地址方式和任何特权级下可执行的指令

1)保存全局描述符表寄存器/保存中断描述符表寄存器

格式：　SGDT/SIDT　　目标

指令功能：将 GDTR/IDTR 的内容保存到由目标操作数指定的 6 字节存储单元中。

举例：　SGDT　　MEM_WRD

　　　　SIDT　　〔ESI〕

2）保存机器状态寄存器

格式：　SMSW　　　目标

指令功能：将控制寄存器 CR_0 的低 16 位储存到目标操作数中。

说明：目标操作数为 16 位寄存器或存储器操作数。

举例：　SMSW　　AX

（2）实地址方式及特权级 0 下可执行的指令

1）装入全局描述符表寄存器/装入中断描述符表寄存器

格式：　LGDT/LIDT　　源

指令功能：将源操作数指定的 6 字节存储单元中的内容装入全局描述符表寄存器 GDTR 或中断描述符表寄存器 IDTR 中。

说明：源操作数是 6 字节的存储器操作数。6 字节中前 2 个字节是描述符表寄存器的段界限，后 4 个字节是段基址。

举例：　LGDT　　　〔EBX〕

　　　　LIDT　　　MEM_WRD

2）装入机器状态字

格式：　LMSW　　　源

指令功能：将源操作数的内容装入控制寄存器 CR_0 的低 16 位。

说明：源操作数为 16 位寄存器或 2 字节存储器操作数。

举例：　LMSW　　SP

3）消除任务切换标志

格式：　CLTS

指令功能：消除控制寄存器 CR_0 中的任务切换标志，即 TS 置 0。

说明：也可以在保护方式及特权级 0 下使用。

4）控制寄存器数据传送

格式：　MOV　　　目标,CRn

　　　　MOV　　　CRn,源

指令功能：将 $CR_0/CR_2/CR_3$ 的值保存在目标操作数中,或将源操作数装入 $CR_0/CR_2/CR_3$。

说明：目标操作数和源操作数为 32 位通用寄存器。

举例：　MOV　　CR2,EAX

　　　　MOV　　ECX,CR3

5）测试寄存器数据传送

格式：　MOV　　　目标,TRn

　　　　MOV　　　TRn,源

指令功能：将测试寄存器 TR_6/TR_7 的值保存在目标操作数中,或将源操作数装入 TR_6/TR_7。

说明:目标操作数和源操作数为 32 位通用寄存器。

6)调试寄存器数据传送

格式: MOV 目标,DRn

MOV DRn,源

指令功能:将调试寄存器 $DR_0/DR_1/DR_2/DR_3/DR_6/DR_7$ 的值保存在目标操作数中,或将源操作数装入 $DR_0/DR_1/DR_2/DR_3/DR_6/DR_7$。

说明:目标操作数和源操作数为 32 位通用寄存器。

(3)只能在保护方式下执行的指令

1)装入局部描述符表寄存器/装入任务状态段寄存器

格式: LLDT/LTR 源

指令功能:将源操作数作为段选择符,装入 LDTR/TR 的段寄存器,并以此为索引从全局描述符表 GDT 中选取 LDT 描述符/TSS 描述符,加载 LDTR/TR 的段描述符寄存器。

说明:源操作数为 16 位寄存器或 2 字节存储器操作数。

举例: LLDT AX

LTR TASK

2)保存局部描述符表寄存器/保存任务状态段寄存器

格式: SLDT/STR 目标

指令功能:将 LDTR/TR 寄存器的 16 位段选择符保存到目标操作数中。

说明:目标操作数为 16 位通用寄存器或存储单元。

举例: SLDT DX

STR AX

3)调整段选择符的请求权字符 RPL

格式: ARPL 目标,源

指令功能:该指令将目标操作数和源操作数视为两个段选择符,比较两个操作数的请求特权字段 RPL(最低两位)。若目标操作数的 RPL 小于源操作数的 RPL,则将源操作数的 RPL 值赋予目标操作数的 RPL,同时,ZF = 1;若目标操作数的 RPL 大于或等于源操作数的 RPL,则目标操作数的 RPL 不变,同时,ZF = 0。

说明:目标操作数可以是 16 位通用寄存器或存储单元,源操作数是 16 位通用寄存器。

举例: ARPL MEM_WRD,BX

4)装入存取权限/段界限

格式: LAR 目标,源

LSL 目标,源

指令功能:将源操作数视为段选择符(32 位时仅使用低 16 位),若其所指示的段描述符满足如下条件:①当前特权级 CPL 和段选择符的请求特权字段 RPL 都不大于描述符特权级 DPL;②访问权字节的内容不是 0、8、0AH、0DH。则将段描述符中的属性字段(位 47 ~ 40 与位 55 ~ 52)/界限字段装入目标操作数,同时,ZF = 1;否则目标操作数不变,ZF = 0。

说明:源操作数可以是 16/32 位的通用寄存器或存储单元,目标操作数可以是 16/32 位的通用寄存器。源操作数和目标操作数的位数应一致。

5)段的读/写检验

格式：　VERR　　源

VERW　　源

指令功能:将源操作数视为段选择符(32 位时仅使用低 16 位),检查其所指示的段描述符所描述的段是否可读出/写入数据。可以读出/写入,ZF = 1,否则 ZF = 0。

4.6　80486 编程举例

4.6.1　MASM 6.0 提供的新的伪指令

自 Microsoft 公司推出 MASM 1.0 以来,如今版本已超过 6.1。

MASM 5.0 至 MASM 4.0 最多只能支持 80286/80287 处理器和协处理器,而 MASM 5.0 支持 80386 和 80387,且汇编和链接速度更快。1991 年推出的 MASM6.0 支持 80486 微处理器。

MASM 6.0 是一个功能非常强大的汇编程序包,它包含 18 个实用程序。除了 MASM. EXE、LINK. EXE 外,CODEVIEW. EXE 是一个比 DEBUG 功能更强的调试程序,LIB. EXE 是一个库管理程序,ML. EXE 则将 MASM. EXE 与 LINK. EXE 结合起来,可进一步生成 EXE 文件。EXP. EXE 则用于装配 EXE 文件,以达到压缩的目的。

MASM 6.0 还提供了许多伪指令、高级语言控制结构,增加了局部符号及许多新的数据类型方面的功能。MASM 提供的新的主要伪指令有:

（1）处理器选择伪指令

表 4.5　处理器选择伪指令

伪指令	功　　能	伪指令	功　　能
.8086	仅接受 8086 指令(缺省状态)	.586	接受除特权指令外的 Pentium 指令
.186	接受 80186 指令	.586P	接受全部 Pentium 指令
.286	接受除特权指令外的 80286 指令	.686	接受除特权指令外的 Pentium Pro 指令
.286P	接受全部 80286 指令,包括特权指令	.686P	接受全部 Pentium Pro 指令
.386	接受除特权指令外的 80386 指令	. MMX	接受 MMX 指令
.386P	接受全部 80386 指令,包括特权指令	. K3D	接受 AMD 处理器的 3D 指令
.486	接受除特权指令外的 80486 指令,包括浮点指令	. XMM	接受 Pentium Ⅲ 的 SSE 指令
.486P	接受全部 80486 指令,包括特权指令和浮点指令	注:.486/.486P 是 MASM6.0 引入的; .586/.586P 是 MASM6.11 引入的; .686/.686P/. MMX 是 MASM6.12 引入的; . K3D 是 MASM6.13 引入的; . XMM 是 MASM6.14 引入的。
.8087	接受 8087 数学协处理器指令		
.287	接受 80287 数学协处理器指令		
.387	接受 80387 数学协处理器指令		
. No87	取消使用协处理器指令		

MASM 在缺省情况下只接受 8086 指令集。如果用户使用了 80186 及以后微处理器新增的指令,必须使用处理器选择伪指令,见表 4.5。处理器选择伪指令应在段外,从此以后可以识别并汇编指定处理器的指令助记符。

(2)简化段定义伪指令

MASM 6.0 宏汇编允许在源程序的段定义中使用简略形式。如:

```
. STACK    [大小]          ;定义堆栈段及字节数
. DATA                     ;定义数据段
. CODE                     ;定义代码段
@ STACK                    ;堆栈段段名
@ DATA                     ;数据段段名
@ CODE                     ;代码段段名
```

此时,必须在段定义前先对存储器的模式进行初始化。在 DOS 下用汇编语言编程时,一般的程序都选择 SMALL(小型模式),其格式为:

```
. MODEL   SMALL            ;定义程序的存储模式为小型模式
```

对于大多数小型 MASM 程序,采用简化段定义伪指令,整个源程序格式表达如下:

```
. MODEL   SMALL            ;定义程序的存储模式
. STACK   100H             ;定义堆栈段,堆栈段大小 100HB(注1)
. DADT                     ;定义数据段
   ⋮                      ;数据定义
. CODE                     ;定义代码段
   ⋮                      ;程序代码
. EXIT    0                ;程序结束,返回 DOS   (注2)
   ⋮                      ;子程序代码
END       起始地址         ;汇编源程序到此结束,并从起始地址开始执行
```

注1:. STACK   [大小]中若不指定堆栈段所占存储区的字节数,则默认是 1KB。

注2:程序终止伪指令. EXIT   0 对应的代码是:

```
MOV       AX,4C00H
INT       21H
```

(3)段属性类型

在 3.4.2 节中介绍了段的定义,段定义语句带有可选的定位类型、组合类型和类别。此外,还有可选的段属性类型说明,用于指示是 16 位段还是 32 位段。完整段定义的一般格式如下:

```
段名 SEGMENT  [定位类型][组合类型][类别][属性类型]
```

属性类型说明符号是"USE16"和"USE32"。USE16 表示 16 位段,USE32 表示 32 位段。在使用".486"等伪指令选择处理器为 80486 后,缺省的属性类型是 USE32;如果没有指示处理器类型 80486,那么缺省的属性类型是 USE16。

例:如下语句说明一个 32 位段:

```
CODE   SEGMENT   USE32
         ⋮
```

```
        CODE    ENDS
例:如下语句说明一个 16 位段:
        CODE    SEGMENT   USE16
                ⋮
        CODE    ENDS
```

4.6.2　实地址方式下的程序设计

80486 上电复位时将自动消除 CR_0 中的 PE 位,而进入实地址方式。80486 的实地址方式与 8086 在目标代码级兼容,此时,80486 几乎和 8086 一样,只不过处理器内部的寄存器更多,指令系统更丰富且指令执行速度更快。

编写 DOS 环境实地址方式的可执行程序,尽管可以采用 80486 的大部分指令,利用处理器的 32 位寄存器和 32 位寻址方式进行 32 位操作,但程序的逻辑段必须是 16 位段,即最大为 64KB。只有进入了保护方式,才可以使用 32 位段。

由于 16 位段和 32 位段的属性不同,有些指令在 16 位段和 32 位段的操作会有区别。例如,串操作指令在 16 位段采用 SI/DI 指示地址,CX 表达个数;而在 32 位段采用 ESI/EDI 指示地址,ECX 表达个数。循环指令也一样,在 16 位段采用 CX 记数,在 32 位段采用 ECX 记数。在不同位段操作功能具有差别的指令还有 XLAT、LEA、JMP、CALL、RET 等。

数据段无论是 32 位,还是 16 位,都能被 32 位的代码段访问或被 16 位代码段访问。其中的限制仅在于代码段偏移值大小与数据段本身描述符所规定的界限大小。如一个 16 位的代码显然不能访问数据段中偏移值大于 64KB 的部分。一个 32 位的数据段仅有 64KB 以内的部分能被 16 位和 32 位的代码段所共享。

下面举两个例子,介绍如何编写 486 实地址方式下运行的程序,侧重于 486 指令的运用,而不是算法的优化。

例 4.13　利用 32 位操作及寻址的一些特点,实现 64 位高精度加法。

```
            .486                                    ;使用 486 微处理器
DATA    SEGMENT   USE16                             ;数据段为 16 位段
BUF1    DQ    7F09BC57D32134AEH
BUF2    DQ    975ABC31FED24680H
SUM     DQ    ?
        DB    0
DATA    ENDS
CODE    SEGMENT   USE16                             ;代码段为 16 位段
        ASSUME    CS:CODE,DS:DATA,ES:DATA,GS:DATA
START:  MOV       AX,DATA
        MO        DS,AX
        MOV       ES,AX
        MOV       GS,AX
        XOR       EAX,EAX
        LEA       ESI,BUF1
```

```
        LEA     EDI,BUF2
        LEA     EDX,SUM
        MOV     EBX,0
        MOV     CX,2
NEXT:   MOV     EAX,[ESI + EBX * 4]
        ADC     EAX,ES:[EDI + EBX * 4]
        MOV     GS:[EDX + EBX * 4],EAX
        INC     EBX
        LOOP    NEXT
        JNC     DONE
        INC     BYTE  PTR  GS:[EDX + EBX * 4]
DONE:   MOV     AH,4CH
        INT     21H
CODE  ENDS
        END     START
```

例 4.14　实现两个 32 位无符号数乘法运算,并将结果显示在屏幕上。

```
            .486                            ;使用 486 微处理器
 DATA  SEGMENT  USE16                       ;数据段为 16 位
 NUM1  DD    12345678H                      ;32 位被乘数
 NUM2  DD    9ABCDEF0H                      ;32 位乘数
 ANSW  DQ    ?                              ;64 位乘积
 DISN  DB    16   DUP(?),'$'                ;存放乘积的 ASCII 码'
 DATA  ENDS
 CODE  SEGMENT  USE16                       ;代码段为 16 位段
        ASSUME  CS:CODE,DS:DATA
START:  MOV   AX,DATA
        MOV   DA,AX
        MOV   EAX,NUM1                      ;两个 32 位数相乘
        MUL   NUM2
        MOV   DWORD  PTR  ANSW[0],EAX       ;64 位乘积送缓冲区
        MOV   DWORD  PTR  ANSW[4],EDX
        MOV   ECX,16                        ;64 位乘积有 16 个 ASCII 码
NEXT1:  MOV   EBX,OFFSET  ANSW[0]           ;乘积缓冲区首地址送 EBX
        MOV   AX,[EBX]                      ;取乘积
        AND   AX,0FH                        ;低位字符转换为 ASCII 码
        ADD   AL,30H
        CMP   AL,39H
        JL    NEXT2
        ADD   AL,07H
```

```
NEXT2：MOV   ESI,ECX
       MOV   BYTE  PTR  DISN[ESI],AL        ;保存 ASCII 码
       ROR   DWORD  PTR  ANSW[0],4          ;需要转换的字符移至最低位
       CMP   ECX,8                          ;乘积低 32 位转换完?
       JNZ   NEXT3
       MOV   EAX,DWORD  PTR  ANSW[4]        ;乘积高 32 位送低 32 位
       MOV   DWORD  PTR  ANSW[0],EAX
NEXT3：LOOP  NEXT1
       MOV   EDX,OFFSET  DISN               ;显示乘积
       MOV   A,09H
       INT   21H
       MOV   AH,4CH
       INT   21H
CODE   ENDS
       END   START
```

4.6.3　保护方式下的程序设计

在保护方式下的汇编语言的指令和伪指令与实地址方式下基本相同,但是,在保护方式下,INT、CALL 等少数指令与实地址方式不同(如 INT 指令不再有效)。由于 MS-DOS 是一个实地址方式下的单任务、单用户操作系统,保护方式下程序设计的一个重要工作就是如何从实地址方式进入保护方式,在保护方式中任务完成后,如何从保护方式返回实地址方式,结束程序的运行。在保护方式下不能使用 DOS 调用和 BIOS 功能。

(1)从实地址方式进入保护方式

把控制寄存器 CR_0 中的 PE 位置 1 就进入保护方式。但在进入保护方式之前在实地址方式下必须建立一些必要的数据结构。

1)结构定义伪指令

MASM 除了具有定义简单数据的伪指令(DB、DW 等)外,还有结构定义伪指令,能将若干个相关的不同类型的变量作为一个组来进行整体定义,然后通过相应的结构预置语句为变量分配空间。在汇编程序中 GDT、IDT、LDT 的定义,一般都是通过结构定义语句来进行。

①结构类型说明语句

格式:　　结构名　　STRUCT

　　　　　　　　　　　　⋮　　　　　　　　;数据定义语句

　　　　　结构名　　ENDS

结构说明中的数据定义语句,给定了结构中所包含的变量,称为结构字段;相应的变量名称为字段名。一个结构中,可以有任意数目的字段,各字段长度可以不同,可以独立存取,可以有名或无名,可以有初值或无初值。

②结构预置语句

格式:　　变量名　　<字段初值表>

其中字段初值表是采用逗号分隔的与各字段类型相同的数值(或空)。结构预置语句为

字段分配内存并将字段初始化。汇编程序将初始表中的数值按顺序初始化对应的各字段,初值表中为空的字段将保持结构说明中指定的初值。

2)建立全局描述符表(GDT)

全局描述符表 GDT 是保护方式工作时必须具备的数据结构。从图 4.20 可以看到例 4.15 中 GDT 的组成。其中空描述符、代码段描述符、源数据段描述符、目的数据段描述符各一个。需要说明的是,GDT 中的第一个描述符必须为空描述符,不规定任何段。

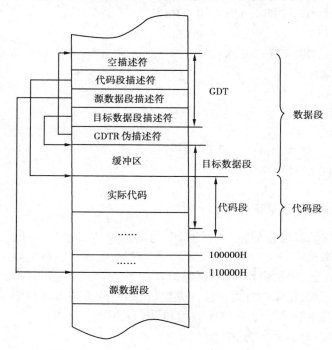

图 4.20 例 4.15 的内存映像

为了方便程序设计,在汇编程序中定义 GDT、IDT、LDT 等,一般都是通过结构定义语句来进行的。在例 4.15 中定义了一个名为 DESCRIPTOR 的描述符结构:

```
DESCRIPTOR    STRUCT
LIMITL        DW    0
BASEL         DW    0
BASEM         DB    0
ATTRIBUTES    DW    0
BASEH         DB    0
DESCRIPTOR    ENDS
```

在该结构中有 5 个字段。其中字段名为 LIMITL 的语句规定了 16 位的段界限;BASEH、BASEM 规定了段基址的高 16 位,BASEL 规定了段基址的低 16 位;ATTRIBUTES 为段属性(段描述符的 55～40 位,其中 51～48 位为段界限的高 4 位)。5 个字段的初值都为 0。

例 4.15 中的 33～41 行语句构成 GDT,每个描述符都引用了 DESCRIPTOR 结构。如代码段描述符用以下结构预置语句(35 行语句)加以定义:

164

```
            CODES    DESCRIPTOR    <0FFFFH,,,ATCE,>
```

其中 LIMITL = 0FFFFH，段属性 ATTRIBUTES 为 0098H（ATCE 在第 29 行语句定义为 0098H）。其他各项暂未赋值，保持结构说明中的初值 0 不变，因而代码段的界限为 0FFFFH。段属性中的存在位 P = 1，特权级 DPL = 0，类型字段为 1000B，可见，这是一个只能执行的代码段。描述符中尚未填写的段基址将在程序执行时填入。

3）将伪描述符装入全局描述符寄存器（GDTR）

由于在切换到保护方式后就要引用 GDT，所以在切换之前要装载 GDTR，在例 4.15 中 72 行用 LGDT 指令写入 GDTR：

```
            LGDT    QWORD    PTR    VGDTR
```

4）打开地址线 A_{20}

PC 及其兼容机的第 20 条地址线较特殊，计算机系统中一般安排一个"门"控制该地址线是否有效。为了访问地址在 1MB 以上的存储单元，应先打开控制地址线 A_{20} 的"门"。这种设置与实地址方式下只使用最低端的 1MB 存储单元有关。与处理器是否工作在实地址方式和保护方式无关，即使在关闭地址线 A_{20} 时，也可以进入保护方式。

如何打开和关闭地址线 A_{20} 与计算机系统的具体设置有关。在一般的 PC 及其兼容机上，如下过程可用于打开地址线 A_{20}。

```
    EA20    PROC
            PUSH    AX
            IN      AL,92H
            OR      AL,02H
            OUT     92H,AL
            POP     AX
            RET
    EA20    ENDP
```

5）由实地址切换到保护方式

从实方式切换到保护方式，原则上只要把控制寄存器 CR_0 中的 PE 位置 1 即可。例 4.15 中采用如下 3 条指令设置 PE 位：

```
    MOV     EAX,CR0                 ;把 CR0 复制到 EAX
    OR      EAX,1                   ;将 PE 位置 1
    MOV     CR0,EAX                 ;使 CR0 的 PE 位置 1
```

实际情况要比这复杂些。在执行上面的 3 条指令后，处理器转入保护方式，但 CS 的内容还是实方式下代码段的段值，而不是保护方式下代码段的段选择符，所以在取指令之前要把代码段选择符装入 CS。为此，在上述 3 条指令后，安排如下一条宏调用：

```
            JUMPFAR    CODES-SEL,VIRTUAL
```

它的宏展开是一条段间转移指令的机器码，这条段间转移指令在实地址方式下被预取，在保护方式下被执行。利用这条段间转移指令可把保护方式下代码段的选择符装入 CS，同时刷新指令预取队列，从此真正进入保护方式。

6）把段选择符写入段寄存器

此时程序虽已转入保护方式，但所有段寄存器内仍保留着实地址方式下写入的段基址。

为了实现保护方式下的分段存储管理,必须把合适的段选择符写入段寄存器。在例4.15中,指令把源数据段选择符 DATAS-SEL 和目的数据段选择符 DATAD-SEL 分别写入 DS 和 ES,从而规定了数据段。至此,处理器已能在保护方式下执行各种程序。

7)其他

为了便于初学者学习,例4.15作了大量的简化处理。如没有使用局部描述符表,所以在保护方式下使用的段选择符都指定 GDT 中的描述符,本例也没有建立中断描述符表,为此,要求整个过程在关中断的情况下进行,不使用软中断指令,不发生任何异常,否则会导致系统崩溃。

本实例没有定义保护方式下的堆栈段,GDT 中没有堆栈段描述符,在保护方式下没有设置 SS,所以在保护方式下没有涉及堆栈操作的指令。

本实例各描述符的特权级 DPL,各段选择符的请求特权字段 RPL,在保护方式下执行时的当前特权级 CPL 均为0。

本实例没有采用分页管理机制,也即 CR_0 中的 PG 位为0,线性地址就是存储单元的物理地址。

(2)在保护方式下执行程序

在例4.15中,在保护方式下执行传送功能。首先,将源数据段和目标数据段描述符的段选择符装入 DS 和 ES 寄存器,这两个描述符已在实地址方式下设置好,把段选择符装入段寄存器就意味着把包括段基地址在内的段信息装入段描述符寄存器。根据预置的段属性,在保护方式下,代码段也仅是16位段,串操作指令只是使用16位的 SI、DI、CX 寄存器,故随之给 SI、DI、CX 寄存器赋初值,利用串操作指令完成传送操作。

(3)从保护方式返回实方式

1)切换回实方式

用如下指令将控制寄存器 CR_0 的控制位 PE 清零。

```
MOV   EAX , CR0
AND   EAX , 0FFFFFFFEH
MOV   CR0 , EAX
```

2)清除 CPU 当前的指令队列

用宏调用 JUMPFAR SEG REAL,REAL 清指令预取队列,另一方面把实方式下的代码段的段值送到 CS。其所对应的转移指令在保护方式下被预取,在实地址方式下被执行。

3)关闭地址线 A_{20}

在一般的 PC 及其兼容机上,如下过程可用于关闭地址线 A_{20}:

```
DA20   PROC
       PUSH   AX
       IN     AL,92H
       AND    AL,0FDH
       OUT    92H,AL
       POP    AX
       RET
DA20   ENDP
```

4）在实地址方式下重新设置数据段等段寄存器

例 4.15　以十六进制数的形式显示从内存地址 110000H 开始的 256 个字节的值。

在实地址方式下 CPU 不能访问 110000H 开始的内存区,只有在保护方式下才能访问。故具体实现步骤为:

①作切换到保护方式的准备;

②切换到保护方式;

③将指定内存区域的内容传送到位于常规内存的缓冲区中;

④切换回实地址方式;

⑤显示缓冲区内容。

```
1    .486P                                        ;按 486 保护方式汇编
2    ;16 位段间直接转移指令机器代码的宏定义
3    JUMPFAR    MACRO    JUMPFAR1 ,JUMPFAR2
4              DB       0EAH                      ;转移指令操作码
5              DW       JUMPFAR2                  ;16 位目标地址偏移量
6              DW       JUMPFAR1                  ;目标段地址或段选择符
7              ENDM
8    ;字符显示宏指令的定义
9    ECHOCH     MACRO    ASCII
10             MOV      AH,2
11             MOV      DL,ASCII
12             INT      21H
13             ENDM
14   ;存储段描述符结构类型的定义
15   DESCRIPTOR    STRUCT
16   LIMITL        DW    0                        ;段界限(0 ~ 15)
17   BASEL         DW    0                        ;段基地址(0 ~ 15)
18   BASEM         DB    0                        ;段基地址(16 ~ 23)
19   ATTRIBUTES    DW    0                        ;段属性
20   BASEH         DB    0                        ;段基地址(24 ~ 31)
21   DESCRIPTOR    ENDS
22   ;伪描述符结构类型的定义
23   PDESC         STRUCT
24   LIMIT         DW    0                        ;段界限(0 ~ 15)
25   BASE          DD    0                        ;段基地址(0 ~ 31)
26   PDESC         ENDS
27   ;常量定义
28   ATDW    =    92H                             ;可读写数据段属性值
29   ATCE    =    98H                             ;只执行代码段属性值
30   ;……………………………………………………………………
```

```
31    ;数据段
32    DATA          SEGMENT  USE16                ;16 位段
33    GDT           LABEL   BYTE                   ;全局描述符表 GDT
34    DUMMY            DESCRIPTOR       < >        ;空描述符
35    CODES            DESCRIPTOR <0FFFFH,,,ATCE,>  ;代码段描述符
36    CODES-SEL  = CODES – GDT                     ;代码段选择符
37    DATAS DESCRIPTOR   <0FFFFH,0H,11H,ATDW,0 >   ;源数据段描述符
38    DATAS-SEL  = DATAS – GDT                     ;源数据段选择符
39    DATAD  DESCRIPTOR   <0FFFFH,,,ATDW, >        ;目标数据段描述符
40    DATAD-SEL  = DATAD – GDT                     ;目标数据段选择符
41    GDTLEN       = $ – GDT
42    ;
43    VGDTR      PDESC    < GDTLEN – 1, >          ;伪描述符
44    ;
45    BUFFERLEN     = 256                          ;缓冲区字节长度
46    BUFFER    DB  BUFFERLEN  DUP(0)              ;缓冲区
47    DATA          ENDS
48    ;…………………………………………………………………………
49    ;代码段
50    CODE      SEGMENT    USE16                   ;16 位段
51    ASSUME   CS:CODE,  DS:DATA
52    START:  MOV     AX,DATA
53            MOV     DS,AX
54            MOV     BX,16                        ;准备要加载到 GDTR 的伪描述符
55            MUL     BX
56            ADD     AX,OFFSET  GDT
57            ADC     DX,0
58            MOV     WORD  PTR  VGDTR. BASE,AX
59            MOV     WORD  PTR   VGDTR. BASE +2,DX
60            MOV     AX,CS                        ;设置代码段描述符
61            MUL     BX
62            MOV     CODES. BASEL,AX
63            MOV     CODES. BASEM,DL
64            MOV     CODES. BASEH,DH
65            MOV     AX,DS                        ;设置目标数据段描述符
66            MUL     BX
67            ADD     AX,OFFSET  BUFFER
68            ADC     DX,0
69            MOV     DATAD. BASEL,AX
```

```
70              MOV      DATAD. BASEM, DL
71              MOV      DATAD. BASEH, DH
72              LGDT     QWORD  PTR  VGDTR           ;加载 GDTR
73              CLI                                  ;关中断
74              CALL     EA20                        ;打开地址线 A20
75              MOV      EAX, CR0                    ;切换到保护方式
76              OR       EAX, 1
77              MOV      CR0, EAX
78              JUMPFAR  CODES-SEL, VIRTUAL          ;清指令预取队列,进入保护方式
79              ;工作在保护方式
80   VIRTUAL：  MOV      AX, DATAS-SEL               ;加载源数据段选择符
81              MOV      DS, AX
82              MOV      AX, DATAD-SEL               ;加载目标数据段选择符
83              MOV      ES, AX
84              CLD
85              XOR      SI, SI                      ;设置指针初值
86              XOR      DI, DI
87              MOV      CX, BUFFERLEN/4             ;设置 4 字节为单位的缓冲区长度
88              REPZ     MOVSD                       ;传送
89              MOV      EAX, CR0                    ;切换回实方式
90              AND      EAX, 0FFFFFFFEH;
91              MOV      CR0, EAX
92              JUMPFAR  SEG  REAL, REAL             ;清指令预取队列,进入实地址方式
93              ;回到实地址方式
94   REAL：     CALL     DA20                        ;关闭地址线 A20
95              STI                                  ;开中断
96              MOV      AX, DATA                    ;重置数据段寄存器
97              MOV      DS, AX
98              MOV      SI, OFFSET  BUFFER          ;显示缓冲区内容
99              CLD
100             MOV      BP, BUFFERLEN/16
101  NEXT1：    MOV      CX, 16
102  NEXT2：    LODSB
103             PUSH     AX
104             SHR      AL, 4
105             CALL     TOASCII
106             ECHOCH   AL
107             POP      AX
108             CALL     TOASCII
```

```
109          ECHOCH  AL
110          ECHOCH  ' '
111          LOOP    NEXT2
112          ECHOCH  0DH
113          ECHOCH  0AH
114          DEC     BP
115          JNZ     NEXT1
116          MOV     AX,4C00H          ;结束
117          INT     21H
118   ;把 AL 低 4 位的十六进制转换成对应的 ASCII 码,保存在 AL
119   TOASCII  PROC
120          AND     AL,0FH
121          ADD     AL,30H
122          CMP     AL,39H
123          JBE     NEXT
124          ADD     AL,07H
125   NEXT:  RET
126   TOASCII  ENDP
127   ;打开地址线 A20
128   EA20    PROC
               ⋮                      ;见前面的说明
135   EA20    ENDP
136   ;关闭地址线 A20
137   DA20    PROC
               ⋮                      ;见前面的说明
143   DA20    ENDP
144   CODE    ENDS
145          END START
```

习　题

4.1　80486 由哪 8 个部件组成？各部件的功能是什么？

4.2　80486 的 EFLAGS 有哪几个状态标志？有哪几个控制标志？每个标志位的含义是什么？

4.3　80486 有哪几个控制寄存器和系统地址寄存器？各自的功能是什么？

4.4　何谓调试寄存器和测试寄存器？

4.5　80486 的 3 种工作方式各有什么特点？它们如何进行切换？

4.6　80486 的哪些功能只有在保护方式下才能起作用？

4.7　80486 的物理地址空间有多大? 虚拟地址空间有多大? 是如何计算的?

4.8　80486 的 4 个特权级是如何划分的? 哪级最高? 哪级最低?

4.9　在保护方式下,80486 如何定义一个段?

4.10　什么是描述符? 描述符寄存器有什么作用?

4.11　80486 的某个时刻,全局描述符表 GDT、局部描述符表 LDT 和中断描述符表 IDT 各有几张?

4.12　描述符表的最大有效段界限是多少?

4.13　80486 如何实现页式存储器管理?

4.14　段选择符与段值有何区别?

4.15　由段选择符和偏移构成的逻辑地址如何转换成物理地址?

4.16　下列段选择符提供何种信息(RPL = ? 选择何种描述符表? 描述符在表中的偏移量?)。

　　　　选择符:0050H,0044H,0037H。

4.17　详细分析下述段描述符的功能(属性、基址、界限等)。

字节 0　　　　　　　　　　　　　　　　　　　　　　　　字节 7
　↓　　　　　　　　　　　　　　　　　　　　　　　　　　↓
　FF　　FF　　00　　00　　00　　92　　0F　　00
　00　　FF　　00　　00　　40　　9A　　CF　　10
　00　　00　　00　　00　　96　　0F　　00
　00　　40　　00　　00　　00　　89　　0F　　50

4.18　80486 的寻址方式有何扩展?

4.19　80486 的 16 位寻址与 32 位寻址有哪些区别?

4.20　32 位段与 16 位段的区别是什么? 代码段描述符如何描述 32 位代码段和 16 位代码段?

4.21　80486 的有效地址 EA 由哪 4 个元素组成? 它们可优化组合出哪些存储器寻址方式? 试讨论各种存储器寻址方式与 EA 计算公式的关系。

4.22　在以 BP、EBP、ESP 作为基址寄存器访问存储器操作数时,其默认的段寄存器是_____;但是,通常 ESP 作为_____,不应该将它用于其他目的。

4.23　指出下列指令的源操作数字段是什么寻址方式?

①MOV　EAX,EBX　　　　　　　②MOV　EAX,[ECX][EBX]

③MOV　EAX,[ESI][EDX*2]　④MOV　EAX,[ESI*8]

4.24　解释下列指令如何计算存储器操作数的单元地址:

①ADD　[EBX+8*ECX],　AL

②MOV　DATA[EAX+EBX],　CX

③SUB　EAX,　DATA

④MOV　ECX,　[EBX]

4.25　指令助记符是为了方便记忆,在本章介绍的许多指令,例如 PUSHFD、INSD 等,最后都有一个字母 D,它表示什么含义? 再举 5 个这样的指令例子。

4.26　设程序在数据段中定义的数据如下:

```
        NAMES    DB    'GOOD   MORNING!'
                 DW    2050H
                 DB    'PRINTER'
                 DB    48
                 DB    'MOUS.EXE'
                 DW    3080H
```

指出下列指令是否正确？如正确,累加器中的结果是多少？

① MOV   EBX,OFFSET   NAMES

  MOV   EAX,[EBX+13]

② MOV   EAX,NAMES

③ MOV   AX,WORD   PTR   NAMES+5

④ MOV   BX,12

  MOV   SI,6

  MOV   AX,NAMES[BX][SI]

⑤ MOV   EBX,16 * 2

  MOV   ESI,4

  MOV   EAX,OFFSET   NAMES[EBX][ESI]

  INC   [AX]

⑥ MOV   BX,12

  MOV   SI,6

  LEA   DI,NAMES[BX][SI]

  MOV   AL,[DI]

4.27 POPA 和 POPAD 指令执行后,SP 和 ESP 的值为多少,为什么？

4.28 回答下列问题:

①ADD   ECX,AX 指令错在哪里？

②INC   [BX]指令错在哪里？

③说明 IMUL   BX,DX,100H 指令的操作。

④MOV   AX,[EBX+ECX]指令正确吗？

⑤如何让汇编程序识别 80486 指令？

⑥如何让汇编程序形成 16 位段和 32 位段？

4.29 顺序执行下面程序后,说明 EAX/EBX/ECX/EDX/ESP 的数值。

```
        MOV    EAX,12345678H
        MOV    EBX,87654321H
        MOV    ECX,1111H
        MOV    EDX,9999H
        MOV    ESP,2000H
        PUSH   EAX
        PUSH   EBX
        PUSH   3333H
```

```
      PUSH  ECX
      PUSH  DX
      POP   EDX
      POP   CX
      POP   BX
      POP   EAX
```

4.30　请比较指令 PUSHAD 与如下程序片段的异同：

```
      PUSH  EAX
      PUSH  ECX
      PUSH  EDX
      PUSH  EBX
      PUSH  ESP
      PUSH  EBP
      PUSH  ESI
      PUSH  EDI
```

4.31　阅读如下运行于 32 位段的程序，为每条指令加上注释，并说明该过程的功能。

```
ARRAY  DW   ……
SUM    PROC NEAR
       MOV  EBX,OFFSET  ARRAY
       MOV  ECX,3
       MOV  AX,[EBX+2*ECX]
       MOV  ECX,5
       ADD  AX,[EBX+2*ECX]
       MOV  ECX,7
       ADD  AX,[EBX+2*ECX]
       RET
SUM    ENDP
```

4.32　设 CX = D50DH, DX = 63FFH, 执行 SHRD CX,DX,9 指令的结果如何？

4.33　填写如下程序段的运行结果：

```
MOV   EAX,01234567H       ;EAX = ____
MOV   EDX,5ABCDEF9H       ;EDX = ____
SHRD  EAX,EDX,4           ;EAX = ____,EDX = ____,CF = ____
SHRD  EAX,EDX,8           ;EAX = ____,EDX = ____,CF = ____
SHLD  DX,AX,1             ;EAX = ____,EDX = ____,CF = ____,OF = ____
```

4.34　执行下述程序段中的 BSF、BSF、BSR 指令后，EAX 及零标志内容如何？

```
       MOV  AX,4C03H
       MO   DA,AX
       SUB  EAX,EAX
       BSF  EAX,DWORD  PTR[0010]
```

173

> BSF　　EAX,DWORD　PTR[0014]
>
> BSR　　EAX,DWORD　PRT[0010]

设　4C03:0010＝00030000H

　4C03:0014＝00000000H

4.35　完成下列程序段：

①选择一条指令完成将 EBX 的内容减1。

②将 EAX、EBX、ECX 内容相加,并将和存入 EDX 寄存器。

③写一个过程,求 EAX、EBX、ECX 的和。若有进位则将 1 存入 EDX；否则 EDX 存入 0。过程结束,累加和从 EAX 返回。

④设 EAX 有一个不太大的无符号数,用两种方法,且都只用一条指令实现 EAX 乘以 8。

⑤设 AL 是有符号数,用两种方法把 AL 扩展到 EAX。

⑥设 AL 是无符号数,用两种方法把 AL 扩展到 EAX。

4.36　两个 16 位十六进制数定义如下：

> X　　DD　　12345678H,90ABCDEFH
>
> Y　　DD　　3FEAA033H,6C923AE4H

编写计算 X＋Y 的程序段。

4.37　编写计算两个 8 位压缩 BCD 码数之和的程序,8 位 BCD 码用连续 4 个字节表示。可以编写成子程序形式,用 EAX 传递参数。

4.38　有两个 32 位二进制数 X 和 Y,试编写一程序实现两个 32 位数相乘。

4.39　编写一段程序,比较 EAX、EBX、ECX 中带符号数的大小,将最大的数放在 EAX 中。

4.40　编写一个既适合于 8086 又适合于 80486 的宏,调用该宏可分别再定义实现由常数指定位移位数的各种移位指令。

第 **5** 章
半导体存储器

存储器是计算机系统中用于储存信息(程序、数据)的重要部件,是计算机系统不可缺少的组成部分。存储器的性能是计算机性能的主要指标之一。本章首先介绍存储器的分类和主要性能指标,然后讨论广泛用做微型计算机主存储器的各种半导体存储器的原理及结构,重点介绍半导体存储器芯片与 CPU 的连接方法。

5.1 存储器概述

5.1.1 存储器的分类

从不同的角度出发,存储器有不同的分类方式:

(1)按存储介质分类

根据存储介质的材料及器件的不同,可分为磁存储器、半导体存储器及光存储器。其中磁存储器又分为磁芯、磁泡、磁鼓、磁带和磁盘等。

(2)按在计算机中的作用分类

根据存储器在计算机中的作用不同,可分为主存储器(简称为主存)和辅助存储器(简称为辅存)两大类。

主存储器用于存放计算机当前运行时所需要的程序和数据,直接和 CPU 发生联系,所以要求其存取信息的速度要快。由于主存储器与 CPU 的关系密切,故又称为内存储器(简称为内存)。在 20 世纪 50 年代,计算机主要是用磁芯做主存。70 年代以来,随着大规模集成电路技术的发展,半导体存储器在速度、容量、价格、可靠性、体积等方面均优于磁芯存储器,因而逐渐取代了磁芯存储器,特别是在微型机中,现在主存几乎全是采用半导体存储器。

辅助存储器用于存放当前暂不参与运行的程序和数据,以及一些需要永久性保存的信息。辅存不直接和 CPU 发生联系,故又称为外存储器(简称为外存)。辅存只与主存储器进行批量数据交换,当其信息需要处理时,要先调入内存,再由 CPU 处理。因此要求其存储容量要大(又称为海量存储器),但存取速度可以稍慢些。微型机中常用磁盘、磁带、光盘等作辅存。

（3）按信息存取方式分类

1）随机存取存储器（RAM）

通过指令可以随机地、个别地对存储器中的各个存储单元进行读写操作，并且该操作所需的时间基本上是一样的。RAM 中的信息在断电后立即消失。

2）只读存储器（ROM）

ROM 中的信息是在芯片生产时预先写入的，用户在使用时对其内容只能读出而不能写入，断电后它的信息不会丢失。ROM 通常用于存放固定不变的程序，以及各种常数、函数表等。

计算机中的主存储器通常由 RAM 和 ROM 组成。

3）串行访问存储器

在对串行访问存储器中的信息进行读写时，需要顺序地访问。访问指定信息所花费的时间与信息所在的地址或位置有关。

串行访问存储器又可分为顺序存取存储器 SAM 和直接存取存储器 DAM。SAM 是典型的串行访问存储器，它的信息是以顺序方式从存储介质的始端开始写入或读出，磁带存储器就是采用 SAM 方式操作的。DAM 是部分串行访问存储器，它介于顺序存取和随机存取之间，这类存储器的操作包括两步：首先通过磁头或磁道直接地指向存储器的一个区域（这一步不按顺序），然后对这个区域按顺序存取。磁盘存储器就是典型的 DAM。

存储器的分类方式还有按制造工艺、按应用功能等，在此从略。

5.1.2　存储器的性能指标

（1）存储容量

存储容量是指存储器可以储存的二进制数的位数（bit），通常是以存储器能存储的字数乘以字长表示，即：存储容量 = 字数 × 字长。由于微型机中的存储器几乎都是以字节（Byte）进行编址，CPU 对存储器的访问主要也是按字节（多位同时）进行的，因此，字节 B 是最常用的容量单位。对于大容量存储器，则用 KB（2^{10} 字节）、MB（2^{20} 字节）、GB（2^{30} 字节）、TB（2^{40} 字节）表示。

不同的存储器芯片，其存储容量是不同的。例如，某一半导体存储器芯片，共有 4K 个存储单元，每个单元存储 8 位二进制信息，则该芯片的存储容量是 4K × 8bits 或 4K 字节，简称4KB。

（2）存取速度

存取速度是反映存储器工作速度的指标，它直接影响计算机主机的运行速度。存取速度常用存储器存取时间和存储周期来表示。

存取时间是指从启动一次存储器读/写操作到完成该操作所经历的时间。半导体存储器的最大存取时间为十几 ns 到几百 ns。

存储周期是指启动两次独立的存储器操作之间所需的最小时间间隔。通常存储周期略大于存取时间，这取决于存储器的具体结构及工作机制。

（3）错误校验

为确保存储器存储信息的正确性，常用的数据错误校验方式有奇偶校验（Parity Check）和纠错码校验（ECC——Error Correction Code）两种。

　　奇偶校验只能发现错误,不能纠正错误,但其实现方法简单、成本低,主要用于普通的微机中。奇偶校验往往是在存储器模块(俗称内存条,由多片存储器芯片组成)中采用,需要增加第 9 位的存储芯片和专门的奇偶校验电路芯片。存储器在工作时应先选定采用奇校验还是偶校验,存储每一字节时都检查原 8 位信息中"1"的个数,然后自动给第 9 位加上"1"或"0",使其符合选定的校验规则(奇数个"1"或偶数个"1");读取每一字节时都检查 9 个单元中"1"的个数,看其是否符合选定的校验规则,符合则表明存取正确,不符合则表明存取错误。由于奇偶校验位的产生和读取,都是由硬件高速电路实现的,因此速度很快,不会影响存储器的存储速度。目前存储器的品质已趋于稳定,有些内存条已不再采用奇偶校验了。判断一条内存条是否采用奇偶校验,只要看内存条上存储器芯片的片数即可:有奇数片存储器就是采用了奇偶校验(多了 1 位校验位),有偶数片就是没有采用奇偶校验。

　　ECC 校验可以发现错误,也能纠正错误,但其价格高,主要用于高档服务器中。

5. 1. 3　存储器的分级组织结构

　　对存储器的要求是容量大、速度快、可靠性高、体积小、成本低,但目前任何一种存储器都无法同时满足上述要求。解决的办法是根据各部分存储器在计算机中的地位和作用要求,采用分级组织结构,把几种存储技术结合起来,扬长避短,以解决存储器容量、速度、体积和成本之间的矛盾。

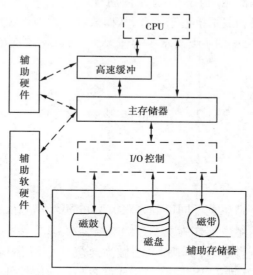

图 5.1　存储器层次结构

　　图 5.1 为一种典型的存储器分级组织层次结构。图中由上至下分为 3 个层次,每个层次的职能和要求各不相同。其中高速缓冲存储器 Cache(双极型超高速半导体存储器)主要是发挥其速度快的特点,使其存取速度能和 CPU 的速度相匹配;辅助存储器(硬盘、软盘、磁鼓、磁带、光盘)主要是利用它们大容量、低成本的特点,以满足对计算机存储器容量、成本的要求;主存储器(MOS 型半导体存储器)则介于两者之间,要求其有适当的容量,能容纳较多的核心软件和用户程序,还要满足系统对速度的要求。整个结构从上往下逐级用容量较大、速度较慢、价格较低的存储器来支援和补充上一级容量较小、速度较快、价格较高的存储器,组成一个

有机的总体。这样组成的层次结构,就计算机整体性能而言,可大致看作是一个既具有 Cache 的速度又具有辅存容量的存储器,有效地协调了存储器容量、速度、体积和成本之间的矛盾。

（1）Cache——主存层次

在微机中,主存的速度一般与 CPU 的速度有一个数量级的差距,主存速度就成为限制整机速度的关键因素。为此,在 CPU 和主存之间设置高速缓冲存储器 Cache,构成 Cache——主存层次,利用 Cache 在速度上与 CPU 相当的特点和一些必要的控制策略,协调 CPU 与主存在信息存取中的关系,从而使该层次既具有接近 CPU 的速度,又具有接近主存的容量和成本,有效地解决了速度与成本之间的矛盾。

由于对 Cache——主存层次的主要要求是速度要高,所以该层次的管理、调度完全由高速辅助硬件电路来实现。

（2）主存——辅存层次

辅存是外部设备的一部分,其编址与主存编址无关。但是,随着操作系统的形成和发展,使程序员不需要自己去安排主、辅存之间的地址定位,而是由操作系统和辅助软、硬件自动实现。程序员可以把主、辅存看作一个统一的整体,利用比主存实际容量大得多的存储空间编写程序。这种系统的不断发展和完善,就逐步形成了现在广泛使用的虚拟存储器（Virtual Memory）技术。虚拟存储器就是利用其存储空间大的特点和一些必要的软硬件控制策略,将微机硬盘容量的一部分"当作"主存来使用,形成主存——辅存层次,使该层次从总体上看速度接近于主存,容量和成本接近于辅存,从而兼顾了大容量和低成本的需要。

由于对主存——辅存层次的主要要求是容量要大,所以该层次的管理、调度可由辅助软、硬件来控制。

5.2 随机存储器 RAM

5.2.1 RAM 的分类

随机存储器 RAM 按制造工艺不同可分为双极型和 MOS 型两大类。

双极型 RAM 用晶体管触发器作为基本存储电路,故存取速度高,但功耗大,集成度较低。双极型 RAM 主要用于高速微型计算机,也用做高速缓冲存储器 Cache。MOS 型 RAM 是用 MOS 管制成的 RAM,与双极型 RAM 相比,其集成度较高而速度较低。下面主要介绍使用较多的 MOS 型 RAM 存储器。

（1）静态 RAM（SRAM——Static RAM）

SRAM 是用 MOS 管构成的 R-S 触发器作为基本存储电路,触发器的两个稳态分别表示存储内容为 0 和 1。由 R-S 触发器的工作原理可知,SRAM 只有在有电源的情况下,才能存储信息并可被读写,而且只要不写入新的数据,触发器的状态（信息）就保持不变,即使对其进行读操作,也不会改变其状态（信息）。但一旦 SRAM 芯片失电,其上所存储的所有信息将全部丢失,因此,称 SRAM 上的信息是易失性、挥发性（Volatile）的。

SRAM 的特点是速度快,外围电路简单,但集成度低（存储容量小）,功耗大。

（2）**动态 RAM(DRAM——Dynamic RAM)**

DRAM 是用 MOS 管栅极与衬底间的分布电容来存储信息的,由于存在泄漏电流,电容上储存的电荷(信息)不能长期保存,需要定期进行刷新,因而外围电路比较复杂。显然,DRAM 上的信息也是易失性的。

DRAM 的特点是集成度高(存储容量大),功耗低,但速度慢(目前最快的 DRAM 的存取时间为几 ns),外围电路复杂。

5.2.2　RAM 的基本存储电路

基本存储电路用于储存一位二进制信息,它是组成存储器的基础和核心。下面介绍 MOS 型 RAM 的两种典型的基本存储电路:

（1）**SRAM 六管静态基本存储电路**

六管静态基本存储电路如图 5.2 所示,其中 $T_1 \sim T_4$ 组成一个 R-S 触发器,储存一位二进制信息(以 A 点电位表示)。对外有 4 条引线:①X 地址译码线,也称 X(行)选择线,T_5、T_6 为行选门控管;②Y 地址译码线,也称 Y(列)选择线,T_7、T_8 为列选门控管,只有当外部的地址选通信号(X 线和 Y 线)有效时,才选中此存储电路;③数据输入输出线 I/O;④数据输入输出线 $\overline{I/O}$。

保持信息时,无地址选通信号,$T_5 \sim T_8$ 截止,由 $T_1 \sim T_4$ 组成的触发器与外界隔离,只要不断电,触发器原来的状态(0 或 1)将长期保存下去。

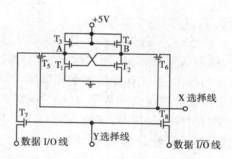

图 5.2　六管静态基本存储电路

当要写入时,行、列地址选通信号同时为高电平,$T_5 \sim T_8$ 导通,触发器与外部数据线相连。若要写入 1,由外部数据线使 A = 1,B = 0,强迫 T_2 导通,T_1 截止,使触发器处于 1 状态;若要写入 0,则使 A = 0,B = 1,强迫 T_2 截止,T_1 导通,使触发器处于 0 状态。

读出时也要给出地址选通信号,使 $T_5 \sim T_8$ 导通,使触发器与外部数据线相通,根据 A 点的状态,可以判别触发器是 1 还是 0 状态。

这种触发器构成的静态存储电路,其信息的读出是非破坏(改变)性的,即信息读出后,不破坏(改变)原存有的信息状态。

（2）**DRAM 单管动态基本存储电路**

在动态 RAM 中,存储信息的基本存储电路有四管电路、三管电路和单管电路,目前多利用单管电路作为存储器基本电路。

单管动态存储电路如图 5.3 所示,数据信息存储在 MOS 管源极与衬底之间的分布电容 C_1 上。若 C_1 上存有电荷,表示信息为 1,否则为 0。虽然 MOS 管是高阻器件,漏电流小,但漏电流总还是存在的,因此,C_1 上的电荷经一段时间后就会泄放掉(一般为 2ms),故不能长期保存信息。为了维持动态存储电路所存储的信息,必须使信息再生(即进行刷新)。MOS 管 T_1 作为一个开关,T_2 管为同一列电路所共用的,C_0 为位线对地的寄生电容。

写数时,X 选择线和 Y 选择线置 1,此时,T_1、T_2 导通,外部信息通过数据线加至位线,然后再通过 T_1 加至 C_1 上。若数据线上为高电平,则 C_1 充电至高电平;若数据线上为低电平,C_1

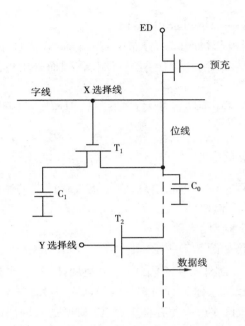

图 5.3 单管动态基本存储电路

通过 T_1、T_2 放电至低电平。

读数时，X 选择线和 Y 选择线置 1，此时，T_1 导通，C_1 上的电压传至位线。由于电容 C_1 很小，约为 $0.1 \sim 0.2\text{pF}$，所以读出的信号很弱，需要进行放大。另外，在每次读出后，由于 C_1 上电荷的损失，原先存储内容受到破坏（改变），因而还必须把原来信号重新写入（再生）。为了读出动态存储电路的数据，在读数前需要对数据线进行预充电。读出和写入操作均需按严格的定时时序脉冲进行，因此，动态 RAM 芯片内要有时钟电路。刷新过程就是读出信息（不送到数据线上，此时，Y 选择线置 0）经放大后再传送给位线时进行写入的。

由 SRAM 和 DRAM 的基本存储电路可以看出，前者需要的 MOS 管较多，因而芯片集成度不高，后者需要的 MOS 管较少，故集成度高，但刷新电路复杂。因此，一般在小容量的系统中采用 SRAM，在要求大容量的系统中采用 DRAM。

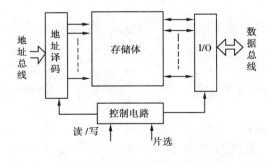

图 5.4 RAM 内部结构示意图

5.2.3 RAM 的内部结构

RAM 的内部结构一般可分为存储体、地址译码器、输入输出（I/O）和控制电路 4 部分，如图 5.4 所示。

（1）存储体

存储体是存储器储存信息的主体，它由大量的基本存储电路按一定的规则组合而成。例如，容量为 $2\text{K} \times 8$ 位的存储器芯片，一共有 2K 个存储单元，每个单元由 8 个基本存储电路组成，可以储存 8 位二进制信息，故该芯片的存储体共包含有 $2 \times 1\,024 \times 8$ 个基本存储电路。这些基本存储电路一般成矩阵排列，排列方法与地址译码方式有关。

（2）地址译码

存储器中的每一个存储单元都有一个对应的地址,CPU 访问存储器的某一单元时,首先必须将该单元的地址经地址总线送到该存储器,经过译码后,才能找到该单元。存储器内的地址译码有两种方式:单译码方式和双译码方式。

1）单译码方式

单译码方式的地址译码只使用一个译码器。译码器的一个输出端选择一个存储单元(即一个字),故此输出线又称字线,一条字线选择某个字的所有位。图 5.5 是一种单译码结构的存储器示意图,存储器容量为 16×4 位,共有 64 个基本存储电路。把它排列成 16 行×4 列,每一行对应一个字,每一列对应其中的一位。每一行的选择线是公共的,每列的数据线也是公共的。数据线通过读写控制电路与数据输入(写入)或数据输出(读出)端相连,根据读、写控制信号,对被选中的单元进行读出或写入。

采用单译码结构,n 条地址输入线经译码有 2^n 个输出,用以选择 2^n 个字(本例中有 4 条地址线 $A_3 \sim A_0$,可选择 16 个单元,即 $2^4 = 16$)。显然,随着存储字的增加,译码输出线及相应的驱动电路会急剧增加,存储器的体积和成本也将迅速地增加,故单译码结构只用于小容量的存储器中。

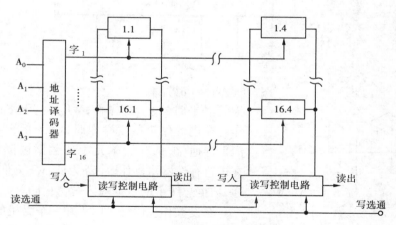

图 5.5 单译码结构存储器

2）双译码方式

在字数较多的存储器中,为了减少输出选择线的数目,一般采用双译码方式。在双译码方式中,将存储单元排列成矩阵形式,地址译码器分为两个(X 译码和 Y 译码),即要在存储矩阵中选择某一存储单元是靠 X、Y 两个译码器的选择线的交点来确定的。例如,有一片 1 024×1 位的存储器芯片,需 10 位地址($2^{10} = 1\ 024$);若用单译码方式,则需 1 024 条选择线;若用双译码方式,X、Y 方面各用 5 位地址码,则译码后各有 32 条选择线($2^5 = 32$),它们的交点为 1 024 个($32 \times 32 = 1\ 024$),而选择线总共只有 64 条(如图 5.6 所示),因而选择线大大减少。

（3）I/O 和控制电路

I/O 电路处于数据总线和存储体单元之间。由于数据总线可挂多种器件,并且数据可能写入 RAM,也可能从 RAM 中读出,因此,I/O 电路通常采用双向的三态门电路,如图 5.7 上部所示。

图 5.7 的下部表示控制电路。其中 $\overline{CS}$ 为片选信号,低电平有效。$\overline{WE}$ 为写允许信号,$\overline{WE}$

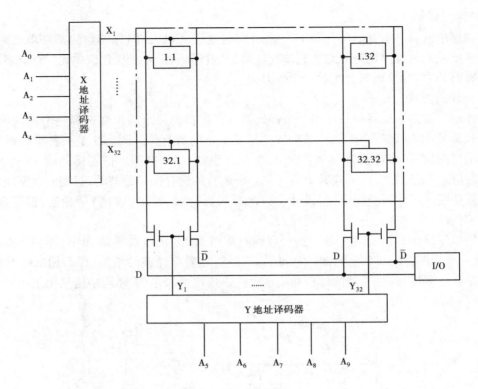

图 5.6　双译码结构存储器

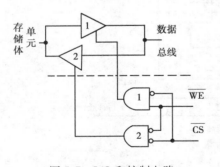

图 5.7　I/O 和控制电路

为低电平时,表示写操作;$\overline{WE}$ 为高电平时,表示读操作。在进行存储器读操作时,$\overline{CS}$ 为低,$\overline{WE}$ 为高,三态门 1 导通,被选存储单元中的数据被读到数据总线。在进行存储器写操作时,$\overline{CS}$ 为低,$\overline{WE}$ 为低,三态门 2 导通,数据总线上的数据写入被选存储单元。

要设置片选信号是因为在一个微机的存储器系统中,除了 RAM 外,还有 ROM;另外,存储器的容量一般都比较大,通常是由许多容量较小的存储器芯片组合而成。因此,当 CPU 输出一个地址后究竟选中哪一个芯片的存储单元,这就需要给出片选信号。只有片选有效的芯片才能与 CPU 进行信息交换。片选信号一般由高位地址译码和一些控制信号(如 $M/\overline{IO}$)组合产生。

5.2.4　典型 RAM 芯片举例

(1)Intel 51256 SRAM

Intel 51256 芯片是 32K×8 位 SRAM,有 32K 个存储单元,每个单元存储 8 位二进制信息,用单一的 5V 电源。Intel 51256 有 8 条数据输入/输出线 $D_7 \sim D_0$;有 15 条($2^{15} = 32K$)地址线 $A_{14} \sim A_0$,其中 9 条用于行地址译码输入,6 条用于列地址译码输入;有 3 条控制线:片选控制 $\overline{CE}$、输出允许 $\overline{OE}$ 和读写控制 $R/\overline{W}$。Intel 51256 芯片的引脚排列如图 5.8 所示,其工作方式见表 5.1。

182

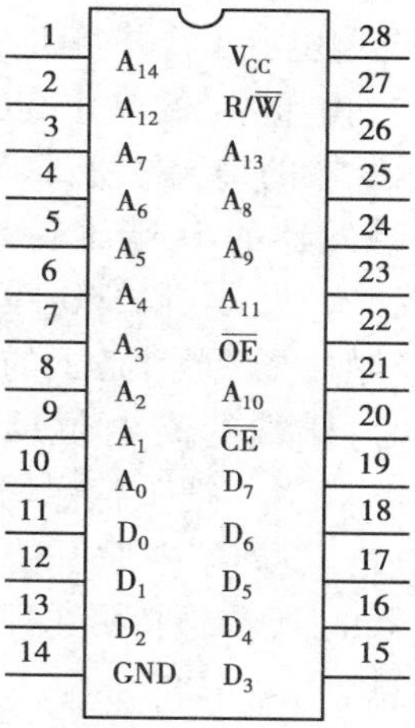

1	A₁₄	V_CC	28
2	A₁₂	R/W̄	27
3	A₇	A₁₃	26
4	A₆	A₈	25
5	A₅	A₉	24
6	A₄	A₁₁	23
7	A₃	ŌĒ	22
8	A₂	A₁₀	21
9	A₁	C̄Ē	20
10	A₀	D₇	19
11	D₀	D₆	18
12	D₁	D₅	17
13	D₂	D₄	16
14	GND	D₃	15

图 5.8　SRAM 51256 引脚示意图

表 5.1　SRAM 51256 工作方式

C̄Ē	R/W̄	ŌĒ	工作方式
0	1	0	读操作
0	0	×	写操作
0	1	1	高阻
1	×	×	未选通

当片选信号$\overline{CE}$为低电平有效及 R/$\overline{W}$为低电平时,不管$\overline{OE}$为何电平,外部数据总线上的信息可写入地址总线所选中的存储单元;当片选信号$\overline{CE}$为低电平有效,而 R/$\overline{W}$为高电平,输出允许信号$\overline{OE}$为低电平有效时,存储器中的信息可读出到外部数据总线;当片选信号$\overline{CE}$为低电平有效,而 R/$\overline{W}$和$\overline{OE}$为高电平时,存储器数据总线上的输出为高阻状态,即存储单元的内容不能读出;当片选信号$\overline{CE}$为高电平无效,而 R/$\overline{W}$和$\overline{OE}$为任意电平时,存储器未能选通,既不能读出也不能写入。

（2）Intel 21010 DRAM

Intel 21010 芯片是由单管基本存储电路组成的 $1M \times 1$ 位 DRAM。它只用 18 只引脚的芯片来封装,其引脚排列如图5.9所示。

Intel 21010 芯片内部有 1M 个存储单元,每个单元存储 1 位二进制信息,因而要对它寻址,必须要有 20 条地址线（$2^{20} = 1M$）。为了减少芯片的引脚数目,采用了行地址和列地址分时复用,对外只引出 10 条地址线 $A_9 \sim A_0$。利用多路转换开关,由行选通信号$\overline{RAS}$将先送入的 10 位地址存入片内行地址锁存器,由列选通信号$\overline{CAS}$将后送入的 10 位地址存入片内列地址锁存器,20 条地址线选中一个存储单元。数据线 Din 和 Dout 分别用于对被选中单元的数据位进行输入和输出传送。读写操作由$\overline{WE}$控制:当$\overline{WE}$为高电平时,进行读操作,所选中存储单元中的内容经过三态输出缓冲器,从 Dout 引脚读出;当$\overline{WE}$为低电平时,进行写操作,从 Din 引脚输入的信息通过三态缓冲器写入所选中的存储单元。21010 芯片无专门的片选信号,一般用$\overline{RAS}$作为片选信号。

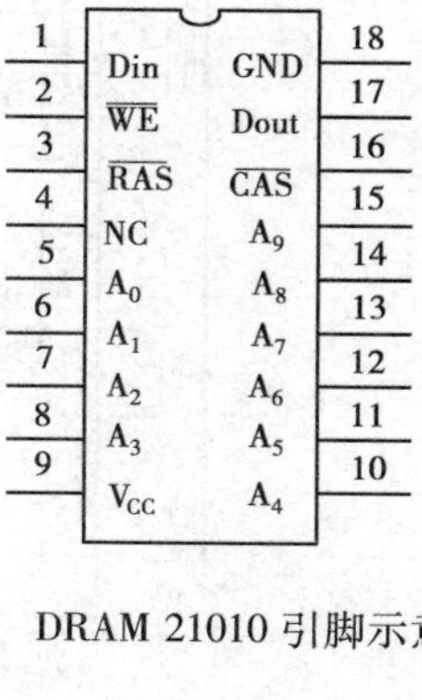

1	Din	GND	18
2	W̄Ē	Dout	17
3	R̄ĀS̄	C̄ĀS̄	16
4	NC	A₉	15
5	A₀	A₈	14
6	A₁	A₇	13
7	A₂	A₆	12
8	A₃	A₅	11
9	V_CC	A₄	10

图 5.9　DRAM 21010 引脚示意图

前面已介绍过,DRAM 的读出为破坏性读出（电容中的电荷流失）,因此,每次读后都需重写（再生）,即必要时对电容进行重新充电。读出再生放大器的原理如图 5.10 中虚线框内所示,图中采用双译码方式,且只画出一列（Y_1）、4 行（X_1、X_2、X_3、X_4）的情况。

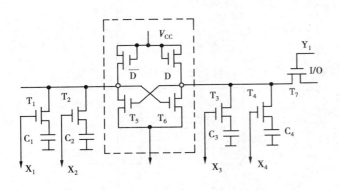

图 5.10　读出再生放大器

若行选择线 X_3 和列选择线 Y_1 有效,选中电容 C_3,并且 C_3 中保持信息 1。由于 C_3 的高电位通过 T_3 接到触发器的 D 端,使 T_5 导通, T_6 截止,触发器的 D 端维持高电位。由于 Y_1 有效,因此,I/O 线就输出一个经触发器"放大"了的高电位 1。同时,D 端的高电位反过来给 C_3 充电,相当于把 1 信息写回基本存储电路。若 C_3 中原有信息为 0,则使触发器的 D 端的电压接近 0V,于是, T_5 截止, T_6 导通,触发器的 D 端维持低电平。通过 I/O 线读出的是 0 信息。同时, C_3 通过 T_6 放电,相当于重写 0 信息。

若选中的是放大器左侧的存储电路,则在 I/O 线得到的是实际信息的反码,应求反后输出(图中未画出求反电路)。

另外,DRAM 由于内部存在泄漏电流,信息不能长期保存,需要定期刷新,以补充泄漏的电荷。DRAM 的刷新如图 5.11 所示,此图是 16K×1 位的存储器,存储矩阵成 128×128 排列,每一列线上都有一个读出再生放大器。刷新时给出一个行地址,就使该行的 128 个基本存储电路全部进行一次重写(刷新)。刷新逐行进行,2ms 中将 128 行全部刷新一遍。刷新时列地址无效,故不会将数据读出。

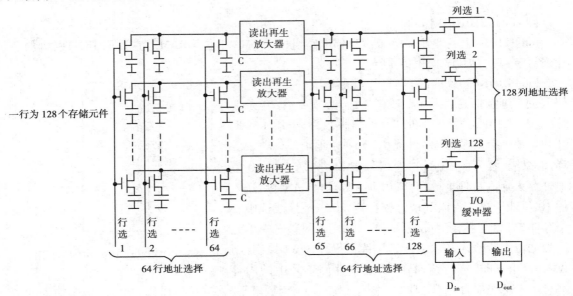

图 5.11　DRAM 的 I/O 和刷新

5.2.5　RAM 的新技术

(1)高速随机存储器

随着 CPU 速度的不断提高,要求存储器的读写速度也随之加快。CPU 芯片由 8 位、16 位

184

发展到 32 位,时钟频率由最初的不到 5MHz 发展到 500MHz 乃至现在的 1GHz 以上,与此相适应的内存速度也从最初的要求为 200ns 直至现在的 7ns、5ns 才能满足要求。要提高存储器的存取速度,采用 SRAM 比较容易达到,但其集成度低、功耗大、成本高,故不适合用作主存(内存)。因此,只能在 DRAM 上进行改进,并通过缩短延迟和提高带宽来帮助提高系统性能。

1)基于预测技术的 DRAM

要加快普通 DRAM 访问速度,简单实用的方法就是在芯片上附加一些逻辑电路,以提高单位时间内的数据流量,这就是所谓通过预测增加带宽的技术。较为成功的包括快速页模式 FPM(Fast Page Mode)技术和扩展数据输出 EDO(Extended Data Output)技术,相应的存储器称为 FPM—DRAM 和 EDO—DRAM。

①FPM—DRAM:在绝大多数情况下,要存取的数据在 RAM 中是连续存储的,即下一个要存取的单元多位于当前单元的下一地址。FPM 就是采用这一预测技术,把 DRAM 的存储空间按页面划分进行访问,并增加了快速页读/写操作来缩短页模式周期(一页指 DRAM 芯片一行存储单元中的一个 2 048 位片断)。FPM—DRAM 的存取时间为 100ns 左右,曾经一度是 486 微机中的主流配置,由于其速度慢,在后来的 586 以上微机中已很少使用。

②EDO—DRAM:由于 CPU 访问某一内存单元后,很可能会接着访问与其相邻的内存单元。EDO—DRAM 就是利用这一预测,在 FPM 基础上,增加了超页读/写以及超页读—修改—写等操作,可在当前读写周期中启动下一个存取单元的读写周期,从而取消了页面切换所需的额外时钟周期,在宏观上缩短了地址选择的时间。采用这一技术,EDO 可比 FPM 速度提高 15% ~ 40%,存取时间为 50 ~ 70ns,是 Pentium 微机中的主流配置。

2)同步 DRAM(SDRAM—Synchronic DRAM)

上述 FPM 和 EDO 都属于异步内存,其输入输出不与 CPU 同步,CPU 在存取数据时必须保持和监视各种信号,等待 DRAM 完成所有的内部操作。相比之下,SDRAM 则具有同步接口,它的基本原理是将 CPU 和 DRAM 通过一个相同的时钟锁在一起,使得 DRAM 和 CPU 能够共享一个时钟周期,以相同的速度同步工作。SDRAM 采用双存储体结构,内含 2 或 4 个交错的存储阵列体(BANK),当 CPU 从一个阵列体访问数据的同时,另一个已准备好读写数据。通过两者间的自动切换,读取效率可得到成倍提高。SDRAM 芯片的速度通常用其最高输出频率来表示,例如,66MHz、100MHz 或 133MHz,转换成时间分别为 15ns、10ns 或 7.5ns。SDRAM 是 Pentium Ⅱ/Pentium Ⅲ 微机中流行的配置。

3)基于协议的 DRAM(DRDRAM—Direct Rambus DRAM)

DRDRAM 是由美国 Rambus 公司开发的高速 DRAM,是一种基于协议的 DRAM,采用了与 DRAM 完全不同的技术。以往的 DRAM 芯片都有独立的地址线、控制线和数据线,每只引脚都定义有固定的功能,而 DRDRAM 把地址线和部分控制线合并成一组命令线,这些引脚没有固定的功能,而是传输按照协议规定的各种命令,包括指定行列地址、切换内部状态等命令。当芯片容量不断提升时,传统 DRAM 需要增加越来越多的地址线和数据线引脚,从而增加芯片的制造难度和成本,而基于协议的 DRAM 只需对命令进行扩充就可达到扩大容量的目的。目前,DRDRAM 的最高输出频率可达 600 ~ 800MHz,即 1.67 ~ 1.25ns,这也是它成为新一代主流内存的主要原因。

(2)多端口随机存储器(Mutil—RAM)

多端口随机存储器 Mutil—RAM 主要用于多个不同设备需要对同一个存储器实现数据共

享的场合。进行数据共享的各个不同设备需要异步访问保存在同一存储体的信息,因此,必须采用多端口存储器。多端口存储器一般具有两个(甚至多个)独立的端口,不同端口分别连接不同的设备,各端口通常都具有各自独立的地址线 AB、数据线 DB 以及输出允许 OE、写允许 WE、端口允许 CE 三个控制信号。

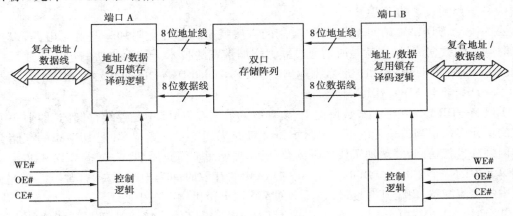

图 5.12 双口 SRAM 内部结构

一个具有两个端口的 Mutil—RAM 的内部结构如图 5.12 所示。主要由双口存储阵列(存储体)和两个完全独立的端口 A、端口 B 组成。存储体仍属随机存储器,由两个端口共享;端口 A、端口 B 分别有自己的地址线、数据线和芯片操作控制逻辑线。由于多端口存储器的引脚较多,故常采用引脚复用技术,即地址线与数据线共用引脚,以减少对外引线,如 8 位地址线分别与 8 位数据线共用引脚,它们之间用锁存器控制。

5.3 只读存储器 ROM

计算机的主存储器除了 RAM 外,还配置有只读存储器 ROM。ROM 与 RAM 相比,除了存储信息的原理不同以外,其余的如存储单元矩阵、地址译码器、控制逻辑和输入输出电路 I/O 等均与 RAM 大体相同。

5.3.1 ROM 的分类及原理

根据制造工艺及应用功能不同,只读存储器分为掩膜 ROM、PROM、EPROM、EEPROM 等几大类。

(1)掩膜只读存储器 ROM

掩膜 ROM 中储存的信息是在芯片制造过程中就固化好了的,用户只能选用而无法修改原存信息,故又称为固定只读存储器 ROM。通常,用户可将自己设计好的程序(信息)委托生产厂家在生产芯片时进行固化(掩膜),但要根据用户程序(信息)制作专用的掩膜模具,该模具成本较高,故掩膜 ROM 适用于批量生产的产品。

(2)可编程的只读存储器 PROM(Programmable ROM)

PROM 是指芯片出厂时初始信息为全 1 或全 0 的只读存储器。典型的 PROM 基本存储单元电路如图 5.13 所示,芯片出厂时,开关管 T_1 与数据线之间以熔丝相连。用户可根据自己的需要,用电或光照的方法写入所需要的信息(熔断或保留熔丝以区分 1 和 0)。但一经写入后,就只能读出,不能再更改(熔断后不能再连通)。因此,用户使用 PROM 只能进行一次编程写入。

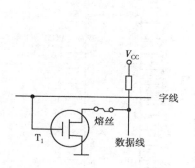

图 5.13　PROM 基本存储电路原理图

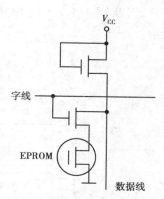

图 5.14　EPROM 基本存储电路原理图

（3）可擦除可编程的只读存储器 EPROM(Erasable PROM)

EPROM 是可以反复(通常多于 100 次)擦除原来写入的内容,更新写入新信息的只读存储器。EPROM 成本较高,可靠性不如掩膜 ROM 和 PROM,但由于它能多次改写,使用灵活,因此常用于产品研制开发阶段。EPROM 的信息读出时间约为几百 ns。

EPROM 采用 MOS 工艺,典型电路如图 5.14 所示。在 EPROM 芯片制造好时,每个 EPROM 管的硅栅上无电荷,这时存储矩阵内容全为 1。当写入时,施加 12.5V(或更高)、宽度约 50ms 的编程脉冲,这时所选中的单元在该电源的作用下,就会有电子注入硅栅,硅栅就为负,于是就形成了导电沟道,从而使 EPROM 单元导通,输出为 0。EPROM 封装上方有一个石英玻璃窗口,当用紫外线照射这个窗口时,经过 6~40min,所有电路中硅栅上的电荷会形成光电流泄漏走,从而把写入的全部信息擦去,电路恢复成初始(全 1)状态,以便重新编程。用户借助于专门的编程设备(编程器),可实现对 EPROM 的写入。通常 EPROM 的工作电压指的是能正常将其中的信息读出的电压(如 +5V),而信息写入电压称为编程电压,往往要高于工作电压。EPROM 的编程必须是在离线(脱机)状态下进行的(紫外光照射后)。

（4）电可擦除可编程的只读存储器 EEPROM(Electrically Erasable PROM)

EEPROM(也称为 E^2PROM)是近年来开始被推广应用的只读存储器,其主要特点是能在应用系统中进行在线读写,并在断电情况下保存的数据信息不丢失。EEPROM 的擦除不需紫外光的照射,写入时也不需要专门的编程设备。EEPROM 对外部硬件电路没有特殊要求,早期的 EEPROM 芯片是靠片外加高压电源(约 20V)进行擦写的(如 2816 芯片),而后来又把升压电路集成在片内,使得擦写工作在 +5V 电源下即可完成(如 2816A、2864 等)。采用 +5V 电擦除的 EEPROM,通常不需设置单独的擦除操作,可在写入的过程中自动擦除。EEPROM 的另外一个优点是擦除时可以按字节分别进行(不像 EPROM 擦除时要把整个片子的内容通过紫外光照射全变为 1),因而使用上比 EPROM 方便。

EEPROM 的信息读出时间约为几百 ns,但是,它的擦除周期和写周期要比读周期长得多,字节的擦除和写入(同时进行)需要 10ms 左右,因此,EEPROM 不能用于通用的 RAM,而只能作只读存储器使用。有些 EEPROM 芯片设有写入结束标志,以供查询或申请中断。

5.3.2 典型 ROM 芯片举例

（1）EPROM 27128

Intel 27128 是 16K×8 位 EPROM,存取时间为 250ns,其结构方框图和引脚示意图如图 5.15 所示。

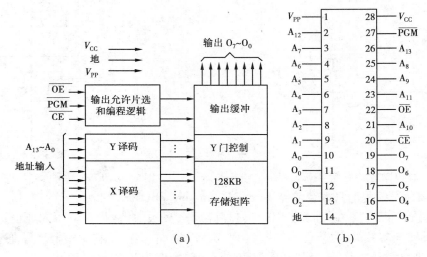

图 5.15 EPROM 27128 的结构方框图和引脚示意图

（a）结构方框图 （b）引脚示意图

1）引脚功能

EPROM 27128 有 14 条地址线 $A_{13} \sim A_0$、8 条数据线 $O_7 \sim O_0$、片选线 $\overline{CE}$、输出允许线 $\overline{OE}$、编程控制线 $\overline{PGM}$、工作电源 V_{CC}、编程电源 V_{PP}。

2）工作方式

EPROM 27128 有 8 种工作方式,见表 5.2。

表 5.2 EPROM 27128 工作方式

模式\引脚	$\overline{CE}$	$\overline{OE}$	$\overline{PGM}$	A_9	V_{PP}	V_{CC}	输出
读	0	0	1	×	+5V	+5V	D_{out}
输出禁止	0	1	1	×	+5V	+5V	高阻
待用	1	×	×	×	+5V	+5V	高阻
编程禁止	1	×	×	×	+21V	+5V	高阻
编程	0	1	0	×	+21V	+5V	D_{in}
Intel 编程	0	1	0	×	+21V	+5V	D_{in}
校验	0	0	1	×	+21V	+5V	D_{out}
Intel 标识符	0	0	1	1	+5V	+5V	编码

①读模式。地址线有效后,必须使片选线$\overline{CE}$有效,并经过一段时间后使输出允许线$\overline{OE}$有效,才能将片中数据读出至数据总线上。

②输出禁止模式。输出允许线$\overline{OE}=1$,则输出数据线呈高阻状态,片中数据被禁止送上数据总线。

③待用模式。片选线$\overline{CE}=1$,存储器处于静止等待状态,输出数据线呈高阻状态,且不受$\overline{OE}$的影响(待用模式下 EPROM 的功耗大大降低)。

④编程禁止模式。即使编程电源引脚 V_{PP} 已接上 +21V 的编程电压,只要片选线$\overline{CE}=1$,就不能将数据总线上的数据写入 EPROM。

⑤编程模式。EPROM 在出厂时或在经过光照擦除后,片内所有存储单元的内容均为 1,若要将数据存入片中,需使 $V_{PP}=+21V$,地址线和数据线稳定,片选线$\overline{CE}$有效,编程控制线$\overline{PGM}$加上 50ms 负脉冲,将可将数据总线上的数据写入 EPROM(每个负脉冲写入一个字节)。

⑥Intel 编程模式。这是 Intel 公司开发的一种编程方法,其可靠性同标准编程模式一样,但编程时间大大缩短。

⑦校验模式。每一字节编程完成后,使$\overline{PGM}$为高电平,$\overline{OE}$、$\overline{CE}$为低电平,则写入地址单元的数据在数据线上输出,将其与输入数据相比较,可检验编程是否正确。

⑧Intel 标识符模式。当片选线$\overline{CE}$和输出允许线$\overline{OE}$有效,地址线 A_9 接高电平时,可以从芯片的数据线上读出该芯片的制造厂和芯片类型的编码。

Intel 公司典型 EPROM 产品的主要性能指标见表 5.3。

表 5.3　Intel 公司典型 EPROM 产品主要性能指标

型　号	容量结构	最大读出时间	工作电源	封装
2708	$1K \times 8bit$	350~450ns	+5V, -5V, +12V	DIP24
2716	$2K \times 8bit$	300~450ns	+5V	DIP24
2732A	$4K \times 8bit$	200~450ns	+5V	DIP24
2764	$8K \times 8bit$	200~450ns	+5V	DIP28
27128	$16K \times 8bit$	250~450ns	+5V	DIP28
27256	$32K \times 8bit$	200~450ns	+5V	DIP28
27512	$64K \times 8bit$	250~450ns	+5V	DIP28

(2)EEPROM 2816A

Intel 2816A 是 $2K \times 8$ 位 EEPROM,数据读出时间为 200~250ns,擦除和写入(同时进行)为 10ms,读工作电压和写(擦)工作电压均为 5V,故不需要专门的编程器,且可实现在线读写。2816A 的引脚示意图如图 5.16 所示。

1)引脚功能

EEPROM 2816A 有 11 条地址 $A_{10} \sim A_0$、8 条数据输入输出线 $I/O_7 \sim I/O_0$、片选线$\overline{CE}$、输出允许线$\overline{OE}$、写允许线$\overline{WE}$、工作电源 V_{CC}。

2)工作方式

EEPROM 2816A 有 7 种工作方式,见表 5.4。

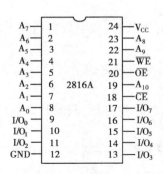

图 5.16　EEPROM 2816A 引脚示意图

表 5.4　EEPROM 2816A 工作方式

工作方式	$\overline{CE}$	$\overline{OE}$	$\overline{WE}$	输入/输出
读	0	0	1	D_{out}
维持	1	X	X	高阻
字节擦除	0	1	0	$D_{in}=V_{ih}$
字节写入	0	1	0	D_{in}
全片擦除	0	+10~+15V	0	$D_{in}=V_{ih}$
不操作	0	1	1	高阻
E/W 禁止	1	1	0	高阻

①读模式。当$\overline{CE}$及$\overline{OE}$低电平有效,$\overline{WE}$为高电平时,存储器处于正常读状态。

②维持模式。当$\overline{CE}$为高电平(未选中)时,无论$\overline{OE}$及$\overline{WE}$为何种状态,存储器处于维持状态(高阻),此时芯片的功耗将下降。

③字节擦除模式。字节当$\overline{CE}$及$\overline{WE}$低电平有效,$\overline{OE}$为高电平时,若输入/输出端加高电平,则进行字节擦除。

④字节写入模式。当$\overline{CE}$及$\overline{WE}$低电平有效,$\overline{OE}$为高电平时,若输入/输出端加输入数据,则进行字节写入。由于字节擦、写时间较长,约 9~15ms,故要求 EEPROM 在线写入时,应在软硬件上采取措施,以保证有足够的时间来满足擦、写周期的要求。

⑤全片擦除模式。当$\overline{CE}$及$\overline{WE}$低电平有效,$\overline{OE}$端加 10~15V 电压,且输入/输出端均加高电平时,存储器处于全片擦除状态。

⑥不操作模式。当$\overline{CE}$低电平有效,但$\overline{OE}$及$\overline{WE}$均为高电平时,芯片不操作(高阻),与外界脱离。

⑦E/W 禁止模式。当$\overline{CE}$及$\overline{OE}$为高电平,$\overline{WE}$为低电平时,芯片处于禁止状态(高阻),与外界脱离。

由于 EEPROM 可在线进行单字节改写,而实际应用中这种改写情况约占全部情况(包括单字节改写、部分改写和全部改写)的 80%,因此,EEPROM 在微机应用系统中得到了广泛的重视和使用。

Intel 公司典型 EEPROM 产品的主要性能指标见表 5.5。

表 5.5　Intel 公司典型 EEPROM 产品主要性能指标

型　号	容量结构	读数时间	读操作电压 V_{PP}	擦/写操作电压 V_{PP}	字节擦除时间	写入时间	封　装
2816	$2K\times 8bit$	250ns	+5V	+21V	10ms	10ms	DIP24
2816A	$2K\times 8bit$	200/250ns	+5V	+5V	9~15ms	9~15ms	DIP24
2817	$2K\times 8bit$	250ns	+5V	+21V	10ms	10ms	DIP28
2817A	$2K\times 8bit$	200/250ns	+5V	+5V	10ms	10ms	DIP28
2864A	$8K\times 8bit$	250ns	+5V	+5V	10ms	10ms	DIP28

5.3.3　ROM 的新发展

（1）一次可编程只读存储器 OTP（One Time PROM）

这是一种新的 PROM，除了没有擦除窗口，其他工艺与 EPROM 完全相同。它可用普通的 EPROM 编程器对其编程，但它只能编程一次，其价格远远低于同容量的 EPROM。

（2）快擦写存储器 Flash Memory

快擦写存储器（俗称"闪存"）是近年来发展最快的一种存储芯片，它在很多方面类似于 EPROM 和 EEPROM，也是不易失的，并采用与 EPROM 类似的算法进行编程。差别是它的存储器单元是电可擦除的，而且擦除的是整个存储器阵列或者是一个大的存储单元块，而不是一个字节、一个字节擦除。这种擦除过程较为复杂，需花费几秒钟的时间。擦除操作之后可以紧接着重新编程。这种编程周期比 RAM 的写周期长得多。它们有限的擦除/重写能力使其能够用于某些数据需要重写但又不很经常的场合。

（3）非易失随机存储器 NVRAM（Non Volatile RAM）

NVRAM 是一种非易失性的随机读写存储器，它既能快速存取，断电时又不会丢失数据，因此，同时具有 RAM 和 ROM 的优点。实际上，NVRAM 就是把 SRAM 的读写能力与 EEPROM 的非易失能力结合在一起的产品。它主要由三部分组成：一部分是高速 SRAM 存储阵列，一部分是与 SRAM 逐位对应的非易失 EEPROM 备份阵列，一部分是芯片电压监测电路。系统正常工作时（电源电压为 5V），CPU 访问 SRAM 部分以完成快速读写操作。系统正常关机或意外断电时，芯片内部的电压监测电路测出电源电压降至 4V，就立即关闭写入电路，而迅速地把 SRAM 中的数据转移到 EEPROM 中，以实现无电条件下的保存。电源电压恢复（重新开机）后，EEPROM 中的数据又自动回存到 SRAM 中。这种数据转储操作能可靠地进行 10 000 次，非易失能力保证能存储 10 年以上。

由于 NVRAM 的出现，打破了传统的按 RAM 和 ROM 进行存储器分类的格局。

5.4　存储器与 CPU 的连接

对于微机用户来说，往往遇到用某种存储器芯片构成一个存储系统，或是扩充存储器容量的问题。也就是说，要通过 CPU 总线把 RAM、ROM 芯片连接起来，并使之协调工作。微处理器和存储器交换信息时，总是先输出地址，接着送出读/写命令，然后才能通过数据总线进行信息交换。因此，CPU 与存储器之间的连接，必须考虑地址线、数据线、控制线的相互连接及时序配合等问题。

5.4.1　存储器与 CPU 连接应考虑的问题

（1）存储器类型选择

RAM 最大的特点是其存储的信息可以在程序中用读/写指令随机读写，但掉电时信息丢失。因此，RAM 一般用于存储用户的调试程序（或程序存储器中的用户区）、程序的中间运算结果及掉电时无需保护（存）的 I/O 数据及参数等。静态 RAM 在与微处理器接口时，一般不需要外围电路，连接比较简单，故在智能仪器仪表、小型控制系统中，一般采用静态 RAM。动态 RAM 集成度高,但需要专门的刷新电路,因而与微处理器的接口设计较为复杂,在需要较大存储器容量的计算机产品中广泛地使用。

ROM 中的内容掉电不易失,但不能随机写入,故一般用于存储系统程序(监控程序)和无需在线修改的参数等。其中,掩膜 ROM 和 PROM 用于大批量生产的微电子产品或计算机产品中。在产品研制和小批量生产时,宜选用 EPROM 等芯片,以便于多次修改程序或用户自行编程。EEPROM 多用于保存在系统工作过程中被写入而又需要掉电保护的一些数据或参数。

利用后备电源(一般是可充电电池)配合掉电保护电路,也可以使静态 RAM 在正常电源掉电时数据不丢失。另外,前面介绍的 NVRAM、Flash Memory 等也各有特点,可结合系统要求选用。

(2)CPU 总线的负载能力

通常 CPU 总线的直流负载能力(也称驱动能力)为一个 TTL 器件或 20 个 MOS 器件(在逻辑高电平时为 $250\mu A$,在逻辑低电平时为 1.8mA)。因存储器基本上是 MOS 电路,直流负载很小(主要的负载是电容负载),所以在小型系统中,CPU 可直接与存储器芯片连接。而当 CPU 总线上需挂接的器件超过上述负载时,就应考虑在其总线与挂接的器件间加接缓冲器或驱动器,以增加 CPU 的负载能力。常用的驱动器和缓冲器有单向的 74LS244 以及 Intel8282、8283 等,用于单向传输的地址总线和控制总线的驱动;对于双向传输的数据总线,通常采用数据收发器 74LS245 或 Intel8286、8287 等实现驱动。

(3)存储器的地址分配和片选问题

内存通常分为 RAM 和 ROM 两大部分,而 RAM 又分为系统区(即机器的监控程序或操作系统占用的区域)和用户区,内存的地址分配是一个重要的问题。另外,目前生产的存储器芯片,单片的容量仍然是有限的,所以总是由多片存储器芯片组成一个存储器系统。这就要求正确解决片选问题。

(4)CPU 的时序和存储器的存取速度之间的配合问题

CPU 在取指令和读写操作时,什么时候送地址信号,什么时候从数据线上读数据,有它自己的固定时序。而存储器芯片从外部输入地址信号有效,到把内部数据送至数据总线(或把数据总线上的数据送至内部存储单元),其时序也是固定的。存储器的存取时间是反映其工作速度的重要指标。选用存储芯片时,必须考虑它的存取时间与 CPU 的固定时序之间的匹配问题,即时序配合问题。应以此为依据来确定对存储器芯片的存取速度的要求。

总之,CPU 的速度要比存储器的速度高得多,为充分发挥 CPU 的工作效率,应尽可能选用存储速度快的存储芯片。若存储芯片的读写速度不能满足 CPU 的要求,则可在 CPU 的相应工作周期内插入一个或几个等待周期(T_w),人为地延长 CPU 的读写时间。显然,这样的匹配方式是以牺牲 CPU 的速度为代价的。

5.4.2 存储器容量的扩充

当一片存储器芯片的容量不能满足系统要求时,需多片组合以扩充位数或单元数。下面以 SRAM 6264 为例说明存储器容量扩充的方法,ROM 的处理方法与之相同。SRAM 6264 的引脚示意图如图 5.17 所示。它有 8 条数据线 $D_7 \sim D_0$,13 条地址线 $A_{12} \sim A_0$,片选信号线 $\overline{CS_1}$ 低电平有效,掉电保护片选线 CS_2 高电平有效(通常接 +5V 电源),输出允许信号 $\overline{OE}$ 低电平有效,写允许信号 $\overline{WE}$ 低电平有效。

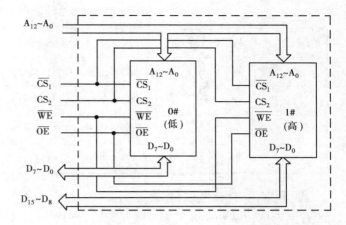

图 5.17　6264 引脚示意图

图 5.18　8K×8 位芯片扩充成 8K×16 位芯片组

（1）位（并联）扩充

用 2 片 8K×8 位的 SRAM 芯片 6264 扩充形成 8K×16 位的芯片组。

如图 5.18 所示，将这两个芯片（0#和 1#）的地址线 $A_{12} \sim A_0$ 分别对应连在一起，另外，芯片对应的片选信号以及读/写控制信号也都分别连到一起，两个芯片只有数据线各自独立，一片作低 8 位（$D_7 \sim D_0$），另一片作高 8 位（$D_{15} \sim D_8$）。也就是说，每个字长（16 位）数据的高、低字节分别存储于两个芯片中，一次读/写操作同时访问两个芯片中的同地址单元。

（2）字（串联）扩充

用 4 片 8K×8 位芯片 6264 构成 32K×8 位的存储芯片组，如图 5.19 所示。

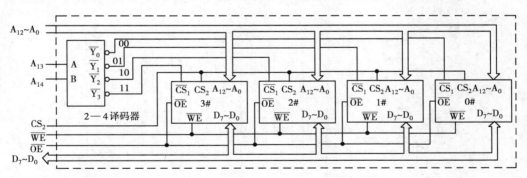

图 5.19　8K×8 位芯片扩充成 32K×8 位芯片组

4 片 6264（0#~3#）的地址线 $A_{12} \sim A_0$、数据线 $D_7 \sim D_0$ 及读/写信号，都是同名信号连在一起。每个存储器 6264 有 13 条地址线，单元数的扩充使得 32K×8 芯片组较 8K×8 芯片增加了 2 条地址线 A_{14}、A_{13}（$2^{15} = 32K$），它们经"2-4 译码器"译码后产生 4 个片选信号（$\overline{Y_3} \sim \overline{Y_0}$），分别对应选中 4 片 6264 中的一片。

这 32K 单元的地址范围在 4 个芯片中的分配见表 5.6。可以看出，4 片存储器内部的地址（$A_{12} \sim A_0$）都是相同（重复）的，但增加了 A_{14}、A_{13} 后，它们对外的地址就是连续（不重复）的了，故称地址线 $A_{12} \sim A_0$ 实现片内寻址，A_{14}、A_{13} 实现片间寻址。

193

表5.6　32K×8位地址分配表

8K×8芯片	A_{14}	A_{13}	$A_{12} \sim A_0$（二进制表示）	地址范围（十六进制表示）
0#	0	0	0,0000,0000,0000…1,1111,1111,1111	0000H—1FFFH
1#	0	1	0,0000,0000,0000…1,1111,1111,1111	2000H—3FFFH
2#	1	0	0,0000,0000,0000…1,1111,1111,1111	4000H—5FFFH
3#	1	1	0,0000,0000,0000…1,1111,1111,1111	6000H—7FFFH

（3）位和字同时（串并联）扩充

　　当存储器的位数和单元数都需要扩充时,如用16片1K×4位芯片构成8K×8位存储区,则可以先扩充位数,每2个芯片(2×4位=8位)一组,构成8个1K×8位芯片组;然后再扩充单元数,将这8个芯片组组合成8K×8位存储区。显然,8K存储单元需要13条地址线(2^{13}=8K),比原来每片的10条地址线多了3条,可用这3条地址线来对应选择8个芯片组。

　　在此介绍一个常用的3—8译码器芯片74LS138。该芯片有3个使能输入端(G_1、$\overline{G_{2A}}$、$\overline{G_{2B}}$),当使能信号同时有效时,译码器输出有效。3条选择输入线为C、B、A,它们的8种逻辑组合,对应使8条输出线($\overline{Y_7} \sim \overline{Y_0}$)中的一个输出为0。74LS138的引脚示意图及功能表如图5.20所示。将CPU的3条地址线($A_{12} \sim A_{10}$)对应接至74LS138的三只输入引脚(C、B、A),而74LS138的8只输出引脚($\overline{Y_7} \sim \overline{Y_0}$)对应接至8个存储芯片组的片选信号端,于是,$A_{12} \sim A_{10}$的组合就可输出8种状态,分别选中8个存储芯片组中的一组。这8K存储单元的地址范围在8个芯片组中的分配见表5.7。

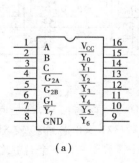

输入						输出
G_1	$\overline{G_{2A}}$	$\overline{G_{2B}}$	C	B	A	
1	0	0	0	0	0	$\overline{Y_0}=0$
1	0	0	0	0	1	$\overline{Y_1}=0$
1	0	0	0	1	0	$\overline{Y_2}=0$
1	0	0	0	1	1	$\overline{Y_3}=0$
1	0	0	1	0	0	$\overline{Y_4}=0$
1	0	0	1	0	1	$\overline{Y_5}=0$
1	0	0	1	1	0	$\overline{Y_6}=0$
1	0	0	1	1	1	$\overline{Y_7}=0$

（a）　　　　　　　（b）

图5.20　译码器74LS138引脚示意图及功能表
（a）引脚示意图　（b）功能表

表 5.7 8K ×8 位地址分配表

$1K \times 8$ 芯片组	$A_{12}A_{11}A_{10}$	$A_9 \sim A_0$(二进制表示)	地址范围(十六进制表示)
0#	0 0 0	00,0000,0000…11,1111,1111	0000H—03FFH
1#	0 0 1	00,0000,0000…11,1111,1111	0400H—07FFH
2#	0 1 0	00,0000,0000…11,1111,1111	0800H—0BFFH
3#	0 1 1	00,0000,0000…11,1111,1111	0C00H—0FFFH
4#	1 0 0	00,0000,0000…11,1111,1111	1000H—13FFH
5#	1 0 1	00,0000,0000…11,1111,1111	1400H—17FFH
6#	1 1 0	00,0000,0000…11,1111,1111	1800H—1BFFH
7#	1 1 1	00,0000,0000…11,1111,1111	1C00H—1FFFH

由以上可以看出,存储器容量的扩充,关键是存储单元地址的分配和片选信号的处理,其基本原则是:地址安排不要重叠,也不要断档,最好是连续的,存储器容量和 CPU 地址资源的利用率最高,也便于编程。

5.4.3 片选译码方式

微机的存储器都是由多片存储器芯片(或芯片组)组成的,CPU 在存取数据时就有一个芯片选择的问题,即片选译码方式。通常,产生片选信号的译码方式有全译码、部分译码和线选三种。

(1)全译码方式

若 CPU 的地址线除了低位地址线用于存储器芯片的片内寻址外,剩下的高位地址线全部用于存储器芯片的片间寻址(经译码器产生片选信号),则称为全译码方式。

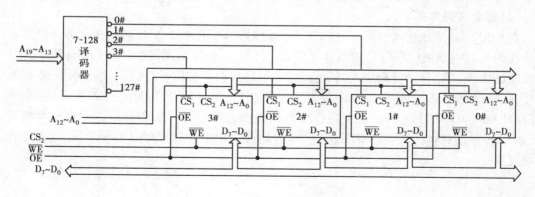

图 5.21 全译码方式电路示意图

在图 5.19 电路中,若 CPU 的地址线有 20 位($A_{19} \sim A_0$),采用全译码方式,则高位地址

$A_{19} \sim A_{13}$通过一个 7-128 译码器产生 128 个译码输出信号,若将其中的信号 0# ~ 3#分别作为 4 片 6264(0# ~ 3#)的片选信号,如图 5.21 所示。CPU 的低位地址线 $A_{12} \sim A_0$ 接至各存储器芯片的地址线,用做片内寻址,而剩下的高位地址线 $A_{19} \sim A_{13}$ 则接至各存储器芯片的片选端,用做片间寻址。则各存储器芯片的地址分配见表 5.8。可见,4 片存储器芯片的地址首尾相连,形成了 00000H ~ 07FFFH(即 32KB)的存储器。

表 5.8   全译码方式地址分配表

存储芯片	片选端 $A_{19} \sim A_{13}$	片内地址 $A_{12} \sim A_0$	地址范围
0#	0000,000	0,0000,0000,0000 ⋮ 1,1111,1111,1111	00000H ⋮ 01FFFH
1#	0000,001	0,0000,0000,0000 ⋮ 1,1111,1111,1111	02000H ⋮ 03FFFH
2#	0000,010	0,0000,0000,0000 ⋮ 1,1111,1111,1111	04000H ⋮ 05FFFH
3#	0000,011	0,0000,0000,0000 ⋮ 1,1111,1111,1111	06000H ⋮ 07FFFH

全译码方式充分发挥了 CPU 的寻址能力(不浪费存储地址空间),存储器芯片中的每一个单元都有一个唯一确定的地址,不会出现部分译码方式和线选方式中的地址重叠、地址不连续现象,但译码电路较复杂,需要的元器件也较多。

(2)部分译码方式

若 CPU 的高位地址线中只有一部分用于存储器芯片的片间寻址,则称为部分译码方式。

在图 5.19 电路中,若 CPU 的地址线有 20 位($A_{19} \sim A_0$),采用图中的 2-4 译码器,只用 2 条高位地址线 A_{14}、A_{13} 作为译码输入,仍可产生 4 个芯片的片选信号,其基本地址分配见表 5.9。虽然,4 片存储器芯片的基本地址分别为 00000H ~ 01FFFH、02000H ~ 03FFFH、04000H ~ 05FFFH、06000H ~ 07FFFH,但其余高位地址线的任意组合也可能会重复选中这些存储器芯片,如 CPU 地址 00000H 和 08000H、10000H 等均选中 0#芯片的 0000H 存储单元,这就是地址重叠现象。

表 5.9　部分译码方式地址分配表

存储芯片	高位地址		片内地址 $A_{12} \sim A_0$	基本地址
	$A_{19} \sim A_{15}$	$A_{14}A_{13}$		
0#	××××,×	0　0	0,0000,0000,0000 ⋮ 1,1111,1111,1111	00000H ⋮ 01FFFH
1#	××××,×	0　1	0,0000,0000,0000 ⋮ 1,1111,1111,1111	02000H ⋮ 03FFFH
2#	××××,×	1　0	0,0000,0000,0000 ⋮ 1,1111,1111,1111	04000H ⋮ 05FFFH
3#	××××,×	1　1	0,0000,0000,0000 ⋮ 1,1111,1111,1111	06000H ⋮ 07FFFH

部分译码方式电路较简单,但存储器芯片中的一个存储单元可能有多个地址。

(3)线选方式

如果一个存储器系统所要求的存储容量不大,则可以直接用高位地址线作为存储器芯片的片选信号,无需译码器,此译码方式称为线选。

如将图 5.22 中的线选控制电路取代图 5.19 中的译码器,只用 1 条高位地址线 A_{13} 产生两个片选信号,分别接至 0#、1#存储器芯片的片选端,则 0#、1#存储器芯片的基本地址分别为 00000H ~ 01FFFH、02000H ~ 03FFFH,但其余高位地址线的任意组合也可能会重复选中这两片存储器芯片,如 CPU 地址 01000H 和 06000H、12000H 等均选中 1#芯片的 0000H 存储单元。

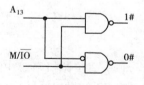

图 5.22　线选控制电路

线选不需要译码,但存储器芯片中的一个存储单元可能有多个地址,且地址有可能不连续。

5.4.4　存储器连接举例

在微机系统中,CPU 数据总线的位数有 8 位、16 位,也有 32 位、64 位,为能支持各种数据宽度操作,存储器模块一般都按字节编址,以字节为单位构成。对于 8 位微机系统,可以很方便地将数据总线与存储器相连接。但对于不同总线宽度的微机系统,其中的存储器连接方式是不同的。下面介绍 16 位和 32 位微机系统中的存储器连接:

(1)16 位微机系统中的存储器

在 16 位微机系统中,如 Intel8086/80186/80286/80386SX,需要用两个字节(2×8 位)组成一个整字(16 位),即占用两个字节地址组成一个字地址,故必须将 8 位存储器安排成两组存储体:即高位存储体和低位存储体。高位存储体的 8 位数据线连接微机系统的高 8 位数据线 $D_{15} \sim D_8$,其地址码为奇数(也称奇存储体);低位存储体的 8 位数据线连接微机系统的低 8 位数据线 $D_7 \sim D_0$,其地址码为偶数(也称偶存储体),如图 5.23 所示。

	高字节	低字节
字地址 0	字节地址 1	字节地址 0
字地址 2	字节地址 3	字节地址 2
字地址 4	字节地址 5	字节地址 4
字地址 6	字节地址 7	字节地址 6
⋮		

图 5.23　16 位存储器组织

以 8086 微机系统为例,其存储器接口原理图如图5.24所示。CPU 有 20 条地址线 $A_{19} \sim A_0$,16 位数据总线 $D_{15} \sim D_0$,可直接寻址 1MB 的内存地址空间。于是,将 1MB 的存储器地址空间分成两个 512KB 的存储体:偶存储体的 8 位数据线与 8086CPU 的低 8 位数据总线 $D_7 \sim D_0$ 相连,奇存储体的 8 位数据线与 8086CPU 的高 8 位数据总线 $D_{15} \sim D_8$ 相连,CPU 地址总线的 $A_{19} \sim A_1$ 与两个存储体的地址线 $A_{18} \sim A_0$ 相连,CPU 的地址总线最低位 A_0 与偶存储体的片选信号 $\overline{CE}$ 相连,CPU 的总线高允许信号 $\overline{BHE}$ 与奇存储体的片选信号 $\overline{CE}$ 相连。用这种连接方法,当 CPU 的 A_0 和 $\overline{BHE}$ 同时为 0 时,同时选中偶存储体和奇存储体,可进行 16 位的数据访问;$A_0 = 0$,$\overline{BHE} = 1$ 时,选中偶存储体,可进行低 8 位的数据访问;$A_0 = 1$,$\overline{BHE} = 0$ 时,选中奇存储体,可进行高 8 位的数据访问;A_0 和 $\overline{BHE}$ 同时为 1 时,不作存储器访问。

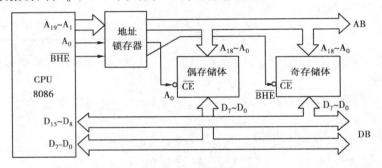

图 5.24　8086 存储器接口原理图

(2)32 位微机系统中的存储器

在 32 位微机系统中,如 80386DX/80486/Pentium,需要用 4B(4×8 位)组成一个整字(32位),即占用 4B 地址组成一个字地址,其存储器组织形式如图 5.25 所示。若要访问 32 位数据,则 4 个存储体都被选中;若要访问 16 位数据,则选择 2 个存储体(通常是存储体 0 和 1,或存储体 2 和 3);若要访问 8 位数据,则选择任一个存储体。

	（高字）		（低字）	
	存储体 3	存储体 2	存储体 1	存储体 0
字地址 0	字节地址 3	字节地址 2	字节地址 1	字节地址 0
字地址 4	字节地址 7	字节地址 6	字节地址 5	字节地址 4
字地址 8	字节地址 11	字节地址 10	字节地址 9	字节地址 8
字地址 12	字节地址 15	字节地址 14	字节地址 13	字节地址 12
⋮				

图 5.25　32 位存储器组织

以 80486 微机系统为例,其存储器接口原理图如图 5.26 所示。CPU 有 32 位地址线,其中 $A_{31} \sim A_2$ 为直接输出地址线,A_1 和 A_0 通过 CPU 内部编码产生字节选通信号 $\overline{BE_3}$、$\overline{BE_2}$、$\overline{BE_1}$、$\overline{BE_0}$,存储体 0、1、2、3 分别由 $\overline{BE_0}$、$\overline{BE_1}$、$\overline{BE_2}$、$\overline{BE_3}$ 选通。CPU 总线上有 BS_8 和 BS_{16} 两只引脚,它们将决定数据总线的宽度。

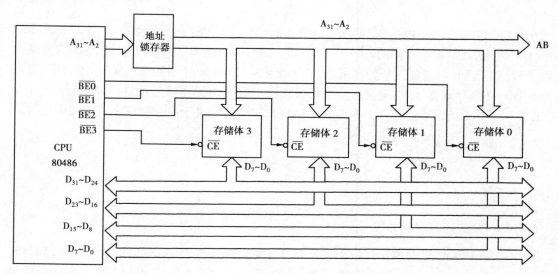

图 5.26 80486 存储器接口原理图

5.4.5 存储器模块(Memory Module)

存储器模块(俗称内存条)就是高集成度 RAM 模块,它将多片高容量 DRAM 芯片装配在条状印刷线路板上,加上相应的控制电路,线路板配有标准单边沿或双边沿连接插脚,可直接插入微机主板上的存储器插座。存储器模块的存储容量显然比单片存储器增大了许多,工作的可靠性也得到提高,使用十分方便。

存储器模块的产生和发展是与微处理器性能的提高紧密相关的。高集成度 DRAM 把动态刷新电路集成在片内,克服了 DRAM 需要加外部刷新电路的缺点,从而兼有静态和动态 RAM 的优点。微机系统常用的模块中,按其数据字长的不同,可分为 3 种:

①30 线 SIMM(Single In—line Memory Module,单列直插存储器模块)内存条。8 + 1 位(其中的 1 位为奇偶校验位),多用于 80386 以下系统,内存条容量有 256KB、512KB、1MB、2MB、4MB 等。例如,30 线 LGS 产 GMM79100 将 2 片 1M × 4 DRAM 和一片 1M × 1 DRAM 构成 1M × 9 的 SIMM 模块(存储容量为 1MB,第 9 位为奇偶校验位),刷新速率 1kHz,5V 供电,速度 60/70ns。有些 80486 主板上保留有 30 线 SIMM 插槽。

②72 线 SIMM 内存条。32 + 4 位(其中每 8 位配 1 位奇偶校验位),多用于 80486 系统,内存条容量有 4MB、8MB、16MB、32MB 等。例如,72 线 LGS 产 GMM7324210 则以 8 片 4M × 4 DRAM 为基片,构成 4M × 32 的 SIMM 模块(存储容量为 16MB,无奇偶校验位),刷新速率 4kHz,5V 供电,速度 50/60ns。有些 80586 主板上保留有 72 线 SIMM 插槽。

③168 线 DIMM(Dual In—line Memory Module,双列直插存储器模块)内存条。64 + 8 位(其中每 8 位配 1 位奇偶校验位),主要用于 Pentium 以上机型(PC66、PC100、PC133 等),内存

条容量有 8MB、16MB、32MB、64MB、128MB、256MB 等。Pentium 以上微机主要采用 168 线同步动态随机存储器 SDRAM 模块,典型芯片如 SAMSUNG 产 KMM37551620BT,上面集成了 18 片 16M×4 的 SDRAM 芯片,构成 16M×72 的 DIMM(存储容量为 128MB,带奇偶校验位),工作电压为(3.3±0.3)V,自动及自刷新速率 4kHz/64ms,符合 PC100 标准,最高频率可达 125MHz。

在微机的主板上,往往标有存储库"BANK0、BANK1、BANK2、……"等字样,不同的主板存储库(BANK)的数量是不一样的。一般来说,每个 BANK 包含 2 个 SIMM 插槽,这就要求内存条要成对使用,而且两条内存条的容量、速度等参数应相同(最好是同一厂家生产的同一规格的内存条),否则存储器无效,甚至会造成死机现象。当然,有些内存条也可以单条使用(1 个 BANK 中只含 1 个 SIMM 插槽或 1 个 DIMM 插槽),这主要取决于内存条中字节的组织结构。

5.5　PC 机的存储器

5.5.1　PC 机内存空间分配

在 Microsoft 公司推出 Windows 95/98 操作系统之前,早期的微机(8088、8086、80286、80386 甚至 80486)主要采用 DOS 操作系统,限于当时的软硬件条件,PC 机的内存有 4 种类型,分别处于系统中的不同位置,各自所存放的内容和所起的作用也各不相同。

(1)**常规内存**(Conventional Memory)

常规内存(也称基本内存)是操作系统和应用程序运行于其中的存储空间,其地址范围为 00000H ~ BFFFFH(即最大容量为 640KB)。目前,不管是 8088、8086 微机,还是 80386、80486 和 Pentium 微机,它们的常规内存空间都是 640KB,且都采用随机存储器 RAM。一般情况下,若所装入的应用软件及其他程序的总容量超过常规内存容量(最大 640KB),就会出现"内存不足(Out of Memory)"的错误信息,即使系统内存已扩充到了 MB 数量级的容量。

(2)**保留内存**(Reserved Memory)

保留内存一般用于存储微机系统内各种硬件接口卡的管理(驱动)程序(如显示缓冲区、软硬磁盘控制、基本输入输出系统 BIOS、BASIC 语言解释程序等),其地址范围为 A0000H ~ FFFFFH(即最大容量为 384KB)。其中,前 128KB 采用随机存储器 RAM,作为显示缓冲区;后 256KB 采用只读存储器 ROM,存储软硬磁盘控制、基本输入输出系统 BIOS、BASIC 语言解释程序等系统程序。所谓保留内存就是保留给系统本身程序用的,其他应用程序不能使用该内存区。常规内存与保留内存的地址空间之和恰好为 1MB,对应 20 条地址线的寻址空间。

对于大多数微机系统而言,384KB 的保留内存在存储了必要的系统程序后,总有一些空闲的地址空间(100 ~ 200KB),这部分空闲区域就称为上位内存块 UMB。注意:空闲的仅仅是该区域(A0000H ~ FFFFFH)中的部分地址,而不是实际的存储器空间。DOS 操作系统是无法直接管理和使用上位内存块 UMB 的。为了利用好 UMB,必须结合下面介绍的扩充内存来实现。

(3)**扩展内存** XMS(eXtended Memory Specification)

扩展内存是指 CPU 能直接寻址的、地址大于 1MB 以上的内存存储空间。一般情况下,DOS 操作系统不会让应用软件使用扩展内存,除非应用软件本身设计时允许使用。为了能够有效地使用扩展内存,就必须先驱动一个特别的扩展内存管理程序(如 DOS 操作系统中的 HIMEM. SYS)来支持扩展内存的使用。扩展内存的最大地址范围取决于 CPU 的寻址能力:如 8088、8086CPU 仅有 20 条地址线,寻址能力为 1MB,就无法扩展内存;80286、80386SX CPU 有 24 条地址线,其扩展内存的最大范围可达 16MB;80386DX、80486 CPU 有 32 条地址线,其扩展内存的最大范围可达 4GB。在 80286 及以上微机使用扩展内存,首先必须增加物理内存(即内存条)。

(4)扩充内存 EMS(Expanded Memory Specification)

扩充内存是在微机的 CPU 寻址范围之外所扩展的物理存储器。所以,扩充内存不受 CPU 寻址能力的限制,其地址范围是独立的。通常,扩充内存是安装在一块专门的扩充内存板上,再将此板插入微机主板的扩展槽。扩充内存是不能直接被 CPU 访问的,也需要专门的扩充内存管理程序(如 DOS 操作系统中的 EMM386.EXE)来支持其使用。

扩充内存与扩展内存相比有 3 点不同:①各种 PC 机都能采用扩充内存(与 CPU 寻址能力无关),而只有 80286 及以上 PC 机才能采用扩展内存;②扩充内存中只能存放数据,不能存放程序代码,而扩展内存中既能存放数据又可存放程序代码;③扩充内存通常是通过扩充内存板安装在 PC 机的扩充插槽上,而扩展内存是直接安装在 PC 机的内存条插槽上。

扩展内存出现后,其使用效率和系统性能都大大优于扩充内存,所以,现在的微机一般都只安装扩展内存,而不再安装扩充内存板。

在理解 PC 机的内存结构时,很重要的一点就是要把内存地址空间(即 CPU 的寻址能力)和实际物理内存这两个概念区分开来:前者是一台 PC 机所能支持配置的最大内存数;而后者是一台 PC 机实际配置的总内存数。例如,80386 及以上的 PC 机内存地址空间高达 4GB,而实际配置的内存条可以是 4MB、16MB、64MB、128MB 等(只要总数≤4GB 就行)。超过 4GB 所配置的物理内存就完全是一种资源浪费,因为 CPU 无法访问它们,它们也就无法发挥作用。

另外,保留内存(384KB)的物理存储单元并不是完全与常规内存(640KB)的物理存储单元一起安装在主机板上的,例如,显示缓冲区的物理存储单元安装在主机板扩展槽上的显示卡上,而基本输入输出系统 BIOS 的物理存储单元安装在专门的 BIOS 芯片上。

5.5.2　PC 机内存的使用

前已述及,PC 机的 CPU 只能直接访问常规内存和保留内存,而对扩展内存和扩充内存的访问则要通过扩展(扩充)内存管理程序。

(1)高位内存区 HMA(High Memory Area)和扩展内存(XMS)的使用

扩展内存管理程序 HIMEM. SYS 把扩展内存分为两个区域进行管理:高位存储区 HMA 和扩展存储块 EMB(Extended Memory Block)。高位存储区 HMA 是扩展内存中地址紧接着 1MB 边界的第一个 64KB 区段,其地址范围为 0FFFFFH ~ 10FFFFH。它是扩展内存中一个特殊的区段,可通过激活 CPU 的第 21 条地址线(A_{20})对其进行直接访问。64KB 的 HMA 只能作为一个单独的存储块使用,不能分割共享,只能调入一个单独的程序。因此,HMA 用于存放尽量接近 64KB 的程序,以提高它的利用率。在 DOS 环境下,常将 DOS 的系统程序装入 HMA。扩展存储块 EMB 是从地址 10FFFFH 开始的扩展内存空间。

(2)上位内存块 UMB(Upper Memory Block)与扩充内存(EMS)的使用

扩充内存管理程序 EMM386. EXE 采用页面切换的内存地址映射技术来管理扩充内存。

具体做法是:将扩充内存以 16KB 为单位分成若干页面,将上位内存块 UMB 也划分为每 16KB 一页的窗口,每 4 页(64KB)组成一帧,再将扩充内存的连续 4 个页面与 UMB 的一帧对应起来,这样,就把 UMB 的 64KB 空闲地址映射到了扩充内存。当要对扩充内存的其他页面进行数据存取时,管理程序就进行页面切换,释放一页换进另一页。于是,通过 UMB 这样一个小窗口(64KB)就可以看到窗外扩充内存的大空间(可达 32MB)。

5.5.3　WINDOWS 操作系统的内存管理

Windows 操作系统突破了 DOS 的 640KB 常规内存的局限,在内存的管理上有了很大的进步。Windows 采用虚拟内存管理机制,其虚拟内存管理器使用磁盘上的交换文件来模拟额外的物理内存,这种方法对提高 Windows 的性能非常有效,特别是对配置较低的微机。交换文件实际上是建立在硬盘上的一个隐含文件,分为临时交换文件和永久交换文件。临时交换文件为 WIN386.SWP,在 Windows 9X 系统中,它位于 C:\Windows 文件夹下,它随 Windows 系统的启动而产生,随 Windows 系统的退出而消失;永久交换文件为 386SPART.PAR,它不管 Windows 运行与否都存在于硬盘上。一般情况下,使用较多的是临时交换文件,但在硬盘空间允许的条件下,使用永久交换文件效果更好一些,因为它在磁盘上以连续方式存取,其存取速度比临时交换文件快得多。

5.6　高速缓冲存储器系统

高速缓冲存储器(Cache,简称高速缓存)是最接近 CPU 的存储器,其数据存取速度与 CPU 的速度相当,它位于 CPU 与内存之间,作为 CPU 与内存间交换信息的一个缓冲区。80386CPU 的高速缓存器在芯片外部(即在微机主板上);80486CPU 在片内集成了一个 8KB 的高速缓存器(L_1),存放程序及数据,并可在芯片外部接一个二级高速缓存器(L_2),形成两级 Cache 结构(L_1、L_2);Pentuim CPU 则在片内集成了两个 8KB 的高速缓存器(L_1),一个作程序缓存,一个作数据缓存,同时还有片外的二级高速缓存器(L_2)。显然,片内 Cache(L_1)比片外 Cache(L_2)更快。片外的高速缓存器都是安放在微机主板上的,所以它比片内的高速缓存器容量大得多,目前可以达到 512KB 以上。高速缓存负责将 CPU 运行所需要的指令和数据提前从内存取到缓存,供 CPU 随时调用,且数据存取速度与 CPU 的速度相当。CPU 只有在访问一级缓存、二级缓存都没有获得所需的指令和数据时,才会去访问内存。由于采用了高速缓存技术,有效地减少了高速的 CPU 直接访问低速的内存的次数,从而提高了微机的整机性能。

5.6.1　高速缓存器的工作原理

Cache 的研制是基于所谓局部性原理:对大量的典型程序的运行情况分析结果表明,在一个较短的时间内,由程序产生的地址往往集中在存储器逻辑地址空间的一个很小范围内。在多数情况下,指令是顺序执行的,因此,指令地址的分布就是连续的,再加上循环程序段和子程序段要重复执行多次,对这些地址的访问就自然具有时间上集中分布的倾向。虽然,数据的这种集中倾向不如指令明显,但对数组的存储和访问以及工作单元的选择,都可以使存储器地址相对集中。这种在某个时间段内对局部范围的存储器地址频繁访问,而对此范围以外的地址则访问甚少的现象,称为程序访问的局部性。根据程序访问的局部性原理,在主存和 CPU 之间设置 Cache,把正在执行的指令地址附近的一部分指令或数据从主存装入 Cache 中,供 CPU 在一段时间内使用,是完全可行的,效果也是非常显著的。

5.6.2　高速缓存器的基本结构

高速缓冲存储器 Cache 由小容量的静态随机存储器 SRAM 和高速缓存控制器组成,通过高速缓存控制器来协调 CPU、Cache、内存之间的信息传输。注意:CPU 不仅与 Cache 连接,也与内存保持通路。Cache 存储系统的基本结构如图 5.27 所示。它的功能是把 CPU 使用最频繁的(或将要用到的)指令和数据提前由 DRAM 复制到 SRAM 中,而由 SRAM 向 CPU 直接提供它所需要的大多数的数据,使 CPU 存取数据实现零等待状态。

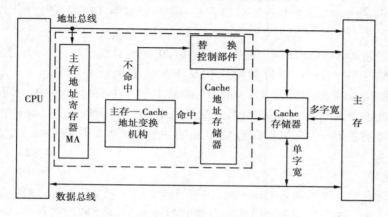

图 5.27　Cache 存储系统基本结构

高速缓存是按单元块的形式组织信息的,单元块也称为行组,行组的内容就是数据或程序。每个行组由若干行组成(所以称为行组),每行的结构如图 5.28 所示,其中:"行"中存放的是 16 字节的数据或程序,"标记"中存放的是"行"中所存数据或程序所对应的物理地址的高 21 位,"V"为有效位,1 代表有效,0 代表无效。

V	标记（21位）	行（16字节）

图 5.28　Cache 单元块内部结构

(1)命中与不命中

CPU 访问存储器时,先要计算出物理地址,并把物理地址的高 21 位(位 31 ~ 位 11)与高速缓存中各个"标记"字段的内容进行比较,比较结果就有可能出现两种情况:

①若有一个"标记"中的内容与物理地址一致,则表明 CPU 所需数据在 Cache 中,称为一次命中(Hit),有效位 V = 1,则 CPU 对 Cache 进行读写操作。命中时,由于 Cache 速度与 CPU 速度相当,CPU 从 Cache 中读写数据就不需要插入等待周期 T_w,实现了 CPU 的零等待,也就是 CPU 与 Cache 达到了同步,因此,有时也称高速缓存为同步 Cache。

②若没有任何"标记"中的内容与物理地址一致,则表明 CPU 所需数据不在 Cache 中,称为一次不命中(Miss),有效位 V = 0,则 CPU 对内存进行读写操作。不命中时,由于内存速度低于 CPU 的速度,CPU 从内存中读写数据就必须插入等待周期 T_w。在具有两级 Cache 结构的

系统中,CPU 首先在第一级 Cache(片内的 Cache)中查找数据,如果找不到,则在第二级 Cache(主机板上的 Cache)中查找,若数据在第二级 Cache 中,Cache 控制器在传输数据给 CPU 的同时,修改第一级 Cache;如果数据既不在第一级 Cache 也不在第二级 Cache 中,Cache 控制器则从内存中获取数据,同时将数据提供给 CPU 并修改两级 Cache。

目前微机的 Cache 存储器均为两级结构,最大容量可达 2MB 以上,这些大容量的 Cache 存储器,使 CPU 访问 Cache 的命中率高达 90%~98%,大大提高了 CPU 访问数据的速度,提高了系统的整机性能。

在"主存—Cache"存储体系中,所有的程序和数据都在主存中,Cache 存储器只是存放主存中的一部分程序块和数据块的副本,这是一种以块为单位的存储方式。Cache 和主存被分成块,每块由多个字节组成。由上述程序访问的局部性原理可知,Cache 中的程序块和数据块会使 CPU 要访问的内容大多数情况下已经在 Cache 存储器中,CPU 的读写操作主要在 CPU 和 Cache 之间进行。

CPU 访问存储器时,送出访问主存单元的地址,由地址总线传送到 Cache 控制器中的主存地址寄存器 MA,主存—Cache 地址转换机构从 MA 获取地址并判断该单元内容是否已在 Cache 中存有副本,如果副本已经在 Cache 中,即命中。当命中时,立即把访问地址变换成它在 Cache 中的地址,然后访问 Cache 存储器,如果 CPU 访问的内容不在 Cache 中,即不命中时,CPU 转去直接访问主存,并将包含该存储单元的块信息(包括该块数据的地址信息)装入 Cache。

(2)替换策略

当从主存读出的新字块调入 Cache 时,如果遇到 Cache 中相应位置已被字块占满,那么就必须去掉旧的字块。这个过程由替换控制部件来控制完成。替换的目标是:让 Cache 中总是保持着 CPU 使用频率最高的数据和程序,从而使 CPU 访问 Cache 的命中率最高。替换的规则,是根据从一个地址预测下一存储器地址很可能接近上一地址单元的概念来进行的,最好能使被替换掉的字块是下一段时间内估计最少用到的。这些规则称为替换策略或替换方法。常用的替换策略有两种:

1)先进先出策略 FIFO(First In First Out)

FIFO 策略总是把最先调入 Cache 的字块替换出去。它不需要随时记录各个字块的使用情况,实现起来很方便。但是,有些最先调入的块并不一定就是下一段时间最少使用的块,如一个包含程序循环的块,在整个程序循环过程都会被调用到,却有可能仅仅由于它是最早调入的块而被最先替换掉。可见这种策略的估计是不够理想的。

2)近期最少使用策略 LRU(Least Recently Used)

LRU 策略是把当前 Cache 中近期使用次数最少的那块信息替换出去。这种替换算法需随时记录 Cache 中各个字块的使用情况,以便确定哪个字块是近期最少使用的字块,实现起来有些复杂。但 LRU 替换策略的平均命中率比 FIFO 策略要高,并且当分组容量加大时,能提高 LRU 替换策略的命中率。

字块的大小为 2~32 字节,Cache 控制器取一个存储块而不是取一个地址。这样的块可以包含处在所需字节前后的数据。一般来说,字块越大,命中率就越高。但对于容量一定的 Cache 来说,字块越大,块的数目就减少,因而从主存储器来的块重写操作就变得频繁了,每一个块中的字离所需字也越远,所以块的大小要适宜。

5.6.3　Cache 与 DRAM 数据的一致性

如前所述,高速缓存 Cache 中的信息是从内存 DRAM 中复制过来的,这些信息是主存中的一部分程序块和数据块的副本,这种 Cache 与 DRAM 内容相同的情况,称之为 Cache 的一致性。Cache 只是 CPU 与内存间的一个缓冲器,只要是 CPU 与内存间交换信息,就可以保证 Cache 与 DRAM 数据的一致性。但是,在微机系统的数据总线上,除 CPU 以外,还有别的部件需要与内存交换信息,如 DMA(Direct Memory Access,直接存储器访问)就需要直接与内存进行读写操作,这就可能导致 Cache 中的内容与内存中的内容不一致(称为 Cache 数据过时),这是不能允许的。

为了确保高速缓存器与主存储器内容的一致性,常采用下列方法:

1)总线监视。用 Cache 控制器随时监视系统总线,若其他部件向主存单元写入数据,同时,该单元的原数据又是在 Cache 中有副本的,则 Cache 控制器将会自动地把该 Cache 行的数据标识为无效。

2)硬件监视。利用 Cache 控制器随时监视主存储器的所有存取操作,即所有设备对主存储器进行读/写操作时都要通过同一个高速缓存器来完成,或是通过所有的高速缓存器来完成。对主存储器的所有数据读写都是经由高速缓存器拷贝完成的,确保了 Cache 数据的一致性。

3)不可高速缓存控制方式。在主存储器中设定一部分区域,该区域中的数据不受 Cache 控制器的控制,其他部件对主存储器的该区域读写与高速缓存器无关。当 CPU 存取到这部分区域时,必须直接存取主存储器。这种控制方式将会造成高速缓存的命中率降低,但可通过软件方式适当弥补。

4)高速缓存清除方式。在任一部件向共享的主存储器写入数据之前,将高速缓存器中所有已更新的数据回写到主存储器,并将 Cache 中的所有数值清除掉。这样,Cache 中不可能含有过时数据。

5)Cache 通写方式。每当 CPU 将数据写入 Cache 位置时,Cache 控制器会立即将该数据也写入对应的主存储器位置。主存中就一定具有与 Cache 相同的内容。这种方式的优点是简单可靠,缺点是操作频繁,操作速度也可能会受影响。实际上,并不是每次 Cache 数据更新都需要立即更新主存。

6)Cache 回写方式。Cache 每个数据块的标记字段上都设有一个更新位。若 Cache 数据块所含数据已被 CPU 更新过,但并未立即更新对应的主存数据,则更新位的值置为 1。每次在欲将新的数据写入任何 Cache 行位置时,Cache 控制器会检查该数据块的标记字段的更新位。若为 0,则数据即直接写入;若为 1,则 Cache 控制器会将 Cache 行的现有内容写入到相应的主存位置后,再将新的内容取入 Cache 中。这种方式的优点是可以节省一些不必要的立即回写操作,缺点是 Cache 控制器较为复杂。

在某些系统中,有时使用上述几种方式的组合可得到较佳的效果。

习　题

5.1　若用以下的器件构成容量为 128KB 的存储器,试指出各需多少片?

①Intel 1024(1K×1 位)

②lntel 2114(1K×4 位)

③Intel 2128(2K×8 位)

④Intel 2167(16K×1 位)

⑤Intel 2164(64K×1 位)

5.2　若用 1024×1 位的 RAM 芯片组成 16K×8 位的存储器,需要多少芯片? 在地址总线中有多少位参与片内寻址? 至少需要多少位用作芯片组选择信号(片间寻址)?

5.3　EPROM 存储器芯片还没有写入信息时,各个单元的内容是什么?

5.4　对只读存储器和半导体随机存取存储器,若发生掉电现象,哪种存储器中仍保留有原来的数据?

5.5　写出 Intel 2716、2732、2764、27128、27256 芯片容量,从中找出规律来。EPROM 是怎样编程写入的? 又是怎样擦除信息的?

5.6　电擦写可编程只读存储器 EEPROM 与 EPROM 有何异同点? 它是怎样进行写入和擦除信息的?

5.7　已知某微机控制系统中的 RAM 容量为 4K×8 位,首地址为 4000H,求其最后一个单元的地址。

5.8　某单板机中 ROM 为 6KB,最后一个单元的地址为 9BFFH,RAM 为 3KB,已知其地址为连续的,且 ROM 在前,RAM 在后,求该存储器的首地址和末地址。

5.9　一台 8 位微机,地址总线 16 条。具有用 8 片 2114 构成的 4KB RAM,连线图如题图 5.1 所示。若以 1KB RAM 作为一组,则 4 组 RAM 的基本地址是多少? 地址有没有重叠区,每一组的地址范围为多少?

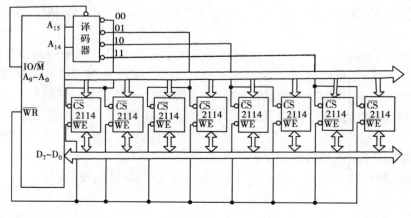

题图 5.1

5.10　8088 CPU(地址总线 20 位,数据总线 8 位,其他引脚信号与 8086 基本相同)工作于最小方式,原有系统 RAM 的容量为 128KB,其首地址为 00000H。现需用 8K×8 位的 SRAM 6264 芯片扩充 16KB 的容量,地址和原有系统 RAM 的地址相连接,试画出该扩充 RAM 和 8088 CPU 系统总线的连接图(采用全译码,译码器自选,能说明逻辑关系即可)。

5.11　8088 CPU(地址总线 20 位,数据总线 8 位,其他引脚信号与 8086 基本相同)工作于最小方式,试用 EPROM 2732、SRAM 2114、译码器 74LS138 以及若干门电路,构成一个 8KB 的 ROM,2KB 的 RAM 存储器系统(采用全译码,EPROM 的起始地址为 01000H,RAM 的起始地址为 00000H)。

5.12　为什么 8086 微机系统的主储存器中,总是将 RAM 存储器安排于低位地址空间,而将 ROM 存储器安排于高位地址空间?

5.13　某微机系统中,用 2 片 EPROM 27128 和 2 片 SRAM 6264 以及一个译码器 74LS138 来组成一个 8 位存储系统,要求起始地址为 00000H,画出系统连接图,并写出每一存储芯片的地址空间范围。

5.14　CPU 与存储器连线时,主要应考虑哪几个方面? 数据总线扩展首先组成 8 位数据线宽的存储体,其选通信号是什么? 而 16 位 CPU 其奇偶两个存储体,选通信号是什么? 32 位 CPU 则需 4 个存储体,其选通信号又是什么?

5.15　某系统的存储器中配备有两种芯片:容量分别为 2K×8 的 EPROM 和容量为 1K×8 的 RAM。它采用 74LS138 译码器产生片选信号,$\overline{Y_0}$、$\overline{Y_1}$、$\overline{Y_2}$ 直接接到 3 片 EPROM(1#、2#、3#),$\overline{Y_4}$、$\overline{Y_5}$ 则通过一组门电路产生 4 个片选信号接到 4 片 RAM(4#、5#、6#和 7#),如题图 5.2 所示,试确定每一片存储器的寻址范围。

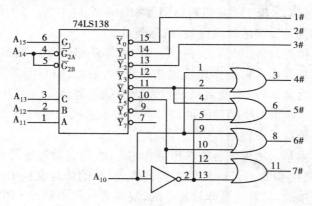

题图 5.2

5.16　扩展内存(XMS)与扩充内存(EMS)有何不同?

5.17　简述高速缓冲存储器在微机系统中的作用。

第6章

I/O 接口技术

6.1 概　述

　　输入和输出设备是计算机系统的重要组成部分,计算机通过它们与外界进行数据信息交换。微机系统中常用的输入设备有键盘、鼠标、麦克风、扫描仪、数码照相机等。常用的输出设备有 CRT/LCD 显示器、喇叭(音箱)、打印机、绘图仪等。常用的具有输入输出功能(双向数据传输)的设备有串行通信口 RS232C、调制解调器 MODEM、网卡等。I/O 设备和外存储器(软硬磁盘、光驱等)统称为计算机的外部设备,简称外设。

　　由于外部设备的种类繁多(包括光、机、电、声、磁等外部设备),数据信息的形式各异(如数字量、开关量、模拟量等形式),工作速度也相差很远,因此,CPU 与外部设备间的数据信息交换是十分复杂的。通常,CPU 不能直接通过系统总线与外部设备交换信息,而是要通过相应的中间环节来进行。所谓 I/O 接口就是 CPU 与外部设备间的中间环节,是 CPU 与外部设备进行数据信息交换的桥梁或中转站。

　　微机 I/O 接口技术是采用硬件与软件相结合的方法,研究微处理器 CPU 如何与外界进行最佳耦合与匹配,以便在 CPU 与外界之间实现高效、可靠的信息交换的一门技术。接口的内部电路有些是比较简单的,也有些是非常复杂的,复杂者往往不亚于 CPU。目前,微机中大量采用的是由大规模集成电路制成的接口芯片。

6.1.1　接口电路及其功能

(1)CPU 与外设之间交换信息的分类

1)数据信息

　　这是 CPU 与外设交换的最基本信息。数据信息又有数字量、开关量、模拟量 3 种形式。

　　①数字量　即按一定的编码标准(如二进制格式或 ASCII 码标准),由若干位数(如 8 位、16 位、32 位)组合表示的数或字符。其中的每一位可以为 0 或 1,每 8 位(或 16 位、32 位)的组合表示一个数或字符。这是 CPU 与外设交换最多的数据信息。

　　②开关量　即用一位二进制数表示两种状态的量。如用 1 表示"开"、"通"、"启",用 0 表

示"关"、"断"、"停"等。开关量也可理解为数字量的一个特例(1位数字量)。

③模拟量 即能连续变化的量。如温度、压力、速度、位移、电流、电压等物理量。由于PC机是数字计算机,因此,对于模拟量输入,要经过模数(A/D)转换;对于模拟量输出,要经过数模(D/A)转换。对于非电量输入,可先通过相应的传感器转换成电量。

2)状态信息

这是CPU与外设交换数据信息过程中的联络信息(也称"握手"信号)。CPU通过对外设状态信息的读取,可掌握其工作状态,从而决定自身的工作节奏。如CPU要向打印机(输出设备)送数据,若CPU通过读取打印机的状态信息得知其尚未准备好,则暂缓送数,先去处理别的任务,待打印机准备好后再送数。因此,了解状态信息是CPU与外设之间正确进行数据信息交换的重要前提。

3)控制信息

这是CPU发给外设的命令信息。如设置外设的工作模式的信息、控制外设开始(或停止)工作的信息等。

(2)接口电路的功能

1)设备选择功能

微机系统中一般带有多种外设,而CPU在同一时间里只能与一个外设交换信息,这就要借助I/O接口中的地址译码电路对外设进行寻址。通常,高位地址用于芯片选择,低位地址用于芯片内部寄存器或锁存器的选择,以选定需要与自己交换信息的设备。只有被选中的设备才能与CPU进行数据交换或通信。

2)数据缓冲功能

I/O接口电路中一般都设置数据寄存器或锁存器,以解决高速CPU与低速外设之间的矛盾,避免因两者速度不一致而丢失数据。为了便于联络和控制,CPU与外设之间应有联络信号,如接口电路要提供寄存器"空"、"满"、"准备好"、"忙"、"闲"等状态信号,以向CPU报告寄存器的工作状况。为防止外设对CPU工作的干扰,通常,I/O接口电路还具有电气隔离或光电隔离功能。

3)信号转换功能

由于外设所能提供的状态信号和它所需要的控制信号往往与CPU的总线信号不兼容,这就不可避免地要进行信号转换(包括CPU的信号与外设的信号的逻辑关系、时序配合以及电平匹配等)。

4)可编程功能

现在的I/O接口电路芯片基本上都是可编程的,这样可以在不改动硬件电路连接的情况下,只修改其驱动程序(初始化信息)就可改变I/O接口电路的工作方式,从而大大增强了I/O接口电路的灵活性和可扩充性,使I/O接口电路芯片向智能化方向发展。

5)中断管理功能

当外设需要及时得到CPU的服务时,特别是在出现故障需要CPU及时进行处理时,就要求在I/O接口电路中设置中断控制器,以便CPU处理有关中断事务。这样,既提高了微机系统对外设请求的响应速度,又可使CPU与外设并行工作,提高了CPU的效率。

6)数据宽度变换的功能

CPU所处理的是并行数据(8位、16位、32位等),而有的外设只能处理串行数据(如串行通信设备、磁盘驱动器等),在这种情况下,I/O 接口电路就应具有数据"并→串"或"串→并"的变换能力。

上述各种功能并非是每个 I/O 接口电路都要求全部具备,对不同配置和不同用途的微机系统,其 I/O 接口功能不同,接口电路的复杂程度也大不一样。

6.1.2　CPU 与外设间的接口电路

一个典型的 I/O 接口结构如图 6.1 所示,由图中可见,CPU 与外设不是直接相连,中间必须经过 I/O 接口。CPU 通过数据总线(DB)、地址总线(AB)和控制总线(CB)与 I/O 接口连接,以实现与外设交换数据信息、状态信息和控制信息。

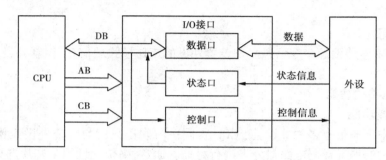

图 6.1　I/O 接口的典型结构

需要强调注意的是,状态信息和控制信息通常也是通过数据总线(DB)传送的。在接口电路中,一般都设有数据寄存器、状态寄存器和控制寄存器,分别对这 3 种不同性质的信息进行锁存和处理。因此,一个外设往往要占用几个端口,如数据端口、状态端口、控制端口等。CPU对外设的控制或 CPU 与外设间的信息交换,实际上就转换成 CPU 通过输入输出指令读/写外设各端口的数据,只是对不同的端口,读/写的数据性质也不同。在状态端口,读入的数据表示外设的状态信息;在控制端口,写出的数据表示 CPU 对外设的控制信息;只有在数据端口,才是真正地进行数据信息的交换。

6.1.3　I/O 端口的编址方式

由于 CPU 与外设间的信息交换是通过接口电路中的 I/O 端口来完成的,因此,CPU 必须能对 I/O 端口进行寻址,对于 CPU 而言,各 I/O 端口的地址必须是唯一的。I/O 端口的地址编排有两种方式:I/O 端口独立编址和 I/O 端口与存储器单元统一编址。

(1)I/O 端口独立编址

I/O 端口独立编址也称为 I/O 映射方式。在这种编址方式下,I/O 端口地址空间与存储器单元地址空间是两个相互独立的地址空间,CPU 采用两类不同的指令分别访问 I/O 端口和存储器单元,如 80x86 系统就是采用这种独立编址方式。这种编址方式需要专门的 I/O 寻址指令,在 CPU 的控制信号中,需要专门的控制信号来确定是选择 I/O 端口还是选择存储器,如 80x86CPU 中的 M/$\overline{\text{IO}}$控制线。

该编址方式的优点是:因为 I/O 端口的地址空间独立,而且一般都比存储器单元地址空间小得多,所以其控制译码电路相对简单;由于 CPU 使用了专门的 I/O 寻址指令,很容易分清某条指令是访问外设还是访问存储器,因此,程序的易读性较好。其缺点是访问 I/O 端口的手段

（指令）没有访问存储器单元的手段（指令）多。

（2）I/O 端口与存储器单元统一编址

I/O 端口与存储器单元统一编址也称为存储器映射方式。这种编址方式是从存储器单元地址空间中划出一部分空间给 I/O 设备，将每一个 I/O 端口都看作是存储器的一个单元，统一编址，对 I/O 端口和存储器单元不加区别，CPU 像访问存储器单元一样来访问 I/O 端口（如：从外设输入一个数据，就作为一次存储器单元的读操作；而向外设输出一个数据，就作为一次存储器单元的写操作）。

该编址方式的优点是：CPU 无需专门的 I/O 指令，而是采用与存储器访问相同的指令，于是，对 I/O 端口的寻址手段（指令）较丰富；由于一般用于存储器访问的指令都能用于 I/O 端口访问，因而不仅可以进行 I/O 操作，还可以对 I/O 端口中的数据进行运算、移位等操作，使用十分方便。其缺点是：由于 I/O 端口占用了一部分存储器单元的地址空间，使得存储器可利用的地址空间减小；又因为在程序中不易分清哪些指令是访问存储器，哪些指令是访问外设，所以程序的易读性受到影响。

6.1.4　I/O 指令

对于 I/O 端口独立编址的方式，CPU 需要专门的 I/O 端口寻址指令。对 80x86CPU 而言，主要有以下几条专门的 I/O 指令（CPU 从端口 PORT 读入数据的指令称为输入指令，指令助记符为 IN；CPU 向端口 PORT 输出数据的指令称为输出指令，指令助记符为 OUT），见表 6.1。

表 6.1　I/O 指令

编号	指　　令		功　　能	注　　释
1	IN　　AL,	PORT	AL←(PORT)	字节输入（8 位）
2	IN　　AX,	PORT	AX←(PORT+1, PORT)	字输入（16 位）
3	IN　　EAX,	PORT	EAX←(PORT+3, PORT+2, PORT+1, PORT)	双字输入（32 位）
4	OUT PORT,	AL	(PORT)←AL	字节输出（8 位）
5	OUT PORT,	AX	(PORT+1, PORT)←AX	字输出（16 位）
6	OUT PORT,	EAX	(PORT+3, PORT+2, PORT+1, PORT)←EAX	双字输出（32 位）
7	IN　　AL,	DX	AL←(DX)	字节输入（8 位）
8	IN　　AX,	DX	AX←(DX+1, DX)	字输入（16 位）
9	IN　　EAX,	DX	EAX←(DX+3, DX+2, DX+1, DX)	双字输入（32 位）
10	OUT DX,	AL	(DX)←AL	字节输出（8 位）
11	OUT DX,	AX	(DX+1, DX)←AX	字输出（16 位）
12	OUT DX,	EAX	(DX+3, DX+2, DX+1, DX)←EAX	双字输出（32 位）

在表 6.1 中，前 6 条为直接寻址 I/O 指令，PORT 为端口的 8 位地址，由地址线 $A_7 \sim A_0$ 确定，可寻址 256 个端口；后 6 条为寄存器间接寻址 I/O 指令，DX 中的是 16 位端口地址，由地址线 $A_{15} \sim A_0$ 确定，可寻址 65 536 个端口。

例6.1 指令 IN AL,20H

若(20H)=29H,则指令执行后,AL=29H。

例6.2 指令 OUT DX,EAX

若 DX=2000H,EAX=2FAB3147H,则指令执行后,地址为 2003H、2002H、2001H、2000H 的端口的内容分别为 2FH、ABH、31H 和 47H。

应该指出的是,I/O 指令的执行并不影响任何标志位的状态。

6.1.5 PC 机 I/O 接口地址配置

由于 80x86 PC 机采用 I/O 独立编址方式,因此,CPU 使用专门的 I/O 指令来访问 I/O 端口。I/O 端口地址一部分在系统主板上,一部分在扩展 I/O 接口板上(系统主板上有若干个扩展 I/O 接口板的插槽)。当地址线 $A_9=0$ 时,CPU 访问系统主板上的 I/O 端口(用直接寻址指令);当地址线 $A_9=1$ 时,CPU 则访问扩展 I/O 接口板上的 I/O 端口(用间接寻址指令)。

系统主板上的 I/O 端口地址配置见表 6.2,可用直接寻址指令访问,可寻址范围为 00H～FFH。

表 6.2 系统主板上的 I/O 端口地址配置

地址范围	用 途	注 释
0000H～001FH(32 个地址)	DMA 控制器 8237A	基本地址 0000～000F(16 个)
0020H～003FH(32 个地址)	中断控制器 8259A	基本地址 0020～0021(2 个)
0040H～005FH(32 个地址)	定时/计数器 8253A	基本地址 0040～0043(4 个)
0060H～007FH(32 个地址)	并行接口芯片 8255A	基本地址 0060～0063(4 个)
0080H～009FH(32 个地址)	DMA 页面寄存器	基本地址 0080～0083(4 个)
00A0H～00BFH(32 个地址)	NMI 屏蔽寄存器	

扩展 I/O 插槽上的 I/O 端口地址配置见表 6.3,可用间接寻址指令访问,可寻址范围 0000H～FFFFH。

表 6.3 扩展 I/O 插槽上的 I/O 端口地址配置

地址范围	用 途	注 释
200H～20FH(16 个地址)	游戏控制接口	
210H～217H(8 个地址)	扩展部件	
218H～2F7H(224 个地址)	未用	
2F8H～2FFH(8 个地址)	异步通信(第 2 个)	
300H～31FH(32 个地址)	试验卡	
320H～327H(8 个地址)	硬磁盘适配器	
330H～377H(72 个地址)	未用	
378H～37FH(8 个地址)	并行打印机	

续表

地址范围	用　途	注　释
380H～38FH(16 个地址)	SPLC 通信	
390H～3AFH(32 个地址)	未用	
3B0H～3BFH(16 个地址)	单色显示/打印机	
3CDH～3CFH(3 个地址)	未用	
3D0H～3DFH(16 个地址)	彩色/图形显示卡	
3E0H～3EFH(16 个地址)	未用	
3F0H～3F7H(8 个地址)	软磁盘适配器	
3F8H～3FFH(8 个地址)	异步通信(第 1 个)	

6.1.6 I/O 的控制方式

随着计算机技术的日益发展,一个计算机系统所能容纳的 I/O 设备的种类、数量越来越多,系统对这些设备的控制也越来越复杂。因此,一个重要的问题是如何管理好数据的传送,这称之为输入输出的控制方式。微机系统中数据传送的控制方式有 3 种:即程序控制方式、中断控制方式和直接存储器访问方式。这 3 种数据传送方式各有优缺点,在实际使用时,可根据具体情况,选择既能满足要求,又尽可能简单的传送方式。

（1）程序控制方式

程序控制的输入输出方式就是在程序中预先安排相应的 I/O 指令来控制输入和输出,完成 CPU 与外设之间的信息交换。在这种方式中,可根据需要把有关的 I/O 指令插入到程序中相应的位置。

（2）中断控制方式

所谓中断(Interruption),是指 CPU 在运行程序期间,遇到某些特殊情况,被其内部或外部事件所打断,暂时中止原来程序的执行,而转去执行一段特定的处理程序,完成后再回到原来的程序继续执行,这一过程就叫中断。这段特定的处理程序叫做中断服务程序。中断控制的输入输出方式(也称中断传送方式)是指在外设准备就绪时,主动向 CPU 发出中断请求,从而使 CPU 去执行相应的中断服务程序,完成与外设间的数据传送。

（3）直接存储器访问（DMA）方式

直接存储器访问(Direct Memory Access)方式就是不通过 CPU 执行指令,在外设与内存之间直接进行数据交换。这对于高速 I/O 设备和需成组交换数据的情况(如磁盘与内存之间的信息交换)就很有必要。DMA 方式是一种高速数据传送方式,适用于成组数据的传送。

程序控制方式和中断控制方式都是采用软件的形式实现 CPU 与外设间的数据传送,都要占用 CPU 的宝贵时间。DMA 方式则是一种由硬件实现的数据传送方式,无需占用 CPU 的时间就可实现数据的高速传送。

6.2　程序控制的 I/O

程序控制的 I/O 操作完全在 CPU 的控制下完成,由 CPU 执行启动、控制、停止输入输出的程序,几乎所有的计算机都可以采用这种传送方式。根据外设的不同性质,程序控制的 I/O 方式又可分为无条件传送(同步传送)和查询传送(异步传送)两种方式。

6.2.1　无条件传送方式

对于有些简单外设,它们的工作情况十分简单,相对于 CPU 而言,其时序是已知的且固定的,工作状态很少发生变化。CPU 在与这些外设交换信息时,不用查询它们的工作状态,而是默认它们始终处于"准备好"或"空闲"状态,需要时可随时与它们交换数据,这种传送方式就是无条件传送方式(也称同步传送方式)。

(1)无条件传送的输入接口电路及输入过程

无条件传送的输入接口电路如图 6.2 所示。为防止 CPU 在读取外设数据时数据发生变化,往往在硬件上采用数据缓冲器或数据锁存器,把外设要送给 CPU 的数据保存起来,以确保输入数据的正确性。其输入过程为:

①提供端口地址,以便 CPU 能从指定的外设读取数据;

②执行 IN 指令;

③地址译码器输出和 M/$\overline{\text{IO}}$、$\overline{\text{RD}}$控制信号相与后,选通缓冲器或锁存器;

④数据从外设端口输入至 CPU 寄存器。

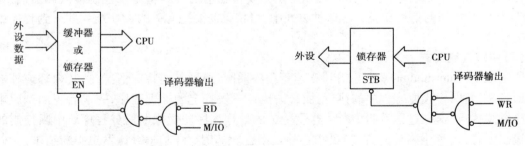

图 6.2　无条件传送的输入接口电路　　　　　图 6.3　无条件传送的输出接口电路

(2)无条件传送的输出接口电路及输出过程

无条件传送的输出接口电路如图 6.3 所示。由于 CPU 数据线上的负载很多,为了将 CPU 数据线上的数据准确传送给指定的外设,除了要正确提供外设的端口地址外,还需将输出数据锁存后供给外设。其输出过程为:

①提供端口地址,以便 CPU 能将数据送到指定的外设;

②执行 OUT 指令;

③地址译码器输出和 M/$\overline{\text{IO}}$、$\overline{\text{WR}}$信号相与后,选通锁存器,将 CPU 输出的数据锁存在数据端口中;

④输出设备从端口将数据取走。

无条件传送方式不需要状态端口信息,所需硬件较少,程序设计也较简单。此方式虽称为"无条件"传送,但实际上还是"有条件"的,也就是传送不能太频繁,以保证每次传送时外设都能处于"准备好"状态。因此,无条件传送方式用得较少,只能用于一些简单的外设。

6.2.2 查询传送方式

上述的无条件传送方式,要求 CPU 与外设的工作是同步的。若两者不同步,则很难保证 CPU 在执行输入操作时外设一定是"准备好"的,在执行输出操作时,外设的寄存器一定是"空"的,这就很可能造成工作混乱。

为了保证数据传送的正确可靠,可采用查询传送方式,即在传送之前,CPU 通过程序不断读取并测试外设的状态信息,当确信外设已准备就绪时,CPU 才执行输入指令或输出指令与外设交换数据信息,否则,CPU 就继续查询外设的状态信息。所以,查询传送方式也称为异步传送方式。

(1)查询传送方式的输入接口电路及输入过程

查询传送方式的输入查询框图如图 6.4 所示。当 CPU 要从外设读取数据时,首先要保证外设的数据是已经"准备好"的。也就是说,当外设准备好数据时,应发出相应的状态信息,并将数据锁存起来。CPU 在读取数据之前,应先读取状态端口的信息。只有当外设"准备好"了,才能读取数据。

查询传送方式的输入接口电路如图 6.5 所示。其工作过程为:当外设数据准备好时,则发出状态信号 $\overline{STB}$,该信号一方面作为锁存器(8)的控制信号,令其将外设输入数据 $D_7 \sim D_0$ 锁存起来,另一方面 $\overline{STB}$ 信号使 D 触发器的输出端 Q 输出高电平,该输出信号为缓冲器(1)的输入信号。缓冲器(1)的输出是与 CPU 的数据线 DB_0 相连的,CPU 执行一条取状态指令,就可从状态端

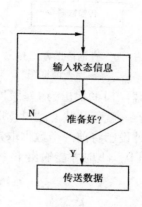

图 6.4 查询传送方式的
输入查询框图

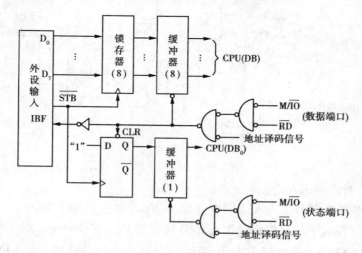

图 6.5 查询传送方式的输入接口电路

口读取状态信息,并判断出 D_0 位是否为 1。若 $D_0 = 1$,则表明状态满足条件,从而可从数据端

口读取数据。CPU 在将数据取走的同时,将 D 触发器清零,使外设的状态变为不满足条件,又送给外设一个 IBF 信号表示数据已被输入,把 $\overline{STB}$ 置为高电平,从而完成了一个数据的读取(输入)过程。只有当外设再次发出低电平 $\overline{STB}$ 信号,CPU 检查状态满足条件后,才进行下一个数据的读取。

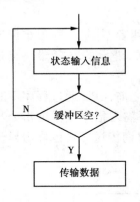

图 6.6　查询传送方式的
输出查询框图

(2)查询传送方式的输出接口电路及输出过程

查询传送方式的输出查询框图如图 6.6 所示。当 CPU 将数据送到外部设备时,由于 CPU 速度很快,而外设速度一般都较慢,若外设还没有及时将数据取走,CPU 又接着送下一个数据,就会造成数据丢失(覆盖)。因此,外设每取走一个数据,就要发出一个状态信息,告诉 CPU 缓冲区已经空了,可以传送下一个数据。

查询传送方式的输出接口电路如图 6.7 所示。其工作过程为:CPU 执行一条 OUT 指令,将数据经数据线 DB 输出到锁存器(8)锁存,同时使 D 触发器的 $\overline{Q}$ 端输出低电平有效信号 $\overline{OBF}$,通知外设可以取数。外设取走数据后,发出一个状态信号 $\overline{ACK}$(低电平有效),该信号使 D 触发器清零($Q=0$, $\overline{Q}=1$),也使得状态缓冲器(1)的输出为 1。缓冲器(1)的输出是与 CPU 的数据线 DB_0 相连的,CPU 执行一条取状态指令,就可从状态端口读取状态信息,并判断出 D_0 位是否为 1。若 $D_0=1$,则表明缓冲区已空,外设已将前一个数据取走,CPU 可输出下一个数据,否则 CPU 要一直测试状态信息 D_0 位,直到 $D_0=1$ 时才能输出下一个数据。

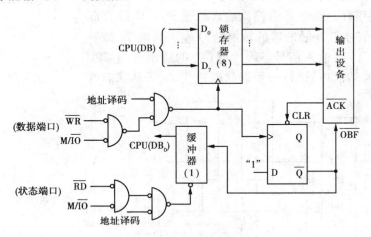

图 6.7　查询传送方式的输出接口电路

例 6.3　一个查询传送方式的例子如图 6.8 所示。

这是一个采用 A/D 转换器对 8 个模拟量 $IN_0 \sim IN_7$ 采样的数据采集系统。8 个输入模拟量经过多路开关 U_5 选择其中一个模拟量送入 A/D 转换器 U_1。多路开关 U_5 由控制端口 U_4(端口地址为 04H)输出的 3 位二进制码 $D_2D_1D_0$ 控制。当 $D_2D_1D_0=000$ 时,选通 IN_0;当 $D_2D_1D_0=001$ 时;选通 IN_1……每次只选通一个模拟量送到 A/D 转换器。同时,由控制端口 U_4 的 D_4 位控制 A/D 转换器的启动($D_4=1$)和停止($D_4=0$)。A/D 转换完成后,A/D 转换器的 READY

端输出有效信号(高电平),经过状态端口 U_2(端口地址为 02H)的 D_0 位送到数据总线。转换后得到的数据由数据端口 U_3(端口地址为 03H)输入 CPU 的数据总线。该数据采集系统中,采用了三个端口——数据口 U_3、控制口 U_4 和状态口 U_2。

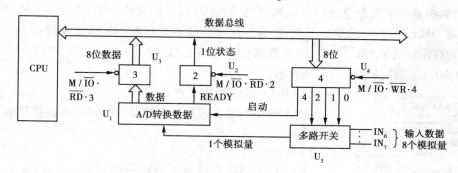

图 6.8 查询式数据采集系统

实现多路数据采集的程序如下:

```
START:  MOV    DL,  0F8H              ;设置启动 A/D 转换的信号
        MOV    DI,  OFFSET  DSTOR     ;输入数据缓冲区的偏移地址→DI
        CLD
AGAIN:  MOV    AL,  DL                ;停止 A/D 转换
        AND    AL,  0EFH
        OUT    04H, AL
        CALL   DELAY                  ;等待停止 A/D 操作的完成
        MOV    AL,  DL                ;启动 A/D 转换,选择模拟量 IN
        OUT    04H, AL
POLL:   IN     AL,  02H               ;输入状态信息
        SHR    AL,  1
        JNC    POLL                   ;数据未准备好,程序循环等待
        IN     AL,  03H               ;数据已准备好,输入数据
        STOSB                         ;存到内存
        INC    DL                     ;修改多路开关控制信号,指向下一个模拟量
        JNE    AGAIN                  ;8 个模拟量未采集完,继续循环
        ⋮                            ;已完成,继续执行下面的程序
```

6.3 DMA 方式

6.3.1 概述

直接存储器访问(DMA)方式主要用于需要高速大批量数据传送的场合,以提高数据的吞吐量,如磁盘存取,图像处理,高速数据采集,同步通信中的收发信号等。DMA 方式是一种不

需要 CPU 干预也不需要软件介入的高速数据传送方式,在 DMA 方式中,CPU 只启动而不参与这一传送过程,整个传送过程由 DMA 控制器(DMAC)来控制,完全由硬件实现,因此,传送速度可以很快。

通常,微机系统的数据总线(DB)、地址总线(AB)和控制总线(CB)都是由 CPU 管理(控制)的,而在 DMA 方式下,就要求 CPU 让出对这些总线的控制权(将 CPU 与这些总线相连的引脚输出为高阻状态),而由 DMA 控制器来接管这些总线,取代 CPU,承担 DMA 传送的全过程控制。DMA 的工作流程如图 6.9 所示。

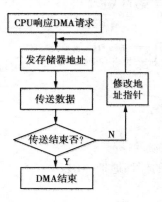

图 6.9 DMA 工作流程图

(1)DMA 操作的基本方式

DMA 操作的基本方式有 3 种:周期挪用、周期扩展和 CPU 停机方式。

1)周期挪用

将 CPU 不访问存储器的那些时间周期"挪用"来实现 DMA 操作。在那些时间周期期间,CPU 是不控制总线的,所以,DMAC 不用通知 CPU 就可直接使用总线。这种工作方式的关键是如何识别合适的可挪用的周期,以避免与 CPU 的操作发生冲突。有的 CPU 能产生一个表示存储器是否正在被使用的信号,有的 CPU 则规定在特定的状态下不访问存储器,而在大部分 CPU 中必须通过比较复杂的时序电路来加以识别。这种操作方式不减慢 CPU 的操作,但可能需要复杂的时序电路,而且数据传送过程是不连续和不规则的。

2)周期扩展

周期扩展方式要使用专门的时钟发生器/驱动器电路。当需要进行 DMA 操作时,由 DMAC 发出请求信号给时钟电路,时钟电路把供给 CPU 的时钟周期加宽,而提供给存储器和 DMAC 的时钟周期不变。这样,在加宽时钟周期内 CPU 的操作不往下进行,而这加宽的时钟周期相当于若干个正常的时钟周期,可用来进行 DMA 操作。这种方法会使 CPU 的处理速度减慢,而且 CPU 时钟周期的加宽是有限的。因此,用这种方法进行 DMA 传送,一次只能传送一个字节。

3)CPU 停机方式

这是最常用也是最简单的一种 DMA 传送方式,大部分 DMAC 均采用这种方式。在这种方式下,当要进行 DMA 传送时,DMAC 向 CPU 发出 DMA 请求信号 HOLD,迫使 CPU 在现行的总线周期结束后,使其地址总线(AB)、数据总线(DB)和部分控制总线(CB)处于高阻状态,从而让出对这些总线的控制权,并向 DMAC 发出 DMA 响应信号 HLDA。DMAC 接到该响应信号后,接管对总线的控制权,从而使得外设和内存可以直接通过总线进行数据传送。传送结束后,CPU 恢复对总线的控制,继续执行被中断的程序。采用 CPU 停机方式可以进行单字节传送,也可以进行数据块传送。但是,在 DMA 传送期间,CPU 处于空闲状态,会降低 CPU 的利用率,而且会影响 CPU 对中断(包括不可屏蔽中断)的响应和动态 RAM 的刷新,这在使用时是需要加以考虑的。

(2)DMA 的传送方式

各种 DMAC 一般都有 3 种 DMA 传送方式:单字节传送方式、成组传送方式和请求传送方式。

1）单字节传送方式

每次 DMA 请求,只传送一个字节的数据,占用一个总线周期。

2）成组传送方式

一次 DMA 请求,可传送一组数据信息,所传送数据信息的字节数由 DMAC 初始化时编程决定。

3）请求传送方式

这种传送方式又称查询传送方式。这种传送方式类似于成组传送方式,区别是每传送一个字节后,DMAC 要检测(查询)外设原来发出的 DMA 请求信号是否继续有效,以决定是否继续传送。

（3）DMA 系统的组成及功能

DMAC 是控制存储器与外设之间进行直接高速数据传送的硬件。通常,DMAC 应具有如下功能:

①能接收外设发出的 DMA 请求信号 DREQ,并能向 CPU 发出总线请求信号 HOLD;

②当收到 CPU 发出 DMA 响应信号 HLDA 后,能向外设发回 DMA 服务认可信号 DACK,接管系统总线,进入 DMA 方式;

③能输出地址信息,对存储器寻址并修改地址指针;

④能向存储器和外设发出相应的读/写控制信号;

⑤能控制传送的字节数,判断 DMA 传送是否结束;

⑥在 DMA 传送结束后,撤销总线请求信号 HOLD,释放总线,使 CPU 恢复对总线的控制权。

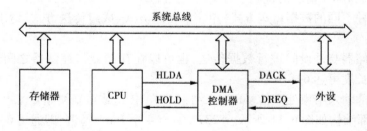

图 6.10 DMA 传送示意图

图 6.10 为 DMA 方式数据传送示意图。其工作过程如下:首先对 DMAC 进行初始化编程,CPU 把 DMAC 的工作方式、要写入的存储单元的首地址以及传送字节数等写到 DMAC 的内部寄存器中。一旦外设有 DMA 传送请求,它将向 DMAC 发出 DMA 请求信号 DREQ(该信号应维持到 DMAC 响应为止)。DMAC 收到请求后,向 CPU 发出总线请求信号 HOLD,表示希望占用总线(该信号在整个传送过程中维持有效)。CPU 在当前总线周期结束时响应总线请求,向 DMAC 回送总线响应信号 HLDA,表示它已放弃总线控制权。此时,DMAC 再向外设回送 DMA 响应信号 DACK,该信号将清除 DMA 请求触发器,DMA 传送开始。传送开始后,DMAC 向外设送读控制信号($\overline{\text{IOR}}$)或写控制信号($\overline{\text{IOW}}$),同时向存储器送存储单元地址和写控制信号($\overline{\text{MEMW}}$)或读控制信号($\overline{\text{MEMR}}$),完成一个字节的传送。DMAC 自动增减内部地址和计数,并据此判断任务是否完成,如果传送尚未完成,则继续传送下一字节,如果传送完成,则将撤销发往 CPU 的总线请求信号 HOLD,从而结束 DMA 传送,CPU 重新接管总线控制权。

随着大规模集成电路技术的发展,DMA 传送方式已不局限于存储器与外设之间的信息交换,而可扩展到存储器的两个区域之间或两种高速外设之间进行 DMA 数据传送。

(4)PC 微机的 DMA 控制器

PC/XT 微机系统板上采用一片可编程的 DMA 控制器 8237A。8237A 有 4 个独立的可编程 DMA 通道,其端口地址为 00H ~ 0FH,4 个通道分别用于控制动态随机存储器 DRAM 的刷新、预留用户、软磁盘接口和硬磁盘接口的 DMA 传送。

PC/AT 微机系统板上采用两片 8237A 级联作为 DMA 控制器。两片 8237A 级联后共有 7 个独立的可编程 DMA 通道。

80386 及以上的微机不再采用专门的 DMA 芯片,而是采用新的高性能多功能外围芯片 82380 中的 DMA 控制器实现 DMA 传送。82380 是专为 80386 系统设计的高性能多功能超大规模集成 I/O 接口芯片,它同时具有可编程中断控制、可编程定时器/计数器、DRAM 刷新控制、内部总线仲裁与控制、可编程 DMA 控制、系统复位等功能。82380 具有 8 个独立的可编程 DMA 通道,允许使用 80386/80486 的全部 32 位总线宽度,从而使系统的 I/O 操作速度大大提高。

6.3.2   DMA 控制器 8237A

Intel 8237A 是一种高性能的可编程 DMA 控制器,主要用于 PC/XT 和 PC/AT 等微机。

(1)8237A 的基本功能和内部结构

8237A 的基本功能主要有:

①有 4 个独立的可编程 DMA 通道,还可以通过级联方式来扩展通道数。

②每一个通道 DMA 请求的优先权可由编程规定,也可以被屏蔽。

③可以有 4 种不同的数据传送方式(单字节传送方式、成组传送方式、请求传送方式和级联方式)。

④可以在存储器与外设间进行数据传送,也可以在存储器与存储器之间进行数据传送。每次传送的最大长度可达 64KB。

⑤可以由外部输入结束处理信号$\overline{\text{EOP}}$来结束 DMA 传送或重新初始化。

8237A 的内部结构如图 6.11 所示。8237A 具有 4 个 DMA 通道,即通道 0 ~ 3,图中只展开画出了一个通道。

(2)8237A 的外部引脚

DMA 控制器 8237A 是具有 40 只引脚的双列直插式(DIP40)集成电路芯片,其外部引脚布置如图 6.12 所示。各引脚的功能如下:

①CLK——时钟信号(输入)。用于控制 8237A 内部的操作和数据的传送率。标准 8237A 的时钟频率为 3MHz,而 8237A — 2、8237A — 5 等的时钟频率可达 5MHz。

②$\overline{\text{CS}}$——片选信号(输入),低电平有效。在 8237A 空闲期间(非 DMA 传输状态),DMA 控制器被看作是系统的一个 I/O 端口,CPU 利用该信号对芯片进行寻址,可对其进行初始化编程或读取其内部寄存器信息。

③RESET——复位信号(输入),高电平有效。有效时,除片中的屏蔽寄存器被置位外,其他寄存器都被复位。复位期间,芯片处于空闲状态。

④$DREQ_0$ ~ $DREQ_3$——DMA 请求信号(输入)。DREQ 的有效电平可由编程设定(芯片复

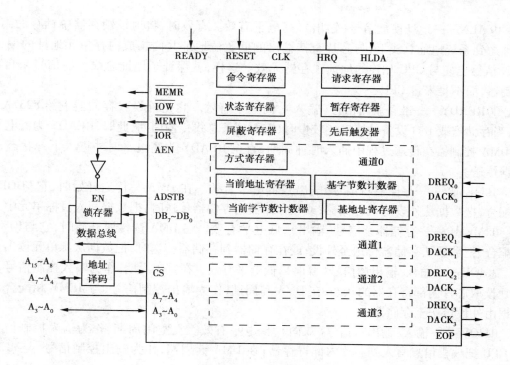

图 6.11　8237A 的逻辑框图

位后,4 个请求输入线均处于低电平,规定为高电平有效)。当外设要求 DMA 服务时,应将相应的 DREQ 信号设置成有效电平,直至相应的 DMA 请求响应信号 DACK 变为有效时为止。在固定优先权编码方案中,$DREQ_0$ 的优先权最高,$DREQ_3$ 的优先权最低。

　　⑤HRQ——总线请求信号(输出),高电平有效。8237A 用它来向 CPU 请求控制系统总线。8237A 只要收到任何未被屏蔽的 DMA 请求信号($DREQ_0 \sim DREQ_3$),就会发出 HRQ 信号。

　　⑥HLDA——总线响应信号(输入),高电平有效。这是 CPU 对 8237A 的 HRQ 信号的响应。当它有效时,表示 CPU 已放弃了系统总线的控制权。

　　⑦$DACK_0 \sim DACK_3$——DMA 响应信号(输出)。这是 8237A 对外设 DMA 请求的回答信号。它有效时,表示已经启动一个 DMA 传送周期。其有效电平由编程确定,但复位后自动设置为低电平有效。

　　⑧ADSTB——地址选通信号(输出),高电平有效。有效时,将 $DB_7 \sim DB_0$ 上送出的高 8 位地址($A_{15} \sim A_8$)锁存在外部地址锁存器中。

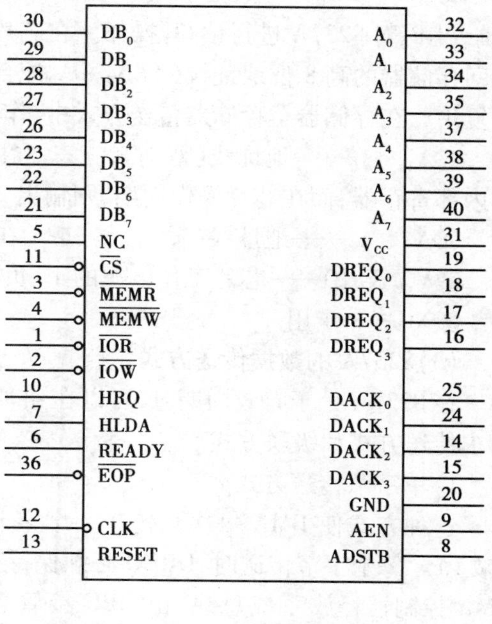

图 6.12　8237A 的引脚示意图

221

⑨AEN——地址使能信号(输出),高电平有效。有效时,将地址锁存器中锁存的高8位地址送到系统地址总线上,与芯片直接输出的低8位地址共同构成内存单元地址的偏移量。AEN信号也使与CPU相连的地址锁存器无效。这样,就保证了地址总线上的信号来自DMA控制器,而不是来自CPU。

⑩READY——准备就绪信号(输入),高电平有效。它是外设或存储器发给8237A的信号,当存储器或I/O设备的速度比较慢时,需要延长总线传输周期,此时,READY为低电平,就使DMA控制器在传送过程中插入时钟周期,直至READY为高电平时才进入下一状态,完成数据传送。

⑪$\overline{\text{MEMW}}$——存储器写信号(输出),低电平有效。在DMA写传送开始时,它与$\overline{\text{IOR}}$信号相配合,把数据从外设写入存储器;或在存储器到存储器传送时,把数据写入目标单元中去。

⑫$\overline{\text{MEMR}}$——存储器读信号(输出),低电平有效。在DMA读传送开始时,它与$\overline{\text{IOW}}$信号相配合,把数据从存储器传送至外设;或在存储器到存储器传送时,把数据从源单元读出。

⑬$\overline{\text{IOR}}$——输入/输出读信号(双向),低电平有效。在空闲周期,作为输入控制信号,用于CPU读取芯片内部寄存器的状态;在DMA写周期,作为输出控制信号,与$\overline{\text{MEMW}}$相配合,控制数据由外设传送至存储器。

⑭$\overline{\text{IOW}}$——输入/输出写信号(双向),低电平有效。在空闲周期,作为输入控制信号,用于CPU把编程信息写入到芯片内部寄存器;在DMA读周期,作为输出控制信号,与$\overline{\text{MEMR}}$相配合,把数据从存储器传送至外设。

⑮$\overline{\text{EOP}}$——过程结束信号(双向),低电平有效。在DMA传送时,当字节数计数器减到零时,输出一个有效的$\overline{\text{EOP}}$脉冲信号,也可由外部输入一个有效的$\overline{\text{EOP}}$信号。不论是由内部还是由外部产生的$\overline{\text{EOP}}$信号,都会终止当前的DMA传送,且复位DMA控制器的内部寄存器。

⑯$DB_7 \sim DB_0$——数据总线(双向),三态。在芯片空闲周期,为8位数据线,CPU通过$DB_7 \sim DB_0$对8237A进行读/写操作。在芯片操作周期(DMA传送状态),为8位地址线,输出访问存储器的高8位地址线(与$A_7 \sim A_0$配合组成16位地址),同时也为数据线,地址和数据分时复用。在存储器至存储器传送方式中,作为数据的输入输出端。

⑰$A_3 \sim A_0$——地址线(双向),三态。在芯片空闲周期,作为输入地址,CPU用其选择芯片的内部寄存器;而在芯片操作周期,则输出20位内存地址的最低4位。

⑱$A_7 \sim A_4$——地址线(输出),三态。在芯片操作周期,输出4位地址。

⑲V_{CC}、GND——芯片工作电源的正、负极。

⑳NC——未用。

(3)8237A的数据传送方式

在8237A处于有效周期时,可以在4种方式下工作:即单字节传送方式、成组传送方式、请求传送方式和级联方式。

1)单字节传送方式

这种方式使DMA每次只传送一个字节。传送后,字节计数器减1,地址寄存器相应加1(减1)。每个字节传送时,DREQ必须保持有效。传送完后,DREQ变为无效,致使HRQ无效,DMA控制器释放系统总线,由CPU接管总线并至少执行一个机器周期,然后产生下一个DREQ信号,完成下一个字节的传送,使得CPU和DMA控制器轮流控制系统总线。

2)成组传送方式

在这种方式下,8237A 由 DREQ 启动后就连续传送数据,每传送一个字节就自动修改地址,且使传送的字节计数器减 1,直至将数据块传送完为止,或由外部输入有效的 $\overline{\text{EOP}}$ 信号来终止 DMA 传送。外设的 DREQ 信号只需要保持到 DACK 有效为止。在 8237A 进行块传送编程后,当传送结束时可自动初始化。

3)请求传送方式

在这种传送方式下,8237A 可以连续地传送数据,而当出现以下 3 种情况之一时(①字节计数器减到 0;②由外界送入一个有效的 $\overline{\text{EOP}}$ 信号;③当外设的数据已传送完毕,DREQ 信号变为无效),停止传送。在这种传送方式停止时,8237A 释放系统总线,其地址和字节数的中间值保存在相应通道的现行地址和字节数寄存器中,只要外设的 DREQ 再次有效,就可继续传送下去。

4)级联方式

8237A 可以进行级联而构成主从式 DMA 系统。级联方式是把从芯片的 HRQ 和 HLDA 端分别连到主芯片相应通道的 DREQ 和 DACK 端上,而主芯片的 HRQ 和 HLDA 连到系统总线上,如图 6.13 所示。级联时,主芯片的方式寄存器设置为级联方式,而从芯片可设置为其他 3 种方式之一。在这种方式下,当主芯片某个级联通道被响应后,由相应的从芯片来控制外设与存储器数据的传送。而主芯片仅对从芯片的 DREQ 请求做出 DACK 响应,故除了 HRQ 外,主芯片的其他输出均被禁止。

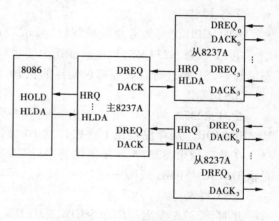

图 6.13　8237A 的级联

(4)8237A 的工作时序状态

8237A 的工作状态可以分为空闲周期和操作周期。在操作周期中又可细分为若干状态,有的 S 状态只维持一个时钟周期,有的状态则可能维持若干时钟周期。下面以时序状态图形式描述 PC 机的 DMA 工作过程,如图 6.14 所示。

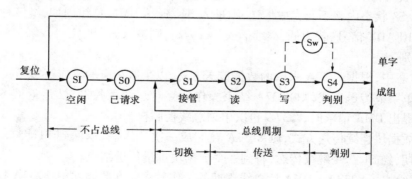

图 6.14　DMA 传送过程时序状态图

1)SI 空闲周期(非 DMA 传送状态)

在 8237A 处于空闲周期时,它就像一般的 I/O 芯片一样受 CPU 的控制。CPU 可通过执行输出指令对其进行初始化,也可以从 8237A 读出状态字等信息。

8237A 在每个时钟周期都采样 $\overline{CS}$,看 CPU 是否选中 8237A 芯片,以便对 8237A 进行读/写。同时,在每个时钟同期也采样 DREQ$_0$ ~ DREQ$_3$,看外设是否提出 DMA 请求。

如果 8237A 已完成初始化预置,且接到 DMA 请求,则向 CPU 提出总线请求 HRQ,并进入 S0 状态。

2)操作周期(DMA 传送状态)

在操作周期,DMAC 取代 CPU,获得对系统总线的控制权,成为系统总线主控者,向存储器和外设发出一系列控制信号,进行 DMA 传送。

①S0 初始态

此时,8237A 已经发出总线请求信号,等待 CPU 的批准,如果总线正忙,8237A 有可能等待若干时钟周期。当 8237A 接到 CPU 发来的总线响应信号 HLDA 后,进入 S1 状态。

②S1 操作态

此时,CPU 已经放弃总线控制权,由 8237A 接管总线,这意味着已进入 DMA 传送总线周期。在 S1 状态,8237A 向地址总线送出要进行 DMA 传送的存储器单元地址,然后进入 S2 状态。显然,S1 是进行总线控制权切换的状态,又称为应答状态。

③S2 读出

此时,8237A 向 I/O 接口发出响应 DMA 请求的应答信号 DACKi,并向总线送出读命令 $\overline{MEMR}$ 或 $\overline{IOR}$。从存储器或 I/O 接口读出数据。

在此应指出,8237A 并未提供要进行 DMA 传送的 I/O 端口地址,因此,在 DMA 传送期间,是由 DACKi 与 $\overline{IOR}$(或 $\overline{IOW}$)信号一起去选择对应的 I/O 端口。

④S3 写入

此时,8237A 发出写出命令 $\overline{IOW}$ 或 $\overline{MEMW}$,将数据写入 I/O 接口(即接收有效 DACKi 信号的接口)或存储器。同时,8237A 中的当前地址计数器与当前字节计数器进行内容修改,如减1。

在 S3 状态,8237A 还要检测 READY 输入信号,若为低,则插入 Sw 等待状态;若为高,则不插入 Sw,直接进入 S4 状态。

⑤Sw 延长等待

若在 S2、S3 状态内来不及完成传送,则进入 Sw,延长 DMA 总线周期,继续数据传送操作同时仍检测 READY 信号,若为低,继续插入 Sw;为高,则进入 S4 状态。

⑥S4 判别

在 S4 状态中,根据 8237A 采取的数据传送方式,以采取相应的操作。

如果是单字节传送方式,则 8237A 结束操作放弃对总线的控制,然后返回 SI 空闲周期。当设备再次提出 DMA 请求时,8237A 再次申请总线控制权。

如果是数据块连续传送方式,则 8237A 在完成一次传送后,返回到 S1 状态,继续占用下一个总线周期,经 S1 ~ S4 继续传送,直到一个数据块批量传送结束。

图 6.15 给出了 8237A DMA 读总线周期的工作时序。在此周期中,8237A 控制完成从存储器读出数据写入 I/O 端口。

(5)8237A 的内部寄存器

前已述及,8237A 的内部寄存器共有 11 种。它们可以分为两大类:一类是每个通道独立使用的寄存器,有基地址寄存器、基字节数计数器、当前地址寄存器、当前字节数计数器、方式

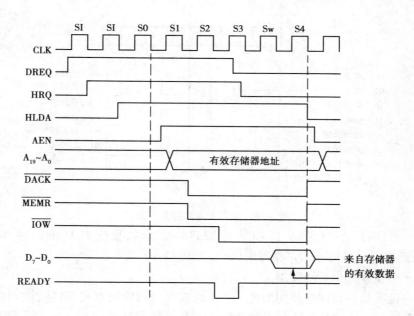

图 6.15　DMA 读总线周期

寄存器,共 5 种各 4 个;另一类是 4 个通道共用的寄存器,有命令寄存器、请求寄存器、屏蔽寄存器、状态寄存器、暂存寄存器、先后触发器,共 6 种各 1 个。

1)基地址寄存器(16 位)

用于寄存相应通道当前地址寄存器的初始值。由 CPU 在对 8237A 编程时与当前地址寄存器同时被写入,所以,它和当前地址寄存器有相同的写入口地址,但它不能被 CPU 读出。在自动初始化情况下,它使当前地址寄存器恢复到初始值。

2)当前地址寄存器(16 位)

用于寄存在 DMA 传送期间的地址值。在每次传送后,地址值自动加 1 或减 1(由方式寄存器编程决定)。CPU 可以连续两次对该寄存器进行写入或读出。在自动初始化情况下,即在$\overline{EOP}$信号有效时,它恢复到基地址寄存器的初始值。

3)基字节数计数器(16 位)

用于寄存相应通道当前字节数计数器的初始值(初始值比实际传送的字节数少 1)。由 CPU 在对 8237A 编程时与当前字节数计数器同时被写入,所以,它和当前字节数计数器有相同的写入口地址,但它不能被 CPU 读出。在自动初始化情况下,它使当前字节数计数器恢复到初始值。

4)当前字节数计数器(16 位)

用于寄存当前字节数。每传送一个字节后自动减 1,当该计数器的值减到 0 时,产生计数结束信号$\overline{EOP}$。也可以由 CPU 连续两次对该计数器进行写入或读出。在自动初始化情况下,即在$\overline{EOP}$信号有效时,它恢复到基字节数计数器的初始值。

5)方式寄存器(6 位)

用于寄存相应通道的方式控制字。它规定了相应通道的操作方式,其写入格式如图 6.16所示。

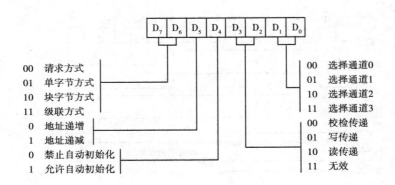

图 6.16 8237A 方式控制字格式

①$D_1 D_0$——DMA 通道选择。当 CPU 对 8237A 编程时,根据 $D_1 D_0$ 的值将方式控制字的 $D_7 \sim D_2$ 写入到指定通道的方式寄存器中($D_1 D_0$ 不再写入)。

②$D_3 D_2$——设置数据传送类型。

③D_4——设置是否允许自动初始化。若工作在自动初始化方式,则每当产生$\overline{EOP}$信号时,当前地址寄存器和当前字节数计数器就分别装入基地址寄存器和基字节数计数器的初始值,为通道进行下一次的 DMA 传送做好准备。当某个通道设置为自动初始化方式时,其相应的屏蔽位不能置位。

④D_5——规定地址值变化方向(自动加 1 或减 1)。

⑤$D_7 D_6$——规定 DMA 数据传送方式。

6)命令寄存器(8 位)

用于寄存控制 8237A 工作方式的命令字,命令字格式如图 6.17 所示。

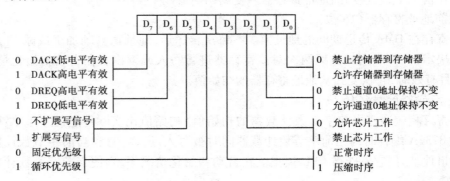

图 6.17 8237A 命令字格式

①D_0——存储器到存储器传送允许。$D_0 = 0$ 时,禁止;$D_0 = 1$ 时,允许。存储器到存储器传送规定用通道 0 的地址寄存器存放源地址,而用通道 1 的地址寄存器和字节数计数器存放目的地址和计数值。PC 机中通道 0 已分配用于动态存储器刷新,因此不能工作在此方式。

②D_1——通道 0 地址保存允许。$D_1 = 0$ 时,通道 0 源地址寄存器可作增量或减量变化;$D_1 = 1$ 时,通道 0 源地址寄存器保持不变。这样就可以把同一个源地址存储单元的数据传送到一组目的存储单元中去。注意:D_1 位是在 $D_0 = 1$(允许存储器到存储器传送)时才有意义。

③D_2——芯片工作允许。$D_2 = 0$ 时,启动 8237A 工作;$D_2 = 1$ 时,停止 8237A 工作。

④D_3——时序选择。$D_3 = 0$ 时,选择正常时序,每进行一次 DMA 传送,一般用 3 个时钟周期;$D_3 = 1$ 时,选择压缩时序,每进行一次 DMA 传送,只用 2 个时钟周期。当 $D_0 = 1$ 时(允许存储器到存储器传送),则 D_3 位无意义。

⑤D_4——优先级选择。$D_4 = 0$ 时,选择固定优先级,即通道 0 最高,通道 3 最低。通常,PC 机工作于固定优先级方式。$D_4 = 1$ 时,选择循环优先级,即刚服务过的通道优先级最低,其他通道优先级相应改变,这种方式可以保证每个通道都有同样机会得到服务。注意:任何一个通道正在进行 DMA 传送时,其他通道(即使是优先级更高的通道)不能中断该传送的进行。

⑥D_5——扩展写选择。$D_5 = 0$ 时,不扩展写信号,写信号的产生滞后读信号一个周期;$D_5 = 1$ 时,扩展写信号,读写信号同时产生。若 $D_3 = 1$(选择压缩时序),则 D_5 位无意义。

⑦D_6——DREQ 有效电平选择。$D_6 = 0$ 时,高电平有效;$D_6 = 1$ 时,低电平有效。

⑧D_7——DACK 有效电平选择。$D_7 = 0$ 时,低电平有效;$D_7 = 1$ 时,高电平有效。

7)请求寄存器(8 位)

DMA 传送请求可由 I/O 设备发出(通过 8237A 引脚 DREQ 输入),称为硬件 DMA 请求,也可由软件编程产生,称为软件 DMA 请求。软件 DMA 请求就是通过对请求寄存器编程来实现的。请求写入字的格式如图 6.18 所示。

值得注意的是:软件 DMA 请求是不可屏蔽的。但软件 DMA 请求只能工作在数据块传送方式下,且当 DMA 传送结束,产生 $\overline{EOP}$ 有效信号的同时,相应通道的请求位(D_2)被复位。因此,每执行一次软件 DMA 请求数据块传送的操作,都要对请求寄存器编程一次。复位信号 RESET 可以清除整个请求寄存器。

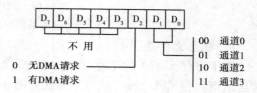

图 6.18 8237A 请求写入字格式

8)屏蔽寄存器(8 位)

用于寄存对通道 DMA 请求的屏蔽控制字。当某屏蔽位被置位(置 1)时,就禁止相应通道的 DREQ 信号进入请求寄存器。若通道编程为不自动预置,则当该通道遇到 $\overline{EOP}$ 信号时,它所对应的屏蔽位就被置位。屏蔽字有两种格式:单个通道编程屏蔽字和综合编程屏蔽字。

①单个通道编程屏蔽字 每次屏蔽一个通道。通道由 D_1D_0 选定后,若 $D_2 = 1$,则禁止该通道引入 DREQ;若 $D_2 = 0$,则允许该通道引入 DREQ,如图 6.19(a)所示。

②综合编程屏蔽字 $D_3 \sim D_0$ 共 4 位,分别代表一个通道。若某位被置位(置 1),则它所代表的通道被屏蔽 DMA 请求;若某位被置 0,则它所代表的通道就允许 DMA 请求,如图 6.19(b)所示。

复位信号 RESET 可以使整个屏蔽寄存器置 1,即禁止所有的 DMA 请求。

9)先/后触发器

用于配合 16 位的寄存器的写入/读出。8237A 只有 8 位数据线,一次只能读/写一个字节,即先低字节后高字节,所以要利用先/后触发器。当其为状态 0 时,进行低字节操作,然后其状态自动变为 1,再进行高字节操作,然后其状态又自动复位为 0。因此,在写入地址和字节数初值之前,应预先发出清零先/后触发器的命令。

10)数据暂存寄存器(8 位)

仅用于存储器到存储器的传送方式下,暂存从源单元读出的数据,再从它写入到目的单元。

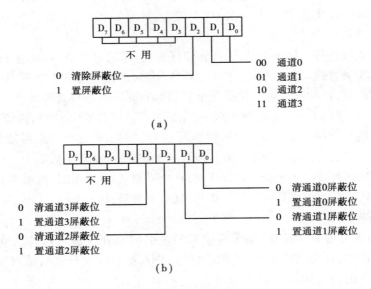

图 6.19　8237A 屏蔽寄存器格式

（a）单个通道编程屏蔽字　（b）综合编程屏蔽字

11）状态寄存器（8 位）

用于寄存 8237A 的工作状态信息，提供哪些通道有 DMA 请求，哪些通道计数结束（DMA 传送结束），供 CPU 读取，状态字格式如图 6.20 所示。状态寄存器的状态信息位在系统复位后或被 CPU 读出后，均被复位（置 0）。

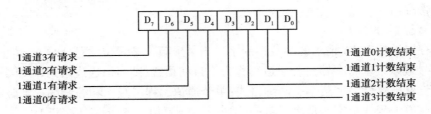

图 6.20　8237A 状态字格式

（6）8237A 的端口地址分配

8237A 内部共占用 16 个 I/O 端口地址，由地址线 $A_3 \sim A_0$ 控制选择，8237A 的片选信号$\overline{CS}$由 CPU 的地址总线的 $A_{15} \sim A_4$（IBM　PC 系统中的 $A_9 \sim A_4$）译码产生。在 PC 机中，其端口地址为 00H ~ 0FH。表 6.4 给出了各端口地址的用途。

地址 00H ~ 07H 分配给 4 个通道的基地址寄存器、当前地址寄存器、基字节数计数器、当前字节计数器。这些寄存器都是 16 位的，访问高 8 位还是低 8 位都用同一个端口地址。当先/后触发器为 0 时，表示访问低 8 位；为 1 时访问高 8 位。

在 16 个端口地址中，除分配给内部编址寄存器外，还有几个地址分配用于形成软命令。所谓软命令就是对特定的地址进行一次写操作（使用输出指令），命令就生效，而并不写入具体数据。它们是：

①总清命令，等效于外接 RESET 信号，占端口地址 0DH。写 0DH 时，将使控制寄存器、状

态寄存器、请求寄存器、暂存寄存器及先/后触发器均清零,而屏蔽寄存器各位均置1。

②清除屏蔽寄存器命令,占端口地址 0EH。写 0EH 时,将使 4 个屏蔽位均清为 0。

③清除先/后触发器命令,占端口地址 0CH。写 0CH 时,将使先/后触发器置0。

表 6.4　8237A 各端口地址的用途

端口地址	读	写
0 0　H	通道 0 地址寄存器	通道 0 基地址寄存器与当前地址寄存器
0 1　H	通道 0 字节计数器	通道 0 基字节数计数器与当前字节计数器
0 2　H	通道 1 地址寄存器	通道 1 基地址寄存器与当前地址寄存器
0 3　H	通道 1 字节计数器	通道 1 基字节数计数器与当前字节计数器
0 4　H	通道 2 地址寄存器	通道 2 基地址寄存器与当前地址寄存器
0 5　H	通道 2 字节计数器	通道 2 基字节数计数器与当前字节计数器
0 6　H	通道 3 地址寄存器	通道 3 基地址寄存器与当前地址寄存器
0 7　H	通道 3 字节计数器	通道 3 基字节数计数器与当前字节计数器
0 8　H	状态寄存器	命令寄存器
0 9　H	－ － － － － －	请求寄存器
0 A　H	－ － － － － －	单屏蔽位字
0 B　H	－ － － － － －	方式寄存器
0 C　H	－ － － － － －	清除先/后触发器
0 D　H	暂存寄存器	8237A 总清
0 E　H	－ － － － － －	清除屏蔽寄存器
0 F　H	－ － － － － －	全屏蔽位字

(7) 8237A 的编程方法

CPU 对 8237A 的初始化编程与一般的可编程 I/O 接口芯片基本相同。但一般 I/O 接口芯片在系统上电后进行一次初始化编程即可,在以后整个工作期间不必再进行任何初始化,除非要改变原先设定的工作方式,而 DMA 传送时每次的 DMA 传输情况是各不相同的,如数据传送的源地址、目的地址等均不同,故每次 DMA 传送前都要先进行初始化。对 DMAC 初始化时要禁止 8237A 接受 DMA 请求,只有使 8237A 工作在空闲状态,CPU 才能对其进行初始化编程。

对 8237A 初始化编程时应注意以下几点:

①为保证对 8237A 初始化编程时不受外界信号的影响,在编程开始时,要禁止 8237A 响应 DMA 请求,为此,要向屏蔽寄存器发送屏蔽命令字(命令寄存器的 $D_2 = 1$)或屏蔽欲编程的通道。只有在初始化编程全部结束后,才允许其响应 DMA 请求,清除屏蔽位。

②8237A 上电复位后(或用软件复位(总清)命令后),除屏蔽寄存器各通道屏蔽位被置位(不能响应 DMA 请求)外,所有内部寄存器均被复位(清零)。

③通常,在系统上电后,要对 DMA 芯片进行检测,只有在检测通过后,方可进行 DMA 初

始化编程,实现 DMA 传送。检测的方法是:对所有通道的 16 位寄存器进行 1 和 0 的写/读测试。若写入和读出的结果相同,则说明芯片正确可用,否则,说明芯片不能正常工作,系统应停机(见例 6.5)。

上述问题解决后,就可以对欲进行 DMA 传送的通道编写初始化程序。初始化编程的步骤如下:

①利用硬件产生复位信号 RESET,或用软件复位命令对 8237A 复位(使屏蔽寄存器复位,并清零其他寄存器),使其进入空闲状态;

②写入基地址和当前地址寄存器;

③写入基字节数和当前字节数计数器;

④写入方式寄存器;

⑤写入屏蔽寄存器;

⑥写入命令寄存器;

⑦写入请求寄存器;

⑧开放通道,允许该通道的 DREQ 启动 DMA 传送。

例 6.4 用 0 通道从磁盘输入 16KB 的数据块,传送至内存地址 8000H 开始的区域(增量传送),采用连续传送方式,传送完毕不自动预置,外设的 DREQ 为低电平有效,DACK 为高电平有效。8237A 端口地址为 00H ~ 0FH,其初始化程序为:

```
OUT  0DH, AL   ; 软件复位命令,使 8237A 进入空闲周期
MOV  AL,  00H  ; AL←00H
OUT  00H, AL   ; 基地址和当前地址寄存器←地址低 8 位
MOV  AL,  80H  ; AL ← 80H
OUT  00H, AL   ; 基地址和当前地址寄存器←地址高 8 位
MOV  AL,  00H  ; AL←00H
OUT  01H, AL   ; 基字节和当前字节计数器←字节数低 8 位
MOV  AL,  40H  ; AL ← 40H
OUT  01H, AL   ; 基字节和当前字节计数器←字节数高 8 位
MOV  AL,  84H  ; AL←84H( = 10000100)
OUT  0BH, AL   ; 方式寄存器←84H(块传送方式、增量传送、不自动预置、写传送、通
```
道 0)
```
MOV  AL,  00H  ; AL←00H
OUT  0AH, AL   ; 屏蔽寄存器←00H,清除屏蔽
MOV  AL,  0C0H ; AL←0C0H( = 1100000)
OUT  08H, AL   ; 命令寄存器←0C0H(DACK 高电平有效、DREQ 低电平有效、固定优
```
先级)
```
HLT              ;
```

例 6.5 PC 机系统的 BIOS 芯片中编写了对 8237A 的初始化和测试程序。该段程序对8237A 的 4 个通道的基地址寄存器、当前地址寄存器、基字节计数器、当前字节计数器进行测试检查。检查的方法是分别对每个寄存器先写入 0FFFFH,再读出进行比较,看读写操作结果是否一致。若一致,再写入 0000H,再读出进行比较,看读写操作结果是否一致。若仍一致,则

表明 8237A 工作正常,可以开始对其初始化,投入工作。若其间有一处不一致,则表明 8237A 工作不正常,应暂停工作。程序中的变量 DMA 的地址是 0000H。

```
    MOV    AL,    04H      ; AL←04H( =00000100)
    OUT    DMA +08H,AL ; 命令寄存器←AL,禁止 DMAC 工作
    OUT    DMA +0DH,AL ; 软件复位命令,使 8237A 进入空闲周期
    MOV    AL,    0FFH     ; AL←0FFH,准备作赋 1 检测
C16:MOV    BL,    AL       ; BL←AL,将赋值信息保存在 BX,以便后面比较
    MOV    BH,    AL       ; BH←AL
    MOV    CX,    8        ; CX←8 ,预置读写次数
    MOV    DX,    DMA      ; DX←DMA,将通道起始地址送 DX
C17:OUT    DX,    AL       ; DX←AL,将全 1 信息送指定通道寄存器(低 8 位)
    OUT    DX,    AL       ; DX←AL,将全 1 信息送指定通道寄存器(高 8 位)
    IN     AL,    DX       ; AL←DX,将刚写入的低 8 位字节读出
    MOV    AH,    AL       ; AH ← AL,将读出的低 8 位字节保存在 AH
    IN     AL,    DX       ; AL←DX,将刚写入的高 8 位字节读出
    CMP    BX,    AX       ; 比较读出的 16 位字节
    JE     C18             ; 若比较结果一致则转至 C18
    HLT                    ; 若比较结果不一致则暂停
C18:INC    DX             ; DX←DX +1,通道地址加 1,指向下一个通道寄存器
    LOOP   C17             ; 若 CX 未减到 0,回到 C17;若 CX 减到 0,则转入下一条指令
    INC    AL             ; AL←AL +1,原 AL 中数值为 FFH,加 1 后即为 00H
    JE     C16             ; 回到 C16,进行赋 0 检查
```

(8)8237A 应用举例

PC/XT 机中的 DMA 控制电路如图 6.21 所示,由 DMA 控制器(8237A-5)、地址锁存器 U11(74LS373)、页面寄存器 U10(74LS670)和地址驱动器 U12(74LS244)组成。

8237A-5 的时钟输入端 CLK 接到 DCLK。DCLK 的频率为 4.77MHz;片选端 $\overline{CS}$ 接到 $\overline{DMACS}$,8237A-5 的地址范围为 00 ~0FH。

8237A-5 的 4 个 DMA 请求输入信号 DREQ$_0$ ~DREQ$_3$ 分别连接至:

①DREQ$_0$:接到 8253-5 定时器/计数器系统的 RAM 刷新定时请求 DRQ$_0$。

②DREQ$_1$:用做同步通信适配器的 DMA 请求。

③DREQ$_2$:用做软盘驱动器的 DMA 请求。

④DREQ$_3$:用做硬盘驱动的 DMA 请求。

通道 0 的 DMA 响应信号 $\overline{DACK_0}$ 称为 $\overline{DACK_0BRD}$,送到触发器用于撤销 DREQ$_0$ 请求;另一路经反相后成为 $\overline{DACK_0}$ 去控制 DRAM 芯片的刷新。其余 3 个通道的响应信号 $\overline{DACK_1}$ ~ $\overline{DACK_3}$ 直接连至各槽口。

8237A-5 的 READY 连至 RDY TO DMA。在非 DRAM 刷新的 DMA 操作插入一个等待状态,即共有 5 个状态。

地址驱动器 U12 用于驱动低 8 位地址总线。经 DB$_7$ ~ DB$_0$ 在 S1 状态发出的高 8 位地址由 ADSTB 信号打入地址锁存器 U11。在 DMA 传送期间,$\overline{DMAAEN}$ 信号为低电平,把 U11、U12

及页面寄存器 U10 内的地址信息送上地址总线。

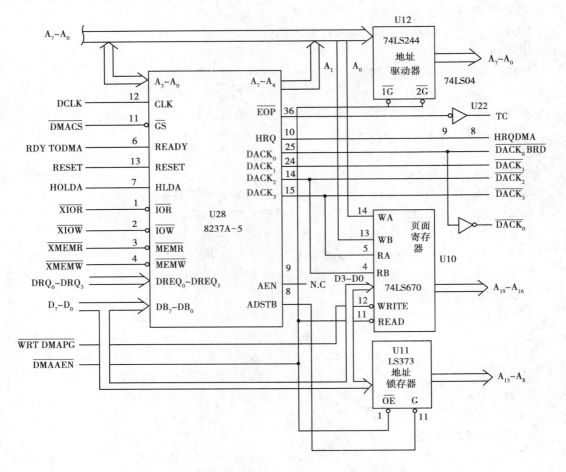

图 6.21　PC/XT 微机中的 DMA 控制电路

8237A-5 的地址寄存器等均为 16 位,能支持 64KB 的传送。但 PC/XT 机的内存空间为 1MB,显然,8237A-5 无法访问整个内存空间,因而采用了页面寄存器 74LS670。74LS670 内部有 4 组寄存器,每组有 4 位,因而可存放 4 路通道的 4 位高地址 $A_{19} \sim A_{16}$。当其控制端 WRITE 为低电平时,数据线 $D_3 \sim D_0$ 上的信息写入由 WB、WA 编码所指定的寄存器中。WRITE 端接到 WRTDMAPG,其地址范围为 80H ~ 9FH,BIOS 中采用 80H ~ 83H。因此,当 CPU 对 80H ~ 83H 口执行一条 OUT 指令时,就写入了页面寄存器,规定了高 4 位地址。

对应于每个通道的页面寄存器的地址为:

①通道 1:83H。

②通道 2:81H。

③通道 3:82H。

④通道 0:用于 DRAM 刷新,不用高 4 位地址,因而也不需安排页面寄存器。

在 74LS670 中当 READ 为低电平时,数据从 RB、RA 线编码所指定的寄存器中读出。

习　题

6.1　CPU 与外部设备通信为什么要使用接口?

6.2　CPU 与输入/输出设备通信时所用到的接口电路通常应具备什么功能?

6.3　I/O 端口有哪两种寻址方式? 各有哪些优缺点?

6.4　8086CPU 在执行输入/输出指令时,CPU 的哪些控制引脚起作用? 什么样的电平有效?

6.5　计算机输入/输出有哪几种控制方式? 各有哪些优缺点?

6.6　在输入/输出的电路中为什么常常要用锁存和缓冲器?

6.7　利用三态门(74LS244)作为输入接口,接口地址规定为 04E5H,试画出其与 8086 总线的连接图。

6.8　在 IBM PC 机接口开发中用到某一大规模集成电路芯片,其内部占 16 个 I/O 端口地址 300H~30FH,试设计一个片选信号CS形成电路。

6.9　在某 8086 微机系统中有一外设,使用存储器映像的 I/O 寻址方式,要求该外设地址为 01000H,试画出其译码器的连接电路,使其译码器输出满足上述地址要求,译码器使用 74LS138 芯片。

6.10　若第 6.9 题中的外设要求用 I/O 映像的 I/O 寻址,端口地址为 38H,试画出其译码器的连接图。

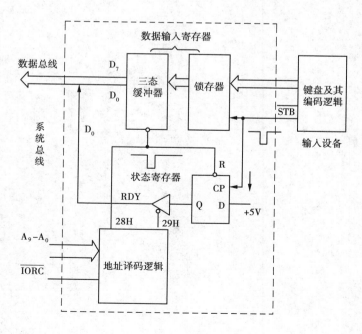

题图 6.1

6.11　试根据题图 6.1 所示的接口原理,编写一程序段,使从键盘输入一行字符(最大长度为 80H),该行字符以回车符结尾,输入的字符存放在 BUFF 开始的内存缓冲区中,并要求每读入一个字符,在终端上显示出来(使用 BIOS 中断或系统功能调用)。

6.12 试画一个流程图,说明如何用程序控制的 I/O 把 N 个字节的数据块输入到存储器中。

6.13 CPU 响应 DMA 请求和响应中断请求有什么本质性的区别?

6.14 DMAC(8237A)占几个端口地址? 这些地址在读写时的作用是什么? 叙述 DMAC 由内存向端口传送一个数据块的过程。若希望利用 8237A 把内存中的一个数据块传送到内存的另一个区域,应当如何处理? 当考虑 8237A 工作在 8086 系统,数据是由内存的某一段向另一段传送且数据块长度大于 64KB 时,应当如何考虑?

6.15 当 DMA8237A 获得总线控制权后,它是怎样发出 20 位地址信号的? 写出 DMA 在 PC/XT 机中 4 个通道的分工情况。

6.16 设 8237A 口址为 00~0FH,编写一个以请求方式进行数据块传送,数据块长为 1000H,从内存 00000H 传送到 01000H,传送完不自动预置,DREQ、DACK 均为高电平有效的程序。

第 7 章
中断系统

7.1 概 述

为了解决高速的 CPU 与慢速的外设之间的矛盾,提高 CPU 的工作效率及实时性能,在 80x86 微机系统中除了提高外设的工作速度外,引入中断技术是一个重要的改进。

7.1.1 中断的基本概念

(1)中断和中断源

所谓"中断"是指 CPU 执行程序过程中,由于某种事件发生,迫使 CPU 暂时中止正在执行的程序(通常称为主程序),转去执行该事件的处理程序(通常称为中断服务程序),待处理完毕后,又返回到原程序的断点处,继续往下执行的过程。整个过程如图 7.1 所示。

引起中断的原因或发出中断请求的来源称为中断源。常见的中断源有以下几种:

①一般的输入输出设备,如键盘、显示器(CRT 终端)、打印机等;

②数据通道,如磁带、磁盘等;

③实时时钟;

④故障信号,如电源掉电等;

⑤软件中断,如为调试程序而设置的中断源。

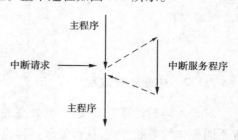

图 7.1 中断过程

CPU 用中断方式与外设传送数据时,CPU 将外设启动后,继续执行主程序,同时,外设也在工作。当外设作好传送的准备后,发出中断申请,请求 CPU 中断它的程序,转入中断服务程序,进行数据的输入或输出。处理完以后,CPU 返回主程序继续工作,外设进行下一次传送的准备。由于 CPU 执行中断服务程序的时间相当短,大部分时间都在与外设并行工作,从而有效地提高了 CPU 的利用率。

由于采用中断技术便于充分发挥计算机的所有软、硬件的功能,提高计算机的工作效率和实时处理能力,因此,应用非常广泛。如现代计算机系统中多道程序的分时运行,实时控制,人机通信,计算机故障处理,以及对 I/O 设备的管理等,均使用中断技术。

（2）中断系统的功能

为实现中断而设置的硬件和软件构成了计算机的中断系统。为了满足上述各种情况下的中断要求,中断系统应具备如下功能:

1）实现中断及返回

包括发现中断请求,响应中断请求,中断处理与中断返回。

2）实现优先权排队

通常,在系统中有多个中断源,会出现两个或多个中断源同时提出中断请求的情况,这样就要求设计者事先根据轻重缓急,给每个中断源确定一个中断级别——优先权。当多个中断源同时发出中断请求时,CPU 能找到其中优先级别最高的中断源,响应它的中断请求;在优先权级别最高的中断源处理完毕后,再响应级别较低的中断源。

3）高级中断源能中断低级的中断处理

当 CPU 响应某一中断源的请求,在中断处理时,若有优先级别更高的中断源发出中断申请,则 CPU 要能中断正在执行的中断服务程序,响应高级中断,待高级中断处理完以后,再继续进行被中断的中断服务程序。这种优先级别高的中断打断级别低的中断的现象又叫中断嵌套,如图 7.2 所示。中断嵌套可以在多级上进行,形成多级中断嵌套。如果发出新的中断请求的中断源的优先级别与正在处理的中断源同级或更低时,则 CPU 不响应这个中断请求,直至正在处理的中断服务程序执行完毕后才去处理新的中断申请。

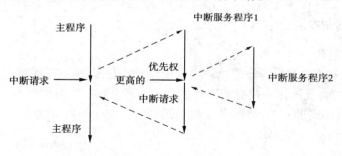

图 7.2　中断嵌套

7.1.2　中断处理过程

对于不同的计算机系统,中断处理的具体过程不完全一样,即使是同一台计算机,也可设置不同种类的中断方式,从而处理过程也不尽相同。但是,每个中断处理的基本过程都包括了中断请求、中断判优、中断响应、中断处理和中断返回等阶段。

（1）中断请求

中断请求就是中断源向 CPU 发出的请求中断的要求。这个中断请求信号通常加到 CPU 的中断请求输入端。

每个中断源向 CPU 发出中断请求信号是随机的,而大多数 CPU 都是在现行指令周期结束时才检测有无中断请求。因而,在现行指令执行期间,必须把随机输入的中断请求锁存起来,一直保持到 CPU 响应这个中断请求后,才将其清除。因此,要求每一个中断源有一个中断请求触发器,用于保存中断请求信号。

在多个中断源的情况下,为增加控制的灵活性,常常在每一个外设的接口电路中设置一个中断屏蔽触发器。只有当此触发器为 1 时,外设的中断请求才能被送到 CPU 的中断请求输入线 INTR,如图 7.3 所示。中断屏蔽触发器的状态可由指令或控制命令设置。

因此,外部设备能向 CPU 发出中断请求的条件是:外部设备已准备好,且该外设的中断请求没有被系统屏蔽。

(2)中断判优

在实际的系统中,往往是有多个中断源的,当多个中断源同时请求时,CPU 就要识别出是哪些中断源有中断请求,并辨别和比较它们的优先权,先响应优先级别最高的中断申请。这就是所谓中断判优。

中断判优可用软件或硬件的方法来实现。前者硬件接口简单,但速度较慢;后者速度快,但需增加硬件设备。目前,最方便的办法就是利用专门的可

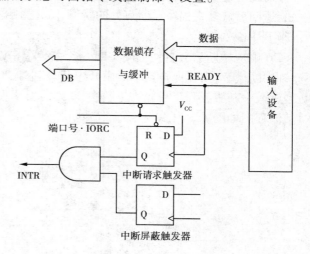

图 7.3 中断请求信号的形成

编程中断控制器,这样的器件在各种微机中得到广泛的应用。在本章的后面将介绍一种常用的可编程中断控制器 8259A。

(3)中断响应

CPU 接收到中断申请后,从中止现行程序到转向中断服务程序入口的过程,称为中断响应。

CPU 响应中断请求,必须满足以下两个条件:

①中断是开放的。在 CPU 内部有一个中断允许触发器。只有当其为 1 时(即中断开放时),CPU 才能响应中断;若其为 0 时(中断是关闭的),即使 INTR 线上有中断请求,CPU 也不响应。这个触发器的状态可用开中断指令和关中断指令来设置。当 CPU 复位时,中断允许触发器为 0,即关中断。

②CPU 在现行指令结束后响应中断。CPU 在现行指令的最后一个机器周期的最后一个 T 状态才采样 INTR 线。若发现中断请求有效,则在下一个机器周期进入中断周期。

在中断响应过程中,CPU 自动执行以下操作:

①关中断。CPU 在响应中断后,发出中断响应信号$\overline{\text{INTA}}$,同时,内部自动地关中断,以禁止接受其他的中断请求。

②保护断点和标志。CPU 响应中断时,CS 和 IP 中的内容就是中断服务之后 CPU 返回并继续执行的指令地址,称为断点。为保证 CPU 能正确地返回断点,在 CPU 转到中断服务程序之前,将断点和标志寄存器的内容压入堆栈保护起来。

③转入中断服务程序。将中断服务程序入口地址送 CS 和 IP,计算机脱离主程序,转入中断服务程序。

(4)中断处理

中断处理就是执行中断服务程序。每个中断源均有相应的中断服务程序。通常,在中断

服务程序中都可根据需要完成以下工作:

1)保护现场

保护现场是指把中断服务程序中将要用到的有关寄存器的内容压入堆栈保存起来,以便在中断返回后恢复主程序在断点处的状态,防止影响主程序的运行。

2)开中断

CPU 响应中断后会自动关闭中断。若在整个中断服务程序中不会再被 INTR 所中断,即不允许中断嵌套,则在保护现场后不开中断,相应地不需要进行关中断,其流程图如图 7.4 所示;若进入中断服务程序后允许中断嵌套,则需要用指令开中断,使之能响应较高级的中断请求,其流程图如图 7.5 所示。

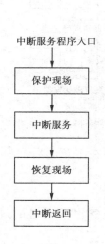
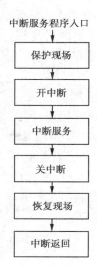

图 7.4　不允许中断嵌套的中断服务程序流程图　　　图 7.5　允许中断嵌套的中断服务程序流程图

3)中断服务

中断服务程序的实体,完成中断源所要求的操作。

4)关中断

中断服务结束后需要使用指令关中断,以保证有效地恢复现场。

5)恢复现场

把程序所保存的有关寄存器的内容从堆栈中弹出,以便主程序在断点处的状态恢复到中断前的状态。

(5)中断返回

中断返回就是在中断服务程序结束前安排一条中断返回指令,将堆栈中保存的断点地址、标志寄存器的原内容弹回 CS、IP 和标志寄存器。于是,CPU 返回主程序,从断点处继续往下执行。标志寄存器内容的恢复意味着在返回断点后,将自动开中断。

7.2 16位微机中断系统

7.2.1 中断类型

8086/8088 系列微机有一个简单而灵活的中断系统,可以处理 256 个不同类型的中断源,每个中断源都有一个中断类型码供 CPU 识别。中断源可以来自 CPU 外部,也可以来自 CPU 内部,称为外部中断和内部中断,如图 7.6 所示。80486 以上高档微处理器工作于保护方式时的中断情况与 8086/8088 稍有不同,将在 7.3 节中进一步介绍。

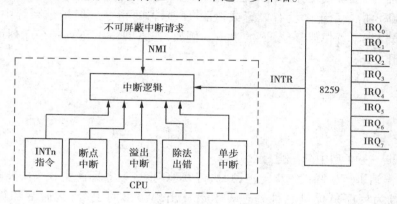

图 7.6 8086/8088 中断源

(1)外部中断

外部中断是由外部硬件(主要是外设通过接口)产生的,又称硬件中断。8086/8088 提供了两条外部中断信号线,即 NMI 和 INTR,分别接受非屏蔽中断和可屏蔽中断请求信号。

1)非屏蔽中断

由 NMI 引脚出现中断请求信号而产生的中断称为非屏蔽中断。它不受中断允许标志 IF 的限制,CPU 接受到非屏蔽中断请求后,不管当前正在做什么事,都会在执行完当前指令后立即响应。非屏蔽中断常用于重大故障或紧急情况,如系统掉电处理、紧急停机等。

2)可屏蔽中断

一般外部设备提出的中断请求是从 CPU 的 INTR 端引入的,所产生的中断为可屏蔽中断。CPU 是否响应可屏蔽中断请求与 IF 标志位的状态有关。INTR 信号是高电平触发的,只有在 IF = 1 的情况下,CPU 才会在执行当前指令后响应可屏蔽中断请求信号,所以,INTR 信号有效也必须保持到当前指令执行结束。如果 IF = 0,即使中断源有中断请求,CPU 也不会响应,也称中断被屏蔽。

(2)内部中断

内部中断是由于执行了软中断指令或由 CPU 本身引起的中断,由于它与外部硬件电路无关,故也称为软中断。在 80x86 系统中,内部中断主要有以下几种:

1)除法出错中断——0 型中断

当执行除法指令时,若发现除数为 0 或商超过了结果寄存器所表示数的范围,则立即产生一个中断类型码为 0 的内部中断,该中断称为除法出错中断。

2)单步中断——1 型中断

若 TF=1,则 CPU 就处于单步工作方式,也即每执行完一条指令之后就自动产生一个中断类型为 1 的内部中断,使得指令的执行成为单步执行方式。单步方式为系统提供了一种方便的调试手段,成为能够逐条指令地观察系统操作的一个"窗口"。如 DEBUG 中的跟踪命令,就是将标志 TF 置 1,进而去执行一个单步中断服务程序,以跟踪程序的具体执行过程,找出程序中的问题或毛病所在之处。

所有类型的中断在其处理过程中,CPU 会自动地把状态标志压入堆栈,然后清除 TF 和 IF。因此,当 CPU 进入单步处理程序时,就不再处于单步工作方式,而以正常方式工作。只有单步处理结束后时,从堆栈中弹出原来的标志,才使 CPU 又返回到单步方式。

在 8086/8088 指令系统中没有设置或清除 TF 标志的指令。但指令系统中的 PUSHF 和 POPF 为程序员提供了置位或复位 TF 的手段。例如,若原 TF=0,下列指令序列可使 TF 置位:

```
PUSHF
POP     AX
OR      AX,0100H
PUSH    AX
POPF
```

3)溢出中断——4 型中断

若算法操作结果产生溢出(OF=1),则执行 INTO 指令后立即产生一个中断类型码为 4 的中断。4 型中断为程序员提供一种处理算术运算出现溢出的手段,它通常和算术指令配合使用。

4)指令中断——n 型中断

中断指令 INT n 的执行也会引起内部中断,其中断类型码由指令中的 n 指定。该指令称为软中断指令,通常指令代码为两字节代码,其中第二字节为中断类型码。

5)断点中断——3 型中断

断点中断是供 DEBUG 调试程序使用的,通常在调试程序时把程序按功能分若干段,然后每段设一个断点。当 CPU 执行到断点时即产生一个中断类型码为 3 的中断。3 型中断为程序员提供一种检查各寄存器及有关存储单元的内容的手段。

断点可以设置在程序的任何地方。设置断点实际是把一条软中断指令 INT 3 插入到程序中,以便程序员分析程序运行到断点时是否正确。

在上述内部中断中,除单步中断外,其余都不可屏蔽。

8086/8088 规定这些中断的优先级次序为:内部中断、NMI、INTR,优先级最低的是单步中断。

7.2.2 中断向量表

(1)中断向量表的组成及其定位

在 8086/8088 中断系统中,所有中断服务程序的入口地址(中断向量)集中放在内存的最低 1K 区域(即地址为 00000H~003FFH),构成一个中断向量表。每个中断向量占 4 个内存单元,前两个单元存放中断向量的偏移地址,后两个单元存放中断向量的段地址,因此,中断向量表可存放 256 个中断向量。

为了便于从中断向量表中取出中断向量，每个中断都将指定一个中断类型码。256 个中断的中断类型码为 0 ~ FFH。中断向量表结构如图 7.7 所示。

由图可见，8086/8088 的中断向量表由 3 个部分组成：5 个专用中断(0# ~ 4#)，27 个系统使用或保留中断(5# ~ 31#)，224 个用户定义中断(32# ~ 255#)。但在具体的微机系统中，可能使用由用户定义的一些中断类型码，如 PC/AT 中类型码 70H ~ 77H 由系统使用，因此，用户在进行系统开发和应用时要根据具体系统来安排中断向量。

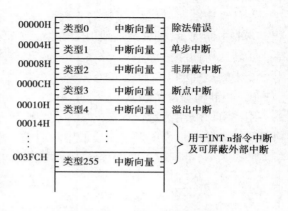

图 7.7　中断向量表

中断类型码与中断向量在中断向量表中所在位置(中断向量地址)之间的对应关系为：

中断向量地址 = 4 × 中断类型码

当构建一个微机系统时，设计者已确定每一个中断源的中断服务程序的入口地址，并将其写入中断向量表的对应单元。在中断响应过程中，CPU 就可以根据中断源的中断类型码转到相应的中断服务程序去执行。以 INT 4AH 中断指令为例，它的中断向量地址为 4 × 4AH = 128H，即 128H、129H 单元中存放的是中断服务程序的偏移地址，12AH、12BH 单元中存放的是入口的段地址。取出段地址和偏移地址，CPU 就可以转入中断服务程序。图 7.8 以中断指令 INT 4AH 为例，说明中断操作的 5 个步骤：

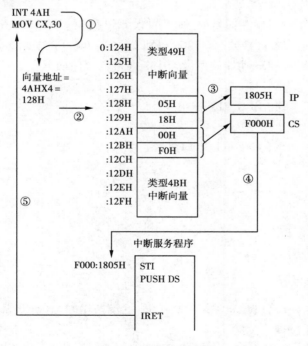

图 7.8　中断操作步骤

241

①读取中断类型码；

②计算中断向量地址；

③取中断向量，偏移地址放 IP，段地址放 CS；

④转入中断服务程序；

⑤中断返回到 INT 指令的下一条指令。

（2）中断向量表的设置

用户可以利用为用户保留的中断类型码扩充自己需要的中断功能，对用户自定义的中断功能要在中断向量表中建立相应的中断向量。设中断服务程序入口地址标号为 VINTSUB，中断类型码为 N，可利用下面的程序段设置中断向量：

```
PUSH    DS                          ;数据段地址压栈
MOV     AX,0                        ;中断向量表段地址→DS
MOV     DS, AX
MOV     BX,N * 4                    ;中断向量地址→BX
MOV     AX, OFFSET VINTSUB          ;中断向量填入中断向量表
MOV     [BX], AX
MOV     AX, SEG VINTSUB
MOV     [BX + 2], AX
POP     DS                          ;恢复数据段地址
    ⋮
```

在 PC 机中，通常是使用 DOS 功能调用 INT 21H 来设置中断向量。入口参数设置为：

AH 中预置功能号 25H；

AL 中预置中断类型码 N；

DS:DX 中预置中断向量（段地址置入 DS，偏移地址置入 DX）。

如果按上述要求预置入口参数，执行指令 INT 21H 后，就可将中断向量置入中断向量表的对应单元中。对上例利用 DOS 功能调用设置中断向量的程序如下：

```
PUSH    DS
MOV     AX, SEG VINTSUB
MOV     DS, AX
MOV     DX, OFFSET VINTSUB
MOV     AH, 25H
MOV     AL, N
INT     21H
POP     DS
    ⋮
```

7.2.3　中断响应过程

8086/8088 的中断响应过程，对于可屏蔽中断、非屏蔽中断和软件中断，是不尽相同的。

（1）内部中断响应过程

对于专门中断，中断类型码是自动形成的，而对于 INT n 指令，其中断类型码即为指令中

给定的 n。在取得了类型码后的响应过程如下：

①将类型码乘 4，作为中断向量地址；

②把 CPU 的标志寄存器入栈，保护各个标志位；

③清除 IF 和 TF 标志，屏蔽新的 INTR 中断和单步中断；

④保存断点，即把断点处的 CS 和 IP 值依次压入堆栈；

⑤从中断向量表中取中断服务程序的入口地址，分别送 IP 和 CS 中，转入中断服务程序。

在中断服务程序中，通常要保护现场，进行相应的中断服务，恢复现场，最后执行中断返回指令 IRET。IRET 指令将断点处的 IP 和 CS 值、标志寄存器恢复，于是，程序就恢复到断点处继续执行。

（2）非屏蔽中断响应过程

CPU 接收到非屏蔽请求时，自动提供中断类型码 2；然后根据中断类型码，生成中断向量地址，指向中断向量表；其后的中断响应过程和内部中断类似。

（3）可屏蔽中断的响应过程

在 IF 为 1（即开中断）情况下，当 INTR 端加入中断请求信号（高电平有效）时，待当前指令结束后，CPU 产生两个连续的中断响应总线周期，其时序关系如图 7.9 所示。在中断响应过程中，CPU 完成以下操作：

①在第一个中断响应总线周期，送出第一个中断响应信号$\overline{INTA}$，通知外部中断控制逻辑，CPU 接受了中断请求。

②在第二个中断响应总线周期，送出第二个中断响应信号$\overline{INTA}$，启动外部中断控制逻辑，把中断类型码置于数据总线，CPU 从数据总线读取中断类型码。

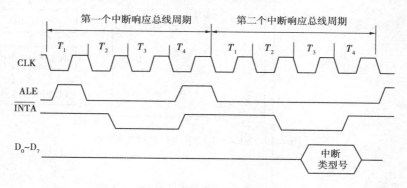

图 7.9　INTR 中断时序关系

③保护断点和标志。将当前的 FLAGS、CS 和 IP 内容依次压入堆栈，以便返回时恢复。

④将 FLAGS 中的 IF 标志和 TF 标志清零。清除 IF 标志意味着关中断，只有在中断服务程序中设有开中断指令（STI 指令）才恢复开中断状态。清除 TF 标志，使得中断服务期间禁止单步中断，直到 IRET 指令恢复标志寄存器内容时，才恢复 TF 标志。

⑤根据读取的中断类型码，控制转入中断服务程序入口。

8086/8088 的内部中断和外部中断都是在当前指令结束后处理的，在当前指令执行完毕后，CPU 首先自动查询在指令执行过程中是否有除法出错中断、溢出中断和 INT n 中断发生，然后查询 NMI 和 INTR，最后查询单步中断。其中断响应和处理的流程如图 7.10 所示。

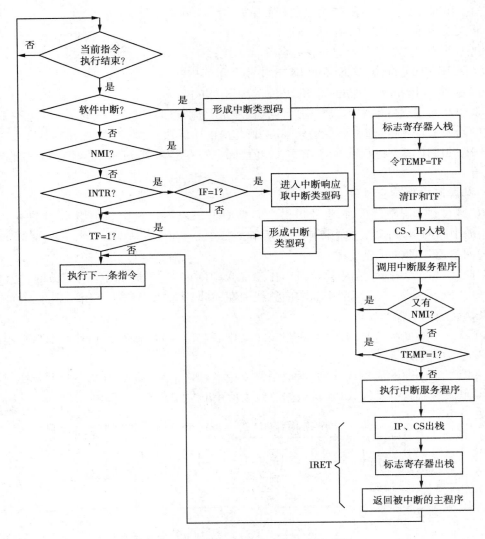

图 7.10　80x86 中断响应和处理流程图

7.3　32 位微处理器的中断

7.3.1　中断和异常

80386/80486 及 Pentinum 等 32 位微处理器不仅具有 8086/8088 的所有中断类型,而且极大地丰富了内部中断的功能,把许多执行指令过程中产生的错误情况也归入了中断处理的范围,这类中断称为异常中断,简称异常(Exception)。从总体上异常分为三类:失效(Faults)、陷阱(Traps)和中止(Abort),见表 7.1。

表 7.1　80386/80486 中断/异常类型

中断类型码	功　能	可能引起异常的指令	返回地址指向有故障的指令	类　型
0	除法错误	DIV, IDIV	是	失效
1	单步中断	任何指令	是	陷阱
2	NMI 中断	INT 2 或 NMI	非	NMI
3	断点中断	INT	非	陷阱
4	溢出中断	INTO	非	陷阱
5	数组边界检查	BOUND	是	失效
6	非法的操作码	任何非法指令	是	失效
7	设备不存在	ESC, WAIT	是	失效
8	双重失效	任何能产生异常的指令		中止
9	协处理器段超界	协处理器企图超过段的终点去访问数据	非	陷阱
10	非法的 TSS	JMP, CALL, IRET, INT	是	失效
11	段不存在	段寄存器指令	是	失效
12	堆栈失效	堆栈访问	是	失效
13	一般保护故障	任何存储器访问	是	失效
14	页失效	任何存储器访问或取码	是	失效
15	保留			
16	协处理器出错	ESC, WAIT	是	失效
17	对齐检查			
18 ~ 31	Intel 公司保留			
32 ~ 255	双字节中断	INT n	非	陷阱
	INTR 中断	INTR 引入的外中断	非	INTR

三类异常的差别主要在两方面：一是发生异常的报告方式，二是异常中断服务程序的返回方式。

（1）失效

若某条指令在启动之后真正执行之前被检测到异常，从而产生异常中断，而且在中断服务程序完成后返回该指令，重新启动并执行完成，这类异常称为失效。例如，在读虚拟存储器时，首先产生存储器页失效或段失效，其中断服务程序立即按被访问的页或段将虚拟存储器的内容从磁盘上转移到物理内存中，然后再返回主程序中重新执行这条指令，于是可以正常执行下去。

（2）陷阱

产生陷阱的指令在执行后报告，且其中断服务程序完成后返回到主程序中的下一条指令。例如，用户自定义的中断指令 INT n。

（3）中止

该类异常发生后无法确定造成异常指令的实际位置，例如，硬件错误或系统表格中的错误值造成的异常。在此情况下，原来的程序时已无法继续执行，因此，中断服务程序往往重新启动操作系统并重建系统表格。

7.3.2 保护方式下的中断

80486 及 Pentium 工作于实地址方式时,通常中断向量表仍在内存的最低 1K 区域。每个中断向量占 4 个字节,即 2 字节 CS 值和 2 字节 IP 值。该方式下保持了与 8086 兼容。

保护方式的中断处理过程与实地址方式相比有几点不同:

①CPU 根据中断类型码从中断描述符表而不是中断向量表获取中断服务程序入口的有关信息,中断描述符表的起始位置可由程序选择;

②中断过程中要对被中断的程序代码进行保护,即要进行特权级检查;

③如果有出错码,还要将出错码压入堆栈。

(1)中断描述符表

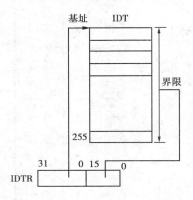

图 7.11　IDTR 与 IDT 的关系

中断描述符表(IDT)的作用同样是通过中断类型码引导程序转移到中断或异常处理程序中去。但是,表项内容与实现方式完全不同,IDT 包含的是中断描述符(又称门描述符)而不是中断向量。门描述符可以是中断门或陷阱门,这些门描述符为 8 字节长。IDT 最多允许有 256 个门描述符,标为门 0 ~ 门 255,对应 256 种中断类型。IDT 占用内存 2KB 区间,可放在内存的任何位置,其起始地址通过中断描述符表寄存器 IDTR 设置,IDT 与 IDTR 的关系如图 7.11 所示。

32 位中断门和陷阱门描述符的格式如图 7.12 所示,它由 8 个字节组成,包括中断服务程序入口的 32 位偏移地址、中断/异常中断服务程序代码段描述符的 16 位段选择符,以及若干保护特权属性标志(其中,DPL 用来指定中断服务程序的特权级,如果设为 00,则具有最高的优先级;P 是存在位,P 为 1 表示门描述符可用;T 位选择门描述符的类型,T 为 1 表示为陷阱门,为 0 表示中断门)。

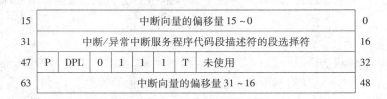

15	中断向量的偏移量 15 ~ 0	0
31	中断/异常中断服务程序代码段描述符的段选择符	16
47	P	DPL	0	1	1	1	T	未使用	32
63	中断向量的偏移量 31 ~ 16	48

图 7.12　中断门/陷阱门描述符

(2)保护方式下中断向量的获得

使用中断门或陷阱门进入中断服务程序入口的过程如下:

①CPU 响应中断后,由中断源或中断指令提供中断类型码 n,乘以 8,与 IDTR 中的基地址相加,得到相应中断门或陷阱门描述符第 1 字节在 IDT 中的地址。

②从 IDT 中读出相应门描述符,将其中的中断服务程序代码段描述符的 16 位段选择符装入代码段寄存器 CS。

③用 CS 寄存器从 GDT 或 LDT 中选择相应的段描述符,送 CS 的段描述寄存器中。

④将段描述符中的基址(32 位)与门描述符中的偏移量(32 位)相加得到中断服务程序的

入口地址(线性地址),如图 7.13 所示。

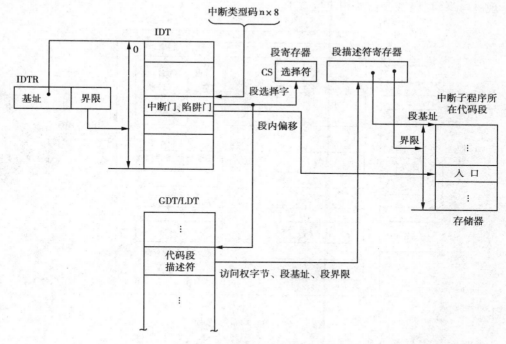

图 7.13 保护方式下中断向量的获得

中断门和陷阱门只能设置在 IDT 内。它们的不同之处在于,通过中断门访问中断服务程序将清除 EFLAGS 的 IF 标志位,而陷阱门则不改变 IF 内容。一般来讲,外部硬件中断由中断门描述符来配置,这样,在执行中断服务程序中,除非使用软件再次允许中断,否则,可以防止另外的中断影响当前中断处理过程。软件中断及内部中断一般用陷阱门。

7.4   中断控制器 8259A

Intel 8259A 是为 80x86 CPU 管理可屏蔽中断而设计的一种可编程中断控制器(Programmable Interrupt Controller—PIC)。一片 8259A 可以管理 8 级中断,多片通过级联可扩展至 64 级,每一级中断都可以屏蔽或允许;在中断响应周期,8259A 还可提供相应的中断类型码;8259A 设计有多种工作方式,可以通过编程来选择,以适应不同的应用场合。

7.4.1   8259A 的编程模型

8259A 编程模型如图 7.14 所示。它由中断请求寄存器 IRR(Interrupt Request Register)、优先级判别器 PR(Priority Resolver)、中断服务寄存器 ISR(Interrupt Service Register)、中断屏蔽寄存器 IMR(Interrupt Mask Register)、初始化命令寄存器和操作命令寄存器组成。

(1)中断请求寄存器 IRR
8 位中断请求寄存器用来存放由外部输入的中断请求信号 $IRQ_7 \sim IRQ_0$,该寄存器有两种触发方式:即上升沿触发和电平触发(高电平)。但无论采用何种触发方式,请求信号(为高电平)必须保持至第一个中断响应信号($\overline{\text{INTA}}$)变为有效之后,否则将会出现错误。当某一个输入端呈现高电平时,该寄存器的相应位置1。

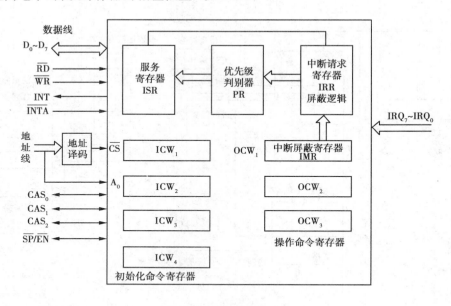

图7.14　8259A 编程模型

（2）中断服务寄存器 ISR

8 位中断服务寄存器用来记录正在处理中的所有中断级,当某个(或几个)中断级正在被服务时,ISR 中对应位置1。

（3）中断屏蔽寄存器 IMR

8 位中断屏蔽寄存器对 IRR 起屏蔽作用。当某些中断需要屏蔽时,IMR 中的对应位置1。

（4）优先权电路 PR

优先权电路用来对保存在 IRR 中未被屏蔽的中断请求进行判优,确定最高优先级。当 CPU 响应这个中断请求,ISR 寄存器的对应位置1。

（5）初始化命令寄存器 $ICW_1 \sim ICW_4$

均为 8 位寄存器,初始化时用于存放 8259A 的初始化命令字 $ICW_1 \sim ICW_4$,在以后的操作过程中基本保持不变。

（6）操作命令寄存器 $OCW_1 \sim OCW_3$

均为 8 位寄存器,用于存放操作数 $OCW_1 \sim OCW_3$,以实现对中断过程动态管理。寄存器 OCW_1 即中断屏蔽寄存器 IMR。

寄存器 $ICW_1 \sim ICW_4$ 和 $OCW_1 \sim OCW_3$ 只占用两个 I/O 端口地址,由引脚 A_0 的输入信号来选择。

7.4.2　8259A 的外部引脚

8259A 是 28 只引脚的双列直插式芯片,其引脚如图 7.15 所示。各引脚的功能如下:

①$D_7 \sim D_0$——双向三态数据线。它可直接与系统的数据总线相连。

②$IRQ_7 \sim IRQ_0$——中断请求输入信号。

③INT——中断请求输出信号。接至 CPU 的中断请求 INTR。

④$\overline{\text{INTA}}$——中断允许输入线。接受 CPU 的中断响应脉冲。

⑤$\overline{\text{CS}}$——片选信号线。当该引脚为低电平时,才能实现对 8259A 的读或写操作。它由地址总线译码产生。

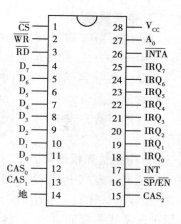

图 7.15　8259A 的引脚图

⑥$\overline{\text{WR}}$——写控制。当$\overline{\text{CS}}$、$\overline{\text{WR}}$同时有效时,8259A 接受 CPU 输出的命令字。它和系统总线的写信号线相连接。

⑦$\overline{\text{RD}}$——读控制。当$\overline{\text{CS}}$、$\overline{\text{RD}}$同时有效时,8259A 将状态信息放到数据总线,供 CPU 检测。它和系统总线的读信号线相连接。

⑧A_0——寄存器选择。用以选择 8259A 内部的不同寄存器,通常,直接连到地址总线的 A_0。而 A_0 只可能有两种状态,故 8259A 寄存器只占用两个接口地址:一个为奇地址($A_0 = 1$),另一个为偶地址($A_0 = 0$)。

⑨$CAS_2 \sim CAS_0$——级联信号线。当 8259A 作为主片时,这三条为输出线;作为从片时,则此三条线为输入线。这三条线与$\overline{\text{SP}}$/$\overline{\text{EN}}$线相配合,实现 8259A 的级联。

⑩$\overline{\text{SP}}$/$\overline{\text{EN}}$——从片/允许缓冲器信号。当工作于缓冲方式时,用作输出($\overline{\text{EN}}$),用来控制缓冲器的收发;在其他方式时用作输入($\overline{\text{SP}}$),用来规定级联时该芯片是主片($\overline{\text{SP}} = 1$)还是从片($\overline{\text{SP}} = 0$)。

7.4.3　8259A 的工作方式

(1)中断嵌套方式

1)普通全嵌套方式

普通全嵌套方式是 8259A 最常用的工作方式,简称为全嵌套方式。这种方式的中断优先权是固定的,IRQ_0最高,依次降低,IRQ_7最低。当 CPU 在执行某个中断源的中断服务程序时,只有优先权更高的中断请求能打断它(前提是 CPU 处于开中断状态)。全嵌套方式是最基本的中断嵌套方式,如果在初始化时未规定 8259A 采用其他方式,则 8259A 自动进入这种方式。

2)特殊全嵌套方式

特殊全嵌套方式主要用在级联情况。在这种方式下与全嵌套方式的工作情况基本相同,只有以下两点区别:

①当某一个从 8259A 有中断请求,CPU 响应以后,这个从 8259A 的中断并没有被屏蔽,也就是说,这个从 8259A 中优先权更高的中断申请仍可以产生;

②当某个中断源要退出中断服务程序之前,要用软件检查它是否是该从 8259A 中唯一的中断源。检查的方法是送一个普通中断结束(EOI)命令给这个从 8259A,然后读它的 ISR,检查它是否为 0,若为 0,则这个从 8259A 中的中断源是唯一的,否则就不是唯一的。只有在读回的 ISR 为 0 时,再把另一个普通 EOI 命令送至主 8259A,结束从 8259A 的中断。

（2）中断屏蔽方式

1）普通屏蔽方式

采用这种方式，8259A 的 8 条中断线的每一条都可根据要求单独屏蔽。只要在程序中输出一个操作命令字 OCW_1，将 IMR 寄存器的某些位置 1，就可屏蔽掉相应的中断请求。

2）特殊屏蔽方式

在特殊屏蔽方式中，正在处理的中断优先级别最低，其他未屏蔽的中断源都可中断其服务程序。

（3）中断优先权循环方式

在全嵌套方式中，中断源的优先权是固定的，故又称为固定优先权方式。但在实际应用中，中断源的优先权是复杂的，不一定有明显的等级，而且优先权还有可能改变，在 8259A 中有两种改变优先权的方法：即自动循环方式和特殊循环方式。

1）自动循环方式（等优先权方式）

自动循环方式中规定：当某一级中断被处理完，它的优先级别就被改变为最低级，而将最高级别赋给原来比它低一级的中断请求。这样，各中断源具有相等的优先权，故自动循环方式又称为等优先权方式。

自动循环方式初始优先级的顺序由高到低依次为 IRQ_0、IRQ_1、$\cdots$、IRQ_7。若 CPU 响应了 IRQ_4 的服务程序，则 IRQ_4 的服务程序执行完后，优先级的顺序由高到低变为 IRQ_5、IRQ_6、IRQ_7、IRQ_0、IRQ_1、IRQ_2、IRQ_3、IRQ_4。

2）特殊循环方式（指定最低级的循环方式）

特殊循环方式与自动循环方式的不同在于，此循环方式初始优先权不是固定的，而是在程序中利用操作命令字指定最低优先级，则其他中断源的优先级也随之确定。例如，若设定 IRQ_5 优先级最低，则最初优先级由高到低依次为 IRQ_6、IRQ_7、IRQ_0、IRQ_1、$\cdots$、IRQ_4。

（4）中断查询方式

查询方式可用来查询 8259A 是否有中断请求正在被处理，如果有，则给出当前处理的最高优先级是哪一级。

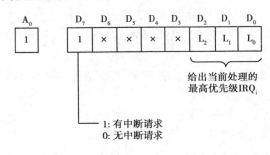

图 7.16　中断状态字格式

用操作命令字 OCW_3 可以设置 8259A 为查询方式，然后用一条 IN 指令即可以从数据总线上读取中断状态字，其格式如图 7.16 所示。

（5）中断结束方式

当某一中断源的中断请求被 CPU 响应时，8259A 的中断服务寄存器 ISR 的相应位置 1，为优先级判别器的工作提供依据。中断处理结束时，必须将该位清 0，否则，将继续屏蔽同级或低级的中断请求。清除 ISR 相应位的方式就是中断结束方式。

1）自动结束方式

在这种方式下，当 CPU 响应 8259A 的中断请求时，在第二个 $\overline{INTA}$ 脉冲的后沿，由 8259A 自动将 ISR 的相应位清 0。这种方式显然只能用于不允许中断嵌套的场合。

2）非自动结束方式

所谓非自动结束方式,是指在中断服务程序末尾向8259A发出中断结束(EOI)命令以清除ISR对应位,表示该级的服务程序已结束。EOI命令有两种格式:普通的EOI命令和特殊的EOI命令。

普通的EOI命令将自动清除ISR中所有已置位的优先权最高的那一位,因此,适用于全嵌套方式。因为对于全嵌套方式,正在服务的中断源必定是优先级最高的。

当8259A不工作于全嵌套方式时,它不能确定哪一级中断是最后响应的,因而不能使用普通的EOI命令,而必须使用特殊EOI命令。对于特殊的EOI命令,在命令字中有3位编码用来指定ISR中需要清除的位,因而这种命令字可以在任何方式下使用。

(6)中断触发方式

外设的中断请求信号从8259A的引脚IRQi输入,但根据实际工作需要,8259A的中断触发方式可设置为两种方式:边沿触发方式和电平触发方式。

1)边沿触发方式

在边沿触发方式下,8259A的IRQi引脚上出现上升沿信号表示有中断请求。

2)电平触发方式

在电平触发方式下,8259A的IRQi引脚上出现高电平信号表示有中断请求。在该方式下,应注意及时撤除高电平,否则,可能会引起不应该出现的第二次中断。

但无论采用边沿触发还是电平触发方式,中断请求信号必须保持高电平至第一个中断响应信号($\overline{\text{INTA}}$)变为有效之后,否则将会出现错误。

7.4.4　8259A的编程

8259A作为可编程接口,在其工作之前必须对它进行初始化,即通过软件向8259A写入若干初始化命令字(ICW)。经过初始化以后,8259A就可以接受输入线上的中断请求。如果要在工作过程中改变8259A的工作方式或其他性能,可以通过写入相应的操作命令字(OCW)来达到。以上这些处理统称为对8259A的编程。

(1)初始化命令字(ICW)

初始化命令字用来规定8259A的初始状态。由于8259A能同时支持8080/8085 CPU和8086/8088 CPU,因而有两种模式,不同的模式初始化命令字有所不同,以下只介绍8259A在8086/8088模式下的初始化命令字。

1)ICW_1

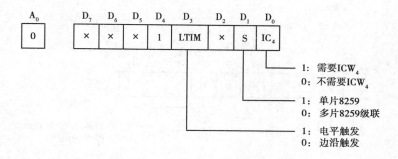

图7.17　初始化命令字ICW_1

ICW$_1$初始化命令字的格式如图 7.17 所示,其中用"×"表示该位是无关的位。D$_4$位是 ICW$_1$的标志位,它总为 1。在 8086/8088 系统中使用 8259,D$_0$位恒为 1,说明初始化程序中要用 ICW$_4$。A$_0$为 0 表示该命令字初始化时写入 8259A 的偶地址寄存器。

当向 8259A 写入 ICW$_1$时,8259A 还自动设置以下状态:

①将中断屏蔽寄存器 IMR 清 0;

②分配 IRQ$_7$的优先权为 7(即最低级);

③清除特殊屏蔽方式;

④若 IC$_4$ = 0,则将寄存器 ICW$_4$清 0。

2)ICW$_2$

ICW$_2$用于规定不同中断源的中断类型码,其格式如图 7.18 所示。ICW$_2$的高 5 位(T$_7$~T$_3$)由用户规定,其低 3 位(D$_2$~D$_0$)依不同的中断源由 8259A 自动填入。A$_0$为 1 表示该命令字初始化时写入 8259A 的奇地址寄存器。

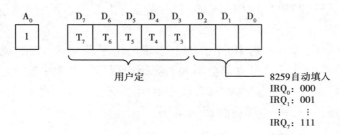

图 7.18　初始化命令字 ICW$_2$

3)ICW$_3$

ICW$_3$仅用于 8259A 的级联方式。

对主 8259A,ICW$_3$用于指示其 IRQ$_7$~IRQ$_0$中哪些同从 8259A 的 INT 连接。某一位为 1,则表示相应的 IRQ 接从 8259A。例如,主 8259A 的 IRQ$_7$和 IRQ$_4$接从 8259A,则主 8259A 的 ICW$_3$的 D$_7$和 D$_4$必须 1,而其他不接从 8259A 的各位均为零。

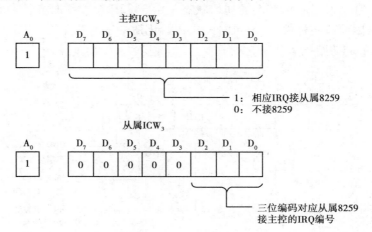

图 7.19　初始化命令字 ICW$_3$

从 8259A 的 ICW$_3$的最低 3 位编程用来表示该从 8259A 的 INT 输出信号和主 8259A 的哪

个 IRQ 输入相连。例如,从 8259A 接主控的 IRQ_4,则从片的 ICW_3 的 $D_2 \sim D_0$ 编程为 100。两种情况下的 ICW_3 格式如图 7.19 所示。

4) ICW_4

ICW_4 初始化命令字用于规定 8259A 的工作方式,中断优先级和中断结束方式等,其格式如图 7.20 所示。其各位的含义如下:

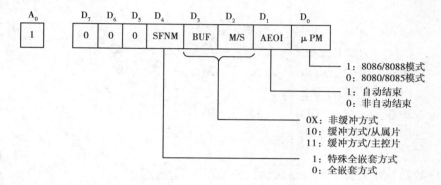

图 7.20　初始化命令字 ICW_4

①SFNM——用于规定优先权管理方式。若 SFNM = 0,则采用全嵌套方式;若 SFNM = 1,则采用特殊的全嵌套方式。在采用特殊全嵌套方式的系统中,一般都使用了多片 8259。

②BUF——用于指示是否采用缓冲方式。BUF = 1,表示采用缓冲方式;BUF = 0,则不采用缓冲方式。在缓冲方式下,8259A 的数据线 $D_7 \sim D_0$ 与系统数据总线 $D_7 \sim D_0$ 之间加一缓冲器对信号进行放大。此时,8259A 的 $\overline{SP}/EN$ 的输出用作缓冲器的控制信号,而用 ICW_4 的 M/S 位来规定本 8259A 是主芯片还是从芯片。而在非缓冲方式中,若选用级联工作时,则由 $\overline{SP}/\overline{EN}$ 确定主芯片和从芯片。

③M/S——在缓冲方式下(BUF = 1)下,用于指示 8259A 是主片还是从片。M/S = 1,为主 8259A;M/S = 0,为从 8259A。

④AEOI——用于规定中断结束方式。AEOI = 1 为自动结束方式;AEOI = 0 为非自动结束方式。

⑤μPM——用于指示 CPU 模式。μPM = 1,表示工作于 8086/8088 模式;μPM = 0,表示工作于 8080/8085 模式。

8259A 的初始化流程如图 7.21 所示。

说明:

①对于每一片 8259A,ICW_1 和 ICW_2 是必须设置的,但 ICW_3 和 ICW_4 并非每片 8259A 都要设置。只有在级联方式下,才需要设置 ICW_3;而在 8086/8088 系统中,ICW_4 是必须设置的。

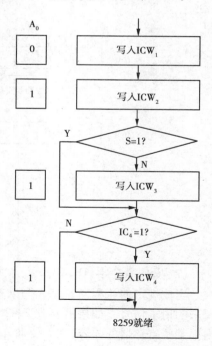

图 7.21　8259A 初始化流程图

②在级联情况下,不管是主片还是从片,都要设置 ICW_3。但是,主片和从片的 ICW_3 是不同的。

③ICW_1 必须写入偶地址寄存器,$ICW_2 \sim ICW_4$ 必须写入奇地址寄存器,$ICW_2 \sim ICW_4$ 没有标志位,8259A 对它们的识别是依靠正常的写入顺序,即应该严格按图 7.20 的顺序写入。

如某 8088 系统中 8259A 单级使用,其端口地址为 80H 和 81H,可用下面的程序段来实现初始化:

```
MOV     AL,  13H        ;写入 ICW₁
OUT     80H, AL
MOV     AL,  18H        ;写入 ICW₂
OUT     81H, AL
MOV     AL,  01H        ;写入 ICW₄
OUT     81H, AL
        ⋮
```

所设定的初始化命令字具体格式及含义如图 7.22 所示。

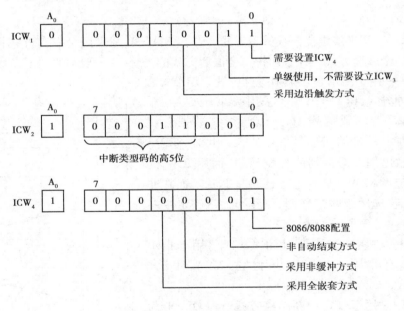

图 7.22 ICW_i 举例

(2)操作命令字(OCW)

当按规定的流程向 8259A 写入初始化命令字以后,8259A 就处于就绪状态,准备接受中断源来的请求信号。如果需要改变 8259A 的中断优先权管理方式或状态,或者需要读出 8259A 内部某些寄存器的内容,则需要向 8259A 写入有关操作命令字。

8259A 的操作命令字有 3 个:$OCW_1 \sim OCW_3$。在 8259A 工作期间,可随时写入操作命令字,而且写入可以不按顺序进行。

1)OCW_1

操作命令字 OCW_1 是写入中断屏蔽寄存器 IMR 的屏蔽控制字,其格式如图 7.23 所示。图中 $M_7 \sim M_0$ 对应中断请求输入线 $IRQ_7 \sim IRQ_0$。某位置 1,表示对应的中断输入被屏蔽(禁止);

位置 0,表示对应的中断允许使用。

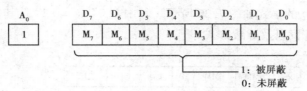

图 7.23　操作命令字 OCW_1

2) OCW_2

操作命令字 OCW_2 用于控制中断结束方式以及修改优先权管理模式,其格式如图 7.24 所示。其中,D_4　D_3(= 0 0)是 OCW_2 的标志位,其余各位的含义如下:

①R——用于指示优先权是否循环,R = 1,为循环方式。

②SL——用于决定 L_2、L_1、L_0 是否有效,SL = 1,表示 L_2、L_1、L_0 有效。

③EOI——用于指示 OCW_2 是否作为中断结束命令,EOI = 1,为中断结束命令。

④L_2、L_1、L_0——当 SL = 1 时,用于指示该操作命令字涉及的哪一级中断。

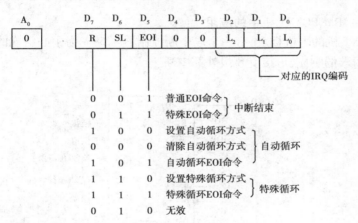

图 7.24　操作命令字 OCW_2

上述 R、SL、EOI 这 3 位结合起来用于选择中断结束方式及循环方式,各种组合的作用见表 7.2。

表 7.2　OCW_2 中 R、SL、EOI 组合的功能

R SL EOI	功　能
0　0　1	普通 EOI 命令,全嵌套方式
0　1　1	特殊 EOI 命令,全嵌套方式,L_2、L_1、L_0 指定对应 ISR 位清零
1　0　1	普通 EOI 命令,优先级自动循环
1　1　1	普通 EOI 命令,优先级特殊循环
1　0　0	自动 EOI 时,优先级自动循环
0　0　0	自动 EOI 时,取消优先级自动循环
1　1　0	优先级特殊循环,L_2、L_1、L_0 指定最低的 IRQ
0　1　0	无操作

3) OCW₃

操作命令字 OCW₃ 的格式如图 7.25 所示。其中 D_4 D_3(= 0 1)是其标志位。用于控制中断状态有读出、选择查询以及屏蔽方式。

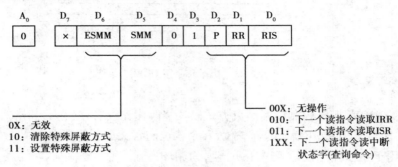

图 7.25　操作命令字 OCW₃

7.4.5　8259A 的应用

(1)8259A 在 IBM PC/XT 机中的应用

在 IBM PC/XT 机的主机板上,有一个以中断控制器 8259A 为中心组成的外部中断控制逻辑,控制外中断请求的响应,可接受 8 级外部中断。

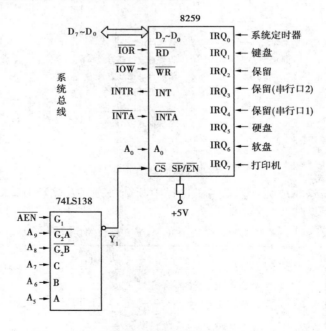

图 7.26　IBM PC/XT 中 8259 的连接

图 7.26 是 8259A 与系统的连接图。PC 机中只用一片 8259A,故 $CAS_2 \sim CAS_0$ 没有连接,$\overline{SP/EN}$ 固定接高电平。接口译码器的译码器输出信号 $\overline{Y_1}$ 作为 $\overline{CS}$ 信号选中 8259A,用 A_0 寻址不同的寄存器。为了译码简单,采用部分译码,地址有重叠,其基本地址为 020H 和 021H。

8 个中断级中 IRQ_0 为最高优先级,IRQ_7 为最低优先级。其中 IRQ_0 接至系统的实时时钟

（由 8253 定时/计数器提供）；IRQ_1 接至键盘接口电路，用于请求 CPU 读取键盘扫描码；IRQ_2 是系统保留的；$IRQ_3 \sim IRQ_7$ 接至 I/O 扩展插槽上，供其他外设接口使用。通常，IRQ_3 用于串行异步通信接口 2（COM2），IRQ_4 用于串行异步通信接口 1（COM1），IRQ_5 用于硬盘适配器，IRQ_6 用于软盘适配器，IRQ_7 用于并行打印机。各中断源规定见表 7.3。

表 7.3　IBM PC/XT 机外部中断源

外中断请求	中断类型码	中断向量地址	用　途
IRQ_0	08H	0020H	实时时钟
IRQ_1	09H	0024H	键盘
IRQ_2	0AH	0028H	保留
IRQ_3	0BH	002CH	COM2
IRQ_4	0CH	0030H	COM1
IRQ_5	0DH	0034H	硬盘
IRQ_6	0EH	0038H	软盘
IRQ_7	0FH	003CH	并行打印机

对于 8259A 的初始化是由 ROM 中的 BIOS 完成。初始化程序中规定 8259A 采用边沿触发方式、单片、与 8088 相配合、缓冲器方式、中断优先权管理采用全嵌套方式、非自动结束，8 个中断源的中断类型码为 08H ~ 0FH。IBM PC/XT 机中 ROM BIOS 关于 8259A 初始化程序段如下：

```
INTA00    EQU        020H
INTA01    EQU        021H
          ⋮
          MOV        AL,     13H
          MOV        DX,     INTA00
          OUT        DX,     AL
          MOV        AL,     08H
          MOV        DX,     INTA01
          OUT        DX,     AL
          MOV        AL,     09H
          OUT        DX,     AL
          ⋮
```

利用 PC 机中的 8259A 对外部可屏蔽中断进行控制时，应完成以下几点工作：

①分配合适的中断级。中断请求信号必须接到系统总线的某个 IRQ 端。分配 IRQ 端的原则首先是只能利用没有被系统已有设备占用的 IRQ 端。从表 7.3 可知，IRQ_2 是为用户保留的。如果系统基本配置没有使用 $IRQ_5 \sim IRQ_3$，则也可由用户使用。其次，分配时按照接口完成的任务的紧急程序来安排中断优先级，任务越紧急，则分配优先级越高的 IRQ 端。

②设计或选择中断请求信号产生逻辑。在设计外设接口时，如果要用中断，则需要一个相应的逻辑电路产生符合 8259A 要求的中断请求信号。许多专门用于 I/O 接口设计的大规模集成电路芯片本身就带有产生中断请求信号的逻辑。

③将中断服务程序的入口地址置入中断向量表,清除8259A对相应IRQ的屏蔽(开放IRQ的中断)。

下面举例说明如何利用IBM PC/XT机的8259A实现外部中断:

例7.1 在IBM PC/XT机中,从BUF开始的数据缓冲区中放有100个字符的字符串,中断请求信号通过IRQ₂输入,每中断一次,则通过地址为27FH的端口输出一个字符,字符串全部输出后返回操作系统。

程序流程图如图7.27所示。

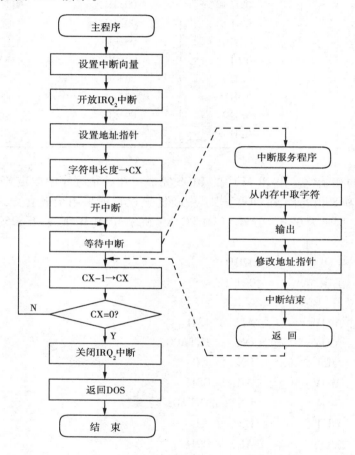

图7.27 例7.1程序流程图

源程序如下:

```
;主程序
DATA      SEGMENT
BUF          DB  100  DUP(?)
DATA      ENDS
CODE      SEGMENT
          ASSUME    CS:CODE, DS:DATA
START:    MOV       AX, DATA
          MOV       DS, AX
```

```
        PUSH    DS                          ;设置中断向量
        MOV     AX, SEG  INTPR
        MOV     DS, AX
        MOV     DX, OFFSET  INTPR
        MOV     AL, 0AH
        MOV     AH, 25H
        INT     21H
        POP     DS
        MOV     DX, 021H                    ;读取中断屏蔽命令字
        IN      AL, DX
        AND     AL, 0FBH                    ;开放 IRQ₂ 中断
        OUT     DX, AL                      ;送回 IMR
        MOV     SI, OFFSET  BUF             ;设置地址指针
        MOV     CX, 100                     ;计数器赋初值
        STI                                 ;开中断
NEXT:   HLT                                 ;等待中断
        LOOP    NEXT                        ;CX-1≠0,等待下一次中断
        MOV     DX, 021H                    ;CX-1=0,关闭 IRQ₂ 中断
        IN      AL, DX
        OR      AL, 04H
        OUT     DX, AL
        MOV     AH, 4CH                     ;返回 DOS
        INT     21H
;中断服务程序
INTPR:  MOV     AL, [SI]                    ;输出一个字符
        MOV     DX, 27FH
        OUT     DX, AL
        INC     SI                          ;修改地址指针
        MOV     AL, 20H                     ;发中断结束命令
        MOV     DX, 020H
        OUT     DX, AL
        IRET                                ;返回主程序
CODE    ENDS
        END     START
```

说明:

①CPU 执行到 HLT 指令时,不断进行空操作,直到接到 INTR,才退出空操作,转到中断服务程序。

②返回指令 IRET 具有恢复断点和标志的功能,故在中断返回之前不用开中断。

（2）8259A 在 IBM PC/AT 机中的应用

在 IBM PC/AT 机中,其外部中断控制逻辑电路由两片 8259A 组成,如图 7.28 所示。

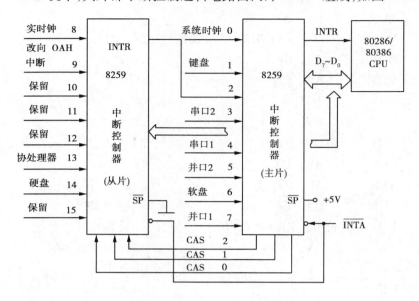

图 7.28　PC/AT 8259A 硬件连接图

由图可见,主片 8259A 原来保留的 IRQ_2 中断请求端用于级联从片 8259A,相当于主片的 IRQ_2 又扩展了 8 个中断请求端 $IRQ_{15} \sim IRQ_8$。

主片的端口地址为 20H、21H,中断类型码为 08H ~ 0FH,从片的端口地址为 A0H、A1H,中断类型码为 70H ~ 77H。主片的 8 级中断都被系统占用(其中 IRQ_2 被从片占用),从片尚保留 4 级未用。其中 IRQ_0 仍用于系统时钟中断(08H),IRQ_1 仍用于键盘中断(09H)。

扩展的 IRQ_8 用于实时时钟中断,IRQ_{13} 来自 80287。除上述中断请求信号外,所有其他的中断请求信号都来自 I/O 通道的扩展板。

1)8259A 初始化编程

;主 8259A 的初始化

MOV	AL,	11H	;ICW_1,边沿触发,级联方式
OUT	20H,	AL	
MOV	AL,	08H	;ICW_2,设定 IRQ_0 的中断类型码为 08H
OUT	21H,	AL	
MOV	AL,	04H	;ICW_3,主片 IRQ_2 级联从片
OUT	21H,	AL	
MOV	AL,	11H	;ICW_4,特殊全嵌套方式,普通 EOI 方式
OUT	21H,	AL	

;从 8259A 初始化

MOV	AL,	11H	;ICW_1,边沿触发,级联方式
OUT	0A0H,	AL	
MOV	AL,	70H	;ICW_2,设定从片 IRQ_0 的中断类型码为 70H

OUT		0A1H,	AL	
MOV		AL,	02H	;ICW$_3$,从片 IRQ$_2$级联于主片的 IRQ$_2$
OUT		0A1H,	AL	
MOV		AL,	01H	;ICW$_4$,普通全嵌套方式,普通 EOI 方式
OUT		0A1H,	AL	

2)级联工作编程

当来自某个从片的中断请求进行服务时,主片的优先权控制逻辑不屏蔽该从片,从而使来自从片的更高优先级的中断请求能被主片识别,并向 CPU 发出中断请求信号。

因此,中断服务程序结束时必须用软件来检查被服务的中断是否是从该从片中唯一的中断请求。先向从片发出一个 EOI 命令,清除已完成服务的 ISR 位;然后再读出 ISR 的内容,检查它是否为 0。如果 ISR 的内容为 0,则向主片发一个 EOI 命令,清除与从片相对应的 ISR 位;否则,就不向主片发 EOI 命令,继续进行从片的中断处理,直到 ISR 的内容为 0,再向主片发出 EOI 命令。

```
;读 ISR 的内容
MOV        AL,    0BH          ;写入 OCW₃,读 ISR
OUT        0A0H,  AL
NOP                            ;延时,等待 8259A 操作结束
IN         AL,    0A0H         ;读出 ISR
;从片发 EOI 命令
MOV        AL,    20H          ;写从片 EOI 命令
OUT        0A0H,  AL
;主片发 EOI 命令
MOV        AL,    20H          ;写主片 EOI 命令
OUT        20H,   AL
```

习　题

7.1　什么是中断?简述一个中断的全过程。

7.2　8086 的可屏蔽中断与非屏蔽中断有何不同?

7.3　中断向量表的作用是什么?如何设置中断向量表,常用的方法有哪些?

7.4　类型为 26H 的中断向量在存储器的哪些单元里?

7.5　已知 SP = 0100H,SS = 0300H,FLAGS = 0240H,00020H 至 00023H 单元内容分别是 40H、00H、00H、01H,同时还已知 INT 8 的偏移量 00A0H 在段基址为 0900H 的 CS 段内,试指出在执行 INT 8 指令并进入该指令相应的中断程序时,SP、SS、IP、CS、FLAGS 和堆栈最上面 3 个字的内容(提示:INT 8 为两字节指示)。

7.6　假设中断类型 9 的中断服务程序的起始地址为 INT—POUT,试写出主程序为建立对应中断向量的程序段。

7.7　设备 D$_1$、D$_2$、D$_3$、D$_4$、D$_5$是按优先级次序排列的,D$_1$的优先权最高,而中断请求的次序

如下所示,试给出各设备的中断处理程序的运行次序。假设所有的中断服务程序开始后就有STI指令,并在中断返回之前发出结束命令。

①D_3和D_4同时发出中断请求。

②在D_3的中断服务程序完成之前,D_2发出中断请求。

③在D_4的中断服务程序完成之前,D_5发出中断请求。

④以上所有的中断服务程序完成并返回主程序后,D_1、D_3、D_5同时发出中断请求。

7.8 在上题中,假设所有中断中都没有STI指令,而它们的IRET指令都可以由于FLAGS出栈而使IF=1,则各设备的中断服务程序的运行次序应是怎样的?

7.9 试定义一个软中断,中断类型码为79H,要求:

①在中断服务程序中,完成ASCII码到BCD码的转换,ASCII码首地址为ASCMM,字节数为NUMB,转换后的BCD码放在BCDMM为首地址的存储区中;

②能正确地转到中断服务程序,即需给出中断向量。试编写出中断服务程序和主程序片断。

7.10 编写出只有一片8259A的8088系统中8259A的初始化程序,8259A的地址为02C0H和02C1H,要求:

①中断请求输入采用电平触发;

②IRQ_0请求的中断类型是16;

③采用缓冲器方式;

④采用普通的EOI命令。

7.11 编写一将8259A中的IRR、ISR和IMR的内容传送至存储器中REG—ARR为首地址的数组中的程序段,假设CPU为8088,8259A的偶地址为050H,奇地址为051H。

7.12 某系统中有5个中断源,它们从中断控制器8259A的$IRQ_4 \sim IRQ_0$中以脉冲方式引入系统,它们的中断类型码分别为4BH、4CH、4DH、4EH和4FH,中断入口分别为3500H、4080H、4505H、5540H和6000H。允许它们以完全嵌套方式工作,请编写相应的初始化程序,CPU响应一级中断时,能正确地进入各自的中断服务程序入口。

7.13 IBM PC/AT机中两片8259A的硬件连接图如题图7.1所示,请指出8259A主片及从片,并如何从硬件连接中的哪些

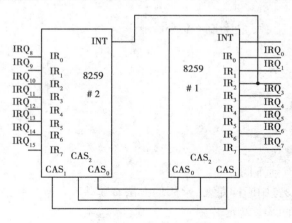

题图7.1

部分来区分主片和从片?

7.14 在上题中,两片8259A的初始化程序如下:

;主8259A初始化

INTA00	EQU	020H	;8259A主片端口0
INTA01	EQU	021H	;8259A主片端口1
	⋮		

```
        MOV      AL,       11H           ;ICW₁
        OUT      INTA00,   AL
        MOV      AL,       8             ;ICW₂
        OUT      INTA01,   AL
        MOV      AL,       04H           ;ICW₃
        OUT      INTA01,   AL
        MOV      AL,       01H           ;ICW₄
        OUT      INTA01,   AL
;从 8259A 初始化
INTB00  EQU      0A0H                    ;8259A 从片端口 0
INTB01  EQU      0A1H                    ;8259A 从片端口 1
        ⋮
        MOV      AL,       11H           ;ICW₁
        OUT      INTB00,   AL
        MOV      AL,       70H           ;ICW₂
        OUT      INTB01,   AL
        MOV      AL,       02H           ;ICW₃
        OUT      INTB01,   AL
        MOV      AL,       01H           ;ICW₄
        OUT      INTB01,   AL
```

试说明两片 8259A 的 4 个初始化命令字的意义。

7.15　某系统中设置 3 片 8259A 级联使用，一片为主 8259A，两片为从 8259A，它们分别接入主 8259A 的 IRQ$_2$ 和 IRQ$_4$ 端。若已知当前主 8259A 和从 8259A 的 IRQ$_3$ 上各接有一个中断源，它们的中断类型码分别为 A0H、B0H、C0H，已知它们的中断入口均在同一段中，其段基址为 2050H，偏移地址分别为 11A0H、22B0H 和 33C0H，所有中断均采用电平触发方式、完全嵌套、普通 EOI 结束。

①画出它们的硬件连接图；

②编写全部初始化程序。

7.16　IBM PC/XT 中 8259A 的 IRQ$_2$ 输入一中断请求信号，当其有效时转入中断服务程序执行。中断服务程序的功能是从外设（口地址为 200H）读入数据，并判断是否有偶校验，有则输出给另一个外设（口地址 201H），否则，在屏幕显示字符"N"，并关闭 IRQ$_2$ 中断。试编写主程序（与中断有关部分）和中断服务程序。

7.17　中断与异常有何异同？

7.18　32 位机的异常分为几类？

7.19　中断描述符与一般段描述符有何不同？

7.20　中断描述符表与中断向量表有何异同？

第 **8** 章
常用接口芯片

接口(Interface)是指 CPU 与外设或外设与系统设备或功能电路间进行数据交换和通信的连接电路。随着微电子技术与计算机技术的发展,微机接口电路普遍采用大规模集成电路芯片,而且大多数接口芯片功能是可编程控制的。本章将介绍在 PC 机中常用的接口芯片及其应用。

8.1 并行接口芯片 8255A

Intel 8255A 是一种通用的可编程并行 I/O 接口芯片,是为 Intel 8080/8085 系列微处理器设计的,也可用于其他系列的微机系统。通过 8255A,CPU 可直接同外设相连接,是应用最广的并行 I/O 接口芯片。8086/8088 系统中就采用 8255A 作为键盘、扬声器、打印机等外设的接口电路芯片。

8.1.1 8255A 的内部结构

8255A 的编程结构如图 8.1 所示,它由两部分组成:数据端口 A、B、C 和控制寄存器。

(1)数据端口 A、B、C

8255A 有 3 个 8 位数据端口,即端口 A、端口 B 和端口 C。设计人员可以用软件使它们分别作为输入端口或输出端口。每个端口都有一个数据输入、输出寄存器,但各有其特点。端口 A 数据寄存器输入输出均具有锁存能力;端口 B 也如此,但输入时可以不锁存;端口 C 只有输出锁存,输入无锁存能力。

端口 A、B、C 可以彼此独立地作为 3 个 8 位并行接口,可用于输入,也可用于输出。在需要联络控制信号线的场合,端口 C 的高 4 位 $PC_7 \sim PC_4$ 固定划给端口 A 用作联络控制信号线,端口 C 低 4 位 $PC_3 \sim PC_0$ 固定划给端口 B 用作联络控制信号线。这时,端口 A 和端口 C 的高 4 位,端口 B 和端口 C 的低 4 位分别称为 A 组和 B 组,组成两个独立的并行接口。

(2)控制寄存器

用于接受 CPU 输出的控制字,从而规定端口的工作方式及输入输出功能,也可根据 CPU 的控制字将端口 C 的某一位复位/置位。

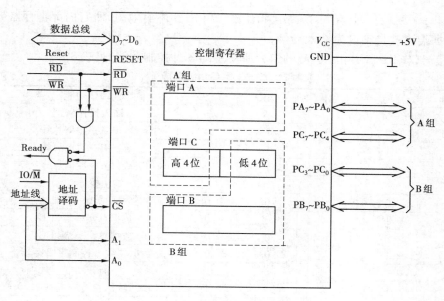

图 8.1 8255A 的编程结构

8.1.2 8255A 的外部引脚

图 8.2 是 8255A 的引脚信号。除了电源和接地以外,其他信号可以分为两类:与外设相连的引脚和与 CPU 相连的引脚。

(1)与外设相连的引脚

各引脚的功能如下:

①$PA_7 \sim PA_0$——A 口外设数据线(双向)。

②$PB_7 \sim PB_0$——B 口外设数据线(双向)。

③$PC_7 \sim PC_0$——C 口外设数据线(双向)。

(2)与 CPU 相连的引脚

各引脚的功能如下:

①$D_7 \sim D_0$——三态数据线(双向)。

②$\overline{CS}$——片选信号(输入),低电平有效。

③A_1、A_0——端口选择信号(输入)。它们通常接到地址总线的 A_1、A_0。

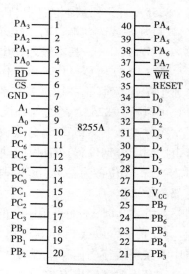

图 8.2 8255A 的引脚图

$$A_1A_0 = 00,选择端口 A;$$
$$A_1A_0 = 01,选择端口 B;$$
$$A_1A_0 = 10,选择端口 C;$$
$$A_1A_0 = 11,选择控制寄存器。$$

④$\overline{RD}$——读控制信号(输入),低电平有效。当$\overline{CS}$、$\overline{RD}$同时有效时,CPU 从 8255A 中读取数据。

⑤$\overline{WR}$——写控制信号(输入),低电平有效。当$\overline{CS}$、$\overline{WR}$同时有效时,CPU 往 8255 中写入控制字或数据。

⑥RESET——复位信号(输入),高电平有效。当 RESET 有效时,所有内部寄存器被清除,同时,3 个数据端口被自动设为输入端口。

⑦控制信号$\overline{CS}$、$\overline{RD}$、$\overline{WR}$和 A_1、A_0的组合所实现的各种控制功能,见表 8.1。

表 8.1 8255A 端口功能选择

A_1	A_0	$\overline{RD}$	$\overline{WR}$	$\overline{CS}$	端口功能
					输入操作(读)
0	0	0	1	0	端口 A→数据总线
0	1	0	1	0	端口 B→数据总线
1	0	0	1	0	端口 C→数据总线
					输出操作(写)
0	0	1	0	0	数据总线→端口 A
0	1	1	0	0	数据总线→端口 B
1	0	1	0	0	数据总线→端口 C
1	1	1	0	0	数据总线→控制字寄存器
					断开功能
×	×	×	×	1	数据总线→三态
1	1	0	1	0	非法状态
×	×	1	1	0	数据总线→三态

8.1.3 8255A 的工作方式

8255A 有 3 种基本的工作方式:方式 0、方式 1 和方式 2。向控制寄存器写入适当的控制字,就可规定或改变端口的工作方式。

(1)方式 0——基本输入输出方式

A 口、B 口和 C 口均可以工作在方式 0。这是一种基本的输入输出工作方式。当外设始终处于传送数据的一切准备工作就绪这样一种状态时,则无需用专用的应答联络信号,故CPU 可以通过 8255A 随时与外设进行数据传输。

在方式 0 下,8255A 是分成彼此独立的 8 位 A 口、B 口及 4 位上 C 口、下 C 口 4 个并行口,可由控制字分别设置成输入或输出口使用,共有 16 种不同的使用组态。在方式 0 时,上 C 口、下 C 口 4 位各为一组,每组只能同时设定为输入或输出,不能把 4 位中某几位作为输入,另一部分作输出。

在方式 0 时,不能采用中断的方法与 CPU 交换信息。但可用应答查询方式来进行数据传送。此时,通常以 A 口和 B 口作为数据口,而用 C 口某些位作为控制与状态信号线使用。C口中哪条引线充当何种应答功能,可以由用户来指定。

在基本输入输出方式下工作时,输出的数据被锁存,而输入数据是不锁存的。

(2)方式 1——选通输入输出方式

方式 1 主要是为中断应答式数据传送而设计的。在这种方式下,端口 A 和端口 B 仍作为数据的输出口或输入口,同时,固定 C 口的某些位作为联络信号,C 口的其他位仍可作数据位使用。

1)方式 1 的输出

A、B 两个端口都设置为方式 1 输出时的情况如图 8.3 所示。由图 8.3(a)可见,A 口所用的 3 个联络信号占用 C 口的 PC_7、PC_6、PC_3 引脚,而 B 口则占用了 PC_2、PC_1、PC_0 引脚。其联络信号的作用如下:

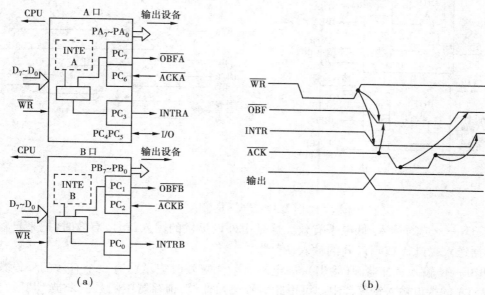

（a）　　　　　　　　　　　　　　　　　（b）

图 8.3　方式 1 的输出

①$\overline{OBF}$——输出缓冲器满信号(输出),低电平有效。当其有效时,表示 CPU 已将数据输出到指定的端口,通知外设可以将数据取走。

②$\overline{ACK}$——外设响应信号(输入),低电平有效。由外设送来,有效时表示 8255A 的数据已为外设所接收,并使 $\overline{OBF}=1$。

③INTR——中断请求信号(输出),高电平有效。当外设接收了由 CPU 送给 8255A 的数据后,8255A 通过 INTR 向 CPU 发中断请求,请求 CPU 再输出下一字节数据。INTR 是当 $\overline{OBF}$、$\overline{ACK}$ 和 INTE 都为高电平时才有效。

④INTE——中断允许信号。A 口的 INTE 由 PC_6 置位/复位,B 口的 INTE 由 PC_2 置位/复位。只有当 PC_6 或 PC_2 置 1 时,才允许对应的端口发中断请求信号。

PC_5、PC_4 可由控制字设置为输入或输出数据用,也可以用位操作方式对它进行置位或复位。

当 8255A 工作于方式 1 时,输出过程通常采用中断控制,其时序如图 8.3(b)所示。当输出设备接受了前一次输出数据之后,8255A 向 CPU 请求中断。在中断服务程序中,CPU 执行一条输出指令,将数据写入指定的端口,此时,CPU 输出的 $\overline{WR}$ 信号一方面清除 INTR。另外,在 $\overline{WR}$ 的上升沿使 $\overline{OBF}$ 有效,通知外设接收数据。输出设备接收到数据后,向 8255A 发出 $\overline{ACK}$ 信号作为回答。$\overline{ACK}$ 信号一方面使 $\overline{OBF}$ 无效,表示数据已被取走,端口的输出缓冲器有空;另一方面,若允许发中断请求(INTE =1),则使 INTR 有效,8255A 再次请求中断。

同样的数据输出过程也可采用查询方式。CPU 在输出数据之前,必须先查询相应端口的 $\overline{OBF}$ 的状态,只有 $\overline{OBF}$ 为高电平,才能将数据写入到指定端口。

2)方式 1 的输入

A、B 两个端口在方式 1 用作输入时的情况如图 8.4 所示,其联络信号的作用如下:

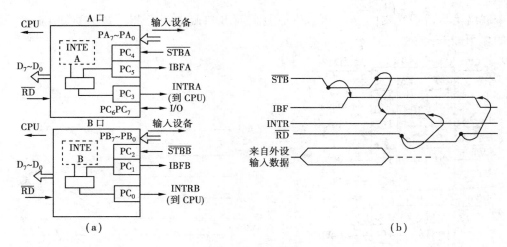

图 8.4　方式 1 的输入

①STB——选通输入,低电平有效。这是由外设提供的输入信号,有效时,把来自输入装置的数据送入端口 A 或端口 B 的输入锁存器。

②IBF——输入缓冲器满(输出),高电平有效。有效时表示已有一个有效的外设数据锁存于 8255A 的端口输入锁存器中。可用此信号通知外设,锁存器中的数据未被 CPU 读走,暂不能向端口输入新的数据。

③INTR——中断请求信号(输出),高电平有效。当外部设备要向 CPU 输入数据或请求服务时,8255A 就用 INTR 向 CPU 提出中断请求。只有数据已写入端口数据锁存器,且STB、IBF 和 INTE 都为高电平时,INTR 才有效。

④INTE——中断允许信号。A 口的 INTE 由 PC_4 置位/复位,B 口的 INTE 由 PC_2 置位/复位。

PC_7、PC_6 由控制字设置为输入或输出数据。

若在中断控制下实现数据的输入,其时序如图 8.4(b)所示。当输入设备准备好数据,在送出数据的同时,向 8255A 发出一个选通信号STB。8255A 端口数据锁存器在 STB 下降沿控制下将数据锁存,并使 IBF 变高,表示输入缓冲器满,通知外设暂时不要再送数据。当STB 变为高电平以后,如果 INTE 有效,这时,INTR 变为高电平输出,向 CPU 发出中断请求。CPU 响应中断,执行 IN 指令读取数据时,RD 信号的下降沿清除中断请求,而RD 结束时的上升沿则使 IBF 无效,指示输入锁存器有"空"。外设在检测到 IBF 为低后,又开始输入下一个字节数据。

在方式 1 时,同样可以用查询方式实现数据的输入。CPU 在读取端口的数据之前,必须先查询对应的 IBF 状态,在 IBF 有效时 CPU 才从端口读取数据。

在方式 1 之下,8255 的端口 A 和端口 B 可以均为输入或均为输出;也可以一个为输入,另一个为输出;还可以其中一个端口工作于方式 1,而另一个端口工作于方式 0。这种灵活的工作特点是由其可编程序的功能来实现的。

(3)方式 2——双向输入输出方式

在这种方式下,8255A 通过 A 口的 8 位外设数据线与外设进行双向通信,既能发送,又能接收数据。工作时可以用中断方式,也可以用查询方式与 CPU 联系。

方式 2 只有 8255 的 A 口才能采用。在 A 口工作于双向输入输出方式时,固定利用 C 口的 5 条线作为联络信号线。此时,B 口只能工作在方式 0 或方式 1,而 C 口剩下的 3 条线可作为输入输出线使用或用作 B 口方式 1 之下的联络线。

方式 2 的联络信号如图 8.5(a)所示。其中 $\overline{OBFA}$、$\overline{ACKA}$、$\overline{STBA}$、IBFA、INTRA 的作用与前面的叙述基本相同。所不同的主要是:

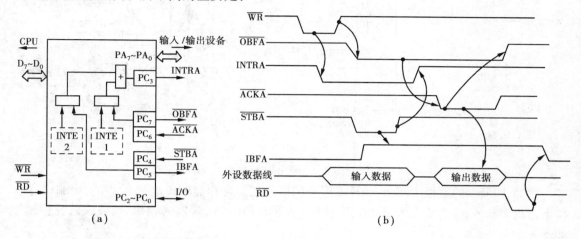

图 8.5　方式 2

①输出时,只有当 $\overline{ACKA}$ 有效时,才能打开 A 口输出数据三态门,使数据由 $PA_7 \sim PA_0$ 输出。$\overline{ACKA}$ 无效时,A 口的输出数据三态门呈高阻状态。

②输入时,A 口在 $\overline{STBA}$ 过程中锁存数据后,外设即可去掉要输入的数据。

③A 口输入或输出数据均可引起中断。A 口是否能提出中断请求由 C 口的两位数据来控制。其中利用置位 PC_6 来允许 A 口输出时发中断请求,而利用置位 PC_4 来允许 A 口输入时发中断请求。

在工作方式 2 下的时序如图 8.5(b)所示。其工作可以认为是前面方式 1 的输入和输出相结合而分时工作,其工作过程如方式 1 的输入和输出过程。值得注意的是:在这种工作方式下,在 $PA_7 \sim PA_0$ 上可能出现 8255A 的端口 A 输出数据到外设,也可能出现外设通过 $PA_7 \sim PA_0$ 将数据传送给 8255A。因此,$\overline{ACKA}$ 和 $\overline{STBA}$ 不能同时有效,否则,$PA_7 \sim PA_0$ 上将出现数据冲突。

方式 2 是一种双向工作方式。如果一个外部设备既可以作为输入设备,又可以作为输出设备,并且输入输出操作不会同时进行,那么,将这个外设和 8255A 的端口 A 相连,并使 A 口工作于方式 2,将是十分方便的。

8.1.4　8255A 的控制字

8255A 作为可编程接口,在使用之前要对其初始化,即写入相应的控制字,以设置 8255A 的工作方式及其他性能。8255A 有 2 种控制字:方式选择控制字和 C 口位操作控制字。初始化时它们都被写入 8255A 的控制寄存器。

(1)方式选择控制字

方式选择控制字用来选择 A 口、B 口的工作方式,以及规定 A 口、B 口、C 口是输入还是输出,其格式如图 8.6(a)所示。图中 D_7 固定为 1,是方式选择控制字的标志位。$D_6 \sim D_3$ 决定 A 组(A 口及 C 口上半部)的方式,$D_2 \sim D_0$ 决定 B 组(B 口及 C 口下半部)的方式。

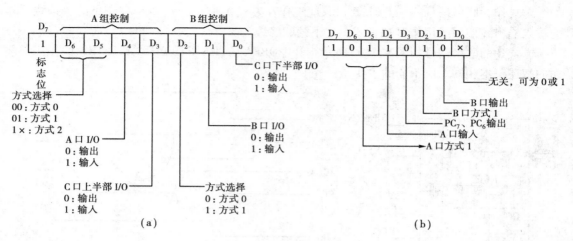

图 8.6　方式选择控制字

例如,8255A 的地址为 60H ~ 63H(其中 63H 为控制寄存器的口地址)。若规定端口 A 工作于方式 1 输入,端口 B 工作于方式 1 输出,余下的 PC_7、PC_6 规定为输出,则方式选择控制字如图 8.6(b)所示。

相应的初始化程序段为:

```
MOV    AL,0B4H
OUT    63H,AL
```

当 8255A 控制寄存器为 16 位地址时,CPU 对 8255A 输出控制字,应采用寄存器间接寻址的输出指令。如控制寄存器地址为 300H 时,则初始化程序为:

```
MOV    DX,0300H
MOV    AL, 0B4H
OUT    DX,AL
```

(2)C 口位操作控制字

该控制字用来将 C 口的某一位置位或复位。主要用于在 C 口某位输出控制信号,如用于控制开关的通(置 1)/断(置 0),继电器的吸合/释放、电机的启/停控制等,其格式如图 8.7 所示。图中 D_7 固定为 0,是 C 口位操作控制字的标志位,$D_3 \sim D_1$ 用于选择 C 口的操作位,D_0 规定该位置位还是复位。

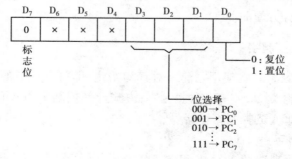

图 8.7　C 口位操作控制字

若要从上述 8255A 的 PC_7 输出正脉冲,则可以用以下程序段(设原来的 $PC_7 = 0$):

```
MOV    AL,00001111B    ;PC₇置1
OUT    63H,AL
MOV    AL,00001110B    ;PC₇置0
OUT    63H,AL
```

8.1.5 8255A 应用举例

下面列举两个利用 8255A 作为打印机接口的例子,说明 8255A 的应用。

并行接口的点阵式打印机普遍遵从 Centronics 并行标准。该标准规定了一个 36 芯的连接口,对每个引脚信号作了明确的规定,见表8.2。

表 8.2   并行接口标准 Centronics 的信号规定

引脚号	信号名称	方向	信号功能
1	$\overline{STB}$(选通)	入	主机对打印机输入数据的选通脉冲,低电平有效
2~9	DATA1~8	入	并行数据 0~7 位的信息
10	$\overline{ACK}$(应答)	出	向主机发出的传送数据的请求脉冲
11	BUSY(忙)	出	表示打印机是否可接收数据的信号
12	PE	出	纸尽信号
13	SLCT	出	选中信号
14	$\overline{AUTOFEEDXT}$	入	自动输纸信号
15	NC		不用
16	0V		逻辑地
17	CHASSIS-GND		机壳地
18	NC		不用
19~30	GND		对应 1~12 引脚的接地线
31	$\overline{INIT}$	入	初始化信号
32	$\overline{ERROR}$	出	出错信号
33	GND		地
34	NC		不用
35	+5V		电源
36	$\overline{SLCTIN}$	入	低电平时,打印机处于被选择状态

在表8.2 所列信号线中,最主要的是 8 位并行数据线,2 条联络线$\overline{STB}$、$\overline{ACK}$和一条忙线 BUSY。它们的功能说明如下:

①DATA1~DATA8——数据输入信号(输入)。主机送往打印机的 8 位并行数据。

②$\overline{STB}$——数据选通信号(输入)。由主机送往打印机的选通信号,当其有效时,打印机接收主机送来的 8 位并行数据。

③$\overline{ACK}$——响应信号(输出)。打印机接收数据后,向主机发出的回答信号。主机收到该信号后,才能继续发送下一个数据。

④BUSY——忙信号(输出)。由打印机送给主机的状态信号,无效时表示打印机正处于空闲状态,主机可以向打印机输出数据;有效时表示打印机正忙,现在不能接收数据。

图 8.8 所示是并行打印机的工作时序图。当 CPU 通过接口要求打印机打印数据时,先要查询 BUSY 信号,BUSY = 0 时,才能向打印机输出数据。在把数据送上 DATA 线后,先发$\overline{STB}$信号通知打印机,打印机接到$\overline{STB}$后,接收 DATA 线上的数据,并使 BUSY = 1;当打印机接收好数据并存入内部打印缓冲器后,送出$\overline{ACK}$信号,表示打印机已准备好接收新数据,并撤销 BUSY 信号。

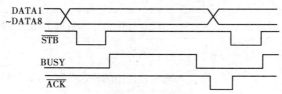

图 8.8　并行打印机工作时序图

对于大多数并行打印机接口,只要在硬件上能提供 1 个 8 位数据输出口和有关联络信号,软件上设计相应的控制程序,使各信号满足图 8.8 的时序关系,即可控制打印机正常打印。

例 8.1　8255A 工作于方式 0,作为用查询方式工作的并行打印机的接口,如图 8.9 所示。

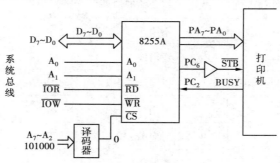

图 8.9　8255A 作为查询方式的打印机接口

工作过程:当主机要往打印机输出字符时,先查询 BUSY 信号。如果打印机正在处理一个字符或在打印一行字符,则 BUSY 为 1;反之,则 BUSY 为 0。因此,在查询到 BUSY 为 0 时,则可通过 8255A 向打印机输出一个字符。此时,要将选通信号$\overline{STB}$置为低电平,然后再使$\overline{STB}$为高电平,相当于在打印机的$\overline{STB}$端输入一个负脉冲(在初始状态,$\overline{STB}$为高电平),此负脉冲作为选通脉冲将字符打入打印机的输入缓冲器。

现将 A 口作为传送字符的通道,工作于方式 0,输出方式;B 口未用;C 口也工作于方式 0,PC_2 作为 BUSY 信号输入端,故 $PC_3 \sim PC_0$ 为输入方式,PC_6 作为$\overline{STB}$信号输出端,故 $PC_7 \sim PC_4$ 为输出方式。

由图 8.9 中连接可确定 8255A 各端口地址为:

地址		选中端口	端口地址
$A_7 \sim A_2$	$A_1 A_0$		
101000	00	A 口	A0H
	01	B 口	A1H
	10	C 口	A2H
	11	控制寄存器	A3H

设输出字符放在寄存器 CL 中,则具体打印子程序如下:

```
PRINT: PUSH   AX            ;保护现场
       MOV    AL,81H        ;8255A 初始化
       OUT    0A3H,AL
       MOV    AL,0DH        ;用 C 口位操作控制字使 PC6 为 1
       OUT    0A3H,AL
WAITO: IN     AL,0A2H       ;检测 PC2 的值
       AND    AL,04H
       JNZ    WAITO         ;打印机忙,继续等待
       MOV    AL,CL         ;打印机不忙,字符送端口 A
       OUT    0A0H,AL
       MOV    AL,0CH        ;PC6 输出负脉冲,字符进入打印机
       OUT    0A3H,AL
       INC    AL
       OUT    0A3H,AL
       POP    AX            ;恢复现场
       RET                  ;返回主程序
```

例 8.2 8255A 工作于方式 1,作为用中断方式工作的并行打印机的接口,如图 8.10 所示。

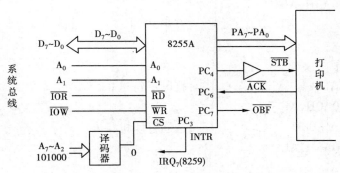

图 8.10 8255A 作为中断方式的打印机接口

8255A 的 A 口作为数据通道,工作在方式 1 的输出方式,此时,PC_7、PC_6、PC_3 自动作为联络信号 $\overline{OBF}$、$\overline{ACK}$、INTR。

打印机所需要的选通信号 $\overline{STB}$ 由 CPU 控制 PC_4 来产生。打印机发出的响应信号 $\overline{ACK}$ 接到

273

8255A 的 PC_6,8255A 发出的输出缓冲器满信号$\overline{OBF}$在这里没用,将其悬空。

PC_3连到 8259A 的中断请求信号输入端 IRQ_7,对应于中断类型号 0FH,此中断类型号对应的中断向量在中断向量表中的起始地址为 0000H:003CH,设 8259 已初始化。

在主程序中将 8255A 初始化,设置中断向量,开放中断之后,CPU 可以执行其他操作。要注意这里的开放中断不仅包含了用开中断指令 STI 使 CPU 开中断,还包括了使 8255A 的 INTE 置 1,即使 8255A 也处于中断允许状态。

中断服务程序中实现字符输出。设字符已放在 CL 寄存器中,字符输出到 8255A 后,CPU 用对 C 口的位操作命令使 PC_4输出一个负脉冲,作为选通信号使数据进入打印机。当打印机接收并打印字符后,发回响应信号$\overline{ACK}$,由此清除 8255A 的输出缓冲器满指示$\overline{OBF}$,并使 8255A 向 CPU 发出新的中断请求。

主程序及中断服务程序的相应程序段如下:

```
;主程序
MAIN:MOV   AL,0A0H              ;8255A 初始化
     OUT   0A3H,AL
     MOV   AL,09H               ;使 PC4为 1
     OUT   0A3H,AL
     PUSH  DS                   ;设置中断向量
     XOR   AX,AX
     MOV   DS,AX
     MOV   AX,OFFSET INTP
     MOV   [003CH],AX
     MOV   AX,SEG INTP
     MOV   [003EH],AX
     POP   DS
     MOV   AL,0DH               ;PC6置 1,允许 8255A 中断
     OUT   0A3H,AL
     STI                        ;开中断
      ⋮
;中断服务程序
INTP:MOV   AL,CL                ;打印字符送 8255A
     OUT   0A0H,AL
     MOV   AL,08H               ;选通打印机
     OUT   0A3H,AL
     INC   AL
     OUT   0A3H,AL
      ⋮                         ;后继处理
     IRET                       ;中断返回
```

8.2　定时器/计数器接口芯片 8253

在微机应用系统中,经常会要求有一些实时时钟以实现定时或延时控制,也往往要求有计数器能对外部事件计数。实现上述要求可采用 3 种方法即硬件定时、软件定时和采用可编程定时器/计数器。

(1)硬件定时

硬件定时即用数字逻辑电路来构成定时器/计数器。这种电路若要改变定时/计数值,则必须改变电路参数,通用性、灵活性较差。

(2)软件定时

软件定时即让机器执行一个程序段。这个程序段没有具体的执行目的,但由于每条指令的执行时间是固定的,因此,执行该程序段的时间也是固定的,从而达到定时的目的。通过正确挑选指令和安排循环次数很容易改变定时时间,但软件定时占用了 CPU,降低了 CPU 的利用率。

(3)采用可编程定时器/计数器

其定时时间与计数值可以很容易地由软件来确定和改变,设定后与 CPU 并行工作,不占用 CPU 的时间。

本节介绍的 8253 是一种可编程定时器/计数器芯片。

8.2.1　8253 的内部结构

8253 是 Intel 公司生产的通用计数/定时器(CTC Couner/Timer Circuit),8254 芯片与它兼容,仅最高工作频率有区别,它是采用 NMOS 工艺由单一的 +5V 电源供电的 40 只引脚的双列直插式封装芯片。

图 8.11 所示是 8253 的编程结构图,从图中可看到:

①8253 有 3 个独立的计数器(计数器 0、计数器 1 和计数器 2)。每个计数器的内部结构完全相同,都有 3 条信号线:

CLK——计数输入,用于输入计数脉冲或时钟脉冲;

OUT——输出信号,用相应的电平或脉冲波形指示计数的完成;

GATE——门控信号,用于启动或禁止计数器的操作。

②每个计数器内部包括以下寄存器:

A. 计数初值寄存器 CR(16 位)。存放初始化时写入的计数初值。

B. 减 1 计数器 CE(16 位)。计数器开始工作时,计数初值寄存器将计数初值送入减 1 计数器。当计数输入端 CLK 输入一个脉冲后,减 1 计数器内容减 1。当减 1 计数器减到零时,输出端 OUT 输出相应信号表示计数结束。如果 CLK 输入的是周期固定的时钟脉冲,对其计数可以达到定时的目的。

C. 输出锁存器 OL(16 位)。在计数过程中,锁存器跟随减 1 计数器的内容而变化。当 CPU 发出一个锁存命令时,锁存器便锁定当前的计数值,直到计数值被读出后,锁存器又跟随减 1 计数器的操作。

D. CR、CE 和 OL 都是 16 位的寄存器,但也可作 8 位寄存器用,仍适用于 8 位数据总线的情况。

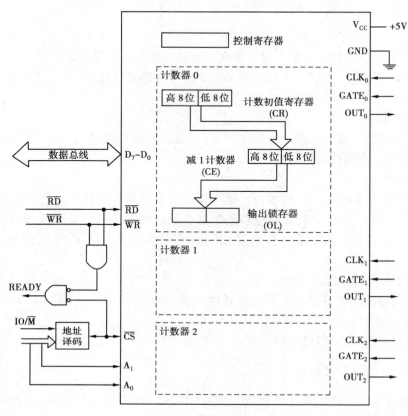

图 8.11　8253 的编程结构

③控制寄存器(8 位)。此寄存器用来保存由 CPU 送来的工作方式控制字。实际上,每个计数器都有一个控制寄存器,用于保存本计数器的控制信息,如计数器的工作方式、计数制形式、计数值的读/写顺序等。但应注意 8253 的 3 个控制寄存器只占用一个 I/O 端口地址,由工作方式控制字决定写入哪一个计数器。

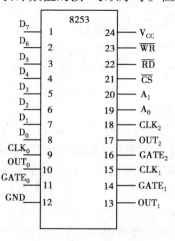

图 8.12　8253 引脚图

8.2.2　8253 的引脚

8253 的引脚排列如图 8.12 所示。

8253 与总线相连接的主要引脚及功能如下:

①$D_7 \sim D_0$——三态数据线(双向),用于传送数据和控制字。

②$\overline{RD}$——读控制信号(输入),低电平有效。

③$\overline{WR}$——写控制信号(输入),低电平有效。

④A_1、A_0——计数器选择信号(输入)。当 A_1、A_0 的输入信号是 00、01、10、11 时,分别选中计数器 0、计数器 1、计数器 2 和控制寄存器。它们通常接到地址总线 A_1、A_0。

⑤$\overline{\text{CS}}$——片选信号(输入),低电平有效。有效时才能选中该定时器芯片,实现对它的读或写。

8253 共占用 4 个 I/O 端口地址,由 $\overline{\text{CS}}$ 和 A_1、A_0 输入信号共同实现对 8253 的寻址,$\overline{\text{RD}}$、$\overline{\text{WR}}$ 信号规定相应的读/写操作,见表 8.3。

表 8.3　8253 端口地址及操作功能

$\overline{\text{CS}}$	A_1	A_0	$\overline{\text{WR}}$	$\overline{\text{RD}}$	功　　能	
0	0	0	0	1	选中计数器 0	对计数器寄存器 CR 送初值
			1	0		读输出锁存器 OL 当前值
0	0	1	0	1	选中计数器 1	对计数器寄存器 CR 送初值
			1	0		读输出锁存器 OL 当前值
0	1	0	0	1	选中计数器 2	对计数器寄存器 CR 送初值
			1	0		读输出锁存器 OL 当前值
0	1	1	0	1	选中控制寄存器	将工作方式控制字送相应计数器的控制寄存器

图 8.13 所示为 IBM PC/XT 机中 8253 的连接简图,可分析得出计数器 0、1、2 和控制寄存器的基本口地址为 040H、041H、042H 和 043H。

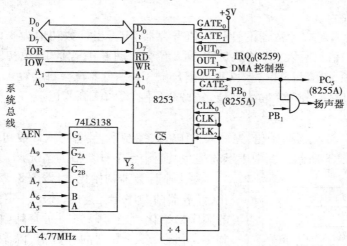

图 8.13　IBM PC/XT 机中 8253 的连接简图

8.2.3　8253 的编程

(1)8253 初始化

在 8253 工作前,要对相应计数器初始化,即写入工作方式控制字和写入计数初始值,其格式如下。

1)工作方式控制字

8253 工作方式控制字格式如图 8.14 所示,有几点说明如下:

①工作方式控制字应写入相应计数器的控制寄存器,计数器的选择由控制字中的 SC_1、SC_0 位确定,3 个计数器的控制寄存器共用一个端口地址。

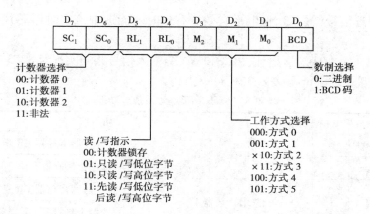

图 8.14 8253 工作方式控制字格式

②RL_1、RL_0 为读/写指示。当 RL_1RL_0 为 00 时,为计数器锁存命令,锁存 OL 的当前计数值,以供 CPU 读出。此时,工作方式控制字的 $D_3 \sim D_0$ 无意义,控制字格式为 $SC_1SC_000 \times \times \times \times$。

③BCD 定义用户使用的计数码制,每个计数器都是 16 位(二进制)计数器。当 BCD = 0 时,为二进制计数,允许用户使用的二进制数(十六进制表示)为 0000H ~ FFFFH;当 BCD = 1 时,为十进制计数,允许用户使用的十进制数从 0000 到 9999;由于计数器是减 1 操作,当计数初始值为 0 时,为最大计数值。

2)计数初始值

计数初始值写入对应计数器的计数初值寄存器 CR。当计数初值为 8 位,则控制字中的 RL_1、RL_0 应取 01,初值只写入 CR 的低 8 位,高 8 位会自动置 0;若是 16 位初值,而低 8 位是 0,则 RL_1、RL_0 应取 10,初值高 8 位写入 CR 的高 8 位,CR 的低 8 位会自动置 0;若是一般 16 位初值,则 RL_1、RL_0 取 11,应分两次写入初值,先写低 8 位、再写入高 8 位。

3)初始化流程

对 8253 中某一计数器初始化,先写入工作方式控制字,接着写入计数初始值(一个字节或两个字节),如图 8.15 所示。图中表示的是写入两个字节计数值的情况。

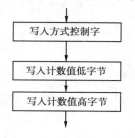

图 8.15 一个计数器初始化流程

对多个计数器初始化,可按图 8.15 逐个计数器初始化,计数器的顺序是任意的,不必一定按照计数器 0、1、2 的顺序初始化。还可以先写所有计数器的工作方式控制字,再装入各计数器的计数值,除了这个先后顺序不能错以外,再就是计数值高低字节的顺序不能错,其他的顺序则无关紧要,如图 8.16 所示。

例如,选择计数器 0 工作于方式 3,计数初值为 1 234,十进制计数方式;计数器 2 工作于方式 2,计数初值为 61H,采用二进制计数方式,设 8253 的端口地址为 40 ~ 43H。其初始化编程如下:

```
MOV    AL,00110111B        ;对计数器 0 送工作方式字
OUT    43H,AL
MOV    AX,1234H            ;送计数初值
OUT    40H,AL
MOV    AL,AH
```

```
OUT    40H AL
MOV    AL,10010100B          ;对计数器 2 送工作方式字
OUT    43H,AL
MOV    AL,61H                ;送计数初值
OUT    42H,AL
```

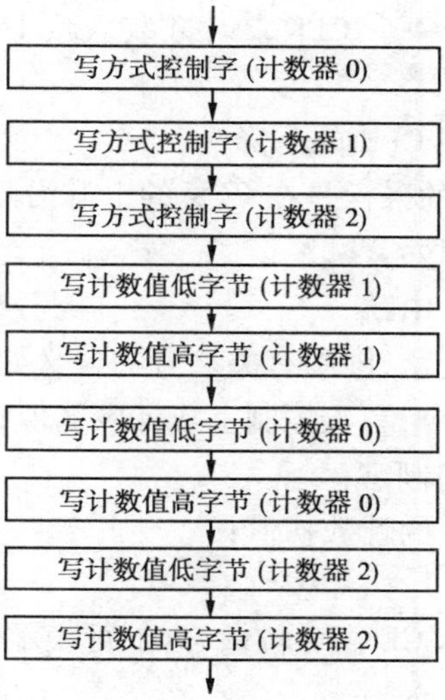

写方式控制字 (计数器 0)

写方式控制字 (计数器 1)

写方式控制字 (计数器 2)

写计数值低字节 (计数器 1)

写计数值高字节 (计数器 1)

写计数值低字节 (计数器 0)

写计数值高字节 (计数器 0)

写计数值低字节 (计数器 2)

写计数值高字节 (计数器 2)

图 8.16　多个计数器初始化流程(之一)

(2)读计数值

所谓读计数值操作,指将某计数器的计数值读到 CPU 中。在计数进行过程中,有时需要读出当前的计数值,CPU 可以通过输入指令来读取。读到的是执行输入指令瞬间计数器的现行值。由于 8253 的计数器是 16 位的,要分两次读至 CPU,所以,若不设法将数据锁存,则在输入过程中计数值可能发生变化。而要锁存有以下两种办法:

①利用外加控制信号 GATE 使计数器暂停计数,然后按照工作方式控制字中 RL_1、RL_0 的规定读取规定字节。

②锁存计数器的当前计数值。为了实现这种办法,首先需要 CPU 向 8253 计数器发出一个锁存命令字($SC_1 SC_0 00 \times \times \times$)。这个命令写入后,立即将当前计数值锁存在输出锁存器 OL,而减 1 计数器可以继续计数。然后,利用输入指令读取输出锁存器的计数值。当 CPU 读取了规定的字节数后,OL 自动解除锁存状态,它的值又跟随计数器而变化。

若要读出前述 PC 机中 8253 计数器 2 的当前计数值,其程序为:

```
MOV    AL, 80H               ;锁存计数器 2
MOV    DX, 043H
OUT    DX, AL
MOV    DX, 042H              ;将计数值读到 AX 中
IN     AL, DX
MOV    AH,AL
IN     AL, DX
XCHG   AH,AL
```

8.2.4 8253 的工作方式

8253 具有 6 种工作方式。在不同方式下,启动方式、GATE 信号的作用、OUT 输出波形都有所不同,但以下几条基本规则是相同的:

①工作方式控制字写入计数器时,输出端 OUT 进入初始状态(高电平或低电平)。

②计数初值写入 CR 后,在下一个 CLK 脉冲才装入减 1 计数器 CE,因此,该 CLK 脉冲并不影响计数。

③CE 的减 1 计数操作发生在 CLK 的下降沿。

④计数器对门控信号 GATE 的采样是在 CLK 的上升沿。

下面介绍 6 种工作方式及时序:。

(1)方式 0——计数结束产生中断

方式 0 的时序图如图 8.17 所示,图中有关符号的含义如下:

①$\overline{WR}$——CPU 执行 OUT 指令,写入控制字或计数初值;

②CW——写入的工作方式控制字;

③LSB——写入 CR 低位字节的计数初值;

④N——CE 中的数不确定。

N 后面的两行数字,上行表示 CE 高 8 位内容,下行表示低 8 位内容;

所有数字都是 16 进制数。

方式 0 的工作过程:当程序把控制字 CW 写入计数器后,OUT 端输出低电平并保持。在计数初值写入后,若门控信号 GATE 为高电平,则计数器开始减 1 计数。若计数初值为 N,则在 $(N+1)$ 个 CLK 脉冲后,计数器减到 0。这时,OUT 输出变为高电平,利用此输出信号可向 CPU 发出中断请求。OUT 的高电平输出一直保存到该计数器写入新的工作方式控制字或计数值为止。

门控信号 GATE 的作用是开放或禁止计数。GATE 为 1,计数进行;GATE 为 0,停止计数。但 GATE 信号的变化不影响输出 OUT 的状态,其波形如图 8.17 中图所示。

在计数过程中可重新装入新的计数初值。如果是 8 位计数初值,在写入新的计数值后,计数器将按新的计数值重新开始计数。如果是 16 位计数初值,在写入第一个字节后,计数器停止计数;在写入第二个字节后,计数器按照新的计数值开始计数,其波形见图 8.17 下图。

显然,利用工作方式 0,既可完成计数功能,又可完成定时功能。当用做计数器时,应将要求计数的次数预置到计数器中,将要求计数的事件以脉冲形式从 CLK 端输入,由它对计数器进行减 1 计数,直到计数器为 0,此时,OUT 输出正跳变,表示计数次数到;当用做定时器时,应从 CLK 输入频率一定的时钟脉冲,根据

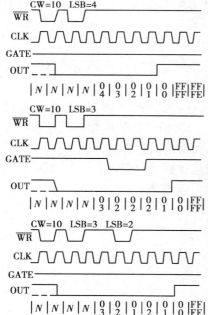

图 8.17 方式 0 的输入输出波形

要求的定时时间和 CLK 时钟脉冲的周期可以计算出定时系数,作为计数初值预置到计数器中,当计数值减到 0,OUT 输出正跳变时,表示定时时间到。

需要强调的是,在方式 0 情况下,计数器初值一次有效。经过一次计数或定时后,如果需要继续计数或定时,必须重新写入计数器的初值。

(2)方式 1——可编程单稳触发器

写入工作方式控制字,规定计数器为方式 1 工作时,OUT 输出变为高电平。在计数初值写入计数器后,OUT 仍保持为高电平。在方式 1 中,GATE 作为触发信号,上升沿有效。当 GATE 的上升沿到来时,经过一个 CLK 脉冲,计数初值才装入 CE,OUT 信号变为低电平,作为单脉冲的开始,直至 CE 减 1 计数到 0 时,OUT 才恢复为高电平,单脉冲结束。方式 1 是可重触发的,当 GATE 再次由低变高(再一次触发)时,经过一个 CLK 脉冲,OUT 输出变低,新的单脉冲开始,重复上述过程。计数器在方式 1 时,相当于一个单稳态电路。OUT 输出负脉冲的宽度取决于计数值,在程序中改变计数初值就可改变输出脉冲宽度,故方式 1 又称为可编程单稳触发器方式,如图 8.18 所示。

若在计数过程中(OUT 为低电平时),GATE 再次触发,则在下一个 CLK 脉冲后,又从计数初值重新作减 1 计数,从而使输出脉冲比原来宽。

如果在输出脉冲期间,又有一个新的计数初值写入 CR,当前输出并不受影响,仍输出宽度为原计数值时的负脉冲。直到下一个 GATE 触发信号到来时,按新的计数值作减 1 计数。

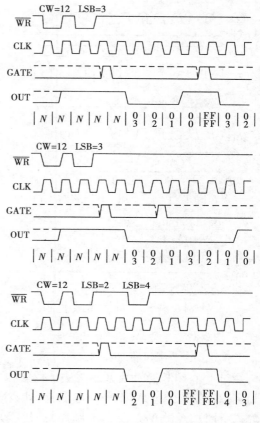

图 8.18　方式 1 的输入输出波形

(3)方式 2——分频器

工作方式控制字置入后,OUT 输出高电平。向 CR 置入计数初值 N 并经过一个 CLK 脉冲后,CE 开始对 CLK 脉冲减 1 计数,计数值减到 1 时,OUT 输出变为低电平,持续一个 CLK 脉冲周期后,OUT 输出又变为高电平,计数初值再次置入 CE,又开始新一轮的计数。所以,在置入新的计数初值之前,每 N 个 CLK 脉冲,OUT 输出重复一次,N − 1 个 CLK 周期输出高电平,1 个 CLK 周期输出低电平。这种方式相当于一个对 CLK 信号进行 N 次分频的分频器,如图 8.19 所示。

上述操作是以 GATE 输入端加高电平为条件的。如果 GATE 端加低电平,这时,CE 停止计数;但当 GATE 由低变高时,CR 内容重新注入 CE,CE 重新对 CLK 计数。也就是说,GATE 端加触发信号可以实现对 OUT 输出信号同步的目的。

在计数期间,如果送入新的计数值,而 GATE 端一直维持高电平,那么输出端 OUT 不受影响。但在下一个输出周期中,将按新的计数值进行计数。

（4）方式 3——方波发生器

这种方式与方式 2 是类似的,不同的是 OUT 输出对称或基本对称的方波。方波的重复周期为置入的初值,即 N 个 CLK 脉冲周期。

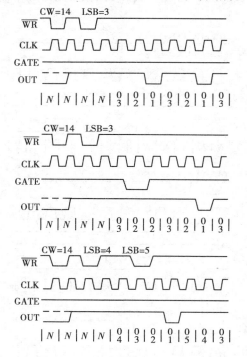

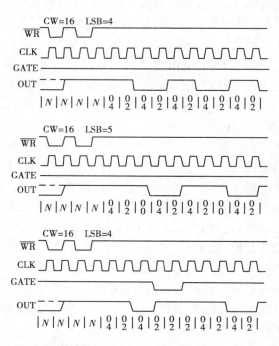

图 8.19　方式 2 的输入输出波形　　　　图 8.20　方式 3 的输入输出波形

方式 3 的操作过程如图 8.20 所示。在方式控制字 CW 和计数初值置入后,OUT 输出高电平,经过 1 个 CLK 脉冲后开始减法计数。如果置入 CR 中的计数初值为偶数,减法计数对每个 CLK 脉冲减 2,经过 $N/2$ 个 CLK 脉冲,计数器为 0 时,OUT 变为低;CR 的初值又装入 CE 并继续减 2 计数,经过 $N/2$ 个 CLK 脉冲,计数器为 0,OUT 输出立即变高并重复上述过程。这样,OUT 输出完全对称的方波。

当置入 CR 的计数初值为奇数时,计数初值从 CR 置入 CE 时减 1,然后对 CLK 脉冲减 2 计数。当 OUT 输出为高电平时,CE 减到 0,OUT 输出不立即变低,而是再经过 1 个 CLK 脉冲后变低。也就是说,方波的高电平持续时间为 $(N+1)/2$ 个 CLK 脉冲。OUT 从高变低瞬间,CR 初值向 CE 装入时减 1,然后对 CLK 减 2 计数,计数到 0 时,OUT 输出立即变高。也就是说,方波的低电平持续时间为 $(N-1)/2$ 个 CLK 脉冲,然后重复上述过程。

GATE 信号能使计数过程重新开始。GATE = 1,允许计数;GATE = 0,禁止计数。如果在输出 OUT 为低电平期间 GATE 为 0,OUT 立即变高,停止计数。在 GATE 由低变高时,计数初值重新装 CE,重新开始计数,如图 8.20 下图所示。

（5）方式 4——软件触发的选通信号发生器

这种方式和方式 0 十分相似。当写入控制字后,OUT 信号变为高电平。在写入 CR 初值后的一个 CLK 脉冲,CR 内容被装入 CE,然后,CE 对 CLK 脉冲计数。若写入 CR 的初值为 N,则必须经过 $(N+1)$ 个 CLK 脉冲,CE 才为 0,计数过程结束。只有再次将计数初值写入 CR,才会启动另一个计数过程。方式 4 和方式 0 的不同点主要在于 OUT 输出信号,方式 0 的 OUT 在计数过程中输出为低电平,计数结束立即变高,而方式 4 的 OUT 信号在计数结束时输出一个负脉冲,宽度为一个时钟周期,如图 8.21 所示。

同样,GATE = 1,允许计数;而 GATE = 0,则禁止计数。GATE 信号的变化不影响 OUT 输出信号。若在计数过程中改变计数值,则按新计数值重新开始计数。

在方式 4 时,计数器主要靠写入初始值这个软件操作来触发计数器工作,产生一个负脉冲作为选通信号,所以,又称为软件触发的选通信号发生器。

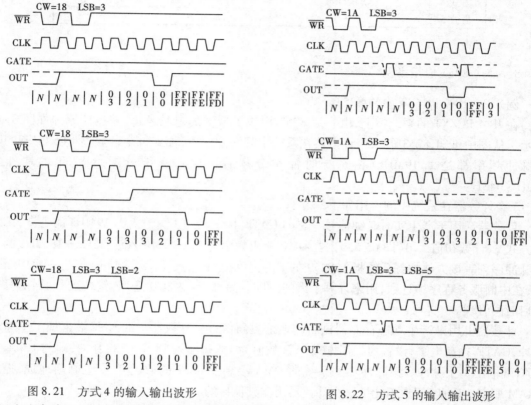

图 8.21　方式 4 的输入输出波形　　　　　　图 8.22　方式 5 的输入输出波形

(6) 方式 5——硬件触发的选通信号发生器

这种方式类似于方式 4,不同的是当计数初值写入 CR 后,并不启动计数过程,计数过程是由 GATE 信号的上升沿触发,在 GATE 上升沿后的一个时钟周期,CR 中的计数值装入 CE,然后开始计数。在计数结束时,OUT 输出宽度为一个 CLK 周期的负脉冲。一次计数结束后,只有 GATE 信号的再次触发,才会开始下一次计数。因此,8253 工作在方式 5 时被称为硬件触发的选通信号发生器,其工作过程如图 8.22 所示。

如果在计数过程中,GATE 端又来一个上升沿进行触发,则经过下一个时钟周期后,CE 将重新获得计数初值,并且按计数初值作减 1 计数。

若在计数过程中,写入新的计数值,但没有触发脉冲,则当前输出周期不受影响。当前周期结束后,在再受触发的情况下,按新的计数初值开始计数。如果在计数过程中写入新的计数值,并且在当前周期结束前又受到触发,则在下一个时钟周期,CE 获得新的计数值,并按此值作减 1 计数。

从 8253 的 6 种工作方式中可以看出门控信号 GATE 十分重要,而且在不同的工作方式下其作用不一样。现将各种方式下 GATE 的作用列于表 8.4 中。

表 8.4 门控信号 GATE 的功能

	低电平或进入低电平	上升边沿	高电平
方式 0	禁止计数	—	允许计数
方式 1	—	启动计数	—
方式 2	禁止计数	启动计数	允许计数
方式 3	禁止计数	启动计数	允许计数
方式 4	禁止计数	—	允许计数
方式 5	—	启动计数	—

8.2.5　8253 应用举例

例 8.3　IBM PC/XT 中的 8253。

在 IBM PC/XT 的系统板上,由一片 8253 构成了系统的定时逻辑,其连接原理如图 8.13 所示。从图中可知,8253 的 3 个计数器在系统中都得到使用,加到每个计数器 CLK 引脚的时钟脉冲频率都是 1.19MHz(由系统时钟 4 分频后形成),系统分配给 8253 的地址为 040H ~ 043H。

3 个计数器在系统中的作用如下:

计数器 0 用于产生实时时钟信号。它的 $GATE_0$ 接 + 5V,CLK_0 输入 1.19MHz 的方波,工作于方式 3,计数初值为 0(即 65 536),在 OUT_0 输出频率为 $1.19 \times 10^6 / 65\,536\,Hz = 18.2\,Hz$ 的方波脉冲序列。该方波加到系统板上 8259 的 IRQ_0 中断请求输入线,每隔 55ms 产生一次中断请求,在中断服务程序中计数,用来计算 1 天的时间。另外,计数器 0 还用做软盘驱动器的马达开启时间管理。

计数器 1 用来产生动态存储器刷新的地址更新信号。计数器 1 的 CLK 端也加 1.19MHz 脉冲,$GATE_1$ 接高电平,设置为工作方式 2,计数值为 18,每输入 18 个 CLK 脉冲,即约 15μs,在 OUT_1 端输出 1 个脉冲。该脉冲加到系统的 DMA 控制器 8237 的通道 0,产生刷新地址,控制 DRAM 刷新。因此,用户不能把这个计数器用作其他目的。

计数器 2 用于产生扬声器的发声驱动信号。工作于方式 3,计数值为 0533H,当 $GATE_2$ 为高电平时,OUT_2 输出频率为 $1.19 \times 10^6 / 1\,331\,Hz = 900\,Hz$ 的方波,该方波经功率放大和滤波后推动扬声器。送到扬声器的信号实际上受到从并行接口 8255A 来的双重控制,只有 8255 的 PB_0、PB_1 输出全为 1 时,才能使扬声器发出声音。改变计数初值,就可改变 OUT_2 输出信号的频率,从而改变扬声器发出的音调。OUT_2 同时还送 8255A 的 PC_5,CPU 通过读取 PC_5 的值可以了解 OUT_2 的输出情况。

以下是 IBM PC 机在上电后 BIOS 对 8253 的初始化程序段:

```
;对计数器 0 的初始化
        MOV     AL,36H          ;计数器 0,方式 3,双字节写,二进制计数
        MOV     DX,043H
        OUT     DX,AL
        MOV     AL,0            ;写入计数初值 0
        MOV     DX,040H
```

```
        OUT    DX,AL
        OUT    DX,AL
;对计数器 1 的初始化
        MOV    AL,54H              ;计数器 1,方式 2,只写低字节,二进制计数
        MOV    DX,043H
        OUT    DX, AL
        MOV    AL,18               ;写入计数初值
        MOV    DX,041H
        OUT    DX,AL
;对计数器 2 的初始化和接通扬声器使发出声音
        MOV    AL,0B6H             ;计数器 2,方式 3,双字节写,二进制计数
        MOV    DX,043H
        OUT    DX, AL
        MOV    AX,0533H            ;写入计数初值
        MOV    DX,042H
        OUT    DX,AL
        MOV    AL,AH
        OUT    DX,AL
        MOV    DX,061H             ;使 PB₁、PB₀为 1,扬声器发声
        IN     AL,DX
        MOV    AH,AL
        OR     AL,03H
        OUT    DX,AL
```

程序中 061H 为 8255 端口 B 地址,B 口内容保存在 AH 寄存器中,当关闭扬声器时,再把存放在 AH 中的内容送回 8255 的 B 口。

例 8.4　用 8253 监视生产流水线。

图 8.23 是用 8253 监视一个生产流水线的示意图,每通过 50 个工件,扬声器发声持续时间 5s,频率为 2 000Hz。

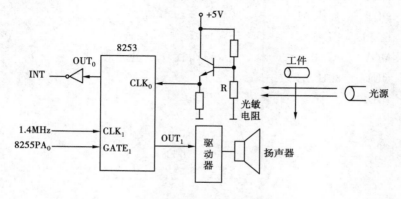

图 8.23　8253 监视生产流水线

（1）工作原理

工件从光源与光敏电阻之间通过时，在晶体管的发射极上产生一个脉冲，此脉冲作为计数脉冲输入 CLK_0。当计数器 0 计数计满 50 后，OUT_0 输出负脉冲，反相后作为中断请求信号送 CPU。在中断服务程序中，启动 8253 的计数器 1，由 OUT_1 输出 2 000Hz 的方波，放大后驱动扬声器发声，持续时间 5s 后停止。计数器 1 的门控制信号 $GATE_1$ 由 8255 的 PA_0 提供。

（2）控制字设置

计数器 0 工作于方式 2，采用 BCD 计数，计数初值为 50，只需写入计数器的低 8 位，则工作方式控制字为 00010101（15H）。

计数器 1 工作于方式 3，计数值为 $1.4 \times 10^6 / 2\ 000 = 700$，BCD 计数，则工作方式控制字为 01110111（77H）。

（3）程序

设计数器 0 地址为 40H，计数器 1 地址为 41H，控制口地址 43H，8255 的 A 口地址为 80H。

```
;主程序
          MOV    AL,15H          ;计数器 0 初始化
          OUT    43H,AL
          MOV    AL,50H
          OUT    40H,AL
          STI                    ;开中断
LOP:      HLT                    ;等待中断
          JMP    LOP
;中断服务程序
INIP:     MOV    AL,01H          ;GATE₁置 1,启动计数
          OUT    80H,AL
          MOV    AL,77H          ;计数器 1 初始化
          OUT    43H,AL
          MOV    AL,00H
          OUT    41H,AL
          MOV    AL,07H
          OUT    41H,AL
          CALL   DLSS            ;延时 5s
          MOV    AL,0            ;GATE₁置 0,停止计数
          OUT    80H,AL
          IRET
```

8.3　串行接口芯片 8251A

8.3.1　串行通信基本概念

(1)概述

计算机的 CPU 与其外部设备之间常需要进行信息的交换,计算机之间也需要交换信息,所有这些信息的交换均称为"通信"。

通信的基本方式可分为并行通信和串行通信两种。

1)并行通信

并行通信是指数据的各位同时进行传送的方式。其特点是传输速度快,但当传输距离较远且位数又多时,导致通信线路复杂、成本高。并行通信示意如图 8.24(a)所示。

2)串行通信

串行通信是指只需一条数据线便可进行数据传送,数据的各位是按规定的顺序一位一位地传送的通信方式。由于传输线简单,而且可以利用多种介质(电话线、电力线、光缆等),特别适用于远距离通信,成本较低。但是,与并行通信相比,串行传送的速度较慢。若并行同时传送 N 位数据,传送的时间为 T,则串行传送的时间至少为 NT,如图 8.24(b)所示。

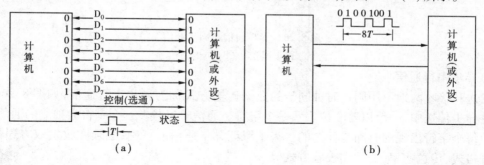

图 8.24　并行通信和串行通信

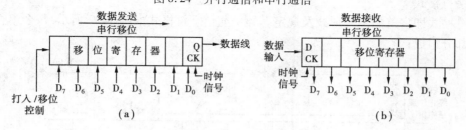

图 8.25　串行与并行数据的转换

(a)发送　(b)接收

由于微型计算机是并行操作系统,在串行通信时必须进行串行与并行之间的转换,这可以用软件或硬件来实现。后者是用移位寄存器来完成串、并之间转换的任务。图 8.25(a)表示的是发送的情况:在打入/移位控制信号作用下,将来自计算机的 8 位并行数据同时置入移位寄存器,然后在时钟信号作用下,每次移出 1 位,经过 8 个时钟脉冲后,就完成了 1 个字节数据的串行输出。接收过程正好相反:在时钟信号控制下,每次接收并移位 1 数据,经过 8 个时钟,接收 1 个字节数据,再把这 8 位数据并行输出给计算机,这就完成了串行到并行的转换,如图 8.25(b)所示。

(2)两种串行通信方式

在串行通信中,有两种最基本的通信方式:即异步通信 ASYNC(Asynchronous Data Communication)和同步通信 SYNC(Synchronous Data Communication)。

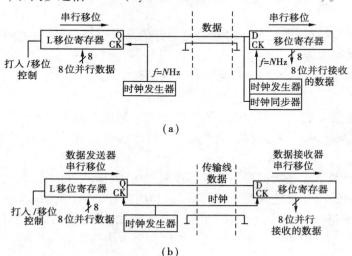

(a)

(b)

图 8.26　异步通信和同步通信
(a)异步通信　(b)同步通信

1)异步串行通信

发送和接收两地不用同一时钟同步的数据传输方式称为异步串行通信,如图 8.26(a)所示。在异步传送中,一般以若干位表示一个字符。通信时以收发一个字符为独立的通信单位,传送中每个字符出现的时间是任意的。为了保证异步通信的正确,必须在收发双方通信前约定字符格式、传送速率、时钟和校验方式等。

①字符格式

字符格式即字符的编码形式及规定。异步通信字符格式如图 8.27 所示,每个串行字符由以下 4 部分组成:

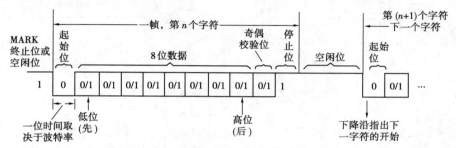

图 8.27　异步通信字符格式

起始位(1 位,低电平);

数据位(5~8 位);

奇偶校验位(1 位);

停止位(1、1$\frac{1}{2}$或 2 位,高电平)。

从起始位到停止位结束的时间周期称为 1 帧。例如,用 ASCII 编码传送,数据位为 7 位,加一个偶校验位、一个起始位以及一个停止位,每帧共 10 位。

相邻两个字符之间的间隔可以是任意长度的,两个相邻字符之间根据需要插入任意个高电平的空闲位。

②数据传送速率

在异步通信中发送端与接收端之间除预先规定应有相同的字符格式外,还要求发送端与接收端间要以相同的数据传送率工作。所谓波特率(f_d)是指单位时间内传送二进制数据的位数,以 bit/s(波特)为单位。它是衡量串行数据传送速度快慢的重要指标。

假设每秒钟传送 120 个字符,而每一个字符由 10 位数据位组成,则传送的波特率为:

$$f_d = 10 \times 120 \text{ bit/s} = 1\ 200 \text{ bit/s}$$

或称为 1 200bps。

有时也用位周期(T_d)来表示传输速度,它表示每一位的传送时间,它是波特率的倒数。如上例中位周期:

$$T_d = \frac{1}{1\ 200} \text{ ms} = 0.833 \text{ ms}$$

目前,国际上规定了一个标准波特率系列,即 110,300,600,1 200,1 800,2 400,4 800,9 600 和 19 200 波特。

大多数串行端口发送和接收的波特率均可分别设置。波特率的选择与通信设备的工作速度关系很大。例如,大多数 CRT 终端都能按 110 ~ 9 600bit/s 范围中的波特率工作;而打印机的速度较慢,一般为 300bit/s。

③发送时钟与接收时钟

在异步通信中,发送端和接收端各用一个时钟来确定发送和接收的速率,分别称为发送时钟和接收时钟。这两个时钟的频率 f_c 和数据传输速率 f_d 的关系为:

$$f_c = Kf_d$$

其中,K 称为波特率系数,取值可为 16、32 或 64。

接收时,接收时钟用来同步接收的数据,如图 8.28 所示。若 $K = 16$,在每一个时钟脉冲的上升沿采样接收数据线,若发现了第一个 0(即为起始位的开始),以后又连续采样到 8 个 0,则确定其为起始位,而不是干扰信号,以后每隔 16 个时钟脉冲采样一次数据线,作为输入数据。

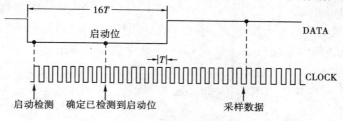

图 8.28　外部时钟与接收数据的同步

④校验方式

为了检测长距离传送中可能发生的错误,每一帧设置了一个奇偶校验位。发送时,检查每个要传送的字符中 1 的个数,自动在奇偶校验位上添上 1 或 0,使得 1 的总和(包括奇偶校验位)为偶数(偶校验)或奇数(奇校验)。而在接收时,则检查所接收的字符连同这个奇偶校验位,其为 1 的个数是否符合规定,若不符合规定就置出错标志,供 CPU 查询处理。根据国际电报电话咨询委员会(CCITT)的建议,在异步通信中使用偶校验,而在同步通信中使用奇校验。

2)同步串行通信

异步串行通信是按字符传送的。接收设备在收到起始位信号之后,只要在一个字符的传输时间内能和发送设备保持同步就能正确接收。这就允许发送设备和接收设备的时钟频率可略有偏差,不至于因累积效应而导致错位。但由于异步通信传输的每个字符都要用起始位和停止位作为字符开始和结束的标志,占用了时间,因而传输效率较低。

所谓同步串行通信,就是去掉异步传送时每个字符的起始位和停止位,而是以一组字符组成一个数据块(或称信息帧),在每一个数据块前附加一个或两个同步字符或标识符,每个字符的检错一般用奇校验,信息帧的末尾采用 CRC(循环冗余码)或再附加校验字符对整个数据流进行校验。在传送过程中发送端和接收端使用同一时钟信号进行控制,使每一位数据均保持位同步。用于同步通信的数据格式有许多种,图 8.29 表示了最常见的几种格式。

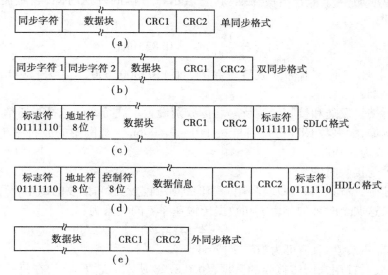

图 8.29 常见的几种同步通信格式

在图 8.29 所示的格式中,数据块的字节数是不受限制的,通常可以是几十到几千个字节,甚至更多。而其他每一部分仅占用一个字节(8 位)。因此,同步传送的速度高于异步传送,传送效率高。但是,同步传送要求发送端和接收端使用同一时钟,故硬件电路比较复杂。同步传送通常用于计算机之间的通信或计算机到 CRT 等外设之间的通信。

(3)数据传送方式

数据在两个站 A 与 B 之间串行传送时,通常有单工、半双工、全双工 3 种传送方式,如图 8.30 所示。

①单工(Simplex):仅能进行一个方向的传送,即 A 只能作为发送器,B 只能作为接收器。

②半双工(Half-Duplex):A、B 之间只有一条传输线,在同一时间只能作一个方向的传送。信息只能靠分时方法控制传输的方向,通常由收发控制开关来控制。

③全双工(Full-Duplex):A、B 之间有两条传输线,两个站可以同时发送。

图 8.30 所示的通信方式都是在两个站之间进行的,所以也称为点—点通信方式。

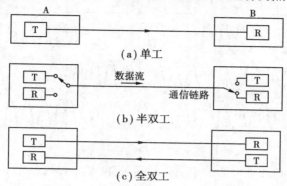

(a)单工

(b)半双工

(c)全双工

图 8.30　数据传送方式

图 8.31 所示为主从式多终端通信方式。A 站
(主机)可以向多个终端(B,C,D……从机)发出信
息。另外,还可根据数据传送的方向分为图(a)的多
终端半双工方式通信和图(b)的多终端全双工方式
通信,这种多终端通信方式常用于主从计算机系统
通信中。

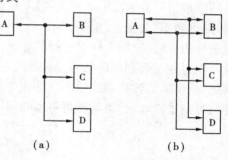

(a)　　　　　　(b)

图 8.31　主从式多终端通信方式

(4)信号的调制与解调

计算机通信传送的是数字信号,它要求传送线
的频带很宽,若数字信号利用电话线进行长距离通
信是不能实现的,因为电话信道主要用以传输话音信息,在此频带范围以外的直流成分和其他
频率分量将不能通过电话信道。为了传输数字信号,必须采取一些措施把数字信号转换成适
于传输的模拟信号,而在接收端再将模拟信号转换成数字信号。前一种转换称为调制,后一种
转换称为解调。完成调制、解调功能的设备叫做调制解调器(Modem)。

图 8.32 所示为采用调制解调器进行远程通信示意图。图中 Modem 为调制解调器,具有
发送方的调制和接收方的解调两种功能。对于双工通信方式,通信的任何一方都需要这两种
功能。实际应用中用户可选用不同型号的调制解调器。

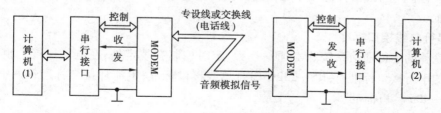

图 8.32　采用调制解调器实现远程通信示意图

调制的方式很多,按调制技术的不同可分为调频(FM)、调幅(AM)和调相(PM)三种。它
们分别按照传输数字信号的变化规律去改变载波的频率、幅度或相位,使之随数字信号的变化
而改变。在数据通信中,常将这三种调制方法分别称为频移键控法 FSK(Frequency Shift Ke-
ying)、幅移键控法 ASK(Amplitude Shift Keying)和相移键控法 PSK(Phase Shift Keying),如图

8.33所示。

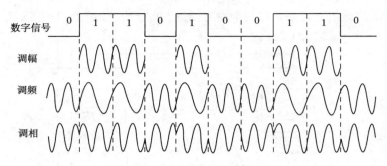

图 8.33　三种调制方法

频移键控法(FSK)在计算机通信中用得最多,它的基本原理是把"0"和"1"的两种数字信号分别调制成不同频率(如 f_1 和 f_2)的音频模拟信号,其实现原理如图 8.34 所示。两个不同频率的模拟信号分别由电子开关控制,在运算放大器的输入端相加,而电子开关由要传输的数字信号(即数据)控制。当信号为 1 时,控制 1 号电子开关导通,送出一串频率较高的模拟信号;当信号为 0 时,控制 2 号电子开关导通,送出一串频率较低的模拟信号,于是,在运算放大器的输出端得到了调制后的信号。这种调制信号可以在电话线上不失真地传输 500m 左右。如距离更远,则需加转换器或使用性能更好的通信电缆,传输距离可以增加到 2km 以上。已调制的信号到了接收端,解调器再将不同频率的音频模拟信号转换为原来的数字信号。

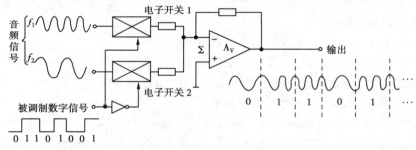

图 8.34　FSK 调制法原理图

相移键控法(PSK)是以载波的相位变化来表示"1"和"0"。这种调制方式同 FSK 相比所用频带较窄,抗干扰性能好,适用于更高的数据传送速率。当波特率高于 1 200 bit/s 时,应采用 PSK 调制。

(5)串行总线接口标准

一个完整的串行通信系统除对通信规程、定时控制有规定外,在电气连接上也有接口标准。常用的串行接口标准有:RS—232C 串行总线接口标准;电流环接口标准;RS—422、RS—423 和 RS—485 接口标准。

1)RS—232C 串行总线接口标准

RS—232C 是美国电子工业协会(EIA)颁发的串行总线标准。它是一种在数据终端设备DTE(Data Terminal Equipment)和数据通信设备 DCE(Data Communication Equip-ment)之间通信的链接标准,也是串行异步通信中应用最广的总线标准。主要适合于数据传输速率在 0 ~20kbit/s 范围内的通信。

RS—232C 标准采用 25 针 D 型插头插座 DB—25 作为接口连接器,并规定插头一侧为 DTE,接座一侧连 DCE,其信号引脚定义见表 8.5。表中第二通道有关引脚用于同步通信,用于异步通信的主要引脚都用括号标明了缩写名。

表 8.5　RS—232C 标准引脚信号

引　脚	含　义	引　脚	含　义
1	保护地	14	第二通道发送数据
2	发送数据(T_xD)	15	传输信号单元定时
3	接收数据(R_xD)	16	第二通道接收数据
4	请求发送(RTS)	17	接收信号单元定时
5	清除发送(CTS)	18	未分配
6	数据准备好(DSR)	19	第二通道请求发送
7	信号地	20	数据终端准备就绪(DTR)
8	接收线路信号检测(DCD)	21	信号质量检测
9	接收线路建立测试	22	单响指示(RI)
10	接收线路建立测试	23	数据信号速率选择(DSRD)
11	未分配	24	发送信号单元定时
12	第二通道接收信号检测	25	未分配
13	第二通道清除发送		

当计算机用于远程通信时,图 8.35 所示就是其标准的链接方式。由于计算机和其他许多设备内部带有 RS—232C 接口,因此,在近距离串行异步通信中常用这些接口进行直接数据传输,不需要 Medem。此时,通信的双方都是计算机或终端设备。根据具体应用场合的不同,常用以下几种连接方法,如图 8.36 所示。

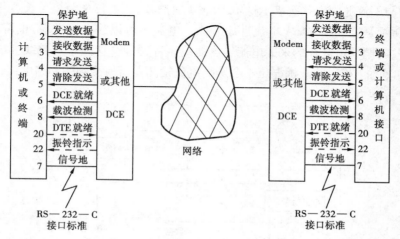

图 8.35　带 Modem 的远程通信

图 8.36(a)为最简单、经济的连接方式,这种方式常用于一个 CRT 终端与计算机系统的

连接而无需应答信号的双机通信中。对于那种需要有请求发送(RTS)和允许发送(CTS)等应答通信的场合则需采用图8.36(b)、(c)所示的连接方式。

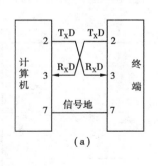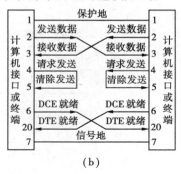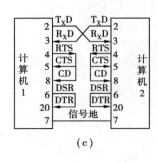

图8.36　几种RS—232C引脚连接方法

另外,在电气信号特性方面,RS—232C标准采用负逻辑,规定+3V~+15V之间任意电压表示逻辑0电平,-3V~-15V之间任一电压表示逻辑1电平。显然,它规定的信号电平及极性和TTL是不同的,称为EIA电平。为了使RS—232C能和TTL电平的串行接口相连,必须进行电平转换。MC1488总线发送器可接收TTL电平,输出EIA电平;MC1489总线接收器可输入EIA电平,送出TTL电平,如图8.37所示。

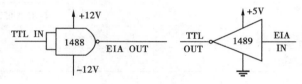

图8.37　电平转换器

2)电流环接口标准

电流环(20mA和60mA)接口标准是一个很流行但至今未正式颁布的标准。由于电流环接口具有抗共模干扰和易于隔离等优点,因而被广泛地使用。电流环接口是以电流(20mA或60mA)的流通与不流通两个状态表示逻辑上的"1"与"0",它的传送距离可长达几公里。

图8.38所示是全双工20mA电流环原理图。电流源可以放在发送端,也可放在接收端。在实际传送中,将同一电流环的来去电流尽可能地靠近,因此,这两条电流线上的干扰电压基本上是一样的。两个相同的干扰电压不会影响电流检测器所检测到的回路电流,所以,电流环具有抗共模干扰能力。

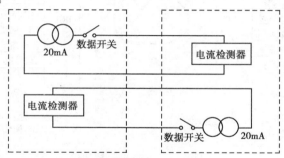

图8.38　全双工20mA电流环原理图

RS—232C 适用于短距离传送,而电流环则适用于长距离传送。在许多微机系统中,往往同时提供 RS—232C 和 20mA 电流环两种串行通信标准的接口电路供用户选用,但二者绝不可混用。

3)RS—422A、RS—423A、RS—485 接口标准

如上所述,EIA RS—232C 接口标准的直连距离为 15m,传输速率小于 20kbit/s。为了增加数据传输速率和传送距离,后来产生了 RS 422/423/485 标准。其总线信号与 RS—232C 标准相同,但是,由于采用不同的传输方式,可使传输距离达 1 500m。

①RS—422A 标准

RS—422A 标准是一种以平衡方式传输的标准。所谓平衡是指双端发送双端接收,所以传送信号要用两条线 AA′和 BB′。发送端和接收端分别采用平衡发送器和差动接收器,如图 8.39 所示。这个标准的电气特性对于逻辑电平的定义是根据两条传输线之间的电位差值来决定的。当 AA′线电平比 BB′线电平低 2V 时表示逻辑"1";当 AA′线电平比 BB′高 5V 时表示逻辑"0"。由于采用了双线传输,大大增强了抗共模干扰的能力。从而当最大数据速率达 10M bit/s 时,传送距离达 15m;若传输速率为 90k bit/s 时,距离可达 1 200m。标准规定电路只许有 1 个发送器,可有多个接收器。标准允许驱动器输出为 ±2 ~ ±6V,接收器输入电平可以低至 ±20mV。为了实现 RS—422A 标准的连接,许多厂商推出了平衡驱动器/接收器集成芯片如 MC3487/3486、SN7517/75175 等。

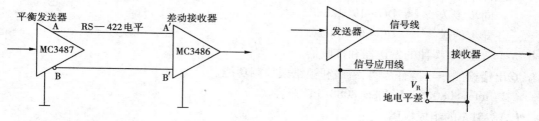

图 8.39　RS—422A 标准传输线连接　　　　图 8.40　RS—423A 标准传输线连接

②RS—423A 标准

这是一种非平衡(即单端发送双端接收)方式传输的标准,规定信号参考电平为地,如图 8.40 所示。

标准规定电路只许有一个单端发送器,但可有多个接收器,接收器采用平衡接收器。同理,由于采用差动接收,提高了抗共模干扰能力。当传输距离为 15m 时,最大数据速率可达 100kbit/s;当传输速度降至 1kbit/s 时,传输距离为 1 200m。

③RS—485 标准

RS—485 接口标准与 RS—422A 标准一样,也是一种平衡传输方式的串行接口标准。它和 RS—422A 兼容,并且扩展了 RS—422A 的功能。两者的主要差别是,RS—422A 标准只许电路中有一个发送器,而 RS—485 标准允许在电路中可有多个发送器,因此,它是一种多发送器的标准。RS—485 允许一个发送器驱动多个负载设备,负载设备可以是驱动发送器、接收器或收发器组合单元。RS—485 的共线电路结构是在一对平衡传输线的两端都配置终端电阻,其发送器、接收器和组合收发器可挂在平衡传输线上的任何位置,实现在数据传输中多个驱动器和接收器共用同一传输线的多点应用。

RS—485 标准的特点有:由于 RS—485 标准采用差动发送/接收,因此,共模抑制比高,抗

干扰能力强;传输速率高,它允许的最大传输速率可达 10Mbit/s(传送 15m),传输信号的摆幅小(200mV);传送距离远(指无 MODEM 的直接传输),采用双绞线,在不用 MODEM 的情况下,当 100kbit/s 的传输速率时,可传送的距离为 1.2km,若传输速率下降,则传送距离可以更远;能实现多点对多点的通信,RS—485 允许平衡电缆上连接 32 个发送器/接收器对。RS—485 标准目前已在许多方面得到应用,尤其是在多点通信系统中,如工业集散分布系统、商业 POS 收款机和考勤机的联网中用得很多,是一个很有发展前途的串行通信口标准。

8.3.2　串行接口芯片 8251A

Intel 公司生产的 8251A 是通用的同步/异步接收发送器,是专为 Intel 微处理器设计的,可用作 CPU 和串行外设的接口电路。

(1)8251A 的基本性能

①可用于同步和异步传送。

②同步传送:可选择字符的数据位数(5~8 bit)、内部或外部字符同步,能自动插入同步字符。

③异步传送:可选择字符的数据位数(5~8 bit)、波特率系数(1、16 或 64)和停止位位数 (1、$1\frac{1}{2}$ 或 2 位)。能检查假启动位。能产生中止符,自动检测和处理中止符。

④波特率

　　　同步传送　　　　DC~19.2kbit/s

　　　异步传送　　　　DC~64kbit/s

⑤全双工、双缓冲的发送器和接收器。

⑥出错检测——具有奇偶、溢出和帧错误检测功能。

⑦与 Intel 8080、8085、8086、8088CPU 兼容。

(2)8251A 的组成框图

8251A 的组成如图 8.41 所示,它由 I/O 缓冲器、发送器、接收器、读/写控制电路和 Modem 控制电路等 5 大部分组成,各部分由内部数据总线实现相互之间的通信。

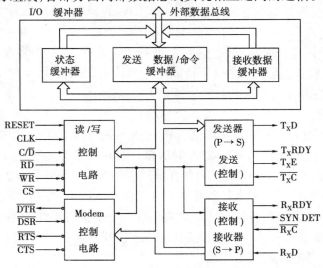

图 8.41　8251A 组成框图

1）I/O 缓冲器

I/O 缓冲器用来把 8251A 与系统数据总线相连。它内部包含 3 个 8 位缓冲寄存器,其中发送数据/命令缓冲器接受 CPU 输出的数据或命令,接收数据缓冲器暂存接收器送来的数据,状态缓冲器寄存 8251A 的各种状态信息。CPU 可通过 IN 指令读取接收数据缓冲器中的数据或状态缓冲器中的状态字。

2）读/写控制电路

读/写控制电路接收来自 CPU 的控制信号和控制字,译码后向 8251A 各功能部件发出有关的控制信号,因此,它实际上是 8251A 的内部控制器。

3）Modem 控制电路

Modem 控制电路用以控制 8251A 与调制解调器之间的信息传送。

4）接收器

接收器的功能是接收在 R_XD 引脚上的串行数据,并按设定的格式将其转换为并行数据,存放在 I/O 缓冲器的接收数据缓冲器中。

在异步方式下,当 8251A 允许接收和准备好接收数据时,接收器监视 R_XD 线。当检测到起始位时,8251A 进行常规采样和字符装配,即每隔一个数位传输时间到 R_XD 进行一次采样。数据进入移位寄存器被移位,并进行奇偶校验和去掉停止位,变成了并行数据,再通过内部数据总线送到接收数据缓冲器。

在同步接收方式下,8251A 首先搜索同步字符,只有搜索到规定的一个或两个同步字符,才认为同步已经实现。在外同步情况下,同步是通过在同步输入端 SYNDET 加一个高电平来实现的,只要此高电位能维持一个接收时钟周期,8251A 便认为已经完成同步。实现同步之后,利用接收时钟采样和移位 R_XD 线上的数据位,且按规定的位数装配成并行数据,再把它送至接收数据缓冲器,同时发出 R_XRDY 信号。

5）发送器

发送器用来锁存 CPU 输出的数据,把数据由并行变为串行,从 T_XD 引脚串行发送出去。

在异步方式下,发送器在串行数据字符前面加上起始位,并根据约定的要求加上适当的校验位和停止位,然后在发送时钟的作用下,按时钟频率或时钟频率的 1/16 或 1/64 的速率由 T_XD 引脚一位一位地串行发送出去。当 8251 没有数据发送时,T_XD 输出空闲位(高电平)。

在同步方式下,由初始化程序规定发送一个或两个同步字符,然后接着发送数据。发送器在发送数据时,可按规定插入奇偶校验位,并在发送时钟 T_XC 的作用下,以时钟相同的频率将数据一位一位地由 T_XD 引脚发送出去。当 8251A 已做好发送一个字符的准备,而 CPU 来不及将新的字符输出给 8251A 时,由于规定在同步方式时字符间不允许存在间隙,因此,8251A 自动在 T_XD 端发同步字符,直到 CPU 提供一个字符时为止。

(3）8251A 外部引脚信号

8251A 的引脚如图 8.42 所示。作为 CPU 和外部设备（或调制解调器）之间的接口,

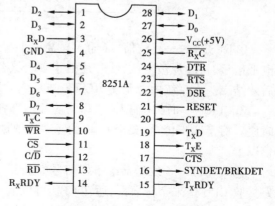

图 8.42　8251A 的引脚图

8251A 的接口信号分为两组:一组是与 CPU 接口的信号,另一组是与外设(或调制解调器)的接口信号。图 8.43 是 8251A 与 CPU 及外部设备之间的连接关系示意图。

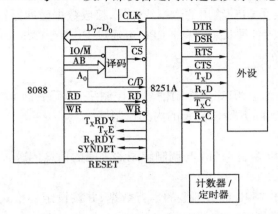

图 8.43　8251A 与 CPU 及外部设备之间的连接示意图

1)与 CPU 的接口信号

8251A 的数据信号线 $D_7 \sim D_0$ 以及读信号$\overline{RD}$、写信号$\overline{WR}$、片选信号$\overline{CS}$的功能,与前述 8255A 和 8253 对应的信号相同,故不再重复。下面介绍其余信号:

①$C/\overline{D}$——控制/数据选择信号(输入)。$C/\overline{D} = 1$,表示当前数据总线上传送的是控制字或状态信息;$C/\overline{D} = 0$,表示当前数据总线上传送的是数据。此引脚通常连到 CPU 地址总线的 A_0。此时,8251A 有两个端口地址,偶地址为数据端口,奇地址为控制/状态端口。

$\overline{CS}$、$C/\overline{D}$、$\overline{RD}$、$\overline{WR}$对 8251A 的控制见表 8.6。

表 8.6　8251A 读/写操作

$\overline{CS}$	$C/\overline{D}$	$\overline{RD}$	$\overline{WR}$	功　能
0	0	0	1	CPU 从 8251A 读数据
0	0	1	0	CPU 写数据到 8251A
0	1	0	1	CPU 读 8251A 状态
0	1	1	0	CPU 往 8251A 写控制字
1	×	×	×	未选中 8251A

②RESET——复位信号(输入),高电平有效。当这个引脚上出现一个 6 倍时钟宽度的高电平信号时,芯片被复位,使芯片处于空闲状态。这个空闲状态将一直保持到接收工作方式字后才结束。在系统中总是将 RESET 与系统的复位线相连。

③CLK——时钟(输入)。作为芯片内部各控制信号的定时基准,用来同步 8251A 的内部时序。对于同步传送,要求 CLK 的频率比数据传送波特率大 30 倍;对于异步传送,要求大 4.5 倍以上。

④$T_X RDY$——发送器准备好信号(输出),高电平有效。当它有效时,表示发送器已准备好接收 CPU 送来字符数据,通知 CPU 可以向 8251A 输出数据。CPU 向 8251A 写入一个字符以后,$T_X RDY$ 自动复位。当 8251A 允许发送($\overline{CTS}$、$T_X E$ 有效),且数据总线缓冲器为空时,该信

号有效。当用程序查询方式传送数据时,该信号作为一个状态信号,CPU 可从状态缓冲器 D_0 位测试这个信号;在用中断方式时,该信号则作为中断请求信号。

⑤$T_X E$——发送器空信号(输出),高电平有效。有效时表示发送器中的移位寄存器已空,CPU 向发送数据/命令缓冲器写入的数据可送入移位寄存器中串行输出。在同步方式工作时,若 CPU 来不及输出一个新字符,则它变高,同时发送器在输出线上插入同步字符,以填补传送空隙。在半双工方式下,CPU 可根据它的状态判断何时切换数据传输方向,由发送转为接收。

⑥$R_X RDY$——接收器准备好信号(输出),高电平有效。当 8251A 从 $R_X D$ 端接收了一个字符且完成串—并格式转换,可以传送给 CPU 时,此信号输出有效。在用程序查询方式进行数据传送时,$R_X RDY$ 作为状态信号,CPU 通过读状态缓冲器的 D_1 位检测这个信号。在中断方式时,$R_X RDY$ 可作为中断请求信号。

⑦SYNDET/BRKDET——同步检测/中止符检测(输入或输出)。

对于同步方式,这是同步检测端 SYNDET。如果采用内同步,则 SYNDET 是输出端。当从 $R_X D$ 端上检测到一个(单同步)或两个(双同步)同步字符时,输出 SYNDET 有效(高电平),表示已达到同步,后续收到的是有效数据。如果采用外同步,则 SYNDET 是输入信号。当此引脚信号变为高电平时,就迫使 8251A 脱离搜索方式,并从下一个接收时钟 $R_X C$ 的下降沿开始接收字符。

在异步方式中,线路上无数据时通常用高电平(空闲位)表示。在 8251A 中也可以由程序控制,使无数据的间断时间内线路上呈现低电平,即发送一个字符长度的全 0 信号——中止符。在异步方式中,此引脚作为中止符检测信号。当接收器接收到中止符时,BRKDET 输出高电平。BRKDET 输出信号可作为状态信息由 CPU 读取,以作为异步传送的控制信号。当接收器接收到 1 或 8251A 复位时,BRKDET 为低电平。

2)与外部设备或 Modem 的接口信号

①$T_X D$——发送数据(输出)。CPU 送来的并行数据,在发送器中转变为串行数据后,通过 $T_X D$ 送往外设。

②$R_X D$——接收数据(输入)。外设送来的串行数据从 $R_X D$ 进入 8251A,在接收器中转变为并行数据后送入接收数据缓冲器。

③RTS——请求发送(输出),低电平有效。有效时通知外设或 Modem,CPU 已准备好发送。它可以由命令控制字的 D_5 位(RTS)置 1 而变为有效。

④CTS——准许发送(输入),低电平有效。外设或 Modem 对 $\overline{RTS}$ 的响应信号,有效时表示允许 8251A 发送数据。

⑤DTR——数据终端准备好(输出),低电平有效。有效时通知外设或 Modem,CPU 已准备好接收数据。它可以由命令控制字的 D_1 位(DTR)置 1 而变为有效。

⑥DSR——数据装置准备好(输入),低电平有效。有效时表示外设或 Modem 的数据已准备好,可向 8251A 传送。CPU 可通过读入 8251A 的状态字,从 D_7 位(DSR)检测此信号。

⑦$T_X C$——发送时钟信号(输入),用于控制 8251A 发送字符的传输速率。数据在 $T_X C$ 的下降沿由 $T_X D$ 端发送。对于同步方式,$T_X C$ 的频率等于发送数据的波特率。在异步方式中,$T_X C$ 是 1、16 或 64 倍发送波特率。

⑧$R_X C$——接收时钟信号(输入),用于控制接收字符的传输速率。接收时,在 $R_X C$ 的下

降沿采样数据。R_XC 频率的确定同 T_XC。实际上，T_XC 和 R_XC 往往连接在一起，用同一个时钟源。

(4)8251A 的编程

8251A 作为可编程接口，在使用前必须进行初始化，以确定它的工作方式、传送速率、字符格式以及停止位长度等。另外，改变 8251A 的工作方式时也必须要再次进行初始化编程。8251A 有两个控制字（方式选择控制字和操作命令控制字）和一个状态字。

1)方式选择控制字

方式选择控制字用于规定 8251A 的工作方式，其格式如图 8.44 所示，图中各位的定义如下：

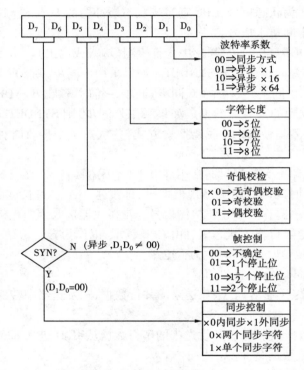

图 8.44 方式选择控制字格式

①D_1D_0 位用来定义 8251A 的工作方式是同步方式还是异步方式。如果是异步方式，还可以由 D_1D_0 的取值来确定接收和发送时的波特率系数。

②D_3D_2 位用来定义数据字符的长度。

③D_5D_4 位用来定义是否用奇偶校验以及奇偶校验的性质。

④D_7D_6 位在异步方式下用来定义停止位的长度。在同步方式下，D_6 位用来定义是外同步（$D_6=1$）还是内同步（$D_6=0$），D_7 位用来定义是用单个同步字符（$D_7=1$）还是用两个同步字符（$D_7=0$）。

2)操作命令控制字

操作命令控制字直接使 8251A 处于规定的工作状态，以准备接收或发送数据，其格式如图8.45所示，各位的定义如下：

①T_XEN——允许发送位。$T_XEN=1$，发送器才能通过 T_XD 引脚向外部串行发送数据。

②RₓE——允许接收位。RₓE = 1,接收器才能通过 RₓD 线从外部串行接收数据。

③DTR——数据终端准备好位。DTR = 1,表示 CPU 已准备好接收数据,这时,$\overline{DTR}$引脚输出有效(为 0)。

④RTS——请求发送信号位。RTS = 1,迫使 8251A 输出$\overline{RTS}$有效(为 0),表示 CPU 已做好发送数据的准备,请求向外设或 Modem 发送数据。

⑤SBRK——决定是否输出中止符位。SBRK = 1,引脚 TₓD 变为低电平,输出中止符。正常通信过程中 SBRK 位应保持为 0。

⑥ER——清除错误标志位。8251A 的状态寄存器设置有 3 个出错标志:奇偶错误标志 PE、溢出错误标志 OE 和帧错误标志 FE。ER = 1 时,将 PE、OE 和 FE 标志同时清 0。

⑦IR——内部复位位。IR = 1,迫使 8251A 返回到接收方式选择控制字的状态。

⑧EH——启动搜索位。只用于内同步方式。EH = 1,8251A 启动搜索同步字符,直到找到同步字符,引脚 SYNDET 输出 1 为止;然后再将 EH 置 0,做正常接收。

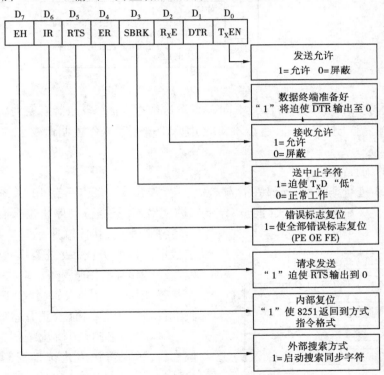

图 8.45 操作命令控制字格式

3)状态字

当需要检测 8251A 的工作状态时,经常要用到状态字。状态字是存放在状态寄存器中的,其格式如图 8.46 所示。

PE、OE、FE 的定义已在图中说明。任何一种错误被检测出来时都不禁止 8251A 工作,由操作命令控制字中的 ER 位使它们同时复位。

RₓRDY 位、TₓE 位、SYNDET 位的含义和状态与同名引脚完全相同,可供 CPU 查询。DSR 位的含义与引脚$\overline{DSR}$相同,只不过在电平上相反。

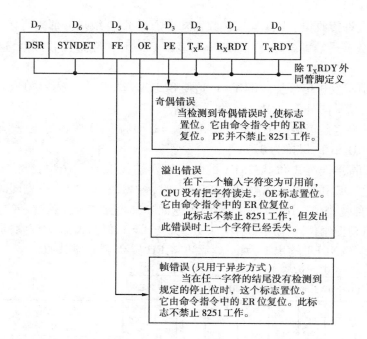

图 8.46　状态字格式

$T_X RDY$ 位与引脚 $T_X RDY$ 的含义不同。当发送数据/命令缓冲器有空时,这一位就是 1。而引脚 $T_X RDY$ 除了上述条件外,还必须满足引脚 $\overline{CTS} = 1$ 和操作控制命令字的 $T_X EN = 1$ 的条件,才能使输出置为 1。

4)8251A 的编程

在对 8251A 进行编程前,先要弄清方式命令、操作命令、状态字之间的关系。方式选择命令字只是约定了双方的通信方式(同步/异步)、数据格式(数据位和停止位长度、校验特性、同步字符特性)及其传输速率等参数,但并没有规定数据传送的方向,故需要操作命令字来控制发/收。但何时才能发/收,取决于 8251A 的工作状态,即状态字。只有当 8251A 进入发送/接收准备好的状态,才能真正开始数据的传输。

对 8251A 进行初始化编程,必须在系统复位之后,紧跟着送方式选择控制字。如果定义 8251A 工作于异步方式,那么接着送操作命令控制字,然后才开始传送数据。在数据传送过程中,可通过操作命令字重新定义,或从状态字读取 8251A 的状态。数据传送结束时,必须用操作命令字将 IR 位置 1,向 8251A 传送内部复位命令后,8251A 才可重新接收方式选择控制字,改变工作方式完成其他传送任务。

如果采用同步工作方式,那么在方式选择控制字之后应输出一个或两个同步字符,然后

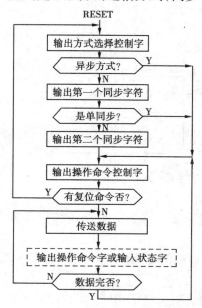

图 8.47　8251A 的初始化编程和传输数据流程图

再送出操作命令控制字,以后的过程同异步方式。

8251A 的初始化编程和传输数据流程如图 8.47 所示。

(5)8251A **应用举例**

例 8.5 利用 8251A 实现两台微型计算机的远距离通信,如图 8.48 所示。

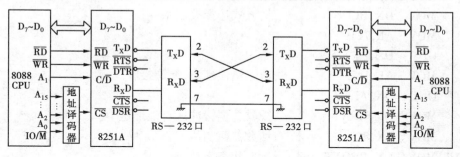

图 8.48 利用 8251A 实现双机通信简化结构框图

图中利用两片 8251A 通过标准串行接口 RS—232C 实现两台 8088 微机之间串行通信,可采用异步或同步工作方式,实现单工、半双工或双工通信。

为了使 8251A 能满足 RS—232C 的电平要求,两者之间要加上电平转换器,将 8251A 输出的 TTL 电平信号变换为 RS—232C 标准电平,还要将 RS—232C 电平的接收信号变为 TTL 电平的 $R_x D$ 信号。

假设采用半双工通信查询方式异步传送,则在对 8251A 初始化时将一方定义为发送器,一方定义为接收器。当发送端 CPU 查询到 $T_x RDY$ 有效时,向 8251A 并行输出一字节数据;接收端 CPU 每查询到 $R_x RDY$ 有效,则从 8251A 并行输入一个字节数据,一直进行到全部数据传送完为止。

设发送端 8251A 数据口地址为 TDATA,控制口/状态口地址为 TCONT,发送数据块首地址为 TBUFF,字节数为 80,则发送端初始化程序及发送控制程序如下:

```
STT:   MOV   DX,TCONT        ;将 8251A 定义为异步方式,8 位数据,1 位
       MOV   AL,7FH          ;停止位,偶校验,波特率系数 64
       OUT   DX,AL
       MOV   AL,01H          ;允许发送
       OUT   DX,AL
       MOV   DI,TBUFF        ;发送数据块首地址送 DI
       MOV   CX,80           ;计数器赋初值
NEXT:  MOV   DX,TCONT        ;读取状态字
       IN    AL,DX
       AND   AL,01H          ;TₓRDY 有效否?
       JZ    NEXT            ;无效,继续等待
       MOV   DX,TDATA        ;有效,向 8251A 输出一字节数据
       MOV   AL,[DI]
       OUT   DX,AL
       INC   DI              ;修改指针
```

```
        LOOP   NEXT
        HLT
```

设接收端 8251A 数据口地址为 RDATA,控制口/状态口地址为 RCONT,接收数据缓冲区首地址为 RBUFF,则接收端初始化程序及接收程序如下:

```
SRR:   MOV   DX,RCONT        ;送方式选择控制字
       MOV   AL,7FH
       OUT   DX,AL
       MOV   AL,14H          ;清除错误标志,允许接收
       OUT   DX,AL
       MOV   DI,RBUFF        ;接收数据缓冲区首地址送 DI
       MOV   CX,80           ;计数器赋初值
COMT:  MOV   DX,RCONT        ;读取状态字
       IN    AL,DX
       TEST  AL,02H          ;RₓRDY 有效否?
       JZ    COMT            ;无效,继续等待
       AND   AL,38H          ;有效,查询接收过程有无错误?
       JNZ   ERR             ;有错,转出错处理程序
       MOV   DX,RDATA        ;无错,输入一字节数据
       IN    AL, DX
       MOV   [DI],AL
       INC   DI              ;修改指针
       LOOP  COMT
       HLT
```

例 8.6　8251A 用作微机系统中显示器—键盘串行通信接口,其硬件连接电路如图 8.49 所示。

8251A 的主时钟 CLK 是系统的主频 8MHz,8251 的发送时钟 $T_X C$ 及接收时钟 $R_X C$ 是由 8253 计数/定时器输出 OUT_2 提供。$\overline{CS}$ 信号来自系统的译码器。

8251A 的输入输出电平均为 TTL 电平,而键盘—显示器的接口电平为 RS—232C 电平,因此,用 MC1488 及 MC1489 来完成电平转换。

图中 8251A 的 $T_X D$ 端接到 CRT 的 $R_X D$ 端,8251A 的接收数据端 $R_X D$ 端接到 CRT 的 $T_X D$ 端,从而可实现双向的数据传输。8251A 与 CRT 设备双方各自的 $\overline{DTR}$ 与 $\overline{DSR}$ 形成"自环",$\overline{RTS}$ 与 $\overline{CTS}$ 形成"自环"。自环连接可以简化通信控制程序,同时,也可减少连接电缆的信号数目。在已知数据总线准备好的情况下,可以用这种方法。

设 8251A 的控制端口的地址号为 DAH,数据端口的地址号为 D8H。现以把单个字符"J"由计算机发送到 CRT;8251A 接收从键盘终端输入的一个字符,并立即将同一字符回送到 CRT 终端为例,说明程序编制方法。

1)传送单个字符到 CRT

```
STOCRT:MOV   AL,5AH          ;送方式选择字,异步方式、波特率因子为 16
       OUT   0DAH,AL         ;每字符 7 位数据,奇校验,1 位停止位
```

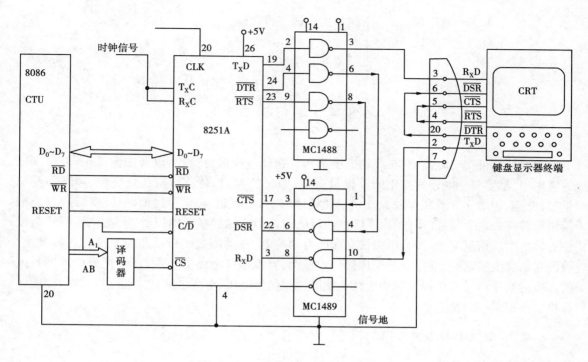

图 8.49　8251A 作为显示器—键盘接口

```
         MOV     AL,37H        ;送控制命令,启动接收器、发送器,使错误标志
         OUT     0DAH,AL       ;位复位,使 DTR 和 RTS 输出为低电平
STATE：  IN      AL,0DAH       ;从状态口读状态字
         TEST    AL,01H        ;检测 TₓRDY＝1？如不是则等待
         JZ      STATE         ;继续检测
         MOV     AL,4AH        ;向数据口送字符 J
         OUT     0D8H,AL
         JMP     STATE         ;重复地输出字符 J 到 CRT
```

2)8251A 接收由键盘输入的一个字符并送往 CRT 显示

```
         MOV     AL,5AH        ;置方式选择字
         OUT     0DAH,AL
         MOV     AL,37H        ;置控制命令字
         OUT     0DAH,AL
STATE1： IN      AL,0DAH       ;检测接收准备好,RₓRDY＝1？
         TEST    AL,02H        ;如不是则等待,继续检测
         JZ      STATE1
         IN      AL,0D8H       ;从 8251A 数据口接收一个字符
         MOV     BL,AL         ;字符暂存于 BL 寄存器
STATE2： IN      AL,0DAH       ;读取状态字
         TEST    01H           ;检测状态位 TₓRDY＝1？如不是则继续检测
         JZ      STATE2
```

```
MOV    AL,BL        ;向数据口送字符代码
OUT    0D8H,AL
JMP    STATE1       ;继续准备接收
```

8.4 模 拟 接 口

微型计算机在实时控制、在线动态测量和对物理过程进行监控,以及图像、语音处理领域的应用中,都要与一些连续变化的模拟量(温度、压力、流量、位移、速度、光亮度、声音等模拟量)打交道,但数字计算机本身只能识别和处理数字量,因此,必须经过模/数转换器(ADC)把模拟量转换成数字量,或经过数/模转换器(DAC)将数字量转换成模拟量,才能实现 CPU 与被控对象之间的信息交换。所以,微机在面向自动控制、自动测量和自动监控系统与各种被控、被测对象发生关系时,都需设置模拟接口。显然,模拟接口电路的作用,在于把微处理器系统的离散的数字信号与模拟设备中连续变化的模拟信号电压、电流之间建立起适配关系,以便计算机执行控制与测量任务。

8.4.1 D/A 转换及其接口

(1)D/A 转换原理

DAC 的基本组成如图 8.50 所示,由数据输入寄存器、电子开关、解码网络、基准电源和运算放大器组成。

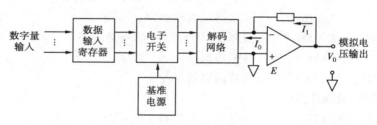

图 8.50 DAC 的基本组成

输入的数字量储存在数据输入寄存器中,用以控制电子开关。当输入的数字量不同时,通过电子开关使解码网络中的不同电阻和基准电源接通,在解码网络的输出端产生一个和输入的数字量成比例的模拟电流 I_0,运算放大器对 I_0 进行电流与电压变换,得到一个和输入的数字量成正比的输出电压 V_0。

目前广泛应用的是 DAC 集成芯片。在电子开关、解码网络的基础上,根据不同需要可增加其他功能单元,如数据寄存器、基准电源等。但运算放大器一般都由用户外接。

衡量一个 D/A 转换器的性能的主要参数如下:

①分辨率:指 D/A 转换器能够转换的二进制数的位数。位数多分辨率也就高。例如,一个 D/A 转换器能够转换 8 位二进制数,转换后的电压满量程是 5V,则它能分辨的最小电压是 $5V/256 \approx 20mV$。如果是 10 位分辨率的 D/A 转换器,获得同样的转换电压,则它能分辨的最小电压是 $5V/1\ 024 \approx 5mV$。

②转换时间:指数字量从输入到完成转换、输出达到最终值并稳定为止所需的时间。电流

型 D/A 转换较快,一般在几百纳秒到几微秒之内。电压型 D/A 转换较慢,取决于运算放大器的响应时间。

③精度:指 D/A 转换器实际输出电压与理论值之间的误差。一般采用数字量的最低有效位作为衡量单位,例如, $\pm\frac{1}{2}$LSB。如果分辨率为 8 位,则它的精度是: $\pm\frac{1}{2}\times\frac{1}{256}=\pm\frac{1}{512}$。

④线性度:指数字量变化时,D/A 转换器输出的模拟量按比例关系变化的程度。理想的 D/A 转换器是线性的,但实际上有误差,模拟输出偏离理想输出的最大值称为线性误差。

（2）D/A 转换器和 CPU 的连接方法

根据对 DAC 外部特性的分析可知,CPU 向 DAC 传送数据时,不必查询 DAC 的状态是否准备好,DAC 也不提供转换结束之类的状态信号,也不需要专门的控制信号去触发转换开始,只要 CPU 把数据送到它的输入端,就开始转换,只要保证两次传送数据之间的间隔不小于 DAC 的转换时间,都能得到正确的结果。因此,D/A 转换器接口的主要任务是要解决 CPU 与 DAC 之间的数据缓冲问题。目前市场上 DAC 芯片型号很多,根据 DAC 是否具有缓冲能力可分为两类:一类是芯片内部没有数据输入锁存器,如 AD7520、AD7521 和 DAC0808 等,它们结构简单,价格较低;另一类如 AD7524 和 DAC0832 等,芯片内集成了数据输入锁存器。下面分两种情况来讨论 DAC 与 CPU 的连接方法:

1）不带数据输入锁存器的 DAC 芯片与 CPU 的连接

由于加在 D/A 转换器的数据输入端信号的保持时间需要大于其转换响应时间,另外,在实际应用中,往往要求转换后的模拟信号保持一段时间,以便于测量或用于控制一个对象。然而,当被转换的数码来自 CPU 时,CPU 利用输出指令输出的数据在数据总线上保持的时间只有 2 个时钟周期,这样,模拟量在输出端的保持时间也很短。因此,为了使这类 DAC 芯片能与 CPU 的数据总线相连,通常在他们的数据输入增加数据锁存器,以便控制数据输入端信号的保持时间。

图 8.51 所示为 8 位 DAC 芯片与 CPU 连接的接口电路。其中 74LS273 为 8 位锁存器,作为 CPU 与 DAC 之间的接口。假设地址译码器输出端提供的地址为 37H,当 CPU 执行指令 OUT 37H,AL 时,便将 AL 中的数据送入锁存器,在 D/A 转换器输出端得到相应的模拟电压。

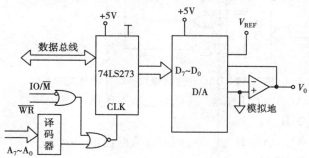

图 8.51　不带数据输入寄存器的 DAC 芯片与 CPU 的连接

如果 DAC 超过 8 位,这时,要用两个锁存器和总线相连,如图 8.52 所示。工作时,CPU 通过两条输出指令,把数据分别送到高位锁存器和低位锁存器中。

在图 8.52 的接口电路中,CPU 执行两次输出指令,DAC 输出端才能得到所需要的模拟信号。而在第一次执行输出指令至第二次执行输出指令之间,DAC 输出端将会产生几微秒的错误信号。为此,往往用两级数据缓冲结构来解决8位以上的DAC和8位总线的连接问题,如图8.53所示。图中先将要转换的12位数据分别送到第一级数据缓冲器的高4位和低8位,然后将第一级数据缓冲器中的数据同时送入第二级数据缓冲器,这样可以避免采用单级数据缓冲器方案所引起的尖峰信号。

设第一级低8位数据缓冲器的口地址为25H,高4位数据缓冲器的口地址为26H,第二级数据缓冲器的口地址为27H,DATAL和DATAH为字节变量,存放的是低8位数据和高4位数据,那么转换一个数据的程序段如下:

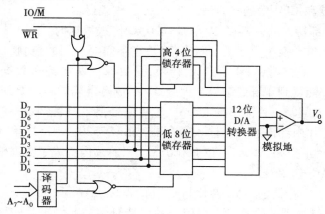

图8.52　超过8位的DAC的连接

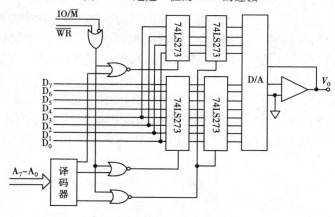

图8.53　DAC通过两级数据缓冲和总线的连接

```
MOV   AL,DATAL        ;低8位数据送第一级缓冲器
OUT   25H,AL
MOV   AL,DATAH        ;高4位数据送第一级缓冲器
OUT   26H,AL
OUT   27H,AL          ;12位数据打入第二级缓冲器
```

2)具有数据输入锁存器的DAC芯片与CPU的连接

带有数据输入锁存器的DAC芯片没有上述问题,其数据输入端可以直接接到CPU的数据总线。但是,对此类芯片应注意与CPU的"配套"问题,即CPU执行输出指令的总线周期时序是否满足芯片内数据输入锁存器选通信号的时序要求。在DAC芯片的性能说明上,一般都

给出此类芯片适用于哪些 CPU,否则就要仔细审核其时序参数。

（3）D/A 转换器芯片 DAC0832

1）芯片简介

DAC0832 是 NSC 公司（美国国家半导体公司）生产的 8 位 DAC 芯片,可直接与 8080、8085、Z80、8088 等多种 CPU 总线连接而不必增加任何附加逻辑。DAC0830、DAC0831 与它兼容,可以完全相互代换。

DAC0832 由两级数据缓冲器和 D/A 转换器组成,第一级数据缓冲器称为输入寄存器,第二级称为 DAC 寄存器,如图 8.54 所示。

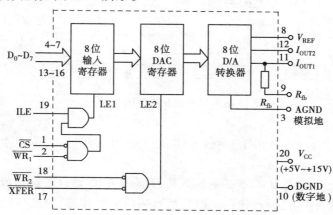

图 8.54　DAC0832 内部结构

DAC0832 各引脚的定义如下:

①$D_7 \sim D_0$——8 位数据输入端。

②ILE——允许输入锁存（输入）,高电平有效。

③$\overline{CS}$——片选（输入）,低电子有效。

④$\overline{WR_1}$——写信号 1（输入）,低电平有效。ILE、$\overline{CS}$、$\overline{WR_1}$ 为输入寄存器的选通信号,当 ILE、$\overline{CS}$、$\overline{WR_1}$ 全部有效,LE1 为高电平时,选通输入寄存器,数据总线 $D_7 \sim D_0$ 上的输入数据进入输入寄存器;当 ILE、$\overline{CS}$、$\overline{WR_1}$ 不同时有效,LE1 为低电平时,输入寄存器中原有数据被锁存。

⑤$\overline{XFER}$——传送控制信号（输入）,低电平有效。

⑥$\overline{WR_2}$——写信号 2（输入）,低电平有效。$\overline{XFER}$、$\overline{WR_2}$ 为 DAC 寄存器的选通信号,当 $\overline{XFER}$、$\overline{WR_2}$ 同时有效时,LE2 为高电平,选通 DAC 寄存器,输入寄存器中锁存的数据进入 DAC 寄存器;$\overline{XFER}$、$\overline{WR_2}$ 不同时有效时,LE2 为低电平,DAC 寄存器中原有数据被锁存。

⑦I_{OUT1}——模拟电流输出端 1,它是逻辑电平为 1 的各位输出电流之和。

⑧I_{OUT2}——模拟电流输出端 2,它是逻辑电平为 0 的各位输出电流之和。$I_{OUT1} + I_{OUT2} =$ 常数。

⑨V_{REF}——基准电压输入,$+10V \sim -10V$,此电压越稳定模拟输出精度越高。

⑩R_{fb}——反馈电阻引出端,DAC0832 内部此端与 I_{OUT1} 端之间已集成一反馈内阻 R_{fb},其值为 15kΩ,所以,R_{fb} 端可以直接接到外部运算放大器的输出端。

⑪V_{CC}——电源电压,$+5V \sim +15V$。

⑫AGND——模拟地,芯片模拟信号接地点。

⑬DGND——数字地,芯片数字信号接地点。

必须注意的是:在使用 DAC 芯片和 ADC 芯片的电路中,必须正确处理地线的连接问题。电路中有两种芯片:一种是模拟电路芯片,如 DAC、ADC、运算放大器等;另一种是数字电路芯片,如 CPU、译码器、寄存器等。这两种芯片应由两个独立的电源分别供电。模拟地线和数字地线应该分开,模拟地和数字地应分别连接到系统的模拟地线和数字地线。在整个系统中仅有一个共地点,避免造成回路,防止数字信号通过数字地线干扰微弱的模拟信号。正确的地线连接如图 8.55 所示。

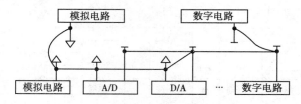

图 8.55　地线的连接

2)DAC0832 的工作方式

DAC0832 有两级锁存器,因此有 3 种工作方式:双缓冲工作方式、单缓冲工作方式和直通工作方式。

双缓冲工作方式,就是把 DAC0832 的输入寄存器和 DAC 寄存器都接成受控方式。CPU 对 DAC 芯片的写操作分两步进行:第一步把数据写进输入寄存器,第二步把输入寄存器的内容写入 DAC 寄存器。双缓冲工作方式的优点是 DAC0832 的数据接收和启动转换异步进行。于是,可在 D/A 转换的同时进行下一数据的接收,以提高转换速率。另外,在多个 DAC 同时工作时,利用 DAC0832 第二级寄存器的选通信号可实现多个转换器的同时输出。

单缓冲工作方式,就是使两个寄存器中一个处于直通状态,而另一个处于受控状态。这种方式可以减少一条输出指令,在不要求多个 DAC 同时进行 D/A 转换时普遍采用此种方式。

当 $\overline{CS}$、$\overline{WR_1}$、$\overline{WR_2}$ 和 $\overline{XFER}$ 引脚全部接数字地,ILE 引脚为高电平时,芯片就处于直通工作状态。8 位数字量一旦达到 $D_7 \sim D_0$ 输入端,便立即进行 D/A 转换。此种方式下,DAC0832 不能直接和 CPU 的数据总线相连,故很少采用。

3)DAC0832 的输出方式

DAC0832 为电流输出型 D/A 转换器,需要外接运算放大器进行电流电压变换才能得到模拟电压输出。输出方式有两种:单极性输出和双极性输出。

单极性输出方式输出的电压极性是单一的,而双极性输出方式输出的电压极性是可变的,即有正有负。DAC0832 的输出电路如图 8.56 所示。

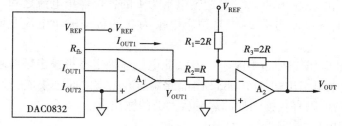

图 8.56　DAC0832 的输出电路

在图 8.56 中,若不接运算放大器 A_2 及电阻 R_1、R_2、R_3,那么在运算放大器 A_1 的输出端就可以得到单极性模拟电压 V_{OUT}:

$$V_{OUT} = - I_{OUT1} R_{fb}$$

若参考电压为 $+5V$,则当数字量从 00H ~ FFH 变化时,对应的模拟电压 V_{OUT} 输出范围是 0V ~ $-5V$。

为了得到双极性电压输出,在运算放大器 A_1 后面加了反相比例放大器 A_2,便构成了双极性输出电路。其输出电压 V_{OUT} 与 V_{REF} 及 A_1 运放输出 V_{OUT1} 的关系是:

$$V_{OUT} = - (2V_{OUT1} + V_{REF})$$

这时,当数字量从 00H ~ FFH 变化时,对应的模拟电压 V_{OUT} 输出范围是 $-5V$ ~ $+5V$,显然,其分辨率较单极性输出降低一倍。

（4）DAC 应用举例

DAC 在微机实时控制系统及仪器测量等方面得到广泛的应用,如在控制系统中产生模拟量控制输出,构成各种程控放大器,以及作为函数发生器产生各种规则或不规则的函数波形。

利用图 8.57 中工作于单缓冲工作方式的 DAC0832 产生并输出周期性的锯齿波。

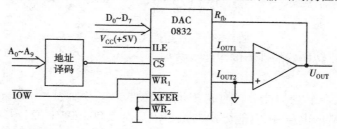

图 8.57　单缓冲工作方式的接口方法

设口地址为 3DFH,则相应的程序段如下:

```
            ⋮
        MOV    DX,3DFH
        MOV    AL, 0FFH
NEXT:   INC    AL
        OUT    DX,AL
        CALL   DELAY        ;调用延时程序
        JMP    NEXT
            ⋮
```

改变延时程序的延时时间,可以改变锯齿波的周期。将程序中的 INC 指令换成 DEC 指令,则产生负向锯齿波。

8.4.2　A/D 转换器及其接口

（1）A/D 转换原理

按 A/D 转换原理,A/D 转换器的类型可分为计数比较型、逐次逼近型、并联比较型、双积分型等。目前,集成化的 A/D 芯片以逐次逼近型的应用最为广泛。下面以逐次逼近型 A/D 转换器为例介绍其工作原理。

逐次逼近式 A/D 转换器基本组成如图 8.58 所示。转换开始时,将逐次逼近寄存器清 0,这时,D/A 转换器输出电压 V_s 也为 0。启动转换后,先使逐次逼近寄存器的最高位 D_7 置 1,经 D/A 转换后,得到一个模拟电压 V_s。把 V_s 和输入模拟电压 V_i 相比较,若 $V_i \geqslant V_s$,则保留最高边的 1;若 $V_i < V_s$,则该位为 0。然后使逐次逼近寄存器的 D_6 位置 1,经 D/A 转换后得到的 V_s 再和 V_i 比较,由 $V_i \geqslant V_s$ 还是 $V_i < V_s$ 决定是 D_6 是 1 还是 0。重复上述过程,经过 8 次比较后,逐次逼近寄存器中得到的值就是转换后的数据。这个数据送入缓冲寄存器,从而得到数字量输出。

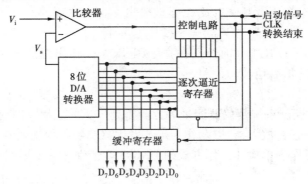

图 8.58　逐次逼近式 A/D 转换

衡量一个 A/D 转换器的性能的主要参数如下:

1)分辨率

分辨率是指 A/D 转换器能够转换成二进制数的位数。例如:1 个 10 位 A/D 转换器,去转换一个满量程为 5V 的电压,则它能分辨的最小电压为 5 000mV/1 024 ≈ 5mV。这表明:若模拟输入值的变化小于 5mV 的电压,则 A/D 转换器无反应,输出保持不变。对于同样 5V 电压,若采用 12 位 A/D 转换器,则它能分辨的最小电压为 5 000mV/4 096 ≈ 1mV。可见,A/D 转换器的数字量输出位数越多,其分辨率就越高。

2)转换时间

转换时间指从输入启动转换信号开始到转换结束,得到稳定的数字输出量为止的时间。

种类繁多的 A/D 转换芯片按分辨率分为 4 位、6 位、8 位、10 位、14 位、16 位和 BCD 码的 31/2 位、51/2 位等。按照转换速度可分为超高速(转换时间 ≤ 330ns)、次超高速(330 ~ 3.3μs)、高速(转换时间 < 20μs)、中速(20 ~ 300μs)、低速(转换时间 ≤ 300μs)等。

(2)A/D 转换器与系统的连接方法

各种型号的 ADC 芯片都有如下功能引脚:模拟信号输入引脚、数据输出引脚、启动转换引脚和转换结束引脚。ADC 芯片与系统的连接就是处理上述 4 类引脚和系统的连接问题。

1)输入模拟电压的连接

ADC 的模拟输入电压往往既可以是单端的,也可以是差动的。这类芯片的模拟输入端常用 VIN(+)、VIN(-)或 IN(+)、IN(-)表示。如果用单端输入正向信号,则将 VIN(-)接地,信号加到 VIN(+)端;如果用单端输入负向信号,则把 VIN(+)接地,信号加到 VIN(-)端;如果用差动输入,则模拟信号加到 VIN(+)和 VIN(-)之间。

2)数据输出线与系统数据线的连接

ADC 芯片一般有两种接口方式:

一种接口方式是芯片输出端具有可控的输出三态门,这种芯片的输出端可以直接和系统总线相连。在转换结束后,CPU 通过执行一条输入指令产生读信号,选通三态门,将数据从 A/D转换器中取出。

另一种接口方式是芯片输出端无输出三态门,或虽然有,但输出三态门不受外部控制,而是由 A/D 转换电路在转换结束时自动接通的。在这些情况下,ADC 数据输出线不能直接和系统的数据总统相连,而是必须通过并行接口电路(如 8255A)或附加的三态门电路实现 ADC 和 CPU 之间的数据传送。

若 A/D 转换器输出数据高于 8 位,则必须考虑 A/D 转换器输出数位与总线数位的对应关系。此时有两种方法供选择:当 CPU 具有 16 位数据线时,按位对应于数据总线连接,CPU 以字的输入指令读 A/D 转换结果;当高于 8 位数据输出的 ADC 与 8 位 CPU 相接时,则用读/写控制逻辑将被转换数据按字节分时读出,CPU 分两次得到结果。

3)提供启动转换信号的方式

A/D 转换器要求的启动信号一般有两种:脉冲启动信号和电平启动信号。

对于脉冲启动转换的 ADC 芯片,只要在启动信号输入脚上加一个符合要求的脉冲信号,即可开始转换,如 ADC0804、ADC0809、ADC1210 等就是脉冲启动型芯片。对于这种芯片,通常用 CPU 执行输出指令时发出的 M/$\overline{IO}$ 和 $\overline{WR}$ 信号以及地址译码器的输出信号等产生启动脉冲,从而开始转换。但有的 ADC 芯片(如 ADC574)对启动和其他控制信号脉宽有一定要求。特别是当计算机时钟频率较高时,M/$\overline{IO}$ 和 $\overline{WR}$ 信号的脉宽可能满足不了要求,应附加某些逻辑电路延长控制信号的脉宽。

对于电平启动转换的 ADC 芯片,当满足要求的电平加到启动转换端后,才开始 A/D 转换。在整个转换过程中,必须保持这一电平,否则转换将终止。为此,CPU 一般要通过 I/O 通道来对 ADC 芯片发启动信号,或者用 D 触发器使启动信号在 A/D 转换期间保持在有效电平。AD570、AD571 和 AD572 都属于电平控制转换的器件。

4)转换结束信号及转换结果的读取

A/D 转换结束,A/D 转换器会发出转换结束信号(高电平或低电平),通过对此信号的识别,CPU 可读取转换结果。CPU 一般可以可采用查询、中断、DMA 方式以及在板 RAM 技术 4 种方式来实现对转换数据的读取。不同的读取方式数据传送的方法不同,接口电路的结构不同,编程的方法也不同。

对于查询方式来说,用程序实现选择通道,在启动 A/D 转换后,CPU 不断读取 A/D 转换结束信号,若转换结束,就开始读数据,把数据存入内存。

对于中断方式,把转换结束信号作为中断请求信号,送到中断控制器的中断请求输入端。

DMA 方式的数据采集操作和查询与中断方式基本相同,只是对所采集的数据如何传送到内存的方法有所不同。在 DMA 方式下,数据从 A/D 转换器接口直接送到存储区,而不经过 CPU 的中转,使传输速率大大提高。

在板 RAM 技术就是在 A/D 转换器板上设置 RAM,把采集的数据先就近存放在 RAM 中,然后,再从板上的 RAM 取出数据送到内存。它是超高速数据采集系统为了解决由于 A/D 转换速度非常快,而采用 DMA 方式传送也跟不上转换速度而采用的一种方法。

以上 4 种方式的选择,往往取决于 A/D 转换的速度和用户程序的安排。如果 A/D 转换的时间较长,或者有几件事情需要 CPU 处理,那么用中断方式效率较高,否则,可用其他几种非中断方式来实现数据的读取。

另外,要注意两点:一是在对高速信号进行 A/D 转换时还需要设置采样/保持器;二是数据采集速率 f_0 的高低取决于 A/D 转换器的转换时间(T)以及每次转换后将数据存入指定的内存单元所需的传输时间(τ),采集速率的上限为 $f_0 = \dfrac{1}{T+\tau}$。

例 8.7 用 ADC0804 作为 A/D 转换器,采用中断方式传输结果。

ADC0804 是 8 位 A/D 转换器,完成一次转换的时间为 $100\mu s$,其主要特点如下:

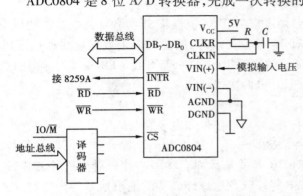

①脉冲信号启动转换,当 CS 和 $\overline{WR}$ 同时有效时启动传输;

②转换结束时,INTR 端输出低电平,CPU 读取数据时,INTR 复位,变为高电平;

③数据输出缓冲器为可控三态输出,CS 和 $\overline{RD}$ 同时有效时读出数据;

④时钟脉冲可由 CPU 提供或由芯片自身产生。

图 8.59 ADC0804 和系统总线的连接

根据以上特点,ADC0804 的数据输出线可直接挂在 CPU 的数据总线上。由于它的转换速度较慢,因此,采用中断方式与 CPU 交换信息。转换结束信号 $\overline{INTR}$ 可互作为中断请求信号,如图 8.59 所示。

采用中断方式时,程序设计非常简单。若图 8.59 中 ADC0804 的端口地址为 PORTAD,则在程序中,CPU 执行输出指令

    OUT PORTAD,AL

ADC0804 被启动。

转换结束时,$\overline{INTR}$ 向 CPU 发出中断请求,在中断服务程序中 CPU 用输入指令

    IN AL, PORTAD

读取已转换的数据。

例 8.8 用 ADC1210 作为 A/D 转换器,采用查询方式传输结果。

ADC1210 是 12 位的 A/D 转换器,转换时间为 $100\mu s$,其主要的硬件特性如下:

①脉冲信号启动转换,启动输入端为 SC;

②转换结束信号为 $\overline{CC}$,低电平有效;

③输出数据寄存器无三态输出功能;

④需外接时钟。

ADC1210 和系统总线连接如图 8.60 所示。由于 ADC1210 无三态输出功能,所以,通过两片外接的三态门 74LS244 和总线相连。假如用查询方式处理 CPU 与 ADC 的信息交换,则可将转换结束信号 $\overline{CC}$ 经三态门和数据总线相连。若分配给两个三态门和启动转换信号控制端的端口地址分别为 231H、232H 和 230H,则相应的程序段如下:

```
START: MOV   DX,230H         ;启动 A/D 转换
       OUT   DX,AL
       MOV   DX,232H
```

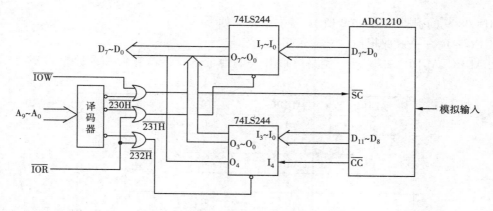

图 8.60　ADC1210 和系统总线连接图

```
NEXT:   IN      AL,DX          ;输入状态信息
        TEST    AL,10H
        JNZ     NEXT           ;转换未完成,继续查询
        AND     AL,0FH         ;转换完成取高位数据
        MOV     AH,AL
        MOV     DX,231H        ;读取低位数据
        IN      AL,DX
        ⋮
```

上面的程序段执行完后,AX 中为转换结果。

（3）A/D **转换器芯片** ADC0809

1）芯片简介

ADC0809 是 CMOS 的 8 位 A/D 转换器,采用逐次逼近式进行 A/D 转换,其基本结构如图 8.61 所示。

ADC0809 由模拟多路开关、A/D 转换器和三态输出锁存器组成。模拟多路开关可接受 8 路模拟输入,并根据所输入的 3 位地址 ADDC、ADDB 和 ADDA,选择其中一路送到 A/D 转换器进行 A/D 转换,转换结果经三态输出锁存器输出。

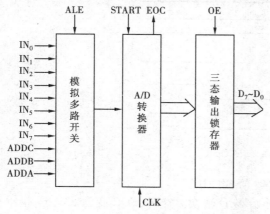

图 8.61　ADC0809 基本结构

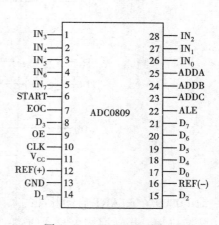

图 8.62　ADC0809 引脚图

315

ADC0809 的引脚如图 8.62 所示,各引脚定义如下:

①IN$_7$ ~ IN$_0$——8 路模拟信号输入端。

②ADDC、ADDB、ADDA——8 路模拟开关的地址选择线。它们和 8 路模拟输入的关系如下:

ADDC	ADDB	ADDA	选中通道
0	0	0	IN$_0$
0	0	1	IN$_1$
0	1	0	IN$_2$
0	1	1	IN$_3$
1	0	0	IN$_4$
1	0	1	IN$_5$
1	1	0	IN$_6$
1	1	1	IN$_7$

③ALE——地址锁存允许(输入),高电平有效。有效时将输入的 3 位地址选择信号锁存。

④START——转换启动信号(输入),高电平有效。START 和 ALE 可以连接在一起,若通过程序施加一个正脉冲,便可立即将输入地址锁存并开始 A/D 转换。

⑤EOC——转换结束信号(输出),高电平有效。

⑥CLK——时钟输入。典型的时钟频率为 640kHz(最高为 1 200kHz),相应的转换时间约为 100μs。

⑦OE——输出允许(输入),高电平有效。有效时开放三态输出锁存器,可读出 A/D 转换的结果,否则,D$_7$ ~ D$_0$ 处于高阻状态。

⑧D$_7$ ~ D$_0$——8 位数据输出端。

⑨V$_{REF(+)}$ 和 V$_{REF(-)}$——基准电压输入。一般情况下 V$_{REF(+)}$ 接电源 V$_{CC}$,V$_{REF(-)}$ 接地 GND。

ADC0809 的工作时序如图 8.63 所示。

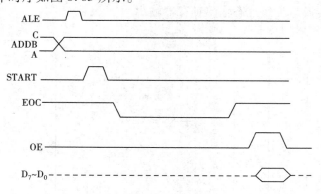

图 8.63 ADC0809 的工作时序

ADC0809 在 START 启动脉冲的下降沿后开始 A/D 转换。这时,EOC 变为低电平,指示正处于转换过程。当转换结束时,EOC 变为高电平。通常,用 EOC 作为中断请求信号,或作为状态信息供 CPU 查询。转换得到的数据必须在输出允许信号 OE 的作用下才能读出。

2）ADC0809 与 CPU 的连接

ADC0809 具有三态输出缓冲器，因而可以直接和系统总线相连接。为简化电路设计，也常通过通用并行接口实现与系统的连接。

例 8.9　ADC0809 通过并行接口芯片 8255A 与系统总线连接，如图 8.64 所示。用查询方式依次取样 8 路模拟输入，并将转换结果放在 BUFFER 开始的内存单元。

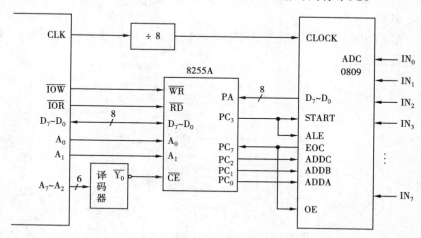

图 8.64　ADC0809 查询方式接口原理图

在图 8.64 中，地址译码器的输出 $\overline{Y_0}$（地址为 80H ~ 83H）用来选通 8255A，0809 的 START 和 ALE 与 8255A 的 PC_3 相连，EOC 与 OE 及 PC_7 相连，数字量输出 $D_7 \sim D_0$ 与 8255A 的 A 口相连。

从 $IN_0 \sim IN_7$ 依次读取模拟量，经 0809 转换后送入 CPU 的程序段为：

```
START:  MOV   AL,10011000B      ;8255A 初始化
        OUT   83H,AL
        MOV   CX,8              ;采集次数送 CX
        MOV   DI,OFFSET BUFFER  ;缓冲区起始地址送 DI
        CLD                     ;DF 置 0
        MOV   BL,00H            ;模拟通道地址存 BL
NEXT:   MOV   AL,BL             ;输出模拟通道地址
        OUT   82H,AL
        MOV   AL,00000111B      ;输出启动信号
        OUT   83H,AL
        DEC   AL
        OUT   83H,AL
NOSC:   IN    AL,82H            ;等待 A/D 转换开始
        TEST  AL,80H
        JNZ   NOSC
DONE:   IN    AL,82H            ;等待 A/D 转换结束
        TEST  AL,80H
```

```
        JZ    DONE
        IN    AL,80H              ;读出转换结果
        STOSB                     ;存结果
        INC   BL                  ;修改模拟通道地址
        LOOP  NEXT
        HLT
```

例 8.10　ADC0809 和系统总线连接如图 8.65 所示。用中断方式巡回取样 8 路模拟输入,采集 100 组数据后停止。

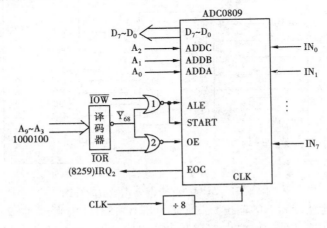

图 8.65　ADC0809 中断控制方式接口原理图

在图 8.65 中,地址译码器的输出 $\overline{Y}_{68}$(地址为 220H ~ 227H)与 $\overline{IOW}$ 经过或非门 1 控制 0809 的启动信号 START 和地址锁存允许信号 ALE,$\overline{Y}_{68}$ 和 $\overline{IOR}$ 经过或非门 2 使 0809 的输出允许信号 OE 有效,通道地址选择线 ADDC、ADDB、ADDA 同地址线 A_2、A_1、A_0 相连,使得地址 220H ~ 227H 分别选通 IN_0 ~ IN_7。转换结束信号送 8259 的 IRQ_2,向 CPU 发中断请求。实现采集的流程图见图 8.66,完整的汇编语言源程序如下:

```
;主程序
STACK     SEGMENT   STACK
STA       DW  20  DUP(?)
TOP       LABEL  WORD
STACK     ENDS
DATA      SEGMENT
BUFFER    DB  800  DUP(?)
DATA      ENDS
CODE      SEGMENT
          ASSUME   CS:CODE,DS:DATA,SS:STACK,ES:DATA
START:    MOV  AX,DATA
          MOV  DS,AX
          MOV  ES,AX
```

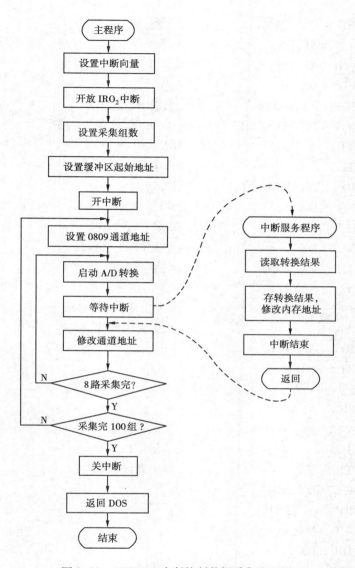

图 8.66 ADC0809 中断控制数据采集流程图

```
MOV   AX,STACK
MOV   SS,AX
MOV   SP,OFFSET TOP
PUSH  DS                        ;中断向量送中断向量表
MOV   AX,SEG ADINT
MOV   DS,AX
MOV   DX,OFFSET ADINT
MOV   AL,OAH
MOV   AH,25H
INT   21H
POP   DS
```

```
          MOV    DX,021H              ;开放 IRQ₂中断
          IN     AL,DX
          AND    AL,111110llB
          OUT    DX,AL
          MOV    CX,100               ;采集组数送 CX
          MOV    DI,OFFSET BUFFER     ;缓冲区起始地址送 DI
          CLD                         ;DF 置 0
          STI                         ;开中断
DONE:     MOV    DX,220H              ;IN₀口地址送 DX
NEXT:     OUT    DX,AL                ;启动 0809
          HLT                         ;等待中断
          INC    DX                   ;修改 0809 口地址
          CMP    DX,228H              ;8 路采集完?
          JNZ    NEXT                 ;没有,继续采集下一路
          LOOP   DONE                 ;8 路已采集遍,继续下一轮
          CLI                         ;采集完 100 组,结束
          MOV    AH,4CH
          INT    2IH
;中断服务程序
ADINT     PROC   NEAR
          IN     AL,DX                ;读取转换结果
          STOSB                       ;送指定内存单元
          PUSH   DX                   ;发中断结束命令
          MOV    DX,20H
          MOV    AL,20H
          OUT    DX,AL
          POP    DX
          IRET
ADINT     ENDP
CODE      ENDS
          END    START
```

8.5   多功能外围接口芯片 82380

82380 是专门为 80386/80486 系统设计的高性能多功能超大规模集成 I/O 接口芯片,采用 PGA 封装,有 132 只引脚。它是市场上第一个加入 DMA 控制器的外围集成芯片,具有 8 个独立的可编程 DMA 通道,允许使用 386/486 的全部 32 位总线宽度,从而使系统的 I/O 操作速度提高了 5~10 倍。另外,82380 除具有 DMA 控制功能外,还包含有许多其他 I/O 功能和系

统支持功能,如:

- 系统复位
- 20 级可编程中断控制
- 4 个 16 位可编程定时/计数器
- DRAM 刷新控制
- 内部总线仲裁与控制
- 可编程等待状态控制

所以,82380 芯片也被称作为集成系统外围支援器件。采用此芯片可以大大减少组成计算机系统所需的外部接口电路和逻辑电路。以下简要说明多功能 I/O 接口芯片 82380 的构成及各部分工作原理。

8.5.1 82380 内部结构及功能介绍

82380 内部功能结构框图如图 8.67 所示。

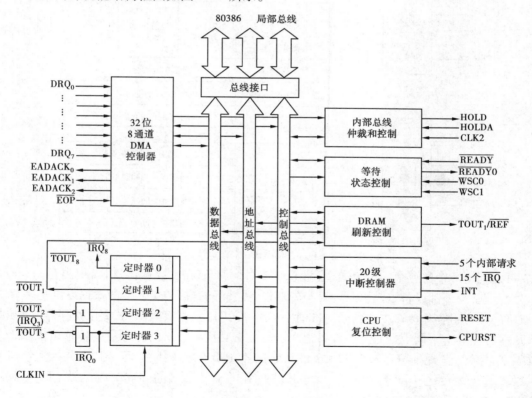

图 8.67 82380 内部功能结构框图

82380 在系统中可以工作在主、从两种方式:一般情况下(例如每次系统复位后),它工作于从方式,这时,82380 仅作为系统总线上的一个 I/O 接口器件,接受 CPU 的控制,如写入初始化程序等。为了保持同现有的系统体系结构和软件的兼容,可以把 82380 作为 8 位的外围电路进行访问。当 CPU 对 82380 进行写入操作时,写字节通过数据总线 $D_7 \sim D_0$ 或 $D_{15} \sim D_8$ 进入 82380 中。当 CPU 对它进行读出操作时,读出的只能是字节数据,故在数据总线 $D_7 \sim D_0$、

$D_{15} \sim D_8$、$D_{23} \sim D_{16}$、$D_{31} \sim D_{24}$ 上出现的是相同数据。在从方式下,82380 中的 DMA 控制器仅监视 CPU 控制/状态线,并且当访问它时,产生所需要的等待状态。

当 82380 执行 DMA 传送时,则它作为总线主控制器在主方式下工作。这时,82380 和 80386/80486 一样,成为 32 位器件,可以管理系统总线,发送和接收数据,在系统中相当于承担 CPU(80386/80486)的工作。

(1) DMA 控制器

82380 内部有一个 8 通道的 32 位 DMA 控制器,如图 8.68 所示。

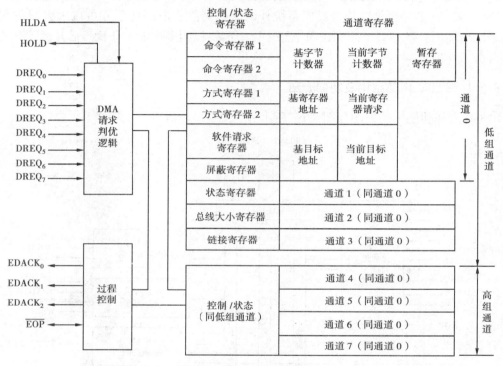

图 8.68　82380DMA 控制器结构

可以利用 8 个通道中的 7 个通道(通道 4 除外)进行 DMA 数据传送,实现内存与内存之间、外部设备与外部设备之间以及内存与外部设备之间的直接传送。传的数据可以是字节、字或双字的任意组合。传送中遇到未对准的字或双字,可以利用其内部的 32 位暂存器分解和重组,从而可在具有不同数据宽度的设备之间进行数据交换。传送的源和目的地址可以加 1、减 1 或保持不变。其地址寄存器为 32 位,最高能覆盖 4GB 的实地址空间。其字节计数器有 24 位,最多可连续传送 16MB。而且,当前正在服务的通道由 3 条 DMA 响应线($EDACK_0 \sim EDACK_2$)输出一个 3 位二进制码表示。

82380 中 DMA 控制器的 8 个通道彼此是相互独立工作的,可以编程在任何一种有效方式下工作。每一个通道分配了一个字节计数寄存器,一个请求寄存器和一个目标寄存器。这 3 种类型的寄存器就可确定每个通道传送数据的位置和数量,如 24 位字节计数寄存器保存要传送的字节数;32 位请求寄存器内保存着请求 DMA 控制器服务的外围设备的地址或存储器地址;32 位目标寄存器内保存着要访问的外围设备或存储器的地址。

DMA 控制器中的 8 个通道还可以分为两组:0~3 通道称为低位组通道;4~7 通道称为高

位组通道。可以将两组作为两个独立的 4 通道 DMA 控制器在级联方式下工作。

对于 8 个通道来说,其 DMA 服务优先级可由编程来选择其为循环优先级或固定优先级。循环优先级是若干个外围设备一起共享总线访问。而采用固定优先级时,通道 0 优先级最高,通道 7 优先级最低;但也允许程序员把某一通道置为最低优先级,使用户无需对命令寄存器重新编程就可以人工循环或复位优先级安排。

也可以按组(低位组和高位组)设置优先级,使一组通道的优先级是固定的,而另一组通道的优先级是循环的。在一组中,编程人员也可以利用专用软件命令指定一个组内优先级最低的通道,然后组内的其他通道按照固定的优先级顺序排列。例如,假设低位组内的通道 2 定义为最低优先级别的通道,则此组内优先的顺序为通道 3(最高优先级)、通道 0、通道 1 和通道 2(最低优先级)。高位组内各通道的优先级也可照此处理,若定义通道 6 为最低优先级,则高位组中各通道的优先级高低顺序应为 7、4、5、6 通道。应注意低位组的优先级总是优先于高位组 4~7 通道的优先级,当将两个组通道的优先级组合在一起时,按上例所述若通道 6 的优先级最低,遵循固定优先级顺序,通道 7 为优先级最高,故其优先级的顺序为 7、3、0、1、2、4、5、6 通道。要注意其中的排列,低位组通道的优先级是在通道 7 和通道 4 之间。

当通道采用循环优先级时,任何一个正在得到服务的通道都不能一直保持其最高优先级,当一个通道得到服务后,它就返回到最低优先级。例如,各通道采用循环方式,初始化后的优先顺序与上例相同,如通道 3 的 DMA 服务完成后,各通道的优先级顺序改变为 0、1、2、4、5、6、7、3 通道。

82380DMA 控制器可以按单缓冲器(Single Buffer)自动初始化方式和缓冲器链接(Buffer Chaining)方式进行数据块传送。如果要传送的数据量和数据区的有效的相邻块是已知的,通常采用单缓冲器自动初始化方式进行传送。这种方式允许使用相同的数据区连续进行 DMA 传送。缓冲器链接方式则允许一个程序定义一个缓冲器,并列表执行传送,也允许用中断程序重新设计 DMA 控制器程序。在当前缓冲器传送完成之前,就可为下一个缓冲器重新设计并传送通道程序。在这种方式下,DMA 控制器能为不相邻的数据块分配存储空间,并且用一个 DMA 过程传送数据。

现将与 DMA 工作过程的有关控制信号说明如下:

① $DREQ_7 \sim DREQ_0$——DMA 请求信号(输入),高电平有效。当这 8 条线上均产生有效的 DMA 请求信号时,首先进行排序,找到优先级最高的 DMA 请求,并响应之。在响应过程中,$EDACK_2 \sim EDACK_0$ 输出一个 3 位二进制编码,以表示目前正在进行 DMA 服务的通道号。

② HOLD——总线请求信号(输出),高电平有效。82380 用它来向 CPU 请求控制系统总线。

③ HLDA——总线响应信号(输入),高电平有效。CPU 响应 HOLD 后发回的响应信号,它表明 CPU 已放弃对总线的控制权,交由 82380 接管系统总线。在整个 DMA 过程中,HLDA 和 HOLD 信号始终保持有效。

④ $\overline{EOP}$—— DMA 过程结束信号(双向),低电平有效。82380 在任一通道执行最后一个 DMA 总线周期时(即通道的计数值从 0 减为 FFFFFFH 期间),使 $\overline{EOP}$ 输出低电平,表示通道的 DMA 服务结束。此时,请求部件应可申请中断,以进行 DMA 结束处理。若从外部在此端加低电平信号,则迫使 DMA 终止、强迫各通道结束 DMA 传送。

从上述介绍可以看出,82380DMA 控制器的寄存器包含了 8237ADMA 控制器的所有寄存器,而且 8237A 的所有功能 82380DMA 控制器都能执行。显然,82380DMA 控制器的各种性能均优于 8237A。

　　8237A 只限于执行 I/O 部件与存储器之间的传送(除了一种特殊情况可以执行存储器到存储器之间的传送)。82380DMA 控制器则可以执行存储器与存储器、I/O 部件与存储器、I/O 部件与 I/O 部件之间的数据传送。82380DMA 控制器除了许多新的功能外,也强化了 8237A 的许多功能。8237A 是 8 位的 DMA 部件,为了保持程序设计上的兼容性,82380DMA 保留了 8237A 的寄存器。82380DMA 也可以进行 8 位寄存器控制字设计。为了配合 80386/80486 的 32 位总线,82380DMA 地址寄存器都是 32 位,而且字节计数器也增加到 24 位,能够处理比 8237 更大的数据块。

　　除了双通道存储器到存储器传送方式外,82380DMA 包括了所有 8237A 的操作方式。82380DMA 控制器执行存储器到存储器传送只需用一个通道。82380DMA 控制器增加的功能包括缓冲区链接方式、优先级可设计、任意数据宽度传送。此外,82380 每一个 DMA 通道均设有请求部件和目标部件地址寄存器,其地址计数器的内容可递增、递减或保持不变,请求部件与目标部件可以是存储器、I/O 部件的任意组合。而对于 8237A,目标部件一定是地址寄存器能存取的部件,且只能是存储器;而请求部件则为 DMA 回答信号所存取的部件,且一定是 I/O 部件。

(2)可编程中断控制器 PIC

1)PIC 结构与功能

　　82380 芯片中集成了 3 个比 8259A 功能更强的可编程中断控制器 A、B、C,它们串接起来组成了 82380 内部的中断控制逻辑,简称 PIC,图 8.69 示出了 PIC 的结构框图。

图 8.69　82380 的 PIC 结构

　　PIC 的 3 个中断控制器又称为中断层(bank),A 层有 9 个中断请求输入(其中两个未用),B 层和 C 层各有 8 个中断请求输入。在 3 个中断层中,A 层的优先级最高,C 层的优先级最低。C 层和 B 层的 INT 输出分别接至 B 层和 A 层的一个请求输入端,而 A 层的 INT 输出则作为 82380 的一只引脚,直接与 CPU 的 INTR 端相连接。

　　PIC 内部的 3 个中断控制器 A、B、C 结构相同,实际上每一个控制器只是在 8259A 的基础上增加了一个 8×8 位的中断类型寄存器组(IVR)。其他内部寄存器(IRR、PR、ISR、IMR 等)具有与 8259A 同样的功能。图 8.70 给出了 PIC 内部某一个中断控制器的结构框图。

2)PIC 的中断请求

　　PIC 一共可管理 20 级中断,包括 15 个外部中断(IRQ_3、$IRQ_9 \sim IRQ_{23}$)和 5 个内部中断($IRQ_0 \sim IRQ_{1.5}$、IRQ_4、IRQ_8)。PIC 通过它的每一个外部中断请求端又可以扩展接一个 8259A 芯片作为从片,因此,最多可管理 $15 \times 8 = 120$ 个外部中断请求信号。

　　PIC 的 5 个内部中断请求的功能为:

　　IRQ_0 和 IRQ_8 分别接 82380 内部可编程定时/计数器 3 和定时/计数器 0。由这两个定时/

计数器的输出端$\overline{\text{TOUT}}$上升沿触发中断请求信号。

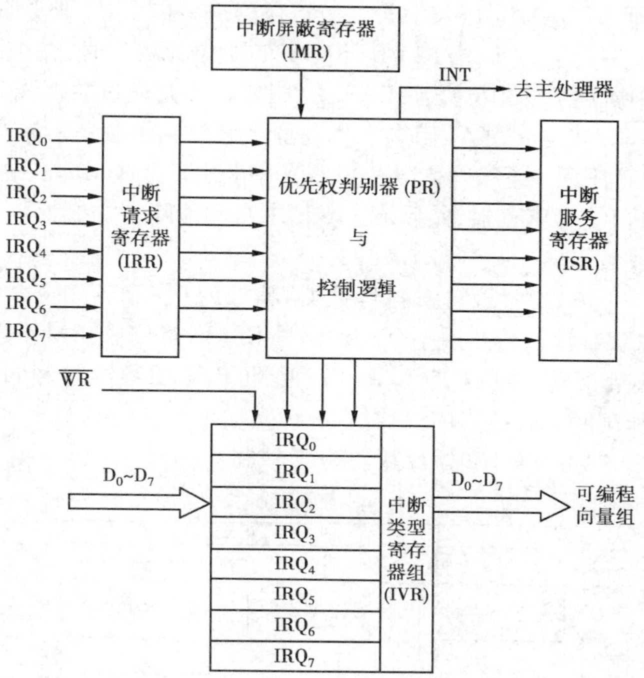

图 8.70　82380PIC 内部中断控制器结构框图

IRQ_1 和 IRQ_4 用于内部的 DMA 控制。当 DMA 中基地址寄存器没有赋值时,则产生 DMA 连锁中断请求 IRQ_1;而当软件 DMA 请求被清除后,则产生 DMA 终止计数中断请求 IRQ_4。

$IRQ_{1.5}$ 是 82380 内中断层 A 比其他中断层多添加的一个中断请求输入。由于它的中断优先级低于 IRQ_1,但高于 IRQ_2,故称 $IRQ_{1.5}$。当对中断层 A、B、C 中任何一层写入一个初始化命令字 ICW_2 时,即产生 $IRQ_{1.5}$ 中断,故称之为 ICW_2 写入中断请求。

在 15 个外部中断请求输入中,IRQ_3 和 IRQ_9 有双重功能。IRQ_3 和 82380 内部定时/计数器 2 的输出 $\overline{\text{TOUT}}_2$ 接在一起引出片外,所以,这条引线或者仅作为 IRQ_3 输入,或者仅作为 $\overline{\text{TOUT}}_2$ 输出,或者是用 $\overline{\text{TOUT}}_2$ 来产生 IRQ_3 请求。IRQ_9 和 82380 内部 DMA 控制器的 $DREQ_4$ 请求端连在一起,因此,该引线或者用做中断请求输入 IRQ_9,或者用做 DMA 输入请求 $DREQ_4$。

IRQ_7 既不算外部中断请求又不算内部中断请求,它实际上是一种容错处理。它用于因某种错误触发了中断,CPU 进入中断响应周期后却又无法找到任何一个有效的中断请求,中断控制电路就会自动产生 IRQ_7 对应的中断向量。

3)PIC 的中断响应

当有一个或多个中断请求(低电平有效)加至 82380 的 PIC 输入端时,PIC 通过判优,选择优先级最高者,并向 80386/80486CPU 发出 INT 请求。在收到响应信号后,PIC 将该请求的中断类型号经数据总线送往 CPU,以便转入相应的中断服务程序。在整个中断处理过程中,PIC 具有与 8259A 相同的功能,但是,对于如何提供中断类型号,PIC 则在 8259A 的基础上作了较大的改进。

82380 PIC 在每一个中断层都设置有一个可编程的中断类型寄存器组,用来存放各个中断请求的中断类型号。这些类型号可由用户根据需要单独设置(不像 8259A 那样,各个中断类型号自动连续),并通过程序预先送入中断类型寄存器组(在写 ICW1 之前),响应时由寄存器组送出相应的中断类型号。另外,当 82380 外接 8259A 作为从片时,在中断响应周期,从片的编码不是像 7.4 节中所述那样由 $CAS_2 \sim CAS_0$ 引线送入,而是通过数据线 $D_7 \sim D_0$ 传输。

82380PIC 的工作方式与 8259A 相同,初始化命令字与操作命令字的设置也基本一样。不过,当三个中断层中有任意一个被写入 ICW_2 时,A 中断层即产生 $IRQ_{1.5}$ 中断。CPU 响应后,分别读取三个中断层的 ICW_2 寄存器,然后该中断请求自动清除。

(3) 可编程定时/计数器

82380 内部有 4 个 16 位可编程定时/计数器,编号为 0、1、2、3。每个定时/计数器的功能与 8253 类似。4 个定时/计数器共用一个时钟信号 CLKIN,每个定时/计数器都能在 6 种工作方式中的任一种方式下工作,而且时钟输入 CLKIN 可以不受系统时钟的约束。80386CPU 可以在任何时刻锁定和访问定时器当前计数值。

图 8.71 为 82380 中可编程定时/计数器功能框图。

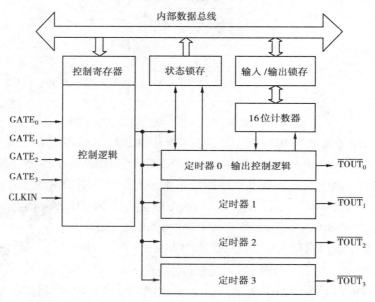

图 8.71 82380 可编程定时器/计数器功能框图

各定时/计数器通常在系统中的用法如下:

①定时/计数器 0——利用输出信号 $\overline{TOUT_0}$ 的上升沿产生内部中断请求 IRQ_8,在系统中常作日历、时钟使用。

②定时/计数器 1——用于 DRAM 定时刷新控制,其输出信号 $\overline{TOUT_1}$ 的上升沿到 82380DRAM 刷新控制电路产生刷新请求信号。

③定时/计数器 2——输出端 $TOUT_2$ 和内部中断请求线 $\overline{IRQ_3}$ 相连引出,当它作为定时器输出时,可驱动扬声器发声。

④定时/计数器 3——用于 82380 内部产生 IRQ_0 中断请求,另一方面通过 $\overline{TOUT_3}$ 引出作为一个通用的外部信号。

（4）DRAM 刷新控制器

82380 的 DRAM 刷新控制器框图如图 8.72 所示。它包括有 24 位的刷新地址计数器和判优逻辑。当定时/计数器 1 的输出请求刷新周期时，它通过 HOLD 信号请求系统总线，对刷新请求进行处理。每当 CPU 或当前的总线主控器响应 DRAM 刷新控制器的总线请求时，DRAM 刷新控制器就按刷新地址计数器中的当前地址执行一次存储器读操作。REF 信号则是强制进行一次刷新的读操作。CPU 在刷新周期结束时，再对总线进行控制。

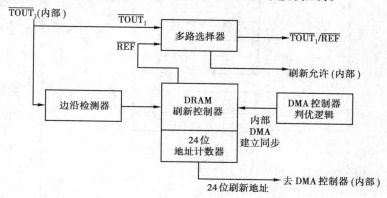

图 8.72　82380DRAM 刷新控制器框图

来自 DRAM 刷新控制器的总线请求有最高的优先级，它可以中断任何有效的 DMA 过程。这就使 DMA 控制器在传送大块的数据时不影响刷新的功能。

8.5.2　82380 与 80386CPU 的连接

由于 82380 是专门为 80386CPU 设计的多功能接口芯片，因此，它们之间的接口非常简单，各种信号基本上对应连接，而不必另加任何耦合逻辑，如图 8.73 所示。

82380 的总线接口模块中 32 位数据和地址总线是直接同 80386 对应的信号线相连。另一些控制信号用于支持系统中几种不同的总线操作。82380 与 80386CPU 共享一个共用的局部总线。它们有相同的地址、数据控制信号，简要说明如下：

（1）地址总线

三态双向信号 $A_{31} \sim A_2$ 直接连到 80386 的地址总线。82380 地址总线能够寻址 64KB 的 I/O 地址空间（地址号为 00000000H ～ 0000FFFFH）和 4GB 的物理存储器空间（地址号为 00000000H ～ FFFFFFFFH）。在主控方式下（DMA 操作期间），82380 使用这些地址信息作为输出信号对 I/O 设备和存储器进行寻址。在从属方式下，CPU 将 82380 当成内部寄存器进行寻址。

（2）数据总线

数据总线 $D_{31} \sim D_0$ 在 82380 和系统之间提供一个 32 位三态双向接口。82380 的数据总线的每个引线直接与 80386 局部数据总线上的对应引脚相连。在主控方式下，82380 的数据总线在 I/O 设备与存储器间传送 32 位、16 位或 8 位数据。在从属方式，82380 对 I/O 操作只能是字节操作。CPU80386 使用字节允许信号（$\overline{BE_3} \sim \overline{BE_0}$）对 82380 进行写操作操作时，$D_7 \sim D_0$ 和 $D_{15} \sim D_8$ 数据线上的数据相同，而对于 $D_{31} \sim D_{16}$ 的数据，82380 则不予理睬。当 80386CPU 从 82380 进行读操作时，82380 在 $D_7 \sim D_0$、$D_{15} \sim D_8$、$D_{23} \sim D_{16}$、$D_{31} \sim D_{24}$ 这 4 个字节引脚上输出的

327

字节数据相同。

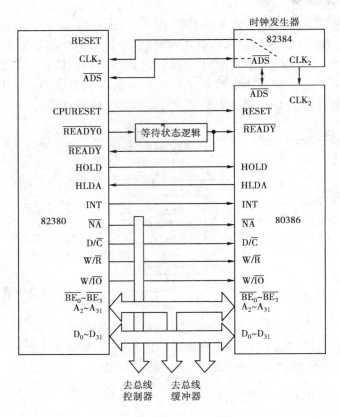

图 8.73　82380 与 80386 的接口电路

（3）时钟信号

82380 和 80386 之间使用 82380 的 CLK_2 输入进行同步。82380 产生的 CPU RESET 接至 CPU 的 RESET 端，以保证 82380 与 80386 之间内部的相位关系。

（4）复位信号

RESET 是一个同步输入信号，此信号有效时暂停任何操作过程，并把 82380 返回到预先规定的初始状态。此初始状态使 82380 进入从属工作方式，等待 80386CPU 对其进行初始化。复位时 82380 的所有输入引脚都处于无效状态，RESET 信号的有效时间应大于 15 个 CLK_2 周期。

（5）总线周期的定义

要执行的总线周期的类型由三态双向信号 $W/\overline{R}$（写/读）、$D/\overline{C}$（数据/命令）和 $M/\overline{IO}$（存储器/IO 设备）进行定义。在主控方式下，这些信号由 82380 驱动，在从属方式下则由 80386 驱动。在从属方式下，$D/\overline{C}$ 总是高电平。

（6）地址状态信号

$\overline{ADS}$ 是双向信号，用于检测总线上的有效地址（$A_{31} \sim A_2$、$\overline{BE_3} \sim \overline{BE_0}$）和总线周期的定义（$W/\overline{R}$、$D/\overline{C}$ 和 $M/\overline{IO}$）。在从属方式下，82380 监视 $\overline{ADS}$ 和 $\overline{READY}$ 的输入信号，以确认下一个总线周期是不是一个流水线总线周期。在主控方式下，$\overline{ADS}$ 由 82380 作为输出进行驱动。

（7）下一个地址请求

只在主控方式下监视$\overline{NA}$信号，以确认是否进入地址流水线总线周期。在从属方式下监视$\overline{READY}$和$\overline{ADS}$信号，而不用监视$\overline{NA}$信号。$\overline{NA}$低电平有效时，82380 才能在当前总线周期结束之前先接收新地址和总线周期定义信号。一个内部正在进行总线请求和一个有效的 $\overline{NA}$ 信号就能使 82380 把下一个地址放置到总线上。

（8）传送确认

传送确认$\overline{READY}$是输入信号，有效时确认结束当前总线周期。在主控方式下，它表明一个 DMA 总线周期结束。在从属方式下，82380 监督这个输入和$\overline{ADS}$输入去检测流水地址周期。82380 的$\overline{READY}$输入直接连到 80386 的$\overline{READY}$输入。

（9）中断请求

此 INT 信号用于告知 80386CPU 产生了一个或多个未决的内部或外部中断请求。这个信号直接同 80386CPU 的 INTR 可屏蔽中断请求线相连。如 80386 允许中断,则用一个中断响应周期响应 INT 信号。

习　题

8.1　假定 8255A 的地址为 0060H～0063H,试编写下列各种情况的初始化程序：

①将 A 组和 B 组设置为方式 0,端口 A 和 C 作为输入口,端口 B 作为输出口。

②将 A 组设置为方式 2,B 组设置为方式 1,端口 B 作为输出口。

③将 A 组设置为方式 1,且端口 A 作为输入,PC_6和PC_7作为输出;B 组设置为方式 1,且端口 B 为输入口。

8.2　IBM PC/XT 机中 8255A 与系统总线的连接如题图 8.1 所示,试分析 8255A 的 A 口、B 口、C 口及控制寄存器的基本地址。

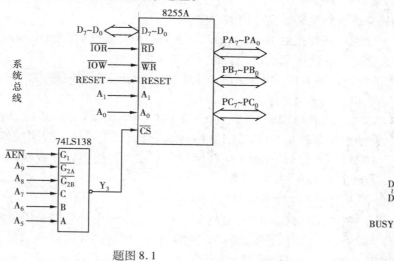

题图 8.1　　　　　　　　　　　　　　　　　题图 8.2

8.3　某外设引脚如题图 8.2 所示。当 BUSY 为低电平时,表示外设可以接收数据。外设通过 8255A 接到系统总线上,CPU 利用查询方式将 BUFFER 开始的 100 字节数据输出。

①规定8255A的口地址为ECH～EFH,试画出8255A和系统总线及外设的连接图。

②编写包括8255A初始化程序在内的输出程序。

8.4 题图8.3为开关状态检测电路和继电器控制电路。当开关闭合时,将驱动对应的继电器(有驱动电流流过继电器线圈);若某开关处于断开状态,则无电流流过继电器线圈。系统每隔10ms检测一次开关状态和对继电器作相应控制,定时调用延时子程序。试完成对8255A的初始化编程(初始状态所有继电器的线圈都无电流流过)和检测控制程序(假定8255A地址为3C0H～3C3H)。

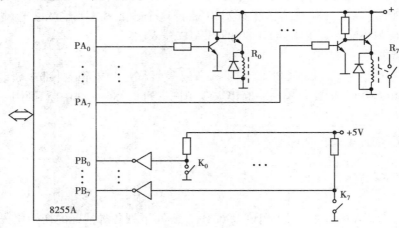

题图8.3

8.5 在图8.23的8253应用实例中,若通道0和通道1都采用二进制计数,扬声器的发声频率为500Hz,问程序应作何变动?

8.6 若8253可利用8088的外设接口地址D0D0H～D0DFH,试画出电路连接图。设加到8253上的时钟信号为2MHz:

①若利用计数器0、1、2分别产生周期为10μs的对称方波以及每1ms和1s产生一个负脉冲。试说明8253如何连接并编写包括初始化在内的程序。

②若希望利用8088程序通过接口控制GATE,当CPU使GATE有效开始,20μs后在计数器0的OUT端产生一个正脉冲。试设计完成此要求的硬件和软件。

8.7 若加到8253上的时钟频率为0.5MHz,则一个计数器的最长定时时间是多少?若要求10min产生一次定时中断,试提出解决方案。

8.8 假设一片IBM PC机I/O卡的8253连接一个1kHz的时钟,用该8253以BCD格式保持一天中的时间,精度为秒。在DATA$_1$、DATA$_2$、DATA$_3$(时、分、秒)等字节装入当前时间后,启动8253开始计时。试编写一个8253的初始化程序和一个在每秒结束时修改时间的中断服务程序(8253的地址为02C0H～02C3H)。

说明:8253产生的中断请求信号连接到PC总线的IRQ$_2$。

8.9 设有某微机控制系统,采用定时器8253每隔250ms产生定时中断信号。CPU响应中断后即执行数据采集、数字滤波和相应的控制算法,以控制输出,如题图8.4所示。采用两个计数器串联的方法实现定时控制。一旦所定的时间到,OUT$_1$信号由高变低,经反相后送IRQ$_2$。IRQ$_2$的中断类型号为0AH,中断处理程序首址存储在28H～2BH。8253端口地址为230H～233H。试编制8253的初始化及设置中断处理程序首地址程序段。

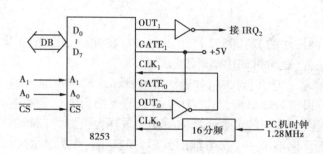

题图 8.4

8.10　某系统中使用 825lA 工作在异步方式,7 位字符、不带校验,停止位长 2 位,波特率系数为 16,允许发送,也允许接收。若已知其控制口地址为 FFAOH,数据口地址为 FFA1H,请编写初始化程序。

8.11　若 8251A 的收、发时钟(R_xC、T_xC)频率为 38.4kHz,它的$\overline{RTS}$和$\overline{CTS}$引脚相连,试完成以下要求的初始化程序设计:

①半双工异步传送,每个字符的数据位数为 7,停止位数为 1,偶校验,波特率为 600bit/s,处于发送状态。

②半双工同步通信,每个字符的数据位数为 8,无校验位,双同步字符,内同步方式,同步字符采用 ASCII 码的同步控制符 SYN(16H),处于接收状态(同时使$\overline{DTR}$有效),8251A 的口地址为 02C0H 和 02C1H。

8.12　若两台计算机利用 8251A 进行串行通信,半双工方式,如题图 8.5 所示。通信规程如下:异步传送,波特率为 600bit/s,每个字符的数据位数为 7,1 位停止位,偶校验。试完成以下程序设计:

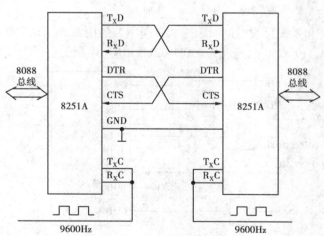

题图 8.5

①发送程序:将数据段中以 TBUF 为起站地址的一组 ASCII 字符码发送给对方,字符串的长度存在字节变量 TLEN 中。发送时,先发一个起始符 SOH(01H),发送完全部数据字符之后,再发送两个结束符 EOT(04H)作为发送结束标志。

②接收程序:将接收到的一组 ASCII 字符存放于从 RBUF 开始的接收缓冲区中,所收到的字符长度存在于字节变量 RLEN 中,只统计数据字符数。若接收正确,将字节变量 ERROR 置

为 00H,否则置为 FFH。

8.13　利用单缓冲接法的 DAC0832 产生正向三角波,设三角波的频率为 10Hz,一个周期由 200 个点组成,试编程(延时可调用延时子程序)。

8.14　用 8255 作为 A/D 并行接口,如题图 8.6 所示。8255A 的 A 组工作于方式 1,为输入口,端口 C 的 PC_7 位设定为输出端,与 A/D 变换器的变换启动信号相连,由 PC_7 端产生正脉冲信号以启动 A/D 变换。A/D 的忙端经反向后作为采样保持器的控制信号,并且忙端经下降沿触发单稳电路,再经反向输出一个负方波的波形到 PC_4 端,作为 A 的数据输入锁存信号,将A/D 转换结果存入 A 口的数据输入寄存器。假设 8255A 的 A、B、C 和控制寄存器的 I/O 地址分别为 300H、301H、302H、303H。写出 8255A 的初始化程序及启动 A/D 变换的程序片段。

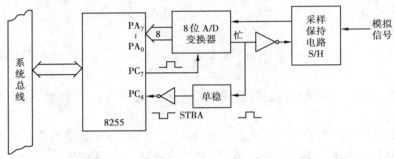

题图 8.6

8.15　从 DATA 开始的数据区中有一组数据需要用示波器显示出来。数据长度为LENGTH。利用两片 DAC0832 作为输出接口:一片输出数据,送示波器的 y 轴;另一片输出锯齿波,同时送示波器的 x 轴。试画出 DAC0832 和系统总线及示波器的连接图,编写显示数据曲线的程序。

8.16　ADC0809 和系统总线连接如题图 8.7 所示。用中断方式从 IN5 读入一个模拟量,放到 BUF 单元,试编程。设 8259 的地址为 020H、021H,IRQ_2 中断类型号为 0AH,8259 已初始化。

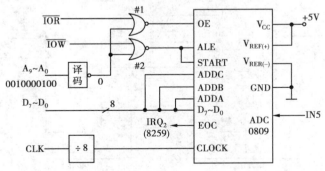

题图 8.7

8.17　ADC0809 和 8255A 连接,如题图 8.8 所示。8255A 的 A 口工作于方式 1 输入。当ADC0809 转换结束时,EOC 的上升沿触发单稳态电路 DW,DW 输出的负脉冲作为选通脉冲,将 ADC0809 的输出数据锁存进 A 口。用中断方式依次将 $IN_7 \sim IN_0$ 采样一遍,放到 BUFFER 开始的数据缓冲区,试编程。设 8255A 口地址为 200H ~ 203H,8259 的地址为 020H、021H,IRQ_2中断类型号为 0AH,8259 已初始化。

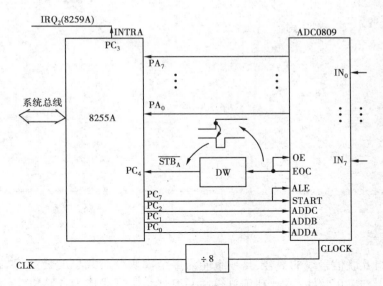

题图 8.8

8.18　ADC 的引线图及工作时序如题图 8.9 所示。试将此 ADC 与 8255 相连接,并编写包括初始化程序在内的、变换一次数据并将数据放在 DATA 中的程序。

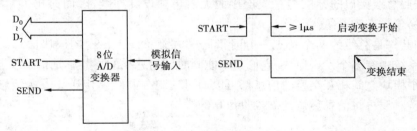

题图 8.9

8.19　试利用 8255A、ADC0809 设计一 IBM PC 机 A/D 转换接口卡,8255A 的地址为 02C0H ~ 02C3H,由系统板上的 8253 定时器 0 控制每时间间隔 5s 采样一遍 ADC0809 的 8 路模拟输入,并将采集的数字量显示于 CRT 屏幕上。

8.20　简述 82380DMA 控制器与 8237 的兼容性。

8.21　82380DMA 控制器中,如果设置为全循环优先级,通道 2 最低优先级,通道 4 最低优先级,问开始时各通道的优先顺序是怎样排列的? 若通道 2 完成 DMA 服务后,各通道的优先顺序又是如何排列的?

8.22　简述 82380 中断控制器 PIC 的功能。

第**9**章

总　线

　　总线是一组互联信号线的集合,是一组能为多个模块分时共享的公共信息传送线路。微型计算机系统大都采用总线结构,利用总线这一组公共信号线作为计算机各模块之间的通信线,即实现芯片内部、印刷电路板各模块之间、机箱内各插件板之间、主机与外部设备之间或系统与系统之间的连接与通信。系统设计可面向总线进行,设计者只需根据总线的规则去设计,将各模块按照总线接口的标准与总线连接而无需单独设计连线,因而简化了系统软、硬件设计,使系统易于扩充和升级。

　　分时和共享是总线的两个特点。分时指同一时刻总线上传送的模块信息是唯一的。显然,如果在系统中有多个发送模块,它们是不能同时使用总线的。共享是指总线上可以挂接多个模块,各个模块之间相互交换的信息都可以通过这组公共线路传送。发送信息的模块将信息送往总线,总线再将信息传送到需接收信息的模块。

9.1　概　述

9.1.1　基本概念

(1)总线的分类

各种类型的总线可以从不同的使用角度出发进行分类。

1)按层次结构分类

　　这种分类方法体现了总线所处物理位置的不同,可将总线分为 4 类:CPU 总线、局部总线、系统总线和通信总线,如图 9.1 所示。

　　①CPU 总线

　　CPU 总线(又称主总线 Host Bus)是集成电路芯片内部用以连接各功能单元的信息通路。例如,微处理器芯片内部总线,用于 ALU 及各种寄存器等功能单元之间的相互连接。CPU 总线一般由芯片生产厂家设计,用户不必关心。但随着微电子学的发展,出现了 ASIC 技术,用户可借助于 CAD 技术,设计符合自己要求的专用芯片,在此种情况下,用户必须掌握 CPU 总线技术。

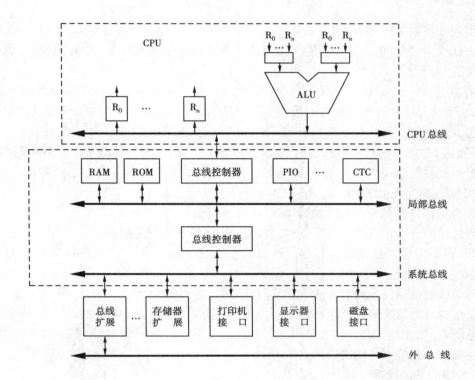

图 9.1 微型计算机总线示意图

②局部总线

局部总线(又称片总线或部件内总线)是印刷电路板上连接各芯片之间的公共通路,它介于 CPU 总线和系统总线之间,分别由桥接电路相互连接。由于局部总线是直接连接 CPU 总线的 I/O 总线,因此,外部设备通过它可以快速地与 CPU 之间进行数据交换。典型的局部总线有 VL 总线和 PCI 总线,其中,VL 总线是用于 486 机型的一种过渡性通用局部总线标准,现已淘汰。

③系统总线

系统总线(又称为 I/O 通道总线),是模块式微型计算机机箱内的底板总线,用以连接微型计算机系统中扩展槽上的各种插件板和扩展卡,一般为并行总线,如 MCA、ISA 和 EISA 总线。现代微机系统为了加快总线速度,常采用局部总线 PCI 来连接扩展卡,保留的系统总线主要是 ISA 总线,而 PC'99 标准甚至将 ISA 也淘汰了。

④通信总线

通信总线(又称外总线)用于微机系统与系统之间、微机系统与仪器或其他外部设备(例如,打印机、扫描仪)之间的连接。通信总线可以是并行或串行总线,其数据传输速率一般比系统总线低。这种总线非微型计算机专用,一般是利用电子工业其他领域已有的总线标准,例如,RS—232C 是从 CCITT 远程通信标准中导出的。常用的通信总线有 RS—232C、IEEE488、USB、IEEE1394 等。

2)按时序控制方式分类

挂接在总线上的各个模块存在着速度上的差异。相应地,可以采用不同的时序控制方式控制它们之间的数据传送。对速度差异不大的模块采用同步控制方式,如 PC 总线、PCI 总线等都采用同步控制方式;而对速度差异较大的模块采用异步控制方式(如 PDP—1 总线),或者以同步方式为主,部分引入异步控制。因而按照不同的时序控制方式,也可将总线分为同步总线和异步总线两大类。

同步总线和异步总线的主要区别:前者有明显的时钟周期划分,而后者则无明显的时钟周期。不过,不少总线往往采用同步和异步相结合的方式,比如以固定时钟周期为基准,引入异步应答方式(如 MULTIBUS 总线);或者同一种总线标准,但能选取不同的时序控制方式,如 MCA(微通道)总线可执行 4 种总线周期:基本传输周期、同步扩展传输周期、匹配存储器传输周期和异步扩展传输周期。前三种属于同步总线操作,最后一种属于异步总线操作。

3)按数据传送格式分类

可分为并行总线和串行总线两大类。

并行总线的全部信息位(8 位、16 位、32 位、或 64 位等)在多条信号线上同时传送,因而传送速度快,但所需信号线的数量较多。计算机系统内部的总线一般都是并行总线,如前述的 CPU 内总线、系统总线等。

串行总线的信息位不同时传送,而是通过单条信号线逐位传送。显然,传送速度慢,但信号线数量较少。当系统进行远距离通信时,一般采用串行总线(如 RS—232C),以减少硬件开销。当系统之间的距离较近时,可采用并行总线(如 IEEE—488)。另外,在多机系统中,也常用串行总线作为各节点之间的通信总线。

(2)总线的性能指标

市场上的微机所采用的总线标准是多种多样的,主要原因是没有哪一种总线能够完美地适合各种场合的需要。尽管各类总线在设计上有许多不同之处,但从总体原则上,它们的主要性能指标是可以比较的。评价一种总线的性能主要有如下几个方面:

①总线时钟频率:总线的工作频率,用 MHz 表示。它是影响总线传输速率的重要因素之一。

②总线宽度:数据总线的位数,用位(bit)表示。例如 8 位、16 位、32 位和 64 位等。

③总线传输速率:在总线上每秒钟传输的最大字节数,用 MB/s 表示。总线传输速率 Q 的计算公式是:

$$Q = f \cdot W / n \quad (\text{MB/s})$$

式中,f 为总线时钟频率,单位为 MHz/s;W 为总线宽度,单位为字节;n 是每传送一次数据所需的时钟个数。例如,若 EISA 总线时钟为 8.33MHz,当它进行 8 位存储器存取时,一个存储器存取周期最快为 3 个总线时钟,则其总线传输速率为 2.7MB/s;当 EISA 总线进行 32 位突发(Burst)存取时,每一个存取周期只需要一个总线时钟,对其总线传输速率为 33MB/s(这也是 EISA 总线的最大传输速率)。

9.1.2　总线标准简介

无论是在已有微机系统的基础上扩展功能插件,还是用功能插件板组装成新的系统,对用户而言,所直接接触到的往往是系统总线和外总线,因而这两类总线涉及开放式系统的组成,有相应的总线标准。

(1)系统总线标准简介

对于采用 INTEL 芯片的微机系统来说,总线结构沿着 ISA 标准和 MCA(微通道)标准两个方向发展变化。20 世纪 80 年代初,IBM 公司在推出 PC/XT 微机系统的主板上设有 6~8 个扩展槽口供插入各种电路板卡(如显卡、软盘驱动卡等)。这些槽口上的连线组成 PC/XT 总线,或称为 8 位 ISA(Industry Standand Architecture)总线。20 世纪 80 年代中期,出现了采用 80286 微处理器为 CPU 的 PC/AT 微机系统,8 位的 ISA 总线已不能满足要求,于是,在 8 位 ISA 总线的基础上形成了 16 位 ISA 总线标准,也称为 PC/AT 总线。16 位 ISA 总线主要是为了适应 80286 提高的性能,例如,地址线扩展到 24 位,可寻址 16MB 空间,数据位扩展到 16 位,时钟频率提高为 8MHz,传输速率为 16MB/s。不少 286、386 及 486 微机系统都采用 ISA 总线标准。然而,ISA 标准并没有从根本上解决高性能微处理器与低性能系统总线之间的矛盾,这就影响了 32 位的高档微处理器 80386、80486 等发挥其强大的处理能力。

为了提高总线能力,IBM 公司在 1987 年推出了一个与 ISA 标准不同的全新的系统总线标准,即 MCA(Micro Channel Architecture)标准。该标准定义了 68 条信号线,其中总线数据通路宽度为 32 位。各信号引脚间隔比 ISA 标准小,故称为微通道。MCA 允许总线上有多个主设备,它们通过系统的中心仲裁器和分散仲裁器竞争总线控制权。MCA 可执行几种总线周期,提供突发方式的 DMA 传送,其数据传输率可达 10MB/s。微通道是一种新的体系结构,与 PC 体系结构有较大差别,主要用于 IBM 的 PS/2 系列微机系统。它在提高系统吞吐量,提高支持多任务、多处理机能力等方面有较大的潜力,但不兼容原有的系统插件。

1989 年由 Compaq 公司牵头,联合 9 家计算机公司,在 ISA 总线的基础上推出了一个新的总线标准:EISA(Extended ISA)标准,意为扩展的 ISA。它将数据通路扩展到 32 位,寻址范围也扩大到 32 位,4GB 存储空间,时钟频率高达 8.33MHz,数据传输率可达 33MB/s。EISA 除具有 MCA 的全部功能外,还保持了与传统的 ISA 兼容,因而保护了用户已经对 ISA 所作的巨大投资。

进入 20 世纪 90 年代后,随着微处理器的飞速发展,计算机技术已被应用于不少新的领域,如高分辨率、多色彩的复杂图像显示,高保真的立体音响,Windows NT 多任务,局域网络及多媒体应用等。这些应用需要在 CPU 和高性能外设之间高速传送大量数据,因而对总线数据传输率的要求越来越高。例如,一个包含显示模块、光纤分布式数据接口(FDDI)网络模块、小型计算机系统接口(SCSI)模块及声频卡的系统,要求总线传输率在 50MB/s 以上,才能保证系统正常工作。显然,ISA、EISA、MCA 等总线已不能满足系统对数据传输率的需求,所以影响了系统性能的提高,这是由传统的系统总线体系结构所引起的瓶颈。

解决该瓶颈问题的一个方法是在系统总线的基础上增加高速局部总线,将一些高速外设如网络适配器、硬盘适配器、多媒体附加卡等不挂接在 ISA、EISA 等系统总线上,而直接连至 CPU 局部总线,并以 CPU 速度运行。这样,不仅保证了高速外设与 CPU 之间的数据传送速率,而且只增加少量成本,使系统的总体性能得到提高。典型的通用局部总线有 20 世纪 90 年代初由 VESA(视频电子标准协会)联合其他多家公司推出的一个开放式局部总线标准 VL 总线(VESA Local Bus),也称 VESA 总线(现已淘汰)和 1992 年以 Intel 公司为首的几家公司推出的 PCI(Peripheral Component Interconnect)总线标准。与 VL 总线机制不同的是,PCI 在 CPU 与外设之间插入了一个 PCI 桥路,这是一个复杂的管理层,其功能是协调 CPU 与各种外设之间的数据传输,并提供一致的总线接口。该桥路提供总线缓冲,使 PCI 可运行 10 种外设,并在高频率下保持这些设备的高性能。PCI 的数据通路宽度为 32 位,总线时钟频率为 33MHz,数据传输率最高达 132MB/s。PCI 支持突发方式的 DMA 传输,使它在瞬间能传输大量数据,特别适用于快速显示高分辨率、多色彩的图像,如帧频30、分辨率1 280×1 024、颜色多达上百万种的图像显示。

(2)外总线标准简介

为了能比较容易地构成各种系统,有必要建立外总线标准,以解决各种仪器设备的接口问题。

美国HP公司在1975年公布了一个并行的数据通信总线标准。该标准经修订后于1978年由IEEE正式公布成为今天的IEEE 488总线。488总线是一种异步双向并行总线,每一字节的传送控制都通过三条通信联络线,采用应答方式,以保证异步通信的可靠性。488总线传输速度较慢,最高传输率可达1MB/s,传输距离较短,不超过20m。在对数据传送速率要求不太高的微机系统中,488总线可作为外总线,用于系统与其他设备之间或系统与系统之间的连接。例如,在通用或专用测试系统中,连接计算机、数字电压表、数字频率表等。

由美国电子工业协会提出的串行通信接口标准EIA—RS—232C是迄今为止应用得最为广泛的异步串行外总线,它不仅可以通过电话线和调制解调器用于计算机与终端设备的远距离通信,也可直接用于它们的近距离通信(无需电话线和调制解调器)。它的最大传送距离为15m,最高传送速率为20kbit/s,因而RS—232C是一种较慢速的总线。

为了弥补RS—232C的不足,出现了RS—422和RS—485标准。它们均采用平衡传输方式,以抑制共模干扰,其传送速率超过1Mbit/s,传送距离可达1 500m。

另外,电流环(20mA或60mA)接口也是一个广泛使用的串行总线标准,常应用于CRT终端设备、电传打字机以及某些特殊接口的打印机。它的主要优点是抗共模干扰和易于实现接收端与传输线之间的隔离,因而其传送距离可长达几公里。

通用串行总线USB(Universal Serial Bus)和IEEE1394是20世纪90年代出现的新型外设接口标准,其基本思路是采用通用连接器、自动配置、热插拔技术及相应软件,实现资源共享和外设的简单快速连接,解决了目前微机系统中外设与CPU连接因为接口标准互不兼容而无法共享所带来的安装与配置困难的问题。

9.1.3 总线技术

(1)总线操作

总线的基本功能就是传送数据,接到总线上的模块有两种工作方式:主方式和从方式。模块工作于主方式时可以控制总线并启动信息传送,工作于从方式时只能按主模块的要求工作。只有CPU和DMAC才可工作于主方式。

从总线主模块申请使用总线到数据传送完毕的整个过程,要经过几个步骤:总线请求、总线仲裁、寻址、传送数据、检错和发数据出错信号、总线出让。总线控制线路包括总线仲裁逻辑、驱动器和中断逻辑等。

(2)总线数据传送控制方式

数据在总线上传送时送出数据的模块叫源模块,接受数据的模块叫目的模块。要确保在源模块和目的模块之间数据传送可靠,必须由定时信号控制,使源模块和目的模块之间同步,实现两模块间的协调和配合。实现方式有4种:同步方式、异步方式和半同步方式、周期分离方式。

1)同步方式

该方式使用一个系统时钟控制数据传输的时间标准。主模块与从模块进行一次数据传输所需的时间(称为传输周期或总线周期)是固定的,并且总线上所有模块都在同一时钟的控制下步调一致地工作,从而实现整个系统工作的同步。同步方式比较简单,全部系统模块由单一时钟信号控制,便于电路设计。另外,由于主、从之间不允许有等待,故这种方式完成一次传输的时间较短,适合高速运行的需要。但是,同步总线的缺点也很明显,主要是不能满足高速和低速设备在同一系统中使用。原因是总线上的各种模块与设备都按同一时钟工作,因此,只能按最慢的设备来确定总线的频带或总线周期的长短,总线上的高速模块和设备迁就低速设备,使系统的整个性能降低。解决这个矛盾的方法之一是采用异步总线方式。

2)异步方式

异步方式采用应答式传输,用请求(Request,REQ)和应答(Acknowledge,ACK)两条信号线来协调传输过程而不依赖于系统时钟信号。它可以根据模块的速度自动调整响应的时间,因此,连接任何类型的外围设备都不需要考虑该设备的速度,从而避免同步方式传输的缺点。Motorola 公司的 MC68000/68010/68020 微机系统就采用异步总线。

异步传输方式利用 REQ 和 ACK 的呼应关系来控制传输的过程,因此,具有以下特点:

①应答关系完全互锁,即 REQ 和 ACK 之间有确定的制约关系。主模块的请求 REQ 有效,由从模块的 ACK 来响应;ACK 有效,允许主模块撤销 REQ;只有 REQ 已撤销,才最后撤销 ACK;只有 ACK 已撤销,才允许下一传输周期的开始,这就保证了数据传输的可靠进行。

②数据传输的速度不是固定不变的,它取决于从模块的速度。因而同一个系统中可以容纳不同速度的模块,每个模块都能以尽可能最佳的速度来配合数据的传输。

异步传输的缺点是不管从模块的速度,每完成一次传输,主从模块之间的互锁控制信号都要经过 4 个步骤:请求、响应、撤销请求、撤销响应,其传输延迟是同步传输的两倍。因此,异步方式比同步方式要慢,总线的频带窄,总线传输周期长。

3)半同步方式

此种方式是综合前两种方式优点的产物。从总体上看,它是一个同步系统,它仍用系统时钟来定时。但是,它又不像同步传输那样传输周期固定,对于慢速的从模块,其传输周期可延长时钟脉冲周期的整数倍。其方法是增加一条信号线(WAIT 或 READY)。WAIT 信号线有效(或 READY 无效)时,反映选中的从模块未做好数据传输的准备。系统在数据传输前检测WAIT 信号,若无效,则进行数据传输;若有效,系统就自动将传输周期延长一个时钟周期,强制主模块等待,在下一个时钟继续进行检测,直至检测到 WAIT 信号无效,才不再延长传输周期。半同步方式像异步方式那样传输周期视从模块的速度而异,允许不同速度的模块彼此协调地一起工作,但 WAIT 信号不是互锁的,只是单方向的状态传递,这是与异步传输的不同之处。

半同步传输方式对能按规定时间完成信息传输的从模块,完全按同步方式传输,而对不能按规定时间传输信息的慢速模块设备,则借助 WAIT 信号线,强制主模块延迟等待若干个时钟周期。这种混合式总线兼有同步方式的速度和异步方式的可靠性和适应性,适用于系统工作速度不高,且包含了多种速度差异较大的设备的系统。

实质上,80x86 系列 CPU 总线、PCI、ISA、EISA 总线都是采用这种总线方式。

4)周期分离方式

在前述三种方式中,从主模块发出地址和读/写命令开始直到数据传输结束的整个传输周期中,系统总线完全由主模块和从模块占用。实际上,在总线读周期的寻址阶段和数据传送阶段之间,有一个用于从模块执行读命令的短暂的时间间隔里没有实质性的信息传输,处于空闲状态。为了提高总线的利用率,可以将读周期分解为两个分离的子周期。第一个子周期为寻址阶段,当有关的从模块从总线上得到主模块发出的信息后,立即与总线断开,以便其他模块使用总线。等到从模块准备好数据后,启动第二个子周期,由该模块申请总线,获准后将数据发送给原要求数据的主模块。两个子周期均采用同步方式传送,在占用总线的时候进行高速的数据传输,将两个独立周期之间的空闲时间给系统中其他主模块使用,从而大大提高了总线的利用率,这就是周期分离传输方式。显然,它很适合于多个主模块(多个处理器或多个DMAC)系统。

(3)总线仲裁控制

总线是由多个模块共享的。为了正确地实现各模块之间的信息传送,必须对总线的使用进行合理的分配和管理。当总线上的某个模块要与另一个模块进行通信时,首先应该发出请求信号。有可能出现这样的情况,就是在同一时刻总线上有多个模块发出请求信号,即发生争用总线现象。这就要求根据一定的总线裁决原则来确定占用总线的先后次序。只有获得总线使用权的模块,才能在总线上传送信息,这就是所谓总线裁决的问题。对于这一问题的解决是以优先权的概念为基础的。通常,有并联、串联和循环等3种总线分配的优先权技术。

1)并联优先权判别法

采用并联优先权判别法时,优先权是通过一个优先权裁决电路判断的。共享总线的每一个模块具有独立的总线请求线,通过请求线将各模块的请求信号送往裁决电路。裁决电路一般由一个优先权编码器和一个译码器组成。该电路接收到某个模块或多个模块发来的请求信号后,首先经优先权编码器进行编码,然后由译码器产生相应的输出信号,发往请求总线模块中优先级最高的模块,允许该模块尽快获得总线。但需注意:即使某个模块获得了最先占有总线的特权,它也不一定能立即使用总线,而必须在总线不忙时,即原占有总线模块传送结束后,才能使用总线。因此,每个模块一旦获得总线使用权,应立即发出一个"总线忙"的信号,表明总线正在被使用,而传送结束后,应该立即释放总线。图9.2(a)给出了并联优先权判别法的示意图。

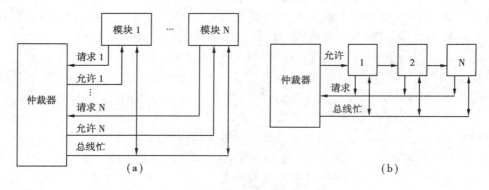

图9.2　总线优先权判别
(a)并联优先权判别法　(b)串联优先权判别法

2)串联优先权判别法

串联优先权判别法不需要优先权编码器和译码器,它采用链式结构,把共享总线的各个模块按规定的优先级别链接在链路的不同位置上。在链式结构中越前面的模块,优先权越高。当前面的模块要使用总线时,便发出信号禁止后面的模块使用总线。通过这种方式,就确定了请求总线各模块中优先权最高的模块。显然,在这种方式中,当优先权高的模块频繁请求时,优先权低的模块很可能很长时间都无法获得总线。图9.2(b)给出了串联优先权判别法的示意图。

3)循环优先权判别法

循环优先权判别法类似于并联优先权判别法,只是其中的优先权是动态分配的,原来的优先权编码器由一个更为复杂的电路代替。该电路把占用总线的优先权在发出总线请求的那些模块之间循环移动,从而使每一个总线模块使用总线的机会相同。

以上3种优先权判别法各有优缺点:循环优先权判别法需要大量的外部逻辑才能实现,串联优先权判别法不需要使用外部逻辑电路,但这种方法所允许链接的模块数目受到很严格的限制,由于模块太多,链路产生的延时可能超过时钟的周期长度,而总线优先权的裁决必须在一个总线周期中完成。从一般意义上讲,并联优先权判别方法较好,它允许总线上链接许多模块,而裁决电路又不太复杂。在实际使用时,可根据具体情况决定采用哪种优先权判别方法。

(4)出错处理

数据传送过程中可能产生错误,有些接收模块有自动纠错能力,可以自动纠正错误。有些模块无自动纠错能力但能发现错误,则发出"数据出错"信号,通常是向CPU发出中断请求信号,CPU响应中断后,转入出错处理程序。

(5)总线驱动

总线的驱动能力是有限的,在扩充时要加以注意。通常,一个模块或模块限制为1~2个负载。在计算机系统中通常采用三态输出电路或集极开路输出电路来驱动总线。后者速度较低,通常使用在I/O总线上。

9.2 ISA 总线

ISA总线是采用80286CPU中的IBM PC/AT机使用的总线,又称AT总线。它是在8位的PC机总线的基础上扩展而成的16位总线体系结构,支持8/16位数据传输和24位寻址。由于ISA总线性能稳定,目前仍有部分80386、80486、Pentium微型机采用ISA总线。

9.2.1 ISA 总线系统结构

ISA系统是按照ISA总线规范设计的,它由CPU、数值协处理器、存储器、中断控制器、DMA控制器、刷新控制器、时钟和定时器、键盘控制器、接口电路、ISA总线和扩充卡等部分组成,系统结构如图9.3所示。其中,CPU、DMA控制器、刷新控制器和扩充卡均可成为总线主控设备。

9.2.2 ISA 总线特点

ISA总线信号按功能可以分为5类:时钟与定时信号、数据信号、地址信号、控制信号、电源与地信号。总线设计成前62引脚和后36引脚的插座,它们既可利用前62引脚插入与PC/

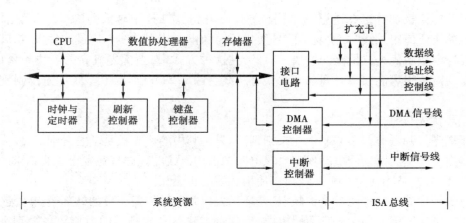

图 9.3 ISA 系统结构图

XT 兼容的 8 位扩展卡,又可利用整个插座插入 16 位扩展卡。

9.3 EISA 总线

尽管 ISA 总线系统仍被广泛地采用,但它的局限性已显露出来,例如,只有 24 地址总线和 16 位数据总线,配置系统需要人工拨动开关,总线传送速度较低。这些不足限制了 80386、80486 等 32 位 CPU 的高速度和高吞吐量的巨大潜力的发挥。为了拓展 ISA 的数据和地址宽度,以满足 32 位 CPU 一次可存取数据的最大宽度以及可直接寻址的地址空间,在 ISA 总线的基础上发展了支持 32 位数据传输和 32 位寻址的 EISA 总线。

9.3.1 EISA 总线系统结构

EISA 总线系统由系统板、EISA 总线、若干 EISA(ISA)扩充卡(最多不超过 15 个)组成。系统板上包括主 CPU(80x86)、协处理器、高速缓存、动态存储器、EISA 总线控制器、EISA 总线缓冲器、集成系统外围芯片、EISA 总线插槽等。EISA 扩充卡上有总线主控接口控制器,系统结构如图 9.4 所示。

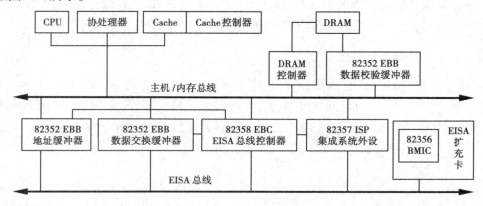

图 9.4 EISA 系统结构

为了保持与 ISA 兼容,EISA 总线插槽既可插入 ISA 扩充卡,又可插入 EISA 扩充卡。因为插槽是由上下两层组成,上层是符合 ISA 标准的 98 只引脚,包括地线和电源线 10 只引脚,数据线 16 只,地址线 27 只,以及各类控制信号线 45 只引脚;下层是 EISA 扩展的 90 只引脚,包括地和电源线 26 只,数据线 16 只,地址线 23 只,控制信号线 16 只,以及 5 只保留引脚和 4 只专用引脚。插槽的结构使得 ISA 扩充卡只能插入上层,只能接触 ISA 信号引脚;而 EISA 扩充卡可插入上下两层,与全部 EISA 信号引脚良好接触。

作为 EISA 总线控制逻辑的主要部件是 EISA 总线控制器 EBC、集成系统外围芯片 ISP 和总线主控接口控制器 BMIC。

EBC(82358)总线控制器具有自动转换信号宽度的能力,使不同数据宽度的 CPU 或总线主控设备(主设备)能够访问系统中的任何总线受控设备(从设备)。例如,EBC 通过监听总线信号(如 EX32、EX16、–MEMCS16、OWS 等),在适当的时候接管总线,利用脱离方式分发数据,使得一个 32 位的 EISA 总线主控卡能访问一个 8 位的 ISA 卡中的存储器;或者采用向上拷贝方式,使一个 16 位的总线主控在不具备 32 位数据驱动器的情况下,照样可以访问一个 32 位的总线受控。

ISP(82357)集成系统外围芯片与 EISA 总线控制器配合,提供 EISA 规范要求的大部分系统功能,如 32 位 DMA 控制、定时器/计数器控制和中断控制、管理 DRAM 的刷新、实现 EISA 总线仲裁以及检测存储器错误等。

BMIC(82356)总线主控接口控制器用在智能外设卡上,提供 32 位 EISA 总线接口。

9.3.2 EISA 总线特点

EISA 总线共有 179 个信号,包括 32 条数据线、50 条地址线、61 条控制线、36 条电源和地线,使得 EISA 系统具有完全的 32 位数据和 32 位地址寻址能力。其中,98 个信号是与 ISA 兼容的,另外的 81 个信号则是 EISA 所扩展的。

9.4 PCI 总线

PCI 总线是一种高速局部总线,它支持多个外围设备,独立于 CPU 的类型和速度,通过严格的规范来确保高度的可靠性和兼容性。

9.4.1 PCI 总线结构

PCI 总线系统结构如图 9.5 所示。

PCI 在 CPU 和各种外设之间插入了一个复杂的管理层,以协调它们之间的数据传输,并为这些设备提供一致的总线接口:PCI 控制器(PCI 桥路)。如高性能显示卡、高速局域网络卡、SCSI 盘控卡、多媒体附加卡等高速设备卡直接挂在 PCI 总线上,并可以与 CPU 并行工作。系统内不需要高速数据通路的设备(如打印机、磁带机、调制解调器等),则连至 ISA、EISA 或 MCA 等传统总线上。传统总线控制器作为 PCI 总线上的特殊设备,提供传统总线与 PCI 总线的接口。

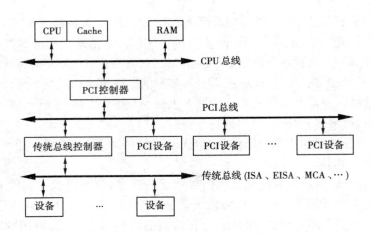

图 9.5　PCI 总线系统结构

9.4.2　PCI 总线特点

PCI 总线是一套整体的系统解决方案,它在速度、效益、规范性、扩展性等多方面均优于 VESA 总线及其他传统总线。下面介绍 PCI 总线的主要特点,并与其他总线进行比较。

(1)高速度,高性能

PCI 总线时钟为 33MHz,总线宽度为 32 位,可扩充到 64 位,数据传输率达 132 ~ 264MB/ s。其速度比同样高速的 VESA 总线还快些,原因有两点:

第一,PCI 支持无限读写突发方式,确保总线不断满载数据。这种突发传输方式只需从某一地址开始,然后每次将地址自动加 1,便可传送数据流内下一个字节的数据,因而能有效地利用总线的最大传输率,减少不必要的地址译码。而 VESA 总线在 486CPU 的环境下,仅支持 16 字节的读突发方式。

第二,PCI 支持总线上的外围设备与 CPU 并行工作。当 CPU 要访问 PCI 总线设备时,它可以把一批数据快速写入 PCI 桥路的缓冲器中,在这些数据不断地由缓冲器写入 PCI 设备的过程中,CPU 可以执行其他操作。这种并行工作提高了整体性能,而 VESA 总线因为未提供缓冲,在 CPU 速度快于 33MHz 时,会产生等待状态。

(2)兼容性好,扩展性强

PCI 能适应多种机型。由于 PCI 采用独立于 CPU 的设计结构,使它不受 CPU 限制,因而 PCI 扩充卡可以插到任何一个有 PCI 总线的系统上去。例如,所有 X86 系统,包括不同类型的 CPU(如 486、Pentium Ⅳ)或不同速度的 CPU(如 25MHz、33MHz、50MHz 等)它都能适用。而 VESA 没有提供升级途径,它不支持 Pentium 系统。

PCI 也能兼容各类总线。因为 PCI 的设计就是要考虑和其他总线配合使用,以便为各种设备提供不同的数据通路。而且,由于 PCI 卡的放置与一般 ISA 卡正好相反,因而一个 PCI 卡可以与一个 ISA 卡、EISA 卡或 MCA 卡共用一个插槽。

PCI 控制器提供中间缓冲器功能,将 CPU 子系统与外设分开,使用户可以增设多种外设,因而 PCI 总线支持的外设多达 10 台。VESA 只能可靠地控制 3 台外设。

特别是在 PCI 总线上还可挂接 PCI 控制器,增加新的 PCI 总线,形成多条 PCI 总线系统。每条总线上又可连接若干设备,因而系统具有很强的扩展性。

另一方面,PCI 在开发时就预留充足的扩展空间,以满足新一代高性能外设的需要。例如,容许从 32 位扩充到 64 位(数据和地址),支持 3.3V 的工作电压(节省能源)。为了便于从 5V 电压平稳地过渡到 3.3V 电压,它容许在过渡时期设计一种通用扩充卡,既可插到 5V 主板上,也可以插到 3.3V 主板上;既能在 32 位的系统上工作,也可以在 64 位的系统上工作。ISA、EISA、MCA、VESA 等均不支持 3.3V 电压。

(3)低价格,高效益

PCI 芯片将大量系统功能如内存、高速缓存、控制器等高度集中,节省连接逻辑电路,并采用地址、数据复用总线,使其连接其他部件的引脚数目减少至 50 以下。而 VESA 的引脚数有 80 多。因而 PCI 主板和扩充卡的尺寸都小于 VESA 的相应板卡,这使得 PCI 系统的价格较低。

(4)自动配置

PCI 提供自动配置功能,在每个 PCI 设备中都有 256 字节的空间被用来存放自动配置信息。当 PCI 扩充卡插入系统时,无需人工设置 DIP 开关或跳线,系统 BIOS 自动根据读到的有关该扩充卡的信息,结合系统实际情况为该扩充卡分配存储地址、端口地址、中断和某些定时信息。因而任何 PCI 扩充卡即插即用(Plug and Play),而 ISA、VESA 则不具备自动配置功能。

综上所述,PCI 总线功能强,规范完善,且独立于 CPU,可适用于不同的平台,因而有很大的发展前途,将会成为今后一段时期总线的主流。

习 题

9.1 什么是总线?微型计算机中的总线通常分为哪几类?

9.2 总线上的数据传送分为哪几种方式?各有何优缺点?

9.3 总线裁决主要解决什么问题?常用的裁决技术有哪几种?各有何优缺点。

9.4 在总线连接中缓冲、驱动的作用是什么?

9.5 分别简述 ISA 总线、EISA 总线和 PCI 总线的特点。

9.6 设计一个微型计算机系统,系统中包含 CPU、RAM、ROM、3 台低速外设和 2 台高速外设。试选用合适的总线,并画出系统结构框图。

第 *10* 章
典型微型计算机系统

微型计算机系统主要由主板和各类 I/O 接口板卡组成。其中,主板上的部件按照功能分主要有 CPU、系统支持芯片、存储器、I/O 适配器和 I/O 接口扩展插槽,这些部件均采用总线相连接(包括地址总线、数据总线和控制总线)。I/O 接口板卡是插在 I/O 接口扩展槽上的各类设备的接口电路板,比如显示卡、声卡及网卡等。

10.1 IBM PC/XT 微型计算机系统

IBM PC/XT 是 IBM 公司于 1981 年推出的采用 8088 微处理器并按最大方式构造的第一代通用微机,从总体配置上看,该机采用了灵活的积木式结构,即在基本系统的基础上,可根据用户和应用领域的不同需要进行不同的配置,现说明如下:

(1)最小配置

由系统板、键盘和单色显示器以及显示适配器组成。有了它们就形成了一台完整的可用的微型计算机。其他部件则根据需要选配,以扩充 PC 机的功能。

(2)基本配置

在最小配置的基础上,再加上软盘驱动器和软盘适配器、硬盘驱动器和硬盘适配器、存储器扩充选件以及打印机适配器。

(3)最大配置

根据不同的应用需要,在基本配置的基础上加上如下选件可构成最大配置,这些选件可以是存储器扩展选件、同步或异步通信适配器、游戏控制适配器以及网络接口板等。

10.1.1 IBM PC/XT 机的硬件配置

IBM PC/XT 的基本配置由一个含有硬盘驱动器和软盘驱动器的主机箱、键盘、显示器和显示适配器以及打印机适配器组成。根据用户需要还可选用许多扩充部件和外围设备以构成不同的扩展配置。

机箱内包括系统板、电源盒、软盘驱动器、硬盘驱动器、扬声器以及 I/O 扩展槽等 6 部分。其中,电源盒提供 4 种直流电压的开关稳压器,可输出的直流电源为 ±5V 和 ±12V,输出功率为 130W。软盘驱动器为 360KB、5 $\frac{1}{4}$ in 的驱动器,硬盘驱动器为 10MB、5 $\frac{1}{4}$ in 的驱动器。I/O 扩展槽有 8 个。扬声器是 PC/XT 机音响系统的主要部件,由系统板上的扬声器接口电路驱动其发声。

10.1.2　IBM PC/XT 的基本结构

IBM PC/XT 的基本结构如图 10.1 所示,主要由处理器子系统、ROM 子系统、RAM 子系统、I/O 适配器与 I/O 扩展插槽 5 个功能块组成,并集中在系统板上。

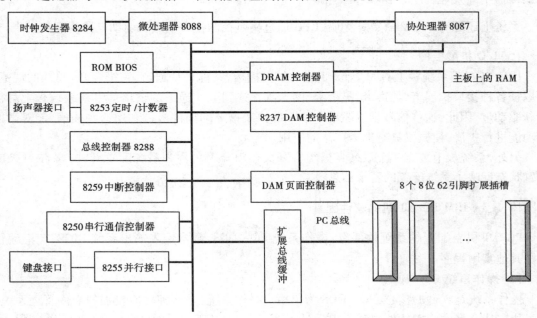

图 10.1　IBM PC/XT 基本结构

(1)处理器子系统

8088 微处理器是系统板的核心,它支持 16 位操作,具有 20 位地址线,最大寻址范围可达 1MB。在最大方式工作时,8088 和协处理器 8087 可构成共享总线的多微处理器系统。

与 8088 处理器配套的系统支持芯片主要有时钟发生器 8284、总线控制器 8288、四通道直接存储器存取(DMA)控制器 8237A、定时器/计数器 8253、中断控制器 8259、并行接口 8255A 等。

(2)RAM 子系统

IBM PC/XT 系统板上的 RAM 由 64K×1 位的 4164 动态存储器芯片组成,一个最小系统应有 128KB,系统板上最大容量可达 256KB,若需要再增加内存容量,可在 I/O 通道(又称 I/O 扩展槽)中插上存储器扩展板。所有读写存储器的操作均经奇偶校验,当奇偶校验出错时,则会产生非屏蔽中断。

(3)ROM 子系统

IBM PC/XT 系统板上只读存储器 ROM 的容量为 64KB。早期的机器在 F6000H ~ FDFFFH中固化了 32KB 的 BASIC 解释程序,以后的机器已经不再固化 BASIC 解释程序。

FE000H ~ FFFFFH 中固化了基本输入/输出系统 BIOS。BIOS 是一组管理程序,包括上电自检程序、系统引导程序、日时钟管理程序和基本 I/O 设备(如显示器、键盘和打印机等)的驱动程序等。现代微机的 BIOS 功能不断增强,还有开机密码、病毒检测、系统配置、主板和 CPU 温度管理等多种功能。

(4)I/O 适配器

IBM PC/XT 系统板上配置有用于键盘接口的串行接口适配电路,键盘通过 5 芯电缆与适配电路连接,当某一个键被按下时,适配器就会向 CPU 提出中断请求,然后由 CPU 执行 BIOS 中的键盘中断处理程序,读取该键的信息。

系统上还配有一个 $2\frac{1}{3}$ 英寸喇叭,CPU 通过喇叭控制接口电路和驱动电路使喇叭发声。

(5)I/O 扩展插槽

IBM PC/XT 系统板上有 8 个 62 引脚的扩充插槽,又称 I/O 通道,它符合 PC 总线的规范,可以插各种接口扩展卡,如声卡、显示卡、网卡等。连到 I/O 通道的输出信号在系统板上都被重新驱动过,因此,这些信号足以驱动 8 个 I/O 扩展槽上的插件板。利用这些插槽,能对微机的功能进行扩展,使微机具有更为广泛的应用。

另外,系统板上装有一个双列直插组合开关(DIP SW),称为系统配置开关。8 位开关的设置状态反映了系统配置的若干信息。

10.1.3 IBM PC/XT 机的软件配置

PC/XT 机上配置的系统软件有:操作系统 PC—DOS、基本输入输出系统 BIOS、宏汇编程序和其他实用程序。

(1)操作系统 PC—DOS

操作系统是软件的核心,PC—DOS 为单用户操作系统,是一种功能较强的文件管理系统,除了能支持众多的应用软件包和程序设计语言运行外,本身还向用户提供各种操作命令(如盘片格式化、复制、比较、文件的显示、删除等),而且还设置了众多的功能调用,为开发软件提供了极为方便的功能。

(2)基本输入输出系统 BIOS

BIOS 对系统中的主要 I/O 设备提供设备一级的控制,其全部 I/O 驱动程序都以软中断指令的形式提供给高一级程序使用。因此,系统程序员在编制系统程序或应用程序对设备进行控制时,可直接调用 BIOS 提供的中断服务程序,而不需与硬件接口直接打交道。同时,对系统的进一步开发或配接新的设备,都需要利用 BIOS。

(3)宏汇编程序

在 DOS 操作系统中所提供的宏汇编程序文件为 MASM. EXE,它将用户编写的汇编语言源程序汇编成目的文件(. OBJ 为扩展名),并可产生列表文件(. LST 为扩展名)和交叉对照文件(. CRF 为扩展名)。在对源程序进行汇编过程中,如发现有语法错误,MASM 将会指出该错误指令的行号和错误类型,将其显示在屏幕上。

(4)其他实用程序

PC/XT 机上还配置有行编辑程序 EDLIN、调试程序 DEBUC、连接程序 LINK、诊断程序 DIAG—NOSTIC、解释程序 BASIC,以及编译程序 FORTRAN、PASCAL、COBOL、BASIC 和 C 等。

10.2　80486 微型计算机系统

80486 微机是指利用 Intel 公司的 80486 微处理器构成的微型计算机系统。其基本配置也是由一个含有硬盘驱动器和软盘驱动器的主机箱、键盘、显示器和显示适配器以及打印机适配器组成。

机箱内仍然由系统板、电源盒、软盘驱动器、硬盘驱动器、扬声器以及 I/O 扩展槽 6 部分组成。其中,软驱、硬盘的容量增大了。

相比较而言,由于 80486 集成了 80387 协处理器,因此,在微机构中就不再有专门的协处理器。但他们的基本结构还是有共同地方的,它们都采用 ISA 总线将系统的各个部件连接起来,而且都具有高速缓冲存储器(Cache),并且都采用了一组多功能芯片来代替原来的单功能的接口控制芯片。如图 10.2 所示。

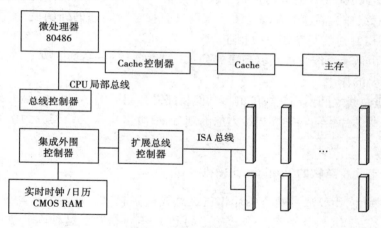

图 10.2　80486 微机的基本结构

与 PC/XT 机相比较,80486 微机广泛地采用了 ISA 总线替代原来的 PC 总线。ISA 总线在性能上兼容 PC/AT 总线,并且是一个公开的总线协议,它支持 24 位地址线、16 位数据线、15 级硬件中断和 7 个 DMA 通道。

在系统支持芯片方面, 80486 微机则采用了 82C461 系统控制器、82C362 总线控制器、82C465 Cache 控制器和 82380 集成外围控制器组成的芯片组来替代 PC/XT 机中的多个单功能芯片。其中,82380 拥有与 8088 系统兼容的 8 个 32 位的 DMA 通道、15 个外部中断请求、5 个内部中断请求和 4 个 16 位定时器/计数器。这些部件使得 80486 系统既有新的功能又具备与 8088 系统的兼容性。

RAM 方面,80486 微机采用单列式存储器组件(SIMM)封装的动态存储器(内存条)。80486 支持单条 256KB、1MB 或 4MB,总容量可达到 32MB。

I/O 插槽方面, 80486 微机有 ISA 总线标准的 8 位和 16 位扩展槽若干个,有些还有 VESA 标准的 32 位扩展槽。需要指出的是:后期的 80486 微机还采用了 VESA 总线以及 PCI 总线作为各个部件的连线。由于 VESA 总线固有的缺点以及 PCI 总线的及时推出,因此,VESA 总线很快退出市场。而 PCI 总线在 Pentium 机中广泛使用,所以常被作为 Pentium 系列主机的主要总线结构。

软件方面,可运行 DOS 3. X 以上版本、XENIX 以及 OS/2 等操作系统。

10.3　Pentium 系列微型计算机系统

Pentium 系列微机是指采用 Pentium 系列微处理器的微型计算机系统,其基本配置除具有前述微机系统的配置外,还增加了光驱和鼠标,声卡、音箱也经常是基本配置内容,系统软件主要使用美国微软公司的视窗系列操作系统。另外,系统的基本结构发生了革命性的变化,最主要的表现是改变了主板总线结构。为了提高微机系统的整体性能,规范系统的接口标准,根据各部件处理信息的速度快慢,采用了更加明显的三级总线结构,即 CPU 总线(Host Bus)、局部总线(PCI 总线)和系统总线(一般是 ISA)。其中,CPU 总线为 64 位数据线、32 位地址线的同步总线,66MHz 或 100MHz 总线时钟频率;PCI 总线为 32 位或 64 位数据/地址分时复用同步总线。PCI 局部总线作为高速的外围总线不仅能够直接连接高速的外围设备,而且通过桥路芯片和更高速的 CPU 总线与系统总线相连。

外围总线由低速总线发展到以高速的 PCI 总线为主,这一结构的改变,对现代微机性能的提高起了很重要的作用。

另外,三级总线之间由高集成度的多功能桥路芯片组成的芯片组相连,形成一个统一的整体。通过对这些芯片组的功能和连接方法的划分,可将微机系统结构分为南北桥结构和中心(Hub)结构。

10.3.1　南北桥结构的 Pentium Ⅱ 微机

在这种结构中,主要通过两个桥片将三级总线连接起来。这两个桥片分别是被称做"北桥"的 CPU 总线—PCI 桥片和被称作"南桥"的 PCI—ISA 桥片。这种南北桥结构的芯片组种类很多,既有 Intel 芯片组,也有非 Intel 芯片组。图 10.3 所示的是由 Intel 公司著名的南北桥结构的芯片组 440BX 所组成的 Pentium Ⅱ 微机的基本结构。

440BX 芯片组主要由两块多功能芯片组成。其中,北桥芯片 82443BX 集成有 CPU 总线接口,支持单、双处理器,双处理器可以组成对称多处理机(SMP)结构;同时,82443BX 还集成了主存控制器、PCI 总线接口、PCI 仲裁器及 AGP 接口,并支持系统管理模式(SMM)和电源管理功能。它作为 CPU 总线与 PCI 总线的连接桥梁。

440BX 芯片组的南桥芯片是 82371EB 芯片。该芯片组集成了 PCI—ISA 连接器、IDE(Integrated Drive Electronics)控制器、两个增强的 DMA 控制器、两个 8259 中断控制器、8253/8254 时钟发生器和实时时钟等多个部件;另外,它还集成了一些新的功能,如 USB(Universal Serial Bus)控制器、电源管理逻辑及支持可选的外部 I/O 可编程中断控制器(I/O APIC 组件)等。通过 USB 接口,可以连接很多外部设备,比如拥有 USB 接口的扫描仪、打印机、数码相机和摄像头等。82371EB 作为 PCI 总线和 ISA 总线的桥梁。

这个结构的最大特点就是将局部总线 PCI 直接作为高速的外围总线连接到 PCI 插槽上。这一变化适应了当前高速外围设备与微处理器的连接要求。在早期的三级总线结构中,图形显示卡也是通过 PCI 总线连接的,由于显示部分经常需要快速传送大量的数据(如纹理数

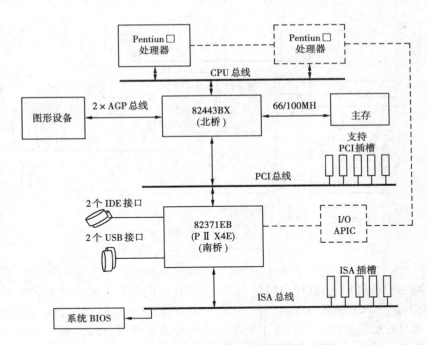

图 10.3　南北桥结构的 Pentium 微机基本结构

据),这在一定的程度上增加了 PCI 总线通路拥挤度,而 PCI 总线 132MB/s 的带宽也限制了纹理数据输出到显示子系统的速度。因此,440BX 芯片组中使用的专用 AGP 总线将加快图形处理速度,以适应高速增长的 3D 图形变换和生动视频显示等的需要,同时,也使 PCI 总线能更好地为其他设备服务。

10.3.2　中心结构的 Pentium Ⅲ 微机

南北桥结构尽管能够为外围设备提供高速的外围总线,但是,南北桥芯片之间也是通过 PCI 总线连接的,南北桥芯片之间频繁数据交换必然使得 PCI 总线信息通路依然存在一定的拥挤,也使得南北桥芯片之间的信息交换受到一定的影响。为了克服这个问题,同时也为了进一步加强 PCI 总线的作用,Intel 公司从 810 芯片组开始,就抛弃了南北桥结构,而采用了如图 10.4 所示的中心结构。

构成这种结构的芯片组主要由三个芯片组成:存储控制中心 MCH(Memory Controller Hub)、I/O 控制中心 ICH(I/O Controller Hub)和固件中心 FWH(Firmware Hub)。

MCH 的用途是提供高速的 AGP(加速图形端口)接口、动态显示管理、电源管理和内存管理功能。此外,MCH 与 CPU 总线相连,处理 CPU 与系统其他部件之间的数据交换。在某些类型的芯片组中,MCH 还内置图形显示子系统,既可以直接支持图形显示又可以采用 AGP 显示部件,这时称其为图形存储控制中心(GMCH)。ICH 含有内置 AC'97 控制器,提供音频编码和调制解调器编码接口,IDE 控制器提供高速磁盘接口、2 个或者 4 个 USB 接口、局域网络接口以及与 PCI 插卡之间的连接。固件中心包含了主板 BIOS、显示 BIOS 以及一个可用于数字加密、安全认证等领域的硬件随机数发生器。此外,ICH 通过 LPC I/F(Low Pin Count Interface)与 Super I/O 控制器相连接,而 Super I/O 控制器主要为系统中的慢速设备提供与系统通信的数据交换接口,比如串行口、并行口、键盘和鼠标等。

比较图 10.3 和图 10.4 不难发现,MCH 和 ICH 两个芯片之间不再用 PCI 总线相连,而是

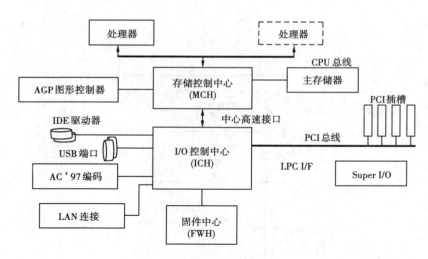

图 10.4　中心结构的微机基本结构

通过中心高速专用总线相连,这样可以使 MCH 与 ICH 之间频繁大量的数据交换不会增加 PCI 的拥挤度,也不会受 PCI 带宽的限制。在图 10.4 中,已经看不到使用了十几年的 ISA 总线,这是符合目前微机发展需要的。目前使用 ISA 总线的慢速外围设备已经越来越少,新的设备都选用了高速的 PCI 总线,PC'99 规范中也取消了 ISA 总线。在这种情况下,ISA 总线已经不是必要的部件了。考虑到部分用户的特殊需要,有些主板还是带有 1 个 ISA 插槽,这需要 ICH 芯片外接一片可选的 PCI—ISA 桥片。采用这种中心结构的 Intel 的芯片组主要有 810 系列、815 系列、820 系列、850 系列和 860 系列等。

　　Pentium Ⅱ 和 Pentium Ⅲ微机系统除了上面谈到的系统支持芯片组外,在其他方面也有较大的变化。

　　在内存方面,Pentium Ⅱ 和 Pentium Ⅲ采用 DIMM 封装的内存条,适合的 RAM 主要有同步 DRAM(SDRAM)以及基于协议的 DRAM(DRDRAM),单条容量主要有 64MB 和 128MB,常规配置的总存储容量一般有 64MB、128MB 和 256MB 等。

　　在 I/O 插槽方面,一般的 Pentium Ⅱ/Ⅲ微机主要有 PCI 插槽 5～6 个、AGP 插槽 1 个,有些主板保留了 1 个 ISA 插槽。根据使用的芯片组的不同,有些主板上还带有 AMR(音频/调制解调器)接口或者 CNR(通信/网络)接口。通过 PCI 插槽,可以插上网卡、调制解调卡以及符合 PCI 规范的其他扩展卡。AGP 插槽是为显卡准备的一个专用插槽。

　　其他 I/O 接口方面,除了常规的串行口及并行口外,很多主板都带有 USB 接口,有些主板还带有红外线传输接口和 IEEE1394 规范接口。

习　题

10.1　IBM PC/XT 机的基本硬件配置由哪些部件组成?

10.2　IBM PC/XT 机的系统主板主要由哪些功能块组成?

10.3　Pentium 系列微机系统基本结构的主要特点是什么?

10.4　南北桥结构的 Pentium 微机的最主要特点是什么,中心结构的 Pentium 微机相对而言有什么优点?

附 录

附录1　ASCII 码(美国标准信息交换码)表

列		0	1	2	3	4	5	6	7
行	位 654→ ↓　3210	000	001	010	011	100	101	110	111
0	0000	NUL	DLE	SP	0	ⓐ	P	`	p
1	0001	SOH	DC1	!	1	A	Q	a	q
2	0010	STX	DC2	"	2	B	R	b	r
3	0011	ETX	DC3	#	3	C	S	c	s
4	0100	EOT	DC4	$	4	D	T	d	t
5	0101	ENQ	NAK	%	5	E	U	e	u
6	0110	ACK	SYN	&	6	F	V	f	v
7	0111	BEL	ETB	'	7	G	W	g	w
8	1000	BS	CAN	(	8	H	X	h	x
9	1001	HT	EM	)	9	I	Y	i	y
A	1010	LF	SUB	*	:	J	Z	j	z
B	1011	VT	ESC	+	;	K	[	k	{
C	1100	FF	FS	,	<	L	\	l	|
D	1101	CR	GS	−	=	M	]	m	}
E	1110	SO	RS	·	>	N	^	n	~
F	1111	SI	US	/	?	O	—	o	DEL

NUL	空	LF	换行	SP	空间(空格)
SOH	标题开始	SYN	空转同步	DLE	数据链换码
STX	正文开始	ETB	信息组传送结束	DC1	设备控制1
ETX	本文结束	CAN	作废	DC2	设备控制2
EOT	传输结果	EM	纸尽	DC3	设备控制3
ENQ	询问	SUB	取代	DC4	设备控制4
ACK	承认	ESC	换码	NAK	否定
BEL	报警符	VT	垂直制表	FS	文件分隔符
	(可听见的信号)	FF	纸控制	GS	组分隔符
BS	退一格	CR	回车	RS	记录分隔符
HT	横向列表	SO	移位输出	US	单元分隔符
	(穿孔卡片指令)	SI	移位输入	DEL	删除

附录 2　80x86/Pentium 指令系统

指令名称	具体指令格式	指令功能	举例	备注
加法 ASCII 调整	AAA	将 AL 内容调整为非压缩 BCD 码,结果在 AX		两个非压缩 BCD 码相加后使用
除法 ASCII 调整	AAD	将 AX 中的两位非压缩 BCD 码转换成二进制数,结果在 AL		两个非压缩 BCD 码相除前使用
乘法 ASCII 调整	AAM	将 AL 内容调整为非压缩 BCD 码,结果在 AX		两个非压缩 BCD 码相乘后使用
减法 ASCII 调整	AAS	将 AL 内容调整为非压缩 BCD 码,结果在 AX		两个非压缩 BCD 码相减后使用
带进位加法	ADC DST, SRC	DST ←DST + SRC + CF	ADC BX, CX ADC LIST, SI ADC LIST, 'A'	
加法	ADD DST, SRC	DST ← DST + SRC	ADD SI, LIST ADD EAX, 12345	
逻辑与	AND DST, SRC	DST ← DST ∧ SRC	AND LIST, DL AND AL, 0FH	
调整特权级别	ARPL OPR1, OPR2	若 RPL1 < RPL2 则 RPL1←RPL2　ZF = 1 否则 ZF = 0	ARPL AX, BX ARPL [ECX], DI	OPR1,OPR2 内容为两个选择符 80286 ~ Pentium
检查数组边界	BOUND reg, mem	若 reg 值不在 mem 存放上下界内,则产生 5 号中断,mem 前半部分为上界,后半部分为下界	BOUND SI, DAT	若 reg 为字,则 mem 为双字;若 reg 内容为双字,则 mem 为 4 字。 80286 ~ Pentium
向前位扫描	BSF OPR1, OPR2	从左至右扫描 OPR2 第一个含 1 的位,位号送 OPR1	BSF AX, BX BSF AX, DATAD	OPR1 为寄存器,OPR2 为寄存器或存储器 80386 ~ Pentium
向后位扫描	BSR OPR1, OPR2	从右至左扫描 OPR2 中第一个含 1 的位,位号送 OPR1	BSR AX, BX BSR AX, DATAD	同 BSF
字节交换	BSWAP reg32	Reg32 的 1、4 字节交换,2、3 字节交换		80486 ~ Pentium
位测试	BT DST, SRC	测试目标操作数中由源操作数指定的位,并把测试位复制到 CF	BT AX, 2 BT [BX], 1 BT AX, CX BT LIST, DX	DST 为寄存器或存储器,SRC 为 8 位立即数或寄存器 80386 ~ Pentium

指令名称	具体指令格式	指 令 功 能	举 例	备 注
位测试并求反	BTC DST, SRC	测试目标操作数中由源操作数指定的位,把测试位复制到 CF 并求反测试位	BTC AX, 2 BTC［BX］, 1 BTC AX, CX BTC LIST, DX	同 BT
位测试并清零	BTR DST, SRC	测试目标操作数中由源操作数指定的位,把测试位复制到 CF 并清零测试位	BTR AX, 2 BTR［BX］, 1 BTR AX, CX BTR LIST, DX	同 BT
位测试并置1	BTS DST, SRC	测试目标操作数中由源操作数指定的位,把测试位复制到 CF 并置1测试位	BTS AX, 2 BTS［BX］, 1 BTS AX, CX	同 BT
子程序调用	CALL DST	调用 DST 指定的子程序	CALL sub1 CALL BX CALL［SI］	
字节扩展	CBW	AL 的符号位扩展到 AH		
双字扩展	CDQ	EAX 的符号位扩展到 EDX		
清进位标志	CLC	CF←0		
清方向标志	CLD	DF←0		
清中断标志	CLI	IF←0		
清任务切换标志	CLTS	任务切换标志 TS←0		
进位标志求反	CMC	CF←$\overline{CF}$		
比较指令	CMP OPR1, OPR2	OPR1—OPR2	CMP AX, BX	
串比较	CMPS	ES:DI 寻址的目的串和 DS:SI 寻址的源串进行比较	CMPSB CMPSW CMPSD	
比较并交换	CMPXCHG DST, SRC	若 DST =（累加器） 则 DST←SRC 否则 累加器←DST		80486 ~ Pentium
8 字节比较交换	CMPXCHG8B OPRD	若 EDX:EAX = OPRD 则 OPRD←ECX—EBX 否则 EDX:EAX←OPRD	CMPXCHG8B［BX］	Pentium
CPU 标志码送 EAX	CPUID	CPU 标识码送 EAX		
字扩展	CWD	AX 的符号位扩展到 DX		

续表

指令名称	具体指令格式	指令功能	举例	备注
压缩 BCD 码加法调整	DAA	将 AL 中的数调整成压缩 BCD 码,结果在 AL		
压缩 BCD 码减法调整	DAS	将 AL 中的数调整成压缩 BCD 码,结果在 AL		
减 1	DEC OPR	OPR←OPR − 1	DEC BL	
无符号数除法	DIV SRC	AL←AX/SRC8 商,AH←余数 AX ← DXAX/SRC16 商, DX ← 余数 EAX←EDXEAX/SRC32 商, EDX←余数	DIV DX DIV ECX	
换码	ESC imm,reg/mem	向协处理器传送信息	ESC 5 , AL	
暂停	HLT	暂停 CPU 工作		
带符号数除法	IDIV	带符号数除法,其他同 DIV		
带符号数乘法	IMUL	带符号数乘法,其他同 MUL		
端口输入	IN acc, PORT	从 PORT 端口输入数据到累加器	IN AL, 21H IN AX, DX	16 位端口地址应放在 DX
串输入	INSB/INSW/INSD	从端口输入数据到 DI 寻址存储区		
中断	INT n	转 n 号中断处理程序		
溢出中断	INTO			
清高速缓存	INVD			80486 ~ Pentium
中断返回	IRET/IRETD	中断处理程序返回	IRET IRETD IRET 10H	
条件转移	Jcc lable	条件 cc 成立则转移到 lable 处	JO NEXT JLE NEXT JA NEXT	条件 cc 有多种
CX 为零转移	JCXZ lable	CX = 0,则转移到 lable	JCXZ NEXT	
无条件转移	JMP DST	无条件转移到 DST 指明地址	JMP SHORT UP JMP PROG JMP EAX JMP DATA [SI]	有远转移、近转移和短转移之分
装标志到 AH	LAHF	将标志字送入 AH 寄存器		
装载访问权限字节	LAR OPR1, OPR2	若 OPR2 给定的选择符满足要求,则将其权限装入 OPR1	LAR AX, BX LAR AX, LIST	OPR1 为寄存器, OPR2 为寄存器或存储器 80386 ~ Pentium

指令名称	具体指令格式	指 令 功 能	举 例	备 注
地址装入	LDS REG, MEM LES REG, MEM LFS REG, MEM LGS REG, MEM LSS REG, MEM	将存储器 MEM 存放的 4 字节送寄存器 REG 和 DS(ES、FS、GS、SS)	LDS DI, DATA LES DI, DATA LFS DI, DATA LGS DI, DATA LSS DI, DATA	80486 ~ Pentium 包含 LFS、LGS、LSS 指令
有效地址装入	LEA REG, MEM	将存储器 MEM 的偏移地址装入 REG	LEA SI, LIST	
装载全局描述符表寄存器	LGDT SRC	将存储器中的伪描述符装入全局描述符表寄存器 GDTR	LGDR [SI]	SRC 为 6 字节存储器
装载中断描述符表寄存器	LIDT SRC	将存储器中的伪中断描述符装入中断描述符表寄存器 IDTR	LIDT [BX]	SRC 为 6 字节存储器
装载机器状态字	LMSW SRC	将存储器操作数装入机器状态字(80386 以上的 CR0 低字)	LMSW AX LMSW LIST	
总线封锁	LOCK inst	执行 inst 指令时封锁总线	LOCK MOV AX, BX	
串读取	LODSB LODSW LODSD	AL←(SI),SI ± 1 AX←(SI),SI ± 2 EAX←(SI),SI ± 4	LODSB LODSW LODSD	
循环指令	LOOP lable	CX − 1,CX ≠ 0 则转移到 lable	LOOP NEXT	
相等循环	LOOPE lable	CX − 1,CX ≠ 0 且 ZF = 1 转移到 lable	LOOPE NEXT	
不相等转移	LOOPNE lable	CX − 1,CX ≠ 0 且 ZF = 0 转移到 lable	LOOPNE NEXT	
装载段界限	LSL OPR1, OPR2	若 OPR2 给定的选择符满足要求,则将其权限装入 OPR1,并把 ZF 置 1	LSL AX,BX LSL EAX,LIST	OPR1 为寄存器,OPR2 为寄存器或存储器 80286 ~ Pentium
装载任务寄存器	LTR SRC	把 SRC 中含有的指向 TSS 的选择符装入任务寄存器 TR	LTR DX	SRC 为 16 位通用寄存器或存储器

数据传送	MOV DST, SRC	将源操作数 SRC 的内容送目标操作数 DST	MOV AX,BX
			MOV AX,LIST
			MOV [SI],BX
			MOV SI,123FH
			MOV SS,AX
			MOV SS,[SI]
			MOV EAX,CR0
			MOV DR6,EBP
			MOV TR7,ESI
				源操作数和目标操作数应该等长,不允许从存储器直接传送至存储器

续表

指令名称	具体指令格式	指 令 功 能	举 例	备 注
串传送	MOVSB MOVSW MOVSD	ES:[DI]←DS:[SI],SI±1,DI±1 ES:[DI]←DS:[SI],SI±2,DI±2 ES:[DI]←DS:[SI],SI±4,DI±4	MOVSB MOVSW MOVSD	

带符号扩展的传送	MOVSX DST, SRC	将源操作数送至目的操作数的低半部分,目的操作数高半部分为源操作数的符号扩展	MOVSX EAX,CX
			MOVSX AX,BL
			MOVSX AX,LST	

带零扩展的传送	MOVZX DST, SRC	将源操作数送至目的操作数的低半部分,目的操作数高半部分为0	MOVZX AX,BL MOVZX AX,LST	
无符号乘法	MUL SRC	AX←AL∗SRC(字节乘法) DX:AX←AX∗SRC(字乘法) EDX:EAX←EAX∗SRC(双字乘法)	MUL BL MUL BX MUL EBX	
求补	NEG OPR	OPR←0－OPR 的补码	NEG AX	
空操作	NOP			
求反	NOT OPR	OPR←OPR 的反码	NOT LIST	
逻辑或/加	OR DST, SRC	OPR←DST∨SRC	OR AL,30H	
端口输出	OUT PORT, acc	累加器的内容输出到 PORT 端口	OUT 21H,AL OUT DX,AX	16 位端口地址应放在 DX
数据串输出到端口	OUTSB OUTSW OUTSD	[DX]←DS:[SI],SI±1 [DX]←DS:[SI],SI±2 [DX]←DS:[SI],SI±4	OUTSB OUTSW OUTSD	[DX]为端口地址
堆栈弹出	POP DST POPA POPAD POPF POPFD	栈顶内容弹出到 DST 栈顶内容弹出到 16 位寄存器组 栈顶内容弹出到 32 位寄存器组 栈顶内容弹出到 16 位标志寄存器 栈顶内容弹出到 32 位标志寄存器	POP AX POPA POPAD POPF POPFD	
压栈指令	PUSH SRC PUSHA PUSHAD PUSHF PUSHFD	SRC 内容压入堆栈 16 位寄存器组压入堆栈 32 位寄存器组压入堆栈 16 位标志寄存器压入堆栈 32 位标志寄存器压入堆栈	PUSH [SI] PUSHA PUSHAD PUSHF PUSHFD	
带进位循环左移	RCL OPR,CNT	OPR 连同进位位 CF 一起左移 CNT 次	RCL AX,1 RCL EDX,CL	移多位时将移位个数放 CL
带进位循环右移	RCR OPR,CNT	OPR 连同进位位 CF 一起右移 CNT 次	RCR AX,1 RCR EDX,CL	移多位时将移位个数放 CL

指令名称	具体指令格式	指 令 功 能	举 例	备 注
循环左移	ROL OPR,CNT	OPR 循环左移 CNT 次	ROL AX,1 ROL EDX,CL	移多位时将移位个数放 CL
循环右移	ROR OPR,CNT	OPR 循环右移 CNT 次	ROR AX,1 ROR EDX,CL	移多位时将移位个数放 CL
重复前缀	REP REPZ REPNZ	CX—1≠0,则重复执行指令 CX—1≠0 且 ZF=1,则重复指令 CX—1≠0 且 ZF=0,则重复指令	REP MOVSB RENZ CMPSW REPNZ SCASB	
子程序返回	RET RET n			
存 AH 到标志字	SAHF	AH 内容送标志字低 8 位		
算术左移	SAL OPR,CNT	OPR 左移 CNT 次	SAL AL,1	移多位时将移位个数放 CL
算术右移	SAR OPR,CNT	OPR 右移 CNT 次	SAR AX,CL	移多位时将移位个数放 CL
逻辑左移	SHL OPR,CNT	OPR 逻辑左移 CNT 次	SHL AX,CL	移多位时将移位个数放 CL
逻辑右移	SHR OPR,CNT	OPR 逻辑右移 CNT 次	SHR AX,CL	移多位时将移位个数放 CL
带进位减法	SBB DST,SRC	DST←DST－SRC－CF	SBB AX,[SI]	
串扫描	SCASB SCASW SCASD	AL—ES:[DI],DI±1 AX—ES:[DI],DI±2 EAX—ES:[DI],DI±4		
条件设置	SETcc OPR	根据条件 cc 设置 OPR 内容	SETZ AL	
存全局描述符表寄存器	SGDT DST	将 48 位的 GDTR 内容保存到 6 字节的存储器操作数 DST 中	SGDT DATA	80286~Pentium
存中断描述符表寄存器	SIDT DST	将 48 位的 IDTR 内容保存到 6 字节的存储器操作数 DST 中	SIDT DATA	80286~Pentium
存局部描述符表寄存器	SLDT DST	将 48 位的 LDTR 内容保存到 6 字节的存储器操作数 DST 中	SLDT DATA	80286~Pentium
双精度左移	SHLD OPR1,OPR2,CNT	OPR1 左移 CNT 位,空出的位由 OPR2 的高 CNT 位填充,OPR2 不变	SHLD DX,BX,4	80386~Pentium
双精度右移	SHRD OPR1,OPR2,CNT	OPR1 右移 CNT 位,空出的位由 OPR2 的低 CNT 位填充,OPR2 不变	SHRD DX,BX,4	80386~Pentium
存机器状态字	SMSW DST	将机器状态字保存到 DST	SMSW DX	80386~Pentium
置进位标志	STC	CF 置 1		
置方向示志	STD	DF 置 1		

续表

指令名称	具体指令格式	指 令 功 能	举 例	备 注
置中断标志	STI	IF 置 1		
串存储	STOSB STOSW STOSD	ES：[DI]←AL，DI ±1 ES：[DI]←AX，DI ±2 ES：[DI]←EAX，DI ±4		
存储任务寄存器	STR DST	将任务寄存器的内容存储到 DST	STR DATA STR DX	
减法	SUB DST，SRC	DST←DST − SRC	SUB AX，BX SUB BX，[SI] SUB SI，9	
逻辑测试	TEST OPR1，OPR2	OPR1 ∧ OPR2	TEST AL，01H	
读校验	VERR OPR	判断当前特权级下是否可以对指定的段进行读操作	VERR SI	OPR 中为一个选择符
写校验	VERW OPR	判断当前特权级下是否可以对指定的段进行读操作	VERW DI	OPR 中为一个选择符
等待	WAIT			
交换加	XADD DST，SRC	和数放在目标操作数中,源目标操作数送入源操作数	XADD BL，CL	
交换	XCHG OPR1，OPR2	OPR1，OPR2 内容互换	XCHG AX，[BX]	
换码	XLAT	AL←[BX + AL]		
异或	XOR DST，SRC	DST←DST 异或 SRC	XOR AL，AL	

附录 3　指令对状态标志的影响(未列出的指令不影响标志)

指　令	OF	SF	ZF	AF	PF	CF
SAHF	—	#	#	#	#	#
POPF/POPFD/IRET	#	#	#	#	#	#
ADD/ADC/SUB/SBB/CMP/NEG/CMPS/SCAS	x	x	x	x	x	x
INC/DEC	x	x	x	x	x	—
MUL/IMUL	#	u	u	u	u	#
DIV/IDIV	u	u	u	u	u	u
DAA/DAS	u	x	x	x	x	x
AAA/AAS	u	u	u	x	u	x
AAM/AAD	u	x	x	u	x	u

续表

指　　令	OF	SF	ZF	AF	PF	CF
AND/OR/XOR/TEST	0	x	x	u	x	0
SAL/SAR/SHL/SHR	#	x	x	u	x	#
ROL/ROR/RCL/RCR	#	—	—	—	—	#
CLC/STC/CMC	—	—	—	—	—	#
SHLD/SHRD	#	x	x	u	x	#
BSF/BSR	u	u	#	u	u	u
BT/BTC/BTR/BTS	u	u	u	u	u	#
XADD/CMPXCHG	x	x	x	x	x	x
CMPXCHG8B	—	—	x	—	—	—

注:—:运算结果不影响标志位　　　　x:运算结果影响标志位
　　0:标志位复位(置0)　　　　　　　u:标志位不确定
　　1:标志位置位(置1)　　　　　　　#:标志位按指令的特定说明改变

附录 4　常用 DOS 系统功能调用

功能号	功　　能	入口信息	出口信息
0	程序结束	(AH) = 00H (CS) = 程序前缀区段界地址	
1	键盘输入单字符	(AH) = 01H	(AL) = 输入字符编码并屏幕显示键入字符
2	显示输出单字符	(AH) = 02H (DL) = 字符编码	显示或打印输出单字符
3	异步通信口输入(传输速度为 2 400bit/s)	(AH) = 03H	(AL) = 通信口传送的字符编码,无校验
4	异步通信口输出(传输速度为 2 400bit/s)	(AH) = 04H (DL) = 字符编码	串行输出 DL 中的字符
5	打印机输出	(AH) = 05H (DL) = 字符编码	
6	直接控制台输入输出 (不检查 Break 键)	(AH) = 06H 若(DL) = 0FFH 表示输入 若(DL) ≠ 0FFH 表示输出 DL 中为输出字符编码	当(DL) = 0FFH,如果有字符,则输入到 AL 中;否则(AL) = 0。当(DL) ≠ 0FFH,则输出 DL 中的字符
7	无回显直接控制台输入 (不做字符检查)	(AH) = 07H	(AL) = 输入字符编码
8	无回显的键盘输入(做字符检查)	(AH) = 08H	(AL) = 输入字符编码

续表

功能号	功 能	入口信息	出口信息
9	显示输出字符串	（AH）=09H （DS：DX）指向字符串的始址。 要求字符串以"＄"结尾。	
A	键盘输入字符串	（AH）=0AH （DS：DX）指向缓冲区始址。 其中，第1个字节存放缓冲区 长度；第2个字节存放输入字 符数，由系统设置；从第3个 字节开始存放将输入的字符。 该字符串中最后一个字符为 "回车"	
B	检查键盘输入状态	（AH）=0BH	（AL）=00H 无输入 （AL）=FFH 有输入
C	清键盘缓冲区并执行键盘 输入功能	（AH）=0CH （AL）=模块号（1,6,7,8或A）	
D	重置磁盘	（AH）=0DH	
E	确定默认磁盘	（AH）=0EH （DL）=磁盘号	（AL）=系统中盘数
F	打开文件	（AH）=0FH （DS：DX）=FCB始址	（AL）=0FFH 不成功 （AL）=0 成功 FCB$_{C,D}$及FCB$_{10\sim25}$被设置
10	关闭文件	（AH）=10H （DS：DX）=FCB始址	（AL）=0FF 不成功 （AL）=0 成功
11	查找文件名或查找第一个 目录项	（AH）=11H （DS：DX）=FCB始址	（AL）=0FF 找不到 （AL）=0 成功
12	查找下一个目录项	（AH）=12H （DS：DX）=FCB始址	（AL）=0FFH 未找到 （AL）=0 找到
13	删除文件	（AH）=13H （DS：DX）=FCB始址	（AL）=0FFH 不成功 （AL）=0 成功
14	顺序读一个记录	（AH）=14H （DS：DX）=FCB始址 DTA缓冲区已设置	（AL）=00 成功 （A）=01 文件结束 （AL）=02 缓冲区不够 （A）=03 读部分记录而结束
15	顺序写一个记录．	（AH）=15H （DS：DX）=FCB始址 DTA缓冲区已设置	（AL）=00 成功 （AL）=01 盘空间不足 （AL）=02 缓冲区空间不足

续表

功能号	功　能	入口信息	出口信息
16	建立文件 （建立新的及老的）	（AH）=16H （DS:DX）=FCB 始址	（AL）=00　成功 （AL）=0FFH　目录区满
17	改文件名	（AH）=17H （DS:DX）=FCB 始址 （DS:DX+17）=新文件名始址	（AL）=00　成功 （AL）=0FFH　不成功
18	DOS 使用		
19	取当前默认驱动器号	（AH）=19H	（AL）=驱动器号
1A	设置 DTA	（AH）=1AH （DS:DX）=DTA 始址	
1B	取文件分配表（FAT）的有关信息	（AH）=1BH	（DS:BX）=盘类型字节地址 （DX）=FAT 表项数 （AL）=分配单元扇区数 （CX）=物理扇区字节数
1C	取指定盘的文件分配表（FAT）的有关信息	（AH）=1CH （DL）=驱动器号	（DS:BX）=盘类型字节地址 （DX）=FAT 表项数 （AL）=分配单位扇区数 （CX）=物理扇区字节数
1D 1E 1F 20	DOS 内部使用		
21	随机读一个记录	（AH）=27H （DS:DX）=FCB 始址 DTA 已设置	（AL）=00　成功 （A）=01　文件结束 （AL）=02　缓冲区不够 （AL）=03　读部分记录而结束
22	随机写一个记录	（AH）=22H （DS:DX）=FCB 始址 DTA 已设置并填好	（AL）=00　成功 （AL）=01　盘空间不足 （AL）=02　DTA 不够
23	取文件长度	（AH）=23H （DS:DX）=FCB 始址	（AL）=00　成功 长度在 FCB 中 （AL）=0FFH　不成功
24	置随机记录号	（AH）=24H （DS:DX）=FCB 始址	
25	设置中断向量	（AH）=25H （DS:DX）=入口地址 （AL）=中断方式码	
26	建立一个程序段	（AH）=26H （DX）=段号	

续表

功能号	功 能	入口信息	出口信息
27	随机块读出	(AH) = 27H (DS:DX) = FCB 始址 (CX) = 记录数 DTA 已设置	(AL) = 00　成功 (AL) = 01　文件结束并读完 (AL) = 02　缓冲区不够 (AL) = 03　最后为部分记录
28	随机块写入	(AH) = 28H (DS:DX) = FCB 始址 (CX) = 记录数 DTA 已设置并填好	(AL) = 00　成功 (AL) = 01　盘空间不够 (AL) = 02　DTA 不够
29	建立 FCB	(AH) = 29H (ES:DI) = FCB 始址 (DS:SI) = 字符串(文件名) (AL) = 0E 非法字符检查位	(ES:DI) = 格式化后的 FCB 始址 (AL) = 00　标准文件 (AL) = 01　多义文件 (AL) = 0FFH　非法盘标识符
2A	取日期	(AH) = 2AH	(CX:DX) = 日期
2B	设置日期	(AH) = 2BH (CX:DX) = 日期	(AL) = 00　成功 (AL) = 0FFH　失败
2C	取时间	(AH) = 2CH	(CX:DX) = 时间
2D	设置时间	(AH) = 2DH (CX:DX) = 时间	(AL) = 00　成功 (AL) = 0FFH 失败
2E	置写盘校验状态	(AH) = 2EH (DL) = 0,(AL) = 状态	
2F	取 DTA 始址	(AH) = 2FH	(ES:BX) = DTA 始址
30	取 DOS 版本号	(AH) = 30H	(AL) = 版本号 (AH) = 发行号
31	结束程序并留在内存	(AH) = 31H (AL) = 退出码 (DL) = 程序长度(按块计算)	
32	DOS 内部使用		
33	BREAK 检查	(AH) = 33H 若(AL) = 0　为取状态 若(AL) = 1　为置状态 (DL) = 状态 状态 = $\begin{cases} 00 \text{ 表示关} \\ 01 \text{ 表示开} \end{cases}$	(DL) = 状态
34	DOS 内部使用		
35	取中断向量	(AH) = 35H (AL) = 中断方式码	(ES:BX) = 入口地址

续表

功能号	功 能	入口信息	出口信息
36	取盘自由空间数	(AH)=36H (DL)=驱动器号	若(AX)=0FFFFH,无效 驱动器号;否则成功并且 (BX)=可用簇数 (DX)=总簇数 (CX)=扇区字节数 (AX)=每簇扇区数
37	DOS 内部使用		
38	取国别信息	(AH)=38H (DS:DX)=信息区(32 个字节)始址 (AL)=0	(DS:DX)=信息区始址,其中 有国别信息 (CF)=0 正常 (CF)=1 出错
39	建立子目录	(AH)=39H (DS:DX)=字符串地址	(CF)=0 成功,(AX)=3 (CF)=1 失败,(AX)=5
3A	删除子目录	(AH)=3AH (DS:DX)=字符串地址	(CF)=0 成功 (CF)=1 失败 (AX)=3 找不到路径 (AX)=5 拒绝存取
3B	改变当前目录	(AH)=3BH (DS:DX)=字符串地址	(CF)=0 成功 (CF)=1 失败,(AX)=3
3C	建立文件 (扩充文件管理建立新文件或改建老文件)	(AH)=3CH (DS:DX)=字符串地址,字符串为:驱动器名,文件路径名,文件名扩展名 (CX)=文件属性注	若(CF)=0 成功 则(AX)=文件号 若(CF)=1 失败 则(AX)=3 路径找不到 (AX)=4 打开文件太多 (AX)=5 拒绝存取
3D	打开文件 (扩充文件管理)	(AH)=3DH (DS:DX)=字符串地址, AL 中为存取码, (AL)=0 读 (AL)=1 写 (AL)=2 读/写	若(CF)=0 成功 则(AX)=文件号 若(CF)=1 失败, 则(AX)=12 无效的存取码 (AX)=2 文件找不到 (AX)=3 路径找不到 (AX)=4 打开文件太多 (AX)=5 拒绝存取
3E	关闭文件 (扩充文件管理)	(AH)=3EH (BX)=文件号	若(CF)=0 成功 (CF)=1 失败 则(AX)=6 无效文件号
3F	读文件 (扩充文件管理)	(AH)=3FH (BX)=文件号 (CX)=字节数 (DS:DX)=缓冲区始址	若(CF)=0 成功,则(AX) =实际读的字节数 若(CF)=1 失败, 则(AX)=5 拒绝存取 (AX)=6 无效文件号

续表

功能号	功　能	入口信息	出口信息
40	写文件 （扩充文件管理）	（AH）=40H 其他同上	若（AX）=（CX）成功 否则为出错,此时 （AX）=5 拒绝存取 （AX）=6 无效文件号
41	删除文件 （扩充文件管理）	（AH）=41H （DS:DX）=字符串 （驱动器名:路径名和文件名。 扩展名）地址	若（CF）=0　成功 （CF）=1　失败 则（AX）=2　找不到文件 （AX）=5　拒绝存取
42	移动文件读写指针	（AH）=42H （BX）=文件号 （CX:DX）=位移量 （AL）=0 从文件开始移 （AL）=1 从当前位置移 （AL）=2 从文件结尾移	若（CF）=0 成功 （CF）=1 失败 则（AX）=1 无效的（AL） （AX）=6 无效的文件号
43	修改文件属性	（AH）=43H （DS:DX）=字符串 （驱动器名:路径名和文件名。 扩展名）地址 （AL）为功能码 如果（AL）=0 取文件属性 [注] 如果（AL）=1 置文件属性, （CX）=文件属性[注]	若（CF）=0 成功 则（CX）=文件属性[注] 若（CF）=1 失败 则（AX）=1 无效功能码 （AX）=5 文件找不到
44	设备文件 I/O 控制	（AH）=44H （BX）=文件号 （AL）=0 读状态 （AL）=1 置状态 DX （AL）=2 读数据到缓冲区。 其中 （DS:DX）=缓冲区始址 （CX）=读的字节数 （AL）=3 写数据到缓冲区 DS,DX,CX 同上 （AL）=6 取输入状态 （AL）=7 取输出状态	（DX）=状态
45	复制文件号	（AH）=45H （BX）=文件号 1	若（CF）=0 成功 则（AX）=文件号 2 若（CF）=1 失败 则（AX）=4 打开文件太多 （AX）=6 文件号无效

功能号	功 能	入口信息	出口信息
46	强迫复制文件号	(AH)=46H (BX)=文件号1 (CX)=文件号2	若(CF)=0 成功 则(CX)=文件号1 其他同上
47	取当前目录途径	(AH)=47H (DL)=驱动器号 (DS:SI)=内存地址 (64个字节长)	若(CF)=0 成功 则路径全名在所指内存中 若(CF)=1 失败 则(AX)=15 驱动器无效
48	分配内存	(AH)=48H (BX)=申请内存块数	若(CF)=0 成功 则(AX:0)=分配的内存始址 若(CF)=1 失败 则(BX)=最大可用空间块数 (AX)=7 内存控制块破坏 (AX)=8 内存不够
49	释放内存	(AH)=49H (ES:0)=释放内存始址	若(CF)=0 成功 (CF)=1 失败 则(AX)=7 内存控制块破坏 (AX)=8 内存不够
4A	修改已分配的内存	(AH)=4AH ES指向已分配段值 (BX)=要求内存段数	(CF)=0 成功 (CF)=1 失败 (BX)=可用最大值 (AX)=7 内存控制块破坏 (AX)=8 内存不够
4B	程序的装入	(AH)=4BH (DS:DX)=字符串(驱动器A:路径名及文件名。扩展名)地址 (ES:BX)=参数区首址 (AL)=0 装入执行 (AL)=B 装入不执行	(CF)=0 成功 (CF)=1 失败
4C	进程结束,返回操作系统	(AH)=4CH	屏幕显示操作系统提示符 n>
4D	取子进程退出码	(AH)=4DH	若(CF)=0 成功 则(AX)= 退出码 若(CF)=1 失败 则(AX)=1 无效功能 (AX)=2 文件找不到 (AX)=5 拒绝存取 (AX)=8 内存不够 (AX)=10 环境出错 (AX)=11 格式错

续表

功能号	功 能	入口信息	出口信息
4E	查找第一个文件	（AH）＝4EH （DS：DX）同 4BH 中一致为字符串始址 （CX）＝属性	若（CF）＝0 成功 则 DTA 中有记载信息 若（CF）＝1 失败 则（AX）＝21 文件找不到 （AX）＝18 没有文件
4F	查找下一个文件	（AH）＝4FH 其他同上	同上
50 51 52 53	DOS 内部使用		
54	取校验开关状态	（AH）＝54H	（AL）＝00 为 OFF （AL）＝01 为 ON
55	DOS 内部使用		
56	改文件名	（AH）＝56H （DS：DX）＝字符串 1 （ES：DI）＝字符串 2 字符串 1 与字符串 2 都是表示 驱动器名：路径名与文件名。 扩展名，字符串 1 是被改的	若（CF）＝0 成功 （CF）＝1 失败 则（SX）＝2 文件找不到 （AX）＝3 路径找不到 （AX）＝5 拒绝存取 （AX）＝17 不是同一设备
57	置或取文件日期及时间	（AH）＝57H （BX）＝文件号 （AL）＝00 表示读取日期及时间 （AL）＝01 表示置日期及时间 （DX：CX）＝日期及时间	若（CF）＝0 成功 则（DX：AX）＝日期及时间 若（CF）＝1 失败 则（AX）＝1 无效的（AL） （AX）＝6 无效的文件号

注：文件属性占一个字节，其含义如下：

7	6	5	4	3	2	1	0
×	×	更改位	子目录	卷标位	系统	隐含	只读

其中有些属性可组合使用。对具有隐含、系统和子目录属性的文件,不能用一般的目录操作检索。

附录 5   DEBUG 主要命令

DEBUG 是为汇编语言设计的一种调试工具,它通过单步、设置断点等方式为汇编语言程序员提供了非常有效的调试手段。

（1）DEBUG 程序的调用

在 DOS 的提示符下，可键入命令：

C＞DEBUG［d：］［path］［filename］［.ext］［parm1］［parm2］

其中，文件名是被调试文件的名字。如用户键入文件名，则 DEBUG 将指定的文件装入存储器中，用户可对其进行调试。如果未键入文件名，则用户可以用当前存储器的内容工作，或者用 DEBUG 命令 N 和 L 把需要的文件装入存储器后再进行调式。命令中的 d 指定驱动器，path 为路径，parm1 和 parm2 则为运行被调试文件时所需要的命令参数。

在 DEBUG 程序调入后，将出现提示符_，此时就可用 DEBUG 命令来调试程序。

（2）DEBUG 的主要命令

1）显示存储单元的命令 D（DUMP），格式为：

_D［address］或

_D［range］

例如，按指定范围显示存储单元内容的方法为：

```
    – d100 120
    18E4：0100 47 06 04 02 38 01 47 06-06 02 00 02 47 06 08 02　G…8.G….G…
    18E4：0110 02 02 3B 04 02 68 02 00-4D 20 50 51 56 57 8B 37　..;..h..M PQVW.7
    18E4：0120
```

其中 0100 至 0120 是 DEBUG 显示的单元内容。左边用十六进制表示每个字节，右边用 ASCII 字符表示每个字节，·表示不可显示的字符。这里没有指定段地址，D 命令自动显示 DS 段的内容。如果只指定首地址，则显示从首地址开始的 80 个字节的内容。如果完全没有指定地址，则显示上一个 D 命令显示的最后一个单元后的内容。

2）修改存储单元内容的命令有两种

● 输入命令 E（Enter），有两种格式如下：

第一种格式可以用给定的内容表来替代指定范围的存储单元内容。命令格式为：

– E address　　［list］

例如，– E DS：100　F3′XYZ′8D

其中 F3，′X′，′Y′，′Z′和 8D 各占一个字节，该命令可以用这 5 个字节来替代存储单元 DS：0100 到 0104 的原先的内容。

第二种格式则是采用逐个单元相继修改的方法。命令格式为：

– E address

例如，– e cs：100

则可能显示为：

18E4：0100　89. –

如果需要把该单元的内容修改为 78，则用户可以直接键入 78，再按"空格"键可接着显示一下单元的内容，如下：

18E4：0100　89.78 1B. –

这样，用户可以不断修改相继单元的内容，直到用 Enter 键结束该命令为止。

● 填写命令 F（Fill），其格式为：

– F range　　list

例如：–f 4BA:0100   5F3′XYZ′8D

使 04BA:0100～0104 单元包含指定的 5 个字节的内容。如果 list 中的字节数超过指定的范围,则忽略超过的项;如果 list 的字节数小于指定的范围,则重复使用 list 填入,直到填满指定的所有单元为止。

3)检查和修改寄存器内容的命令 R(Register),它有 3 种格式如下:

• 显示 CPU 内所有寄存器内容和标志位状态,其格式为:

– R

例如,

– r

AX = 0000   BX = 0000   CX = 010A   DX = 0000   SP = FFFE   BP = 0000   SI = 0000   DI = 0000

DS = 18E4   ES = 18E4   SS = 18E4   CS = 18E4   IP = 0100   NV UP DI PL NZ NA PO NC

18E4：0100 C70604023801 MOV WORD PTR [0204],0138   DS：0204 = 0000

• 显示和修改某个寄存器内容,其格式为:

– R register name

例如,键入

– r ax

系统将响应如下:

AX F1F4

:

即 AX 寄存器的当前内容为 F1F4,如不修改则按 Enter 键,否则,可键入欲修改的内容,如:

– r bx

BX 0369

:059F

则把 BX 寄存器的内容修改为 059F。

• 显示和修改标志位状态,命令格式为:

– RF

系统将响应,如:

OV DN EI NG ZR AC PE CY –

此时,如不修改其内容可按 Enter 键,否则,可键入欲修改的内容,如:

OV DN EI NG ZR AC PE CY-PONZDINV

即可,可见键入的顺序可以是任意的。

4)运行命令 G(GO),其格式为:

– G[= address1][address2[address3…]]

其中,地址 1 指定了运行的起始地址,如不指定则从当前的 CS:IP 开始运行。后面的地址均为断点地址,当指令执行到断点时,就停止执行并显示当前所有寄存器及标志位的内容和下一条将要执行的指令。

5)跟踪命令 T(Trace),有两种格式:

• 逐条指令跟踪

– T[= address]

从指定地址起执行一条指令后停下来,显示所有寄存器内容及标志位的值。如未指定地址则从当前的 CS:IP 开始执行。

　　● 多条指令跟踪

　　– T[= address][value]

从指定地址起执行 n 条指令后停下来,n 由 value 指定。

6)汇编命令 A(Assemble),其格式为:

　　– A[address]

该命令允许键入汇编语言语句,并能把它们汇编成机器代码,相继地存放在从指定地址开始的存储区中。必须注意:DEBUG 把键入的数字均看作十六进制数,所以如要键入十进制数,则其后应加以说明,如 100D。

7)反汇编命令 U(Unassemble),有两种格式:

　　● 从指定地址开始,反汇编 32 个字节,其格式为:

　　– U[address]

　　例如:

　　– u100

18E4 : 0100	C70604023801	MOV	WORD PTR [0204],0138
18E4 : 0106	C70606020002	MOV	WORD PTR [0206],0200
18E4 : 010C	C70608020202	MOV	WORD PTR [0208],0202
18E4 : 0112	BB0402	MOV	BX,0204
18E4 : 0115	E80200	CALL	011A
18E4 : 0118	CD20	INT	20
18E4 : 011A	50	PUSH	AX
18E4 : 011B	51	PUSH	CX
18E4 : 011C	56	PUSH	SI
18E4 : 011D	57	PUSH	DI
18E4 : 011E	8B37	MOV	SI,[BX]

如果地址被省略,则从上一个 U 命令的最后一条指令的下一个单元开始显示 32 个字节。

　　● 对指定范围内的存储单元进行反汇编,格式为:

　　– U[range]

　　例如:

　　– u100 10c

18E4 : 0100	C70604023801	MOV	WORD PTR[0204],0138
18E4 : 0106	C70606020002	MOV	WORD PTR[0206],0200
18E4 : 010C	C70608020202	MOV	WORD PTR[0208],0202

或

　　– u100 112

18E4 : 0100	C70604023801	MOV	WORD PTR[0204],0138
18E4 : 0106	C70604023801	MOV	WORD PTR[0206],0200
18E4 : 010C	C70608020202	MOV	WORD PTR[0208],0202

可见这两种格式是等效的。

8) 命名命令 N(Name),其格式为:

   – N filespecs [filespecs]

命令把两个文件标识符格式化在 CS:5CH 和 CS:6CH 的两个文件控制块中,以便在其后用 L 或 W 命令把文件装入或存盘。filespecs 的格式可以是:

   [d:][path]filename[.ext]

例如,

   – N myprog

   – L

   –

可把文件 myprog 装入存储器。

9) 装入命令 L(Load),有两种功能:

● 把磁盘上指定扇区范围的内容装入到存储器从指定地址开始的区域中。其格式为:

   – L[address[drive sector sector]

● 装入指定文件,其格式为:

   – L[address]

此命令装入已在 CS:5CH 中格式化了的文件控制块所指定的文件。如未指定地址,则装入 CS:0100 开始的存储区中。

10) 写命令 W(Write),有两种功能:

● 把数据写入磁盘的指定扇区。其格式为:

   – W address drive sector sector

● 把数据写入指定的文件中。其格式为:

   – W[address]

此命令把指定的存储区中的数据写入由 CS:5CH 处的文件控制块所指定的文件中。如未指定地址则数据从 CS:0100 开始。要写入文件的字节数应先放入 BX 和 CX 中。

11) 退出 DEBUG 命令 Q(Quit),其格式为:

   – Q

它退出 DEBUG,返回 DOS。本命令并无存盘功能,如需存盘应先使用 W 命令。

参考文献

［1］薛钧义,等.微型计算机原理及应用［M］.西安:西安交通大学出版社,2000.

［2］邹逢兴.计算机硬件技术及应用基础［M］.长沙:国防科技大学出版社,2001.

［3］黄冰,等.微机原理及应用［M］.桂林:广西师范大学出版社,1999.

［4］易先清,等.微型计算机原理及应用［M］.北京:电子工业出版社,2001.

［5］陆鑫,等.微型计算机原理与应用［M］.北京:电子工业出版社,1997.

［6］尹建华,等.微型计算机原理与接口技术［M］.2版.北京:高等教育出版社,2008.

［7］郑初华,等.汇编语言、微机原理及接口技术［M］.2版.北京:电子工业出版社,2006.

［8］裴雪红,等.微型计算机原理及接口技术［M］.2版.西安:西安电子科技大学出版社,2007.

［9］马春燕,等.微机原理与接口技术(基于32位机)［M］.北京:电子工业出版社,2007.

［10］聂丽文,等.微型计算机接口技术［M］.北京:电子工业出版社,2002.

［11］吴宁.80x86/Pentium微型计算机原理及应用［M］.北京:电子工业出版社,2000.

［12］钱晓捷.汇编语言程序设计［M］.北京:电子工业出版社,2000.

［13］杨季文,等.80x86汇编语言程序设计教程［M］.北京:清华大学出版社,1998.

［14］吴功宜,等.16位/32位微处理器汇编语言程序设计［M］.北京:国防工业出版社,1997.

［15］Tomas C. Bartee. Computer Architecture and Logic Design. McGraw-Hill Inc. ,1991.

［16］何希才,等.80486微型计算机的原理及应用［M］.北京:人民邮电出版社,1994.

［17］潘峰.微型计算机原理与汇编语言［M］.北京:电子工业出版社,1997.

［18］史新福,等.32位微型计算机原理接口技术及其应用.西安:西北工业大学出版社,2000.

［19］曲伯涛.80i86微型计算机系统原理、接口与组装［M］.大连:大连理工大学出版社,1998.

［20］姚燕南,等.微型计算机原理及应用［M］.西安:西安电子科技大学出版社,2000.

［21］陈露晨.计算机通信接口技术［M］.成都:电子科技大学出版社,1999.

［22］刘乐善.微型计算机接口技术及应用［M］.武汉:华中理工大学出版社,2000.